Filosofia Zoológica

FUNDAÇÃO EDITORA DA UNESP

Presidente do Conselho Curador
Mário Sérgio Vasconcelos

Diretor-Presidente
Jézio Hernani Bomfim Gutierre

Superintendente Administrativo e Financeiro
William de Souza Agostinho

Conselho Editorial Acadêmico
Danilo Rothberg
Luis Fernando Ayerbe
Marcelo Takeshi Yamashita
Maria Cristina Pereira Lima
Milton Terumitsu Sogabe
Newton La Scala Júnior
Pedro Angelo Pagni
Renata Junqueira de Souza
Sandra Aparecida Ferreira
Valéria dos Santos Guimarães

Editores-Adjuntos
Anderson Nobara
Leandro Rodrigues

LAMARCK

Filosofia Zoológica

ou

Exposição das considerações relativas à história natural dos animais

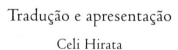

Tradução e apresentação
Celi Hirata
Janaina Namba
Ana Carolina Soliva

© 2021 Editora Unesp
Título original: *Philosophie zoologique,
ou Exposition des considérations relatives
à l'histoire naturelle des animaux*

Direitos de publicação reservados à:
Fundação Editora da Unesp (FEU)
Praça da Sé, 108
01001-900 – São Paulo – SP
Tel.: (0xx11) 3242-7171
Fax: (0xx11) 3242-7172
www.editoraunesp.com.br
www.livrariaunesp.com.br
atendimento.editora@unesp.br

Dados Internacionais de Catalogação na Publicação (CIP) de acordo com ISBD
Elaborado por Vagner Rodolfo da Silva – CRB-8/9410

L215f
    Lamarck, Jean Baptiste Pierre Antoine
        Filosofia Zoológica / Jean Baptiste Pierre Antoine Lamarck; tradução e apresentação por Celi Hirata, Janaina Namba, Ana Carolina Soliva. – São Paulo: Editora Unesp, 2021.

        Tradução de: *Philosophie zoologique, ou Exposition des considérations relatives à l'histoire naturelle des animaux*
        Inclui bibliografia.
        ISBN 978-65-5711-042-3

        1. Biologia. 2. Zoologia. 3. Evolução. I. Hirata, Celi. II. Namba, Janaina. III. Soliva, Ana Carolina. IV. Título.

2021-1286   CDD 591
                                                                                                                                DU 59

Editora afiliada:

Sumário

Apresentação: Lamarck e a reinvenção da natureza . *9*

Prefácio: Motivações da obra e visão geral dos assuntos nela abordados . *29*

Discurso preliminar: Considerações gerais sobre o interesse do estudo dos animais, em particular o de sua organização, com destaque para a dos mais imperfeitos . *39*

Parte I – Considerações sobre a História Natural dos animais: suas características e relações, sua organização, distribuição e classificação, e suas espécies . *49*

   I Da arte da divisão dos produtos da natureza . *53*

  II Importância da consideração das relações . *65*

 III Das espécies de corpos vivos e da ideia que deve ser associada a essa palavra . *73*

 IV Considerações gerais a respeito dos animais . *89*

  V Do estado atual da distribuição e da classificação dos animais . *101*

VI Degradação e simplificação da organização de uma extremidade a outra na cadeia animal, do mais complexo ao mais simples . *117*

VII Da influência das circunstâncias sobre as ações e hábitos dos animais, e das ações e dos hábitos desses corpos vivos enquanto causas que modificam sua organização e suas partes . *163*

VIII Da ordem natural dos animais e da disposição necessária à sua distribuição geral para ajustá-la à ordem da natureza . *191*

Adendos – Relativos aos capítulos VII e VIII da primeira parte . *255*

Parte II – Considerações sobre as causas físicas da vida, as condições para que ela possa existir, a força excitatória de seus movimentos, as faculdades que ela confere aos corpos que a possuem e os resultados de sua existência nesses corpos . *265*

Introdução . *269*

I Comparação entre os corpos inorgânicos e os corpos vivos seguida de um paralelo entre os animais e os vegetais . *279*

II Da vida, do que a constitui e das condições essenciais para a sua existência em um corpo . *291*

III Da causa excitatória dos movimentos orgânicos . *305*

IV Do orgasmo e da irritabilidade . *315*

V Do tecido celular considerado como a ganga em que toda organização é formada . *329*

VI Da geração direta ou espontânea . *337*

VII Dos resultados imediatos da vida em um corpo . *353*

VIII Das faculdades comuns a todos os corpos vivos . *365*

IX Das faculdades particulares a certos corpos vivos . *373*

Parte III – Considerações sobre as causas físicas do sentimento, aquelas que constituem a força produtora das ações e, por fim, aquelas que produzem os atos de inteligência observados em diferentes animais . *395*

Introdução . *399*

    I Do sistema nervoso, da sua formação e das diferentes funções que ele pode executar . *405*

    II Do fluido nervoso . *435*

    III Da sensibilidade física e do mecanismo das sensações . *445*

    IV Do sentimento interno, das emoções que se pode experimentar e da potência que se adquire a partir das emoções para a produção das ações . *459*

    V Da força produtora das ações dos animais e de alguns fatos peculiares decorrentes do seu emprego . *473*

    VI Da vontade . *489*

    VII Do entendimento, de sua origem e da origem das ideias . *499*

    VIII Dos principais atos do entendimento ou dos atos de primeira ordem dos quais todos os outros derivam . *521*

Apêndice – História natural dos animais sem vértebras . *555*

Apresentação
Lamarck e a reinvenção da natureza

Celi Hirata
Janaina Namba
Ana Carolina Soliva

Jean-Baptiste Pierre Antoine de Monet, Chevalier de La Marck, nasceu na pequena comuna francesa de Bazentin, em 1744. Filho caçula de uma família de nobres decadentes, foi enviado ao colégio de jesuítas em Amiens para se tornar sacerdote. Em 1761, ingressou nas fileiras do exército, servindo como oficial de campo. Quatro anos depois deixou o serviço militar e se estabeleceu em Paris, dedicando-se de início ao estudo da medicina e depois ao da botânica. Esta última inspirou-o a escrever "uma descrição sucinta de todas as plantas que crescem naturalmente na França". Publicada em 1779, a *Flore Françoise* [Flora francesa] é um tratado de botânica prefaciado por considerações de método que anunciam uma questão da qual Lamarck iria se ocupar ao longo de toda a sua vida como naturalista: a possibilidade de conciliar a ordem de classificação das coisas tal como instituída pelo estudioso com a ordem real da natureza. Obra de fôlego, que lhe daria notoriedade e facultaria seu acesso à Academia de Ciências, da qual se tornou membro eleito em 1779, com o apoio do ilustre Buffon, superintendente do Jardim do Rei em Paris, instituição que Lamarck passou a integrar a partir de 1782. Após onze anos, com a transformação do Jardim do Rei em Museu Nacional de História Natural, Lamarck torna-se titular da cadeira de ensino de História Natural de Vermes e Insetos. Não se sabe se foi por interesse ou por conveniência que aceitou essa disciplina, que não gozava de prestígio entre a maioria dos naturalistas.

Os progressos da carreira de Lamarck se deram em paralelo à eclosão da Revolução de 1789. Republicano convicto até o fim de seus dias, Lamarck saudou a nova ordem com entusiasmo e atuou junto à Convenção no sentido de respaldar a transformação do Jardim do Rei em Museu Nacional de História Natural. Nessa instituição pública de pesquisa e ensino, a mais destacada da Europa da época, realizaram-se nos anos subsequentes alguns dos avanços mais significativos da História Natural, graças aos trabalhos do próprio Lamarck e também ao de colegas como Georges Cuvier e Étienne Geoffroy de Saint-Hilaire. Malgrado as divergências teóricas entre eles, muitas vezes profundas, compartilharam dos ditames firmados pela física de Newton (1643-1727), buscando pelas leis universais e necessárias da formação dos seres vivos. Nessa empreitada foram precedidos pelas investigações de Félix Vicq d'Azyr (1748-1794), considerado por muitos o inventor da Anatomia Comparada. Fisiologia, Anatomia, Zoologia, Botânica e "teoria da terra" foram integradas em diferentes sínteses teóricas para compor um quadro inédito da Natureza como ordem, essencialmente distinto das ideias vigentes a respeito no século anterior.

Na *Flora francesa*, Lamarck acompanha Buffon e Daubenton, que na *História Natural* (1749-1778) declaram que toda Taxonomia, ou classificação de seres vivos, é uma arte (no sentido de *técnica*) de invenção humana, uma convenção que ordena os seres vivos segundo critérios humanos, em boa medida alheios à sua ordenação pela natureza. Contrariam assim a ideia de Lineu no *Systema Naturae* (*Sistema da natureza*, 1758), segundo a qual a Taxonomia é uma ciência que descreve a ordem natural dos seres vivos. Divergência profunda, que extrapola considerações de método e implica, da parte dos "nominalistas" franceses, a dissociação ontológica entre signos e coisas, desfazendo com isso aquele nó que, no sistema "realista" de Lineu, atava a descrição ao conhecimento, logo, a História Natural à Metafísica. Etretanto, cabe dizer que para os nominalistas – o "jovem" Lamarck entre eles – não compete a uma ciência desvendar a ordem natural, mas, antes, reconstituí-la.

A partir de 1794, Lamarck oferece anualmente no Museu Nacional a disciplina destinada a apresentar os Vermes e os Insetos, que posteriormente seriam por ele mesmo denominados de Invertebrados. É um domínio ao qual a Anatomia Comparada era pouco aplicada. Explorando-o com afinco, Lamarck foi levado a inaugurar um novo campo de pesquisas e a propor, concomitantemente à classificação dessa ordem de seres vivos, uma teoria geral da organização vivente. Suas primeiras tentativas de desenvolvê-la datam de 1802, nas *Investigações sobre a organização dos corpos vivos*, que antecede alguns anos a publicação da *Filosofia Zoológica*, mas insere-se já no contexto de uma síntese mais ampla, ambicionada por Lamarck, que produziria nada menos que uma ciência integral dos fenômenos naturais terrestres, incluindo os seres vivos, os seres inanimados, os fenômenos meteorológicos e hidrológicos. Lamarck deu a essa ciência integral da Natureza (já com "N" maiúsculo) o nome de Física terrestre, lembrando-nos assim da inspiração newtoniana de seu projeto: integrar os fenômenos orgânicos aos fenômenos do movimento, explicá-los a partir destes e, com isso, suprimir o hiato que muitos filósofos e naturalistas de inspiração "vitalista" houveram por bem instituir entre essas duas ordens. Meteorologia, Hidrologia e Biologia: seriam três os ramos da Física terrestre proposta pelo naturalista. Esse último ramo do estudo, que até então não recebera tal denominação, ganha certidão de nascimento em outra obra, também de 1802, intitulada *Hidrogeologia, ou Investigações sobre a influência das águas na superfície do globo terrestre*, em que Lamarck propõe uma separação da Física terrestre nesses diferentes campos de estudo e cunha o termo "Biologia".

Na *Hidrogeologia*, como nas *Investigações*, Lamarck apresenta uma perspectiva nova, que logo se tornaria controversa: a teoria transformista da vida. O naturalista propõe a ideia de especificação a partir da sucessiva transformação dos seres vivos a partir de formas primordiais de organização, indicando que todo ser vivo alcança o estado de organização em que o encontramos através de um processo gradual que é ditado, no plano da organização interna, pelos movimentos dos fluidos em sua relação com as partes sólidas e pelas mudanças do estado e da natureza desses líquidos. Essa proposição, apresentada no início da primeira parte das *Investigações*, indica que é preciso observar a organização nos diferentes corpos vivos conhecidos até que se extraiam as causas e as leis que concorrem para que os corpos vivos estejam ordenados da maneira como os vemos. Mas, enquanto a teoria do transformismo oferece o quadro de uma natureza em processos de crescente complexificação das formas, a classificação destas se dá, inversamente, a partir da identificação de um princípio metodológico de *degradação*, de acordo com o qual haveria uma perda das faculdades dos animais, claramente identificada quando se percorre a escala animal desde os mais perfeitos, ou seja, os mais complexos (os mamíferos), tomados como os modelos de organização natural, até os mais imperfeitos, seres que apresentam apenas um *esboço* de animalidade (os pólipos). Lamarck faz questão de ressaltar que a natureza não procede dessa maneira; ela "sem dúvida começa pelos esboços, e se for verdade, com o auxílio de um longo período de tempo e circunstâncias favoráveis" (*Investigações*, p.18). Conciliam-se o realismo e o nominalismo: enquanto a série real da natureza é histórica e ascendente, a nominal, do naturalista, é metódica e descendente.

Se em 1802 a análise da teoria transformista tem caráter hipotético, em 1809, com a *Filosofia Zoológica* – que não é uma "investigação", mas um *tratado* –, ela se torna demonstrativa, sendo respaldada pelo peso de duas leis fundamentais da organização vivente. 1ª) O uso e desuso das partes, constatação de que o uso tende em geral a promover o aumento, o desenvolvimento e mesmo a produção de órgãos, enquanto o desuso tende em geral a diminuir, enfraquecer e mesmo suprimir órgãos existentes; e 2ª) a transmissão dessas modificações de uma geração para as seguintes. A narrativa do capítulo em que essa teoria é exposta tem um tom claro e assertivo, tais leis são apresentadas como teses e baseiam-se no comentário de dois casos mais detalhados, dos homens que ingerem álcool em grandes quantidades e da planta *Ranunculus aquatilis*, que, quando localizada fora da água, possui características de outra planta, a *Ranunculus hederaceus*. A escassez de evidências empíricas, que Lamarck nos fornece esparsamente, é comum em suas obras, e por ela será duramente criticado. Mas o leitor pode pensar por si mesmo em fenômenos análogos que, ao menos à primeira vista, ilustram a teoria: as metamorfoses das crisálidas, as transformações dos salmões, a inusitada morfologia das enguias, e assim por diante. Em todo caso, o que se perde em detalhamento empírico ganha-se em refinamento teórico. Na *História natural dos animais sem vértebra*, publicada em 1815, Lamarck reitera a teoria exposta na *Filosofia Zoológica*, reformula as duas primeiras leis, acrescenta duas outras, complementares, e enfatiza a generalidade e abrangência dos princípios. Agora, tais leis naturais, constatadas e comprovadas pela observação dos fatos, não são outra coisa que a manifestação e expressão da "própria natureza da vida e de sua organização".[1]

Lamarck insiste, em seus escritos de maturidade, quão importantes e inovadoras são, para a História Natural, as suas ideias a respeito do desenvolvimento e da formação dos órgãos em função do uso e dos hábitos que levam à formação e/ou à degradação desses órgãos. Está perfeitamente ciente de que essas proposições são inovadoras e se deparam com a resistência de naturalistas acostumados, como ele mesmo outrora, à ideia de que as espécies são entidades fixas dadas na natureza. Parecem-lhe, entretanto, as mais adequadas para explicar um princípio natural de diversificação das "espécies" ou "raças" (são termos que ele toma como sinônimos de *variedade*), ou ainda, de todos os seres vivos. A diversidade que se encontra por toda parte na natureza dependeria menos da reprodução do que das modificações adquiridas e transmitidas: "a reprodução torna-se a mera expansão do desenvolvimento, não é o fenômeno *sui generis* que dá a chave da história da vida".[2]

Para Lamarck, os indivíduos são tão fortemente influenciados pelas circunstâncias proporcionadas pelo meio em que vivem, que sua forma, o estado de suas partes e "mesmo sua organização" podem ser modificados a ponto de o próprio organismo transformar-se completamente em outro: quando uma população – termo mais apropriado e dinâmico que "espécie", esse último, puramente nominal – foi inteiramente modificada, isto é, quando todos os indivíduos daquela população sofrerem as mesmas transformações em seu organismo, ao longo de gerações, é que se consolida uma aquisição para esses indivíduos. O reconhecimento dessa influência provocada pelas circunstâncias é difícil, na medida em que seus efeitos só são sentidos (sobretudo nos animais) após um longo período (*Filosofia Zoológica*, Cap. VII). O transformismo implica uma dilatação do tempo histórico para a compreensão dos processos orgânicos.

Na primeira parte da *Filosofia Zoológica*, tão importante quanto a demonstração do princípio natural capaz de promover a variabilidade de indivíduos

---

[1] Nas palavras de Jean Gayon, "Heredité des caractères acquis", em Corsi; Gayon, *Lamarck, philosophe de la nature*, p.129.
[2] Ibid., p.132.

e populações é a ampliação da série de distribuição e classificação dos animais. Diferentemente do que fizera nas *Investigações*, Lamarck apresenta agora essa distribuição conforme a ordem da própria Natureza, isto é, dos animais mais simples em termos de complexidade que vêm a ser os infusórios (nossos atuais protozoários) até os mamíferos que apresentam o maior grau de complexidade. Encontramos assim, no Capítulo VII dessa primeira parte, catorze grupos de animais classificados conforme o grau de complexidade, o que significa dizer que é considerada a presença de órgãos, sistemas e, portanto, das faculdades decorrentes do funcionamento destes: Lamarck pensa as faculdades como funções de estruturas. Os infusórios são animais totalmente desprovidos de faculdades, não contando sequer com o órgão digestivo. Os mamíferos, por sua vez, são os mais complexos, contando com um sistema nervoso central, um encéfalo que ocupa toda a caixa craniana e um coração com dois ventrículos, o que lhes dá o maior número de faculdades dentre todos os animais.

A série proposta na *Filosofia Zoológica* se afigura similar àquela proposta por Lineu. Mas há uma diferença importante, pois Lamarck entende que é preciso evitar a ilusão de que haveria na natureza gêneros preestabelecidos, entidades reais a partir das quais as espécies derivariam.[3] Uma série deve considerar o conjunto de relações reais que mantém os seres vivos unidos; ela deve expressar a conformação tal qual se apresenta na Natureza, ou seja, mostrar que a Natureza estabelece uma ordenação progressiva de formas que combinam estruturas anatômicas e fisiológicas mais ou menos complexas que engendram poderes ou capacidades (faculdades) correspondentes aos diferentes graus de complexidade. Vale dizer que cada ser vivo organizado se inscreve numa série ascendente hierárquica, contínua e progressiva no sentido do ser mais simples ao ser mais complexo. A série tornou-se *natural*: se nas *Investigações* o realismo e o nominalismo eram combinados, agora eles se tornam, se podemos dizê-lo, os dois lados de uma mesma moeda.[4]

A crítica de Lamarck à classificação lineana ataca em particular as denominações arbitrariamente estabelecidas a partir de caracteres, órgãos ou

---

[3] Daudin, *Cuvier et Lamarck*, p.229.
[4] Jordanova, *Lamarck*, p.73.

sistemas determinantes, e ainda que os naturalistas insistem em tomar como índices de uma ordem, independente de seu sistema e extrínseca a ele. Ora, na teoria do transformismo, a criação ou supressão de um caractere, órgão ou sistema impossibilita esse procedimento. Além disso, supõe que o aumento dos níveis de complexidade e o grau de parentesco são o resultado de modificações históricas, indicando assim que muitas vezes é um equívoco classificar as espécies como gêneros, ou seja, atribuir-lhes uma generalidade que não possuem, obscurecendo-se, assim, o caminho percorrido pela Natureza.[5]

Nessa história, o meio circundante tem um papel tão destacado quanto a estrutura interna dos seres vivos. Para Lamarck, o meio ambiente[6] compõe, de fato, a principal porção da Natureza. Ele é feito de leis naturais que de alguma maneira se opõem à própria vida, ameaçam-na e terminam por destruí-la nos indivíduos, porém não nas espécies; a Natureza a reitera e, em muitos casos, a repõe a partir de modificações sofridas pela ação das circunstâncias. Quer dizer, o ser vivo, ameaçado por fenômenos externos a ele, é capaz, em boa medida, de absorver o seu impacto, ou seja, ele mesmo é o resultado de processos físicos e químicos, a natureza animada surge em plena continuidade com a matéria inanimada, diferenciando-se dessa última apenas por sua organização, que permite seu crescimento progressivo. Esse ciclo de geração da vida a partir de causas físicas é o tema da segunda parte da *Filosofia Zoológica*. Lamarck se detém então nos organismos mais simples, isto é, nos quais a evidência da influência física é mais explícita. Os animálculos (como denomina esses minúsculos organismos), meros esboços de animalidade, ganham vida a partir da atuação de "fluidos sutis" provenientes do meio exterior. Já os animais mais complexos ou mais perfeitos não necessitam desses estímulos externos, pois ocupam uma posição superior na série de progressão animal e possuem uma fonte excitatória interna própria – são sistemas integrados autônomos.

Se a segunda parte da *Filosofia Zoológica* se detém sobre as causas físicas da geração da vida, a terceira é dedicada ao papel das causas físicas na produ-

---

5 Ibid., p.19-22.

6 Para a história dessa noção ver Canguilhem, O ser vivo e seu meio, in: *O conhecimento da vida*.

ção das faculdades de sentir, de produzir movimentos próprios, de formar ideias e de realizar julgamentos, todas elas próprias das classes superiores de animais. O homem, dotado de um sistema nervoso altamente complexo, é considerado por Lamarck o mais perfeito dos animais, e ilustra vivamente a imbricação característica dos diferentes processos vitais que transcorrem na estrutura orgânica. Lamarck refuta assim, de um ponto de vista fisiológico, as ideias inatas dos cartesianos, mostrando que todas as ideias são formadas a partir dos sentidos e da experiência e tem um lastro fisiológico incontestável. Nessa terceira parte, a *Filosofia Zoológica* se engaja em estreito diálogo com uma linhagem filosófica que substitui a explicação inatista por uma teoria da sensação, a começar por Condillac no *Tratado das sensações* (1754), culminando com Georges Cabanis nas *Relações entre o físico e o moral no homem* (1801) e Destutt de Tracy nos *Elementos de ideologia* (1801) – este último, autor do aforismo segundo o qual a "ideologia", isto é, a filosofia como ciência da análise das ideias, nada mais é que "um ramo da Zoologia".

Por fim, o leitor poderá constatar que Lamarck não utiliza em nenhuma parte da *Filosofia Zoológica* os substantivos "herança" ou "hereditariedade", ou mesmo o adjetivo "hereditário" (todos de acepção jurídica) para se referir à transmissão de caracteres, o que não significa dizer que o tema não seja abordado no texto. O célebre Capítulo VII da primeira parte, que versa sobre a "influência das circunstâncias sobre as ações e sobre os hábitos dos animais", explica que aquilo que é adquirido ou perdido pelos indivíduos por força de circunstâncias prolongadas de uso ou desuso é conservado pela geração seguinte, desde que essas mudanças sejam comuns aos dois sexos que produzirão um novo indivíduo e, igualmente importante, que elas aconteçam numa população inteira, isto é, não se restrinjam a um ou a poucos pares de indivíduos de sexos opostos, como mencionado acima. A segunda lei (da transmissão) viria a ser, então, a confirmação da primeira (do uso e desuso).

***

A recepção das teorias de Lamarck foi desde sempre marcada pela incompreensão, pela controvérsia, e mesmo em alguns casos pela rejeição pura e simples, independente de um exame conceitual e empírico mais sério.

Quando de sua morte em 1828, Lamarck recebeu a dúbia homenagem de seu adversário Cuvier num panegírico que elogiava suas pesquisas sobre os invertebrados ao mesmo tempo que consignava suas teorias ao rol das hipóteses fantasiosas. Dois anos depois, em 1830, numa célebre polêmica entre Cuvier e Geoffroy de Saint-Hilaire, depois conhecida como "Querela dos análogos", o nome de Lamarck seria evocado pelo último em apoio à ideia de que as diferentes espécies de seres vivos seriam variações de um mesmo protótipo, ou ideia transcendental (quando na teoria de Lamarck o termo inicial da série é, enquanto forma, o germe, e não o arquétipo das formas subsequentes). Por sua posição, Saint-Hilaire mereceu os elogios de Goethe, que, no entanto, não tinha tempo para Lamarck, considerado um "empírico". Atitude semelhante será a de Schopenhauer, que louva o investigador, mas condena o especulador, por ter introduzido a ideia de uma continuidade entre o orgânico e o inorgânico na natureza. Em questão, o projeto newtoniano que animara desde o início as investigações de Lamarck, que nunca perdeu de vista a ideia de uma ciência unificada dos fenômenos naturais – incluindo-se aí, evidentemente, tudo o que é relativo à espécie humana.

Coube aos naturalistas ingleses, a começar pelo paleontólogo Richard Owen, reabilitar o transformismo, conciliá-lo à Anatomia Comparada de Cuvier e aplicá-lo ao estudo da natureza fóssil, domínio que o próprio Lamarck relutara em aceitar como plenamente válido, por falta de evidências empíricas abundantes – que, no entanto, não faltavam a Owen. Quando se projeta o passado na Natureza, o transformismo se revela uma potente ferramenta de análise da morfologia animal e vegetal. A recuperação do transformismo por Owen é o ponto de partida da subsequente rejeição das teses de Lamarck, não tanto por Darwin quanto por seus associados, com destaque para Huxley e Spencer. Fenômeno curioso: em parte por causa da animosidade entre Owen e Darwin, a doutrina darwinista (que não se confunde com o pensamento de Darwin) rechaça de maneira violenta tudo o que recenda a "lamarckismo". Esse gesto descuidado redunda numa reviravolta irônica. Comparando-se a primeira edição da *Origem das espécies* (1859) à sexta (1872), percebe-se que a "teoria da descendência com modificação por seleção natural" tornou-se "teoria da evolução por meio da seleção natural", o que implica a introdução da ideia de *série* na variação dos seres vivos. A adoção dessa ideia, ausente da primeira edição, na qual se privilegia a de *ramificação*, assinala uma discreta, porém decisiva reaproximação com Lamarck. Movimento confirmado, de resto, em *A ascendência do homem* (1871), onde a espécie denominada no título aparece como o ápice de um processo de complexificação em ascendência — tal como no esquema de Lamarck, malgrado as profundas diferenças que separam essas teorias.[7]

Dentre elas, salta aos olhos a relativa à ideia de adaptação. Para Lamarck, a adaptação é um fenômeno incidente a um processo de especificação necessária. Dos infusórios aos humanos, temos o desenvolvimento previsto e reiterado de formas sucessivas que vão se tornando cada vez mais complexas por acréscimos segundo uma lei natural. Modificações decorrentes de adaptação devem ser vistas, portanto, como acréscimos a estruturas previamente definidas, em resposta a uma pressão que o meio exerce sobre o organismo, ameaçando-o com a supressão da vida. Para Darwin, trata-se de algo bem diferente. A adaptação é o efeito contingente e imprevisto de um processo no qual entram em relação duas variáveis distintas, a especificação da estrutura orgânica, que varia por si mesma, e a seleção dessas variações, que acontece na relação de uma população com outras que disputam com ela os recursos existentes numa determinada região geográfica. Para Darwin, não é o meio que impõe uma modificação ao ser vivo, que muda por si mesmo; permanecem aquelas modificações que se revelam aptas a tornar seus portadores capazes de superar rivais desprovidos dela numa situação particular. Essa divergência crucial tem profundas repercussões para a teoria da evolução em geral. E, longe de ser um assunto encerrado, continua a repercutir nos atuais estudos de teoria biológica.

August Weismann (1834-1914), biólogo alemão precursor das teorias em torno do DNA, foi um advogado convicto da seleção natural darwiniana. Para Weismann, a essência da hereditariedade encontra-se na transmissão de "uma substância nuclear que possui uma estrutura molecular específica", e somente aquilo a que se está predisposto é que será transmitido para a

---

7 Não discutiremos aqui o lamarckismo profundamente embrenhado nas teorias de Spencer.

geração seguinte, ou seja, suas "disposições hereditárias".[8] Isso significa que todas as modificações ocorridas em função das influências exteriores seriam "de índole passageira e desapareceriam com o indivíduo".[9] Com isso, o mecanismo da hereditariedade, da variação e da própria evolução passava definitivamente de uma ideia fundada na permanência do adquirido para uma estrutura molecular interior à própria célula, confirmando, na nova tendência de interpretação dos fenômenos biológicos a partir das estruturas das moléculas e da interação entre elas, o valor das intuições de Darwin – de resto, foram consolidadas em definitivo com a descoberta em 1953, por Watson e Crick, da estrutura da dupla hélice do DNA.

Nessa mesma época, o biólogo inglês John Gurdon iniciou experimentos com óvulos não fertilizados de sapos, mostrando que existe *algo* que pode manter os genes específicos expressivos ou inexpressivos em diferentes células do corpo. Quando adultas, as células já passaram por um processo de diferenciação, isto é, partes do DNA foram ativadas para expressar uma determinada característica sendo ao mesmo tempo inativada a expressão de outras características, o que é a condição para a existência de múltiplos tipos celulares (células neuronais, musculares, pulmonares etc.). Os experimentos de Gurdon se mostraram surpreendentes, porque revelaram um processo reversível de expressão dos genes, ou de partes do DNA. Ou seja, mostraram que células adultas, de quaisquer tipos, quando deixadas num ambiente adequado, a saber, um óvulo desprovido de seu núcleo, voltam a se comportar como se estivessem numa situação primordial no início da divisão celular, ou melhor, como se estivessem no início da vida e fossem gerar um novo indivíduo. E o inesperado resultado foi o desenvolvimento de novos indivíduos da espécie de sapo em questão.

Se considerarmos agora que, na teoria de Lamarck, as faculdades são determinadas pelo meio ambiente e que as modificações impostas por esse meio serão transmitidas aos descendentes, o meio ambiente do núcleo que contém o DNA é o próprio citoplasma da célula. No experimento de Gurdon, esse ambiente é determinante sobre o que será expressado ou não

---

[8] Weismann, *Essais sur l'hérédité*, p.176.
[9] Ibid., op. cit., p.318.

pelo DNA. E como essa modificação é transmitida aos descendentes, sem que haja uma alteração genética? Não seria pela determinação desse ambiente que circunda o DNA e o faz expressar ou deixar de expressar aquilo que está indicado no roteiro original? Gurdon recebeu em 2012 o Prêmio Nobel de Biologia justamente por ter descoberto que a maturidade das células pode ser reprogramada e elas podem se tornar "pluripotentes". As implicações teóricas desses avanços da Biologia Molecular foram discutidas por autores como Nessa Carey e Richard Francis, que vêm contribuindo para a reabilitação das teorias de Lamarck *no quadro da teoria da seleção natural*.[10] É certo que ainda há muito a ser feito a respeito, seja em termos de teoria, seja de experimentos, mas parece seguro afirmar, tomando-se a seleção natural como lei primária da evolução, que a adaptação pode ser pensada como lei secundária que explica o condicionamento da primeira às circunstâncias de expressão do código genético em diferentes indivíduos com implicações para a população. Esse arranjo estaria em plena consonância com o espírito positivo que orienta tanto Lamarck quanto Darwin em suas investigações.

O darwinismo oficial sempre teve dificuldades para compreender o aporte da teoria de Lamarck para a seleção natural (e o mesmo vale para as contribuições de Cuvier e Owen). Mas não faltam aqueles que, para além da ideologia e da controvérsia mais rasa, perceberam a complexidade das relações entre as diferentes vertentes de reflexão teórica que condicionaram a seleção natural (pensamos aqui, por exemplo, em Stephen Jay Gould).[11] Sem mencionar os filósofos e historiadores que, a partir de meados do século XX, vêm contribuindo de maneira decisiva para uma apreciação mais equilibrada do pensamento e do legado de Lamarck na história das ciências biológicas, como Henri Daudin, Richard Burkhardt, Georges Canguilhem, François Jacob, Ludmila Jordanova, e, principalmente, Pietro Corsi; sem esquecermos Jean Gayon ou mesmo, em certa medida, Ernst Mayr.

---

10 Ver a respeito Carey, *The Epigenetics Revolution. How Modern Biology is Rewriting our Understanding of Genetics, Disease and Inheritance*; Francis, *Epigenetics. How Environment Shapes our Genes*; e ainda Jablonka; Lamb, *Evolution in Four Dimensions. Genetic, Epigenetic, Behavioural and Symbolic Variation in the History of Life*.

11 Gould, *Ontogeny and Philogeny*.

Mas, para além de toda polêmica, a *Filosofia Zoológica* é um clássico que exige ser lido por si mesmo. Retornando hoje às páginas de Lamarck – ou abrindo-as pela primeira vez em língua portuguesa –, o leitor poderá experimentar por conta própria o estranho fascínio que elas provocam, uma sensação de estar diante de nada menos que uma reinvenção da ideia de Natureza, não mais a plácida ordem teleológica dos filósofos, tampouco o mundo harmonioso criado por uma inteligência divina (o Deus de Lamarck é apenas um nome!), mas um processo constante da penosa afirmação da vida com relação a seu meio que muitas vezes a agride e a violenta, mas que sobretudo a modifica e a reitera. Ideia a um só tempo sombria e encantadora, que continua a provocar a imaginação do leitor mais de dois séculos após ter sido formulada. Com efeito, é duvidoso que tenha perdido o valor, especialmente agora que começamos a nos dar conta, como espécie, do desarranjo que parece se instaurar no seio da economia da natureza vivente – economia que, como ensina Lamarck, depende, para ser mantida, de um delicado equilíbrio de forças em constante conflito. Mais atual do que nunca, a *Filosofia Zoológica* é também um livro desconcertante e sugestivo.

***

Não existe edição crítica das obras de Lamarck em francês. O valioso site do CNRS (lamarck.fr) oferece as obras publicadas e os manuscritos, porém sem aparato crítico. Quanto à *Filosofia Zoológica*, publicada pela primeira vez em 1809 em dois volumes, teve numerosas edições póstumas em francês, incluindo versões parciais ou editadas. O texto integral em fac-símile é encontrado na reprodução da Cambridge University Press (2v., 2010), que utilizamos para a presente tradução. Há uma edição integral de bolso em francês pela Garnier-Flammarion, com introdução de André Pichot (reedição, 2018). Traduções integrais incluem as versões em alemão (1876), inglês (1914) e espanhol (2018). Uma versão parcial em português foi publicada em Lisboa em 1941, mas a presente tradução é, ao que parece, a primeira a verter a obra integralmente para a nossa língua. Incluímos ainda, a título de apêndice, uma seção importante da longuíssima introdução à *História dos animais sem vértebras* (v.I, 1815).

Por fim, cabem ainda aqui algumas palavras sobre os quadros taxonômicos do capítulo VIII da Primeira Parte. Eles são fundamentais para o argumento de Lamarck, pois trazem consigo a demonstração da tese de que a natureza prossegue em escala ascendente de complexidade na constituição dos seres vivos. Parte dos animais ali nomeados, especialmente os das primeiras ordens, não possui correspondente no uso comum da língua portuguesa. Alguns foram reclassificados posteriormente e transportados para outras ordens. Por isso alguns foram mantidos apenas em francês; outros encontram-se acompanhados de sua denominação latina. Além disso, prescindimos do latim nos casos em que há um nome de uso corrente na língua de origem, a exemplo de muitos nomes em tupi.

Um ponto importante a ser ressaltado é que o mundo animal de Lamarck é povoado por um número bastante restrito de espécies, que nos quadros em questão aparecem como formas exemplares dos elos que comprovam a continuidade da série completa dos animais. Isso explica por que ele não se preocupa com todas as variedades de animais, como podemos constatar com o pequeno número de vespas (*Guêpe*, *Polyste* e *Chalcis*). Trata-se, em suma, de normas gerais às quais está associada a ideia da espécie, a qual coincide esquematicamente com os exemplares particulares dos animais existentes.

Que não se espere então de Lamarck a minúcia dos naturalistas posteriores: em uma obra de filosofia, a investigação dos princípios gerais tem, necessariamente, precedência sobre o exame das evidências empíricas. Dito isso, o próprio Lamarck dá mostras mais que suficientes – por exemplo, na *Flora francesa*, ou na *História natural dos animais sem vértebras* –, de ser um naturalista consumado.

Edições de Lamarck

1. Em francês:

Hydrogeologie (Paris, 1802).
Histoire naturelle des animaux sans vertebres (1815-1822). 7v. Fac-símile. Cambridge: Cambridge University Press, 2013.
Philosophie Zoologique. Introdução e notas de André Pichot. Paris: Flammarion/Poche, 1994.

Philosophie Zoologique ou exposition des considerations relatives à l'histoire naturelle des animaux (1809). 2v. Fac-símile. Cambridge: Cambridge University Press, 2011.
Recherches sur l'organisation des corps vivants (1802). Paris: Fayard, 1986.
Système analytique des connaissances positives de l'homme (1820). Paris: Honoré Champion, 2018.

2. Em outras línguas

Filosofía Zoológica. Trad. Ana Useros y Gema Espinar. Madrid: Laovejaroja, 2017.
Investigaciones sobre la organización de los cuerpos vivos. Trad. Francisco Fuentes. Oviedo: KRK Ediciones, 2016.
Zoologische Philosophie. Trad. Arnold Lang. Leipzig: Verlag Von Ambr. Abel, 1876.
Zoological Philosophy. Trad. Hugh Elliot. New York and London: Hafner Publishing Company, 1963.

3. Estudos

Appel, T. A. *The Cuvier-Geoffroy Debate:* French Biology in the Decades before Darwin. Oxford: Oxford University Press, 1987.
Balan, B. *L'Ordre et le temps*: L'Anatomie Comparée et l'histoire des vivants au XIXe siècle. Paris: Vrin, 1979.
Blanckaert, C.; Cohen, C.; Corsi, P.; Fischer, J.-L. (orgs). *Le Muséum au premier siècle de son histoire*. Paris: Éditions du Muséum d'Histoire Naturelle, 1997.
Burkhardt, R. *The Spirit of System*: Lamarck and Evolutionary Biology. London: Harvard University Press, 1995.
Canguilhem, G. O ser vivo e seu meio. In: *O conhecimento da vida*. Trad. Vera Ribeiro. Rio de Janeiro: Forense Universitária, 2012.
Carey, N. *The Epigenetics Revolution*: How Modern Biology is Rewriting our Understanding of Genetics, Disease and Inheritance. London: Faber & Faber, 2011.
Corsi, P. *The Age of Lamarck*: Evolutionary Theories in France, 1790-1830. Berkeley: University of California Press, 1988.
_____.; Gayon, J. et al. *Lamarck, philosophe de la nature*. Paris: PUF, 2006.
Daudin, H. *De Linné à Lamarck*: Méthodes de la classification et l'idée de série en Botanique et en Zoologie (1740-1790). Paris: PUF, 1983.
_____. *Cuvier et Lamarck*: Les classes zoologiques et l'idée de série animale (1790-1830). v. 1 e 2. Paris: PUF, 1983.
Foucault, M. *As palavras e as coisas*: uma arqueologia das ciências humanas. Trad. Salma T. Muchail. São Paulo: Martins Fontes, 1988.

Francis, R. C. *Epigenetics*: How Environment Shapes our Genes. New York: W. W. Norton, 2011.

Gissis, S. B.; Jablonka, E. (orgs.). *Transformations of Lamarckism*. London: MIT Press, 2011.

Gould, S. J. *Ontogeny and Philogeny*. Cambridge (Mass.): The Belknap Press, 1977.

_____. Sombras de Lamarck. In: *O polegar do panda*: reflexões sobre História Natural. Trad. Carlos Brito e Jorge Branco. São Paulo: Martins Fontes, 1989.

Gruhier, F. *Et Lamarck créa Darwin; ou la revanche de la girafe*. Genebra: Slatkine, 2018.

Guillo, D. *Les Figures de l'organisation*: Sciences de la vie et sciences sociales au XIXe siècle. Paris: PUF, 2003.

Jablonka, E.; Lamb, M. J. *Evolution in Four Dimensions*: Genetic, Epigenetic, Behavioural and Symbolic Variation in the History of Life. Cambridge (Mass.): MIT Press, 2014.

Jacob, F. *A lógica da vida*. Trad. Roberto Machado. Rio de Janeiro: Graal, 1983.

Jordanova, L. *Lamarck*. Oxford: Oxford University Press, 1984.

Laurent, G. (org). *Jean Baptiste Lamarck (1744-1829)*. Paris: Éditions du CTHS, 1997.

Loison, L. *Qu'est-ce que le néo-lamarckisme?* Les Biologistes français et la question de l'evolution des espèces. Paris: Vuibert, 2010.

Martins, L. C. P. A herança de caracteres adquiridos nas teorias "evolutivas" do século XIX, duas possibilidades: Lamarck e Darwin. *Filosofia e História da Biologia*, v.10, n.1, 2015, p.67-84.

_____; Baptista, A. M. H. Lamarck, evolução orgânica e tempo: algumas considerações. *Filosofia e História da Biologia*, v.2, 2007, p.279-96.

Mayr, E. Lamarck Revisited. *Journal of the History of Biology*, v.5, n.1, primavera de 1972, p.55-94.

Pichot, A. *Histoire de la notion de vie*. Paris: Gallimard, 1993.

Schmitt, S. *Aux origines de la Biologie moderne*: L'Anatomie Comparée, d'Aristote à la théorie de l'évolution. Paris: Belin, 2006.

Ceric (Ed.) *Lamarck et son temps, Lamarck et notre temps*. Paris: Vrin, 1981.

Ward, P. *Lamarck's Revenge*. New York: Bloomsbury Publishing, 2018.

Filosofia Zoológica

Considerações sobre a história natural dos animais, a diversidade de sua organização e das faculdades que dela resultam, as causas físicas que os mantêm vivos e dão ensejo aos movimentos que eles executam, e as que produzem o sentimento e a inteligência dos animais deles dotados

Por Jean-Baptiste Pierre Antoine LAMARCK

Professor de Zoologia do Museu Nacional de História Natural
Membro do Instituto da França e da Legião de Honra

Paris, 1809

Jean-Baptiste de Lamarck

Prefácio
Motivações da obra e visão geral dos assuntos nela abordados

A experiência de ensino mostrou-me que uma Filosofia Zoológica, ou o corpo de preceitos e princípios relativos ao estudo dos animais, poderia ser útil, na medida em que se aplica a outros ramos das ciências naturais, para o incremento de conhecimentos relativos aos fatos zoológicos, que, nos últimos trinta anos, realizaram progressos notáveis.[1]

Fui levado assim a traçar um esboço dessa Filosofia, com o intuito de utilizá-lo em minhas aulas e de ser bem compreendido por meus alunos. Tal é a finalidade única desta obra.

Mas, para chegar à determinação dos princípios e, a partir deles, ao estabelecimento dos preceitos que devem guiar este estudo, fui obrigado a considerar a organização dos diferentes animais conhecidos; a observar as diferenças singulares entre eles, dentro de cada família, de cada ordem e, sobretudo, de cada classe; a comparar as faculdades que adquiriram, segundo o grau de composição de cada raça; e a identificar, nos principais casos, os fenômenos mais gerais relativos à sua organização. Fui levado, assim, paulatinamente, a compreender os pontos de maior interesse para a ciência, e a examinar as questões zoológicas mais difíceis.

---

1 Referência provável às pesquisas realizadas pelos naturalistas do Jardim do Rei (a partir de 1793, Museu Nacional de História Natural, instituição da qual Lamarck era membro). (N. T.)

Com efeito, como discernir a singular degradação, encontrada na composição da organização dos animais, à medida que percorremos a sua série, dos mais perfeitos aos mais imperfeitos, senão investigando no que consiste esse fato tão flagrante e notável, e atestando-o com numerosas provas? E como não pensar que a natureza teria produzido, sucessivamente, os diferentes corpos dotados de vida, procedendo do mais simples ao mais complexo, se, percorrendo a escala animal, dos mais imperfeitos aos mais perfeitos, constatamos que a organização se torna progressivamente cada vez mais composta e mais complexa?

Há algum tempo que esse pensamento adquiriu para mim um grau máximo de evidência, a partir do instante em que constatei que as mais simples organizações não têm nenhum órgão específico, por insignificante que seja; que o corpo delas não tem, efetivamente, nenhuma faculdade particular, exceto pelas que são comuns a todos os corpos vivos; e que a natureza, à medida que concebe, um após o outro, os diferentes órgãos específicos, torna a organização animal cada vez mais elaborada. As diferentes faculdades particulares dos animais dependem do grau de composição da sua organização, sendo mais numerosas e eminentes naqueles dotados de maior perfeição.

Voltando minha atenção para tais considerações, que tanto me intrigavam, fui levado a examinar no que consiste a vida e quais as condições exigidas para que esse fenômeno natural seja produzido e possa durar, no interior de um corpo, por um período prolongado. Pareceu-me uma investigação de especial interesse, e estou convencido de que na mais simples de todas as organizações unicamente se encontram os meios apropriados para solucionar um problema aparentemente tão difícil como este, pois é a única a oferecer as condições mínimas necessárias à existência da vida.

Uma vez encontradas tais condições em uma organização menos complexa, isto é, uma vez reduzidas aos termos mais simples, resta saber como essa organização poderia, por meio de não importam quais mudanças, transformar-se em outras, menos simples, e dar lugar às organizações gradativamente mais complexas que se observam na escala animal em toda a sua extensão. Creio ter encontrado a solução para esse problema, a partir de duas considerações, a que fui conduzido por minhas observações.

Em primeiro lugar, numerosos fatos conhecidos provam que o uso constante de um órgão propicia o seu desenvolvimento, fortifica-o e pode até aumentar as suas dimensões, enquanto a falta de uso, quando se torna habitual, prejudica o seu desenvolvimento, leva à sua deterioração e à diminuição de suas dimensões; e, caso a falta de uso persista por muito tempo em todos os indivíduos de gerações sucessivas, tal órgão será suprimido. Concebemos, assim, que uma mudança de circunstâncias que force os indivíduos de uma raça de animais a modificar seus hábitos leva ao gradativo desaparecimento dos órgãos menos utilizados, enquanto os mais úteis se desenvolvem e adquirem vigor e dimensão proporcionais ao emprego que os indivíduos habitualmente fazem deles.

Em segundo lugar, ao refletir sobre o poder de movimento dos fluidos nas partes moles em que eles se encontram, logo me convenci de que, à medida que um corpo organizado sofre o impacto da aceleração de deslocamento dos fluidos, o tecido celular é modificado, abrem-se passagens, formam-se numerosos canais, e, dependendo do estágio de composição do corpo organizado, surgem novos órgãos.

A partir dessas considerações, pareceu-me certo que as duas causas gerais que levaram os diferentes animais ao estado em que os encontramos atualmente são: 1) o movimento dos fluidos no interior dos animais, movimento progressivo que se acelera à medida que a organização se torna mais complexa; e 2) as novas circunstâncias a que esses animais se expõem, à medida que se deslocam para diferentes locais de habitação.

Não me furtei a explicar aqui as condições essenciais à existência da vida nas organizações mais simples, e as causas que proporcionaram uma composição mais complexa da organização animal. Percorri, para tanto, a série inteira dos animais, desde os mais imperfeitos até os mais perfeitos, e não hesitei em identificar as possíveis causas físicas do sentimento que atuam sobre todos eles.

Convencido de que a matéria não poderia ter em si mesma a faculdade de sentir, e pressupondo que o sentimento enquanto tal é um fenômeno resultante das funções de um sistema de órgãos que seja capaz de produzi-lo, busquei pelo que poderia ser o mecanismo orgânico que dá lugar a esse admirável fenômeno. Creio tê-lo encontrado.

Ao reunir as observações mais conclusivas sobre o assunto, constatei que é necessário, para a produção do sentimento, não apenas que o sistema nervoso se encontre formado, mas que esteja suficientemente desenvolvido para engendrar os fenômenos da inteligência.

Após ter realizado essas observações, persuadi-me de que o sistema nervoso, em seu estado mais imperfeito, tal como encontrado nos primeiros animais da série que são dotados dele, tem como característica a simples excitação do movimento muscular, o que é insuficiente para produzir sentimento. Nesse estado, esse sistema é composto de gânglios medulares dos quais partem fibras, e não apresentam uma medula ganglionar longitudinal, uma medula espinhal ou um cérebro.

No estágio mais avançado de composição, o sistema nervoso apresenta uma massa medular principal de forma alongada, e é composto por uma medula longitudinal ganglionar ou por uma medula espinhal, em cuja extremidade anterior desabrocha um cérebro, centro das sensações do qual ramificam, efetivamente, ao menos alguns dentre os nervos correspondentes aos sentidos particulares. Os animais que se encontram nesse estágio de desenvolvimento possuem a faculdade de sentir. Esbocei ainda a determinação do mecanismo pelo qual a sensação é efetivada e mostrei que, num indivíduo privado de um órgão da inteligência, ela produz apenas uma percepção, o que de modo algum é suficiente para haver ideias; e que, mesmo em indivíduos que possuem tal órgão, a sensação produz apenas uma percepção, quando o órgão não é ativado.

A verdade é que ainda não cheguei a uma conclusão quanto a saber se há nesse mecanismo uma emissão do fluido nervoso a partir do ponto afetado ou se tudo o que se encontra no fluido em que a sensação é executada é uma simples comunicação de movimento. Mas a durabilidade de certas sensações, relativamente às impressões que as causam, leva-me a pender pela última opinião.

Minhas observações não produziram nenhum esclarecimento satisfatório sobre tais assuntos. Tudo o que pude provar é que o *sentimento* e a *irritabilidade* são dois fenômenos orgânicos distintos, que, ao contrário do que se pensa, não têm uma origem comum; e que, em alguns animais, o primeiro constitui uma faculdade particular que exige um sistema de órgãos especial para poder operar, enquanto a segunda, por não necessitar de um sistema particular, é característica de toda organização animal.

Enquanto confundirmos as origens e efeitos desses dois fenômenos, não poderemos atinar com a explicação das causas relativas à maioria dos fenômenos da organização animal, sobretudo no que se refere aos princípios do sentimento e do movimento. Alguns experimentos podem ser úteis, na busca de uma sede para esses princípios nos animais dotados dessas faculdades. Por exemplo, quando decapitamos os filhotes de certos animais ou cortamos a sua medula espinhal entre o occipício e a primeira vértebra, ou fincamos ali um estilete, verificamos que diversos movimentos são desencadeados pela inspiração de ar nos pulmões, o que prova que sentimento pode ser reavivado com o auxílio de uma respiração artificial. Embora esses efeitos decorram apenas da irritabilidade, que ainda não se extinguiu – pois sabemos que ela subsiste por algum tempo após a morte do indivíduo –, os outros movimentos musculares da inspiração também podem ser excitados, desde que a medula espinhal não tenha sido destruída em toda a extensão de seu canal.

Eu não poderia afirmar tal coisa se não tivesse constatado que o ato orgânico que engendra o movimento das partes é, de fato, independente daquele que produz o sentimento, qualquer que seja a influência nervosa de um sobre o outro. E, se não tivesse notado que posso acionar vários dos meus músculos sem experimentar nenhuma sensação e, inversamente, ter uma sensação sem que dela se siga qualquer movimento muscular, poderia tomar erroneamente como signos de sentimentos os movimentos desencadeados em um filhote de animal que tenha sido decapitado ou cujo cérebro tenha sido retirado.

Se quisermos saber qual a sensação experimentada por um indivíduo que se encontra fora de si, seja por sua natureza, seja por outro motivo, basta testemunhar os gritos que ele emite ao ser submetido à dor. Mesmo supondo que o sistema de seus órgãos não se encontre danificado e opere integralmente, tal é o único sinal que permite saber com segurança que ele recebeu essa sensação, pois os movimentos musculares desencadeados não são, por si mesmos, suficientes para provar que há sentimento.

Tendo fixado minhas ideias nesses objetos interessantes, considerei o sentimento interno como o sentimento de existência exclusivo dos animais dotados da faculdade de sentir. Reportei os fatos conhecidos relativos a eles, assim como minhas próprias observações, e fui persuadido de que esse sentimento interno constitui uma potência que é essencial levar em consideração.

Com efeito, nada parece mais importante do que esse sentimento a que nos referimos, quando se considera o homem e os animais que possuem um sistema nervoso capaz de produzi-lo, sentimento esse que as necessidades físicas e morais põem em movimento e que se torna a fonte a partir da qual os movimentos e as ações são executados. Ninguém, ao que eu saiba, havia notado isso, e essa lacuna relativa ao conhecimento de uma das mais poderosas causas dos principais fenômenos de organização animal tornava insuficientes todas as explicações imaginadas para esses fenômenos. Tudo o que temos é uma espécie de pressentimento da existência dessa potência interna, quando falamos das agitações que experimentamos em nós mesmos em circunstâncias diversas. A palavra emoção, que não foi inventada por mim, costuma ser pronunciada para exprimir e designar esses fatos notáveis.

Partindo do princípio de que o sentimento interno poderia ser posto em movimento por diferentes causas e ser uma força capaz de excitar ações, deparei com uma multidão de fatos conhecidos que atestam o fundamento e a realidade dessa força e de súbito desapareceram as dificuldades que por tanto tempo me impediram de encontrar a causa excitadora das ações.

Estava contente por apreender uma verdade, ao ter atribuído ao sentimento interno dos animais dele dotados a força produtora de seus movimentos; mas deslindara apenas uma parte das dificuldades que embaraçavam minha investigação. Pois é evidente que nem todos os animais conhecidos possuem ou teriam de possuir um sistema nervoso, e, por conseguinte, nem todos desenvolvem o sentimento interno em questão; portanto, os movimentos que eles executam devem ter outra origem.

Cogitei que, sem excitação externa, a vida não existiria e não teria como se manter ativa nos vegetais, e que um grande número de animais se encontraria na mesma situação; pois, como já mencionei, a natureza, para chegar a um mesmo fim, sempre que necessário varia seus meios. Não tenho mais dúvidas de que é o caso.

Penso que animais muito imperfeitos, desprovidos de sistema nervoso, vivem apenas com o auxílio de excitação externa: os fluidos sutis, que estão sempre em movimento e se encontram no meio ambiente,[2] penetram constantemente nesses corpos organizados e mantêm a vida tanto quanto o estado de tais corpos lhes permite. Ora, esse pensamento, que tantas vezes considerei, que tantos fatos parecem confirmar e que nenhum dos que tive conhecimento parece desmentir, é algo que a vida vegetal atesta de maneira que parece evidente. Esse pensamento foi como um raio de luz, que me fez perceber a causa principal que mantém tanto os movimentos quanto a vida dos corpos organizados e à qual os animais devem tudo aquilo que os anima.

Ao aproximar essa consideração das duas precedentes, isto é, da relativa ao produto do movimento dos fluidos no interior dos animais e da que concerne às sucessões de uma alteração que é preservada nas circunstâncias e nos hábitos desses seres, pude tecer o fio que liga entre si as numerosas causas dos fenômenos oferecidos pela organização animal em seus desenvolvimentos e diversidade. Rapidamente percebi a importância do método da natureza, que consiste em conservar, na geração dos novos indivíduos, tudo o que é produzido pela vida e pelas circunstâncias que influenciam na organização, transmitindo-o às gerações subsequentes.

A partir da observação de que os movimentos dos animais nunca são comunicados, mas são sempre excitados, reconheci que a natureza é, de início, obrigada a emprestar do meio a força excitatória dos movimentos vitais e das ações dos animais imperfeitos, do que resulta que, ao compor a organização animal de maneira mais complexa, ela pôde transpor essa força para o interior dos próprios seres, até que por fim se encontrasse à disposição do indivíduo.

Tais são os principais pontos que tentei estabelecer e desenvolver nesta obra.

Esta *Filosofia Zoológica* apresenta os resultados de meus estudos sobre os animais, detendo-se em suas características gerais e particulares, em sua organização, nas causas de seus desenvolvimentos e de sua diversidade, e nas faculdades que assim adquirem. Para compô-la, utilizei-me de mate-

---

2 Em francês, *milieu environnant*, expressão cunhada por Lamarck, e que, no início do Livro II, é variada sob a forma de *milieu ambian*. Sobre a história da expressão, forjada por analogia com a ideia de meio, da Física newtoniana, ver Georges Canguilhem, Le vivant et son milieu, in: *La connaissance de la vie*, 2.ed., Paris, Vrin, 1965. (N. T.)

riais essenciais que havia reunido para uma obra projetada sobre os corpos vivos, com o título de *Biologia*, que, no entanto, não tenho mais a intenção de escrever.[3]

Os fatos que cito são numerosos e contundentes, e as consequências que deles deduzi me parecem tão justas e necessárias que, estou convencido, dificilmente poderiam ser substituídas por outras mais adequadas que elas.

A quantidade de novas considerações expostas nesta obra poderá, desde a sua primeira enunciação, indispor o leitor a aceitá-las, devido à predisposição natural que nos leva a preferir considerações consagradas em detrimento de novidades que tendem a desmenti-las. A primazia das ideias antigas sobre as que surgem pela primeira vez favorece essa indisposição, sobretudo quando há interesse de que seja assim. Disso resultam dificuldades para que se descubram verdades novas no estudo da natureza, e dificuldades ainda maiores para que sejam reconhecidas enquanto tais.

Mas essas dificuldades, que têm diferentes causas, são, no fundo, mais vantajosas do que funestas para o estado geral de nossos conhecimentos. Pois o mesmo rigor, que dificulta que se admitam como verdadeiras as ideias novas que apresentamos, expõe e logo precipita no esquecimento uma multidão de ideias singulares, mais ou menos capciosas, porém sem fundamento. As mesmas causas, no entanto, levam, por vezes, a rejeitar ou a negligenciar perspectivas excelentes e pensamentos sólidos. Mais vale, porém, relutar por um tempo em reconhecer devidamente uma verdade percebida do que acatar sem mais o que não passa de produto de uma imaginação ardente.

Quanto mais medito sobre esse assunto, em particular sobre as inúmeras causas que podem alterar nosso julgamento, mais estou persuadido de que, exceto pelos fatos físicos e pelos fatos morais,[4] que não podem ser postos

---

[3] Sobre a ideia de biologia, ver a apresentação deste volume. (N. T.)

[4] Chamo de *fatos morais* as verdades matemáticas, vale dizer, os resultados de cálculos — sejam de quantidades, de forças ou de medidas, pois é pela inteligência, e não pelos sentidos, que conhecemos esses fatos. Ora, esses fatos morais são, ao mesmo tempo, verdades positivas, a exemplo dos fatos relativos à existência dos corpos que se encontram ao alcance de nossa observação e à de outros que se relacionam com eles. (N. A.)

em dúvida, tudo se reduz a opinião e dedução, e sempre é possível opor certas deduções a outras. Contudo, por mais que as opiniões dos homens variem quanto à verossimilhança, à probabilidade e mesmo ao valor, parece-me errado censurar aqueles que se recusam a adotar as nossas.

Deveríamos reconhecer como legítimas apenas as opiniões mais geralmente aceitas? A experiência mostra que os indivíduos com a inteligência mais desenvolvida, que concentram mais luzes, são, em todas as épocas, uma minoria extremamente reduzida. Convenhamos, as autoridades em matéria de conhecimento devem ser avaliadas, e não contadas, por mais difícil que seja fazê-lo.

Mas, mesmo dadas as condições para um julgamento adequado, não é certo que aqueles dos indivíduos que a opinião transforma em autoridades sejam perfeitamente justos em relação aos objetos a respeito dos quais eles se pronunciam.

Vale dizer que, para o homem, as verdades positivas que ele pode contar como sólidas provêm exclusivamente dos fatos observáveis, e não das consequências que ele possa extrair destes; da existência da natureza que lhe apresenta esses fatos e dos materiais obtidos a partir deles; e, por fim, das leis que regem os movimentos e as alterações das partes. Todo o resto é incerto, por mais que algumas consequências, teorias, opiniões etc., sejam mais prováveis que outras.

Como não podemos contar com nenhuma dedução, consequência ou teoria, os autores desses atos de inteligência não podem ter certeza de que empregaram nelas os verdadeiros elementos e de que utilizaram apenas o necessário e não negligenciaram, ao mesmo tempo, nenhum que o seja. Para nós, tudo o que há de positivo é a existência dos corpos que podem afetar nossos sentidos, das qualidades reais que lhes são próprias, e dos fatos físicos e morais que podemos conhecer. Os pensamentos, demonstrações e explicações expostos nesta obra devem ser considerados como meras opiniões, que proponho com a intenção de mostrar o que me parece ser e o que efetivamente é.

Seja como for, ao me dedicar às observações que deram origem às considerações expostas nesta obra, tive a satisfação de provar que se assemelhavam a verdades, obtendo assim a recompensa pela fadiga de meus estudos e meditações. Se publico agora os resultados, é com a intenção de convidar os homens esclarecidos que amam o estudo da natureza a acompanhar meus raciocínios, a verificá-los e a extrair deles as conclusões que julgarem convenientes.

Pareceu-me a única via que é capaz de levar ao conhecimento da verdade ou do que mais se aproxima dela; e, como esse conhecimento é muito mais vantajoso do que o erro que poderia estar em seu lugar, não parece haver dúvida de que devemos nos ater a ele.

Reconheço que tive um prazer especial na exposição da segunda parte desta obra e, sobretudo, na terceira, que conduzi com muito interesse. Mas os princípios relativos à História Natural dos quais me ocupei na primeira parte devem ser considerados ao menos como objetos dos mais úteis, pois esses princípios são, em linhas gerais, aquilo que a obra contém de mais próximo do que até hoje foi pensado na História Natural.

O presente livro seria consideravelmente mais extenso se cada artigo fosse desenvolvido conforme as exigências das matérias das quais trata. Preferi, no entanto, restringir-me à exposição do estritamente necessário para que minhas observações estivessem suficientemente concatenadas entre si. Com isso, creio ter poupado o tempo de meus leitores sem tornar-me incompreensível. A finalidade a que me propus terá sido realizada, se os amantes das ciências naturais puderem encontrar aqui observações e princípios úteis aos seus estudos, se as observações que realizei e expus forem confirmadas pelos que se ocupam dos mesmos objetos, e, por fim, se minhas ideias germinarem, e puderem contribuir, de alguma maneira, para o avanço de nossos conhecimentos, aproximando-nos de verdades ainda desconhecidas.

Discurso preliminar
Considerações gerais sobre o interesse do estudo dos animais, em particular o de sua organização, com destaque para a dos mais imperfeitos

Observar a natureza, estudar os seus produtos, investigar as relações gerais e particulares que imprimiu às características destes, alinhavar a ordem que ela a tudo concedeu, e, além disso, determinar a progressão, as leis e os meios infinitamente variados que empregou para estabelecê-la, é algo que depende, a meu ver, da apreensão de conhecimentos positivos, únicos que estão ao nosso alcance e que podem de fato ser úteis para nós, proporcionando-nos, ao mesmo tempo, um deleite suave, que contribui para minimizar as inevitáveis dificuldades da vida.

Haveria algo mais interessante na observação da natureza do que o estudo dos animais, o que inclui também o estudo do homem? Ou do que a consideração das relações presentes em sua organização, e do poder dos hábitos, dos modos de vida, do clima e dos lugares onde vivem, que modificam seus órgãos, faculdades e características? Ou do que o exame dos diferentes sistemas de organização, que determinam outras relações, maiores ou menores, e fixam a posição de cada um deles na escala natural? Ou, ainda, do que a distribuição geral dos animais a partir da consideração da complexidade de sua organização, o que nos dá a conhecer a ordem seguida pela natureza, quando produz cada uma de suas espécies?

Seria um disparate afirmar que essas e outras considerações a que o estudo dos animais necessariamente nos conduz não têm interesse para alguém que ama a natureza e busca pela verdade em todas as coisas.

O que há de singular nisso tudo é que os fenômenos mais importantes a serem considerados só se ofereceram a nós muito depois da época em que ocorreram, como fica claro no estudo dos animais mais imperfeitos, que, relativamente aos diferentes graus de complexidade da sua organização, forneceram o principal fundamento de nossa investigação.

Igualmente curioso é constatar que quase sempre o exame atento dos menores objetos que a natureza nos apresenta e a consideração das circunstâncias mais minuciosas nos levam aos conhecimentos mais importantes para que se descubram suas leis e seus métodos e se determine a sua marcha. Essa verdade, constatada a partir de muitos fatos notáveis, recebe, das considerações expostas nesta obra, um novo grau de evidência, persuadindo-nos, mais do que nunca, de que, no estudo da natureza, nenhum objeto pode ser desdenhado.

O estudo dos animais não se restringe a conhecer diferentes raças, a determinar de maneira exaustiva as possíveis distinções entre elas e a fixar suas características particulares; estende-se ainda a conhecer a origem das faculdades que eles utilizam, as causas que produzem sua existência e os mantêm vivos, a progressão na composição de sua organização, o desenvolvimento e o número de suas faculdades.

Em suas origens, o físico e o moral são, sem dúvida, uma só e a mesma coisa, e o estudo da organização das diferentes ordens de animais conhecidos mostra-o de maneira suficiente. Eles são efeitos, oriundos de uma origem comum, e é difícil conceber como poderiam estar, na origem, separados; apenas posteriormente é que se dividirão em duas ordens eminentemente distintas. Essas duas ordens de efeitos, consideradas em sua máxima distinção, se afiguram a nós como se fossem pessoas que nada têm em comum.

A influência do físico sobre o moral foi devidamente reconhecida.[1] Mas parece-me que ainda não se deu atenção suficiente à influência do moral sobre o físico. Essas duas ordens de coisas, que têm uma origem comum, influenciam uma à outra, sobretudo quando aparentam estar mais separa-

---

[1] Conferir a interessante obra do sr. Cabanis intitulada *Rapports du physique et du moral de l'homme*, 2v., Paris: 1802. (N. A.)

das. Dispomos agora dos meios para provar que é assim, de parte a parte, em suas respectivas variações.

Parece-me que, na demonstração da origem comum das duas ordens de efeitos que, em sua máxima distinção, constituem o que podemos nomear o *físico* e o *moral*, houve um equívoco que levou à rota oposta àquela que deveria ser seguida.

Com efeito, iniciou-se o estudo dessas duas espécies de objeto, aparentemente tão distintas, pelo próprio homem, cuja organização, a mais complexa e mais perfeita de todas, oferece, quanto às causas dos fenômenos da vida, do sentimento e das faculdades de que ele goza, a maior complexidade possível, e na qual, por conseguinte, é mais difícil apreender a fonte de tantos fenômenos.

Em vez de se apressar a querer encontrar na consideração dessa organização as causas mesmas da vida e da sensibilidade física e moral, ou seja, das faculdades que ela possui, é necessário dedicar-se ao estudo da organização de outros animais, considerar as diferenças entre eles a respeito e as relações entre as faculdades que lhes são próprias e a organização de que são dotados.

Se esses diferentes objetos tivessem sido comparados entre si, e com aquilo que se conhece a respeito do homem, e se tivesse considerado, desde a organização animal mais simples até a mais complexa (a humana), a progressiva composição da organização e a sucessiva aquisição dos diferentes órgãos específicos, e, por conseguinte, de tantas faculdades novas quantos fossem os órgãos obtidos, ter-se-ia percebido que as carências, de início inexistentes, depois cada vez mais numerosas, engendram uma tendência às ações apropriadas a satisfazê-las; que as ações, tornando-se habituais e enérgicas, ocasionam o desenvolvimento dos órgãos que as executam; que a força que excita os movimentos orgânicos nos animais mais imperfeitos, embora seja exterior a eles, mesmo assim os anima; e que essa força, transposta para o animal, nele se estabelece e torna-se, por fim, a fonte da sensibilidade e dos atos de inteligência.

Acrescento que, se esse método tivesse sido adotado, o sentimento não teria sido considerado como causa geral imediata dos movimentos orgânicos, a vida não teria sido tomada como causa geral imediata dos movimentos orgânicos, e tampouco teria sido definida como uma sequência de movimentos executados em virtude de sensações recebidas por diferentes órgãos; ou, dito de outra maneira, ter-se-ia visto que todos os movimentos vitais são produtos de impressões recebidas pelas partes sensíveis.[2]

Até certo ponto, a admissão dessa causa poderia parecer fundamentada em relação aos animais mais perfeitos. Mas, para que ela pudesse valer para todos os corpos dotados de vida, eles teriam de possuir a faculdade de sentir; o que não é o caso dos vegetais, e nem mesmo de muitos animais.

Não reconheço, nessa suposta causa, a marcha real da natureza. Ao constituir a vida, ela não começou por estabelecer de súbito uma faculdade tão eminente como a do sentir, pois não dispõe de meios para efetuar a existência dessa faculdade nos animais mais imperfeitos, que se encontram nas primeiras classes do reino animal.

E não há dúvida de que, em relação aos corpos dotados de vida, a natureza tudo fez aos poucos e sucessivamente.

Com efeito, dentre os diferentes objetos que proponho expor nesta obra, tentarei mostrar, citando sempre fatos já conhecidos, que a natureza, ao compor os animais e torná-los gradualmente mais complexos, criou, em sucessão, os diferentes órgãos específicos e faculdades de que eles são dotados.

É antiga a ideia de que haveria algum tipo de escala ou cadeia graduada entre os corpos dotados de vida. Bonnet[3] desenvolveu essa opinião, mas não chegou a prová-la com fatos obtidos da própria organização, o que seria, no entanto, necessário, principalmente em relação aos animais. Não teve, porém, como fazê-lo, pois, na época em que viveu, ainda não dispunha de meios para tal.

Mas, no estudo de animais de todas as classes, há que se levar em conta muitos outros fatores, para além da composição crescente da organização animal. E a Filosofia racional considera ainda como de suma importância objetos tais como os produto de circunstâncias que, como causas, engendram novas

---

2 Cabanis, *Rapports du physique et du moral*, op. cit., v.I, p.38-9 e 85. (N.A.)
3 Bonnet, *La palingénésie philosophique ou idées sur l'état passé et sur l'état futur des êtres vivants*, Paris: 1769. (N. T.)

necessidades ou carências; estas que, por sua vez, dão ensejo a ações que, repetidas, criam hábitos e tendências; sem esquecer os resultados do emprego mais ou menos intenso deste ou daquele órgão, os meios de que a natureza se serve para conservar e aperfeiçoar o que foi adquirido pela organização etc.

Esse estudo dos animais, principalmente os mais imperfeitos, foi, no entanto, por um longo tempo negligenciado, e não se suspeitava do interesse que ele poderia ter. E o que existe a respeito é de lavra tão recente, que é legítmo esperar, na continuidade desses estudos, por um bom número de novos esclarecimentos.

Desde que a história natural passou a ser de fato cultivada, e cada um dos reinos ganhou a atenção dos naturalistas, aqueles que voltaram suas pesquisas para o reino animal estudaram principalmente os vertebrados, isto é, os *mamíferos*, as *aves*, os *répteis* e os *peixes*. O estudo dessas classes de animais, que são as espécies de maior porte e as que têm as partes e as faculdades mais desenvolvidas, parecia mais atrativo, por serem elas mais fáceis de examinar, em comparação às que pertencem à divisão dos animais invertebrados.

Com efeito, a pequenez extrema da maioria dos animais sem vértebras, suas faculdades limitadas e seus órgãos, muito mais distantes daqueles do homem do que os que se observam nos animais mais perfeitos, levaram-nos a ser desprezados pelo vulgo, e poucos naturalistas até hoje se interessaram por eles.

Surgem, no entanto, os primeiros sinais de que esse preconceito nocivo ao avanço de nossos conhecimentos estaria sendo revisto, pois, passados alguns anos desde que esses animais singulares começaram a ser examinados, é forçoso reconhecer que o seu estudo é um dos mais interessantes para o naturalista e o filósofo, pois diz respeito a vários problemas pertinentes à história natural e à física animal, iluminando-os de maneira inédita.

Eu mesmo fui encarregado, no Museu de História Natural,[4] do exame desses animais, que designei sem vértebras pelo simples fato de não possuírem coluna vertebral. Minhas investigações sobre essas numerosas espécies, a compilação das observações e dos fatos mais importantes a seu respeito,

---

4 Sobre a atuação de Lamarck no museu, ver a Apresentação. (N. T.)

e, por fim, a perspectiva que adotei, tomada de empréstimo à Anatomia Comparada,[5] não tardaram a confirmar, para mim, o interesse que haveria em estudá-los.

Com efeito, o estudo dos *animais sem vértebras* tem especial interesse para o naturalista, pois, 1) as espécies desses animais são muito mais numerosas que as dos animais vertebrados; 2) por serem mais numerosas, elas são mais variadas; 3) as variações de sua organização são maiores, mais intricadas e mais singulares que as dos vertebrados; 4) e, por fim, a ordem empregada pela natureza para formar sucessivamente os diferentes órgãos dos animais é exprimida com mais nitidez nas mutações a que os diferentes órgãos dos animais sem vértebras estão submetidos. Tudo isso recomenda o seu estudo de preferência ao dos animais mais perfeitos, como os vertebrados, se quisermos perceber a origem da organização em geral e a causa de sua composição e dos desenvolvimentos desta.

Desde que penetrei nessas verdades, percebi que, para mostrá-las a meus alunos, eu deveria, em vez de aprofundar-me em detalhes e me deter em pontos particulares, apresentar as generalidades relativas a todos os animais, mostrá-las em conjunto e oferecer as considerações essenciais mais pertinentes. Tendo apresentado os blocos principais que parecem dividir o conjunto como um todo, passei a compará-los entre si, para dá-los a conhecer em separado.

O verdadeiro método para que um objeto possa ser bem conhecido, nos menores detalhes, é começar descrevendo-o como um todo. Primeiro, deve-se examinar sua massa e extensão e o conjunto das partes que o compõem, para, em seguida, investigar qual a sua natureza e origem e quais as suas relações com outros objetos conhecidos; em suma, deve-se analisá-lo por todos os lados, para assim esclarecer as circunstâncias gerais atinentes a ele. Feito isso, deve-se dividir o objeto em questão em suas partes principais, para, estudando-as e as considerando em separado, nos instruirmos a seu respeito. Dividiremos e subdividiremos as partes examinadas, penetrando

---

5 O programa de Anatomia Comparada como ciência foi traçado por outro pesquisador do mesmo Museu Nacional, Félix Vicq-d'Azyr, no *Discours sur l'Anatomie*, in: *Oeuvres de Vicq d'Azyr*, v.1, Paris, 1805. (N. T.)

assim nas menores dentre elas em busca de peculiaridade, sem negligenciar os detalhes mais ínfimos. Encerrada essa investigação, esboçaremos uma dedução das consequências e, pouco a pouco, a filosofia da ciência poderá se estabelecer, se retificar e se aperfeiçoar.

É a única via pela qual a inteligência humana pode adquirir os conhecimentos mais vastos, mais sólidos e mais bem articulados, em qualquer ciência que seja. Apenas por esse método de análise é que as ciências podem realizar verdadeiros progressos, pois então os objetos analisados se mantêm distintos e podem ser perfeitamente conhecidos.

Infelizmente, porém, esse método não costuma ser adotado com rigor nos estudos de História Natural. A reconhecida necessidade de observar bem os objetos particulares incutiu o hábito de se limitar à consideração deles e a seus menores detalhes, de modo que eles se tornaram, para a grande maioria dos naturalistas, o principal tema de seus estudos. Mas seria um obstáculo considerável ao progresso das ciências naturais se nos obstinássemos em ver nos objetos observados apenas formas e dimensões, as menores partes externas, sua cor etc., desdenhando considerações superiores, como a que indaga sobre a natureza desses objetos, as causas de suas modificações ou variações, a quais outros objetos eles se subordinam, quais as relações entre eles e outros que conhecemos etc.

A negligência em relação a esse método explica as numerosas divergências entre as obras de História Natural. Os que se dedicam apenas ao estudo das espécies não costumam estabelecer relações gerais entre os objetos, não percebem o verdadeiro plano da natureza, e não reconhecem quase nenhuma de suas leis.

Convencido, por um lado, de que não é necessário seguir um método que estreite e circunscreva ainda mais as ideias, e constatando, de outro, que se fazia necessária uma nova edição de meu *Sistema dos animais sem vértebras*,[6] em vista dos rápidos progressos da Anatomia Comparada, das novas descobertas dos zoólogos, e de minhas próprias observações, pareceu-me

---

6 *Système des animaux sans vertèbres*, 1801. A nova edição, surgida em 1815 com o título de *Histoire Naturelle des animaux sans vertèbres*, traz uma importante introdução teórica. Cf. Apêndice. (N. T.)

pertinente reunir em uma mesma obra, sob o título de *Filosofia Zoológica*, 1) os princípios gerais relativos ao estudo do reino animal; 2) os fatos essenciais observados relevantes a um estudo como este; 3) as considerações que regulam uma distribuição não arbitrária dos animais e sua classificação conveniente e, por fim, 4) as consequências mais importantes a serem deduzidas das observações e fatos notados, e que constituem o fundamento de uma verdadeira *Filosofia* da ciência.

A *Filosofia Zoológica* a que nos referimos nada mais é que uma nova edição, reformulada, corrigida e ampliada, de minha obra *Investigações sobre os corpos vivos*.[7] Divide-se em três partes principais, cada uma das quais, por sua vez, é dividida em diferentes capítulos.

Na primeira parte, que deve apresentar os fatos essenciais por mim observados e oferecer os princípios gerais das ciências naturais, considerarei primeiro o que chamo de *parcela da arte* nas ciências em questão, a importância de considerar as *relações*, e a ideia a ser formada das chamadas *espécies* de corpos vivos. Após essas considerações *gerais* relativas aos animais, exporei as provas da *degradação* da organização que reina de uma extremidade a outra da escala animal, com os animais mais perfeitos na extremidade anterior dessa escala, e mostrarei a influência das circunstâncias e dos hábitos sobre os órgãos dos animais, como fonte das causas que favorecem ou impedem o seu desenvolvimento. Encerrarei essa primeira parte considerando a ordenação natural dos animais, e expondo sua distribuição e classificação mais convenientes.

Na segunda parte, proporei algumas ideias sobre a ordem e o estado que constituem a essência da vida animal e indicarei as condições essenciais para a existência desse admirável fenômeno da natureza. Em seguida, tentarei determinar a causa excitatória dos movimentos orgânicos, do orgasmo e da irritabilidade, as propriedades do tecido celular, a única circunstância em que *gerações espontâneas* podem ocorrer, as sucessões evidentes dos atos da vida etc.

A terceira parte, por fim, oferecerá minha opinião sobre as causas físicas do sentimento, do poder de agir e dos atos de inteligência de certos animais.

---

7 Lamarck, *Recherches sur l'organisation des corps vivants*. Paris: 1802. (N. T.)

Nela, tratarei 1) da origem e formação do sistema nervoso; 2) do fluido nervoso, que só se dá a conhecer indiretamente, mas cuja existência é atestada por fenômenos que apenas ele poderia produzir; 3) da sensibilidade física e do mecanismo das sensações; 4) da força produtora dos movimentos e ações dos animais; 5) da fonte ou faculdade da vontade; 6) das ideias e de suas diferentes ordens; e, por fim, 7) de alguns atos particulares do entendimento, como atenção, pensamento, imaginação, memória etc.

As considerações expostas na segunda e na terceira parte oferecem, sem dúvida, assuntos árduos, e mesmo questões aparentemente insolúveis, mas que, de tão interessantes, merecem ser examinadas, seja por mostrarem verdades que de outro modo passariam despercebidas, seja por abrirem uma via que conduz a novas verdades.

Parte I
*Considerações sobre a História Natural
dos animais: suas características e relações,
sua organização, distribuição e classificação,
e suas espécies*

Parte I
Considerações sobre a História Natural
nos animais: sua anatomia, fisiologia,
conservação, distribuição e descrição
entre espécies

Girafa recém-nascida (*Camelopardis giraffa*) e sua mãe no Zoológico de Londres. Robert Hills (1769-1841).

Capítulo I
Da arte da divisão dos produtos da natureza

Na tentativa de adquirir conhecimentos relativos à natureza, o homem se vê por toda parte obrigado a empregar meios particulares, 1) para ordenar os objetos infinitamente numerosos e variados, 2) para distinguir os objetos, sem confusão, em meio a uma imensa multidão, agrupando-os pelo interesse que despertam ou tomando-os em particular, e, por fim, 3) para comunicar e transmitir a seus semelhantes tudo o que apreendeu, notou e pensou a respeito.

Os meios empregados nessa via são o que chamo de *divisões da arte* nas ciências naturais, e os limites de seu domínio devem ser bem observados, se não quisermos confundi-lo com o das leis e atos próprios da natureza.

Por isso, é preciso distinguir nas ciências naturais o que pertence à arte e o que é próprio da natureza, e definir os dois interesses que nos impelem ao conhecimento dos produtos naturais que se oferecem à observação.

O primeiro é um interesse que chamo de *econômico*, pois surge das necessidades econômicas e de satisfação do homem em relação aos produtos da natureza utilizados por ele. Desse ponto de vista, só se interessa pelo que acredita que lhe possa ser útil.

O segundo, bem diferente é o *interesse filosófico*, ou o desejo de conhecer a natureza por si mesma, cada um de seus produtos, com a finalidade de apreender sua marcha, suas leis e operações, e formar uma ideia de tudo a que ela dá existência. Quem busca por esse gênero de conhecimento é, numa palavra, um verdadeiro naturalista. Desse ponto de vista, estudar objetos em particular é estudar os produtos que se oferecem à observação.

As necessidades econômicas e de satisfação levaram à concepção dos diferentes setores da arte empregados nas ciências naturais, e, se há interesse em estudar e conhecer a natureza, esses setores da arte certamente nos auxiliam nesse estudo e chegam mesmo a ser indispensáveis, pois nos ajudam a conhecer objetos particulares e permitem-nos identificar, em meio a uma enorme quantidade de objetos, aquele que é o principal.

O interesse filosófico das ciências em questão, embora menos difundido que o econômico, obriga que se separe tudo o que pertence à arte do que é próprio da natureza, circunscrevendo, nos limites convenientes, a consideração do que é pertinente ao interesse econômico e do que é importante ao filosófico.

Os setores da arte nas ciências naturais são:

1) as distribuições sistemáticas, gerais ou particulares;
2) as classes;
3) as ordens;
4) as famílias;
5) os gêneros;
6) a nomenclatura de diversas seções e de objetos particulares.

Essas partes, que costumam ser empregadas nas ciências naturais, são meros produtos da arte, forjados para classificar e dividir os objetos e colocá-los ao alcance do estudo, que pode então comparar, reconhecer e nomear as diferentes produções naturais observadas. Mas a natureza não procede assim; e em vez de confundirmos nossas obras com as dela, cumpre reconhecer que as classes, ordens, famílias, gêneros e nomenclaturas são meios de nossa invenção, sem os quais não poderíamos passar, mas que devemos utilizar com certa parcimônia, submetendo-os a princípios adequados a fim de evitar abusos que colocariam a perder as vantagens advindas deles.

Sem dúvida, é indispensável classificar os produtos da natureza e estabelecer entre eles diferentes modos de divisão, como classes, ordens, famílias e gêneros. Mas é preciso também determinar o que se chama de *espécie*, e atribuir nomes particulares a esses diversos gêneros de objetos. Os limites de nossas faculdades exigem-no, e precisamos desses meios para fixar nossos conhecimentos da prodigiosa e infinitamente diversificada multidão de corpos naturais observáveis.

Mas essas classificações, muitas das quais foram tão acertadamente imaginadas pelos naturalistas, juntamente com as divisões e subdivisões que elas apresentam, são meios artificiais. Nada disso, eu repito, encontra-se na natureza, exceto pelo fundamento oferecido por certas partes da série natural conhecida, e que parecem estar isoladas. Podemos, assim, afirmar, a respeito dos produtos naturais, que a natureza não formou classes, ordens, famílias, gêneros ou espécies permanentes, apenas indivíduos, que se sucedem uns aos outros e se assemelham àqueles que os produziram. Esses indivíduos pertencem a raças infinitamente diversificadas, nuançadas sob todas as formas e em todos os graus de organização, cada uma das quais se conserva a si mesma imutável, enquanto alguma causa não venha a atuar sobre elas.

Exporemos alguns desenvolvimentos sucintos de cada uma das seis seções da arte utilizadas nas ciências naturais.

Distribuições sistemáticas. Chamo de distribuição sistemática geral ou particular a toda série de animais ou vegetais que não se encontre em conformidade à ordem da natureza, e que não representa, assim, nem a ordem completa nem uma parte dessa ordem, e quem, portanto, não está respaldada na consideração de relações bem determinadas.

Temos razões para admitir que há uma ordem, estabelecida pela natureza, nos produtos de cada um dos reinos de corpos vivos: é a ordem em que cada um desses corpos foi formado, em sua origem.

Essa mesma ordem é única e essencialmente sem divisão em cada reino orgânico, e se dá a conhecer a partir da determinação das relações particulares e gerais entre os diferentes objetos que fazem parte desses reinos. Os corpos vivos que se encontram nas duas extremidades dessa ordem possuem entre si o mínimo de relações e apresentam em sua organização e forma as maiores diferenças possíveis.

À medida que se tome ciência dela, essa mesma ordem deverá substituir a distribuição sistemática ou artificial que os naturalistas se viram forçados a adotar para classificar de maneira mais cômoda os diferentes corpos naturais que observavam.

Com efeito, a distinção entre os diversos corpos orgânicos identificados pela observação foi pautada desde o início por critérios de comodidade e de facilidade, e, por mais que se buscasse por uma ordem da natureza como base da distribuição desses objetos, ninguém chegou a concebê-la como de fato ela é.

Nasceram daí toda sorte de classificações, sistemas e métodos artificiais, fundados, contudo, em considerações totalmente arbitrárias. Essas distribuições foram submetidas a mudanças de princípio e de natureza com quase tanta frequência quanto seus autores se ocuparam delas.

O engenhoso *sistema sexual* proposto por Lineu[1] para as plantas oferece uma distribuição geral sistemática; a entomologia de Fabricius[2] oferece uma distribuição particular sistemática.

Foi preciso que a Filosofia das Ciências Naturais realizasse, nos últimos tempos, os progressos que conhecemos, para que finalmente nos convencêssemos, ao menos na França, da necessidade de estudar o método natural, isto é, de investigar, nas distribuições sistemáticas, a ordem própria da natureza, única que parece estável e ao abrigo de arbitrariedades, e, portanto, única digna da atenção do naturalista.

É extremamente difícil estabelecer um método natural para os vegetais, por conta da obscuridade que reina nas características da organização interna desses corpos vivos, e das diferenças notadas entre as diversas famílias de plantas. E, no entanto, graças às sábias observações do sr. Jussieu,[3] demos um grande passo em Botânica, no que se refere ao método natural, e numerosas famílias foram formadas a partir dessas considerações de parentesco. Resta determinar de maneira sólida a disposição geral dessas famílias, seja no que se refere aos seus membros, seja em relação a outras famílias, e, por conseguinte, no que se refere a essa ordem como um todo. É verdade que o início dessa ordem foi encontrado, mas, quanto ao meio e, sobretudo, ao fim, continuamos à mercê do método arbitrário.

---

1 Lineu, *Systema naturæ*, 12.ed., Estocolomo: Academia Real de Ciências, 1767-1768 3v. As referências a Lineu ao longo da *Filosofia Zoológica* remetem a essa edição. (N. T.)

2 Fabricius, *Systema entomologiæ*, Copenhagen, 1775. (N. T.)

3 Bernard de Jussieu, *Ordre des plantes*, Paris, 1759. (N. T.)

Os animais não oferecem a mesma dificuldade, pois sua organização é mais pronunciada, e os diferentes sistemas a seu respeito são mais fáceis de ser compreendidos, o que permitiu que o trabalho avançasse consideravelmente. A ordem da natureza foi esboçada no reino animal de maneira estável e satisfatória, e apenas os limites das classes, ordens, famílias e gêneros é que se expõem ao arbitrário.

Se continua a haver distribuições sistemáticas de animais, elas ao menos são particulares, como as dos objetos que pertencem a uma classe. As distribuições de peixes e aves são, dentre as realizadas até o momento, as mais sistemáticas.

Classes. Damos o nome de classe ao primeiro tipo de divisão geral que estabelecemos em um reino. As demais divisões recebem outros nomes; falaremos a seu respeito em um instante.

Quanto mais avançamos em nosso conhecimento a respeito das relações entre os objetos que compõem um reino, mais as classes de divisão primária desse reino são boas e parecem naturais, principalmente se, quando as formamos, reconhecemos as relações que lhes dizem respeito. Mesmo assim, os limites dessas classes, por melhores que elas sejam, são evidentemente artificiais. Sem mencionar que elas são suscetíveis de variações arbitrárias introduzidas pelos autores; tanto é assim que os naturalistas não concordam quanto a certos princípios da arte e não se submetem a eles de modo unânime.

Mesmo que a ordem da natureza estivesse perfeitamente compreendida em um único reino, as *classes* que somos obrigados a estabelecer para dividi--las constituiriam cortes artificiais.

Todavia, muitos desses cortes parecem realmente formados pela própria natureza, sobretudo no reino animal, e está por vir o dia em que se reconhecerá que os mamíferos, as aves etc. não são classes formadas pela natureza isoladamente. Tudo isso, porém, não passa de uma ilusão, decorrente das limitações de nossos conhecimentos a respeito dos animais que existem ou um dia existiram. Quanto mais avançam os nossos conhecimentos por meio da observação, mais provas adquirimos de que os limites das classes, mesmo as que parecem mais isoladas, devem ser extintos, levando-se em conta as novas descobertas. Os ornitorrincos e as equidinas (*equidnas*) parecem indicar a existência de animais intermediários entre as aves e os mamíferos. Que ganhos não teriam feito as ciências naturais, se a vasta região da Nova Holanda,[4] e outras, tivessem sido mais exploradas! Se as classes são o primeiro modo de divisão estabelecido em um reino, segue-se que as divisões que pertencem a uma classe não podem ser classes, pois é impróprio que uma classe seja estabelecida dentro de outra. Contudo, é o que se costuma fazer. Brisson, em sua *Ornitologia*,[5] dividiu as classes de aves em diferentes classes particulares.

Ainda que a natureza inteira seja regida por leis, a arte deve se submeter a regras. Na ausência de regras, aquelas leis não poderão ser observadas, os produtos da natureza parecerão instáveis, e não haverá mais objetos.

Os naturalistas modernos introduziram o uso de dividir uma classe em muitas *subclasses* e fizeram o mesmo para os gêneros, formando não apenas subclasses, mas também subgêneros. Logo nossas distribuições apresentarão subclasses, subordens, subfamílias, subgêneros e subespécies. É um abuso irrefletido, que destruiu a hierarquia e a simplicidade das divisões que Lineu propusera como exemplo geral a ser seguido.

A diversidade de objetos que pertencem a uma classe de animais ou vegetais é tão grande que se torna necessário estabelecer muitas divisões e subdivisões entre os objetos de uma classe. Mas o interesse da ciência é que as divisões da arte tenham sempre a maior simplicidade possível, a fim de facilitar o estudo. Ora, esse interesse permite, sem dúvida, todas as divisões e subdivisões necessárias, mas opõe-se a que cada divisão e subdivisão tenha uma denominação particular. É preciso pôr fim aos abusos de nomenclatura, para que ela não se torne tão difícil de conhecer quanto os próprios objetos a que se refere.

Ordens. Devemos dar o nome de ordem às principais divisões e ao primeiro modo como a classe é dividida. Se essas divisões comportam em si outras subdivisões, não se chamarão ordens, e é inadequado lhes dar esse nome.

Por exemplo, a classe dos moluscos tem a vantagem de estabelecer duas grandes divisões principais entre esses animais: os que têm cabeça, olhos

---

4 Austrália. (N. T.)

5 Brisson, *Ornithologia, sive Synopsis methodica sistens avium divisionem in ordines, sectiones, genera, species*, Paris/Leiden, 1763. (N. T.)

etc. e se reproduzem por cópula, e os que não têm cabeça, olhos etc. e não copulam. Os moluscos *cefálicos* e os moluscos *acéfalos* são as duas ordens dessa classe, e cada uma delas pode ser dividida em muitas outras partes distintas. Mas isso não é motivo para que se dê a elas o nome de ordem, e tampouco para que cada parte seja tomada como uma subordem. As partes que dividem as ordens devem ser consideradas como seções, como grandes famílias, passíveis de serem subdivididas.

Conservemos nessas divisões da arte a grande simplicidade e a bela hierarquia estabelecida por Lineu, e, se ainda tivermos a necessidade de subdividir ordens, ou seja, a principal divisão da classe, façamos tantas divisões quantas forem necessárias, mas não a ponto de atribuir a elas uma denominação particular.

As ordens que dividem uma classe devem ser determinadas por características importantes que se estendam a todos os objetos compreendidos em uma ordem. Mas não devemos atribuir um nome particular que se aplique aos próprios objetos.

O mesmo vale para as *seções*, introduzidas por necessidade entre as ordens de uma classe.

As famílias. Denominamos famílias as divisões da ordem da natureza reconhecidas em um dos reinos dos corpos vivos. Essas frações da ordem natural são, por um lado, menores que as classes ou mesmo que as ordens, e, por outro, maiores que os gêneros. Por mais naturais que sejam as famílias, e que os gêneros que elas compreendem se reúnam por relações reais, os limites que as circunscrevem são sempre artificiais. E quanto mais estudamos os produtos da natureza e notarmos a sua originalidade, mais vemos os naturalistas variarem perpetuamente os limites das famílias. Uns dividem uma família em muitas famílias novas, outros reúnem muitas famílias em uma única, outros ainda acrescentam famílias a uma outra já conhecida, aumentando-a ou diminuindo-a para além dos limites permitidos.

Se todas as raças (que nomeamos espécies) que pertencem a um reino de corpos vivos fossem perfeitamente conhecidas, e fossem determinadas as verdadeiras relações entre cada uma delas e as diferentes populações por elas formadas, de modo que em todos os lugares a aproximação entre essas raças e sua colocação nos diversos grupos ocorresse conforme relações naturais desses objetos, então, as classes, as ordens, as seções e os gêneros corresponderiam a famílias de diferentes grandezas, pois todos esses cortes seriam porções, maiores ou menores, da ordem natural.

No caso que acabo de citar, nada, sem dúvida, mais difícil do que demarcar os limites entre os diferentes cortes. A arbitrariedade os varia sem cessar, e só há acordo nos casos em que os intervalos entre as séries são suficientemente claros.

Mas, felizmente para a execução da arte que queremos introduzir em nossas distribuições, existem tantas raças de animais e vegetais ainda desconhecidas, e tantas que provavelmente continuarão a sê-lo, devido aos locais em que habitam, além de outras circunstâncias que criam obstáculos intransponíveis, que os intervalos que daí resultam na extensão da série seja dos animais, seja dos vegetais, nos fornecerão por um bom tempo, quiçá para sempre, meios para delimitar dos cortes a serem feitos.

O uso, aliado à necessidade, exige que atribuamos a cada família e a cada gênero um nome particular que se aplique ao conjunto de que fazem parte. Resulta disso que as variações que delimitam as famílias, sua extensão e determinação implicam a alteração de sua nomenclatura.

Gêneros. Denominamos gênero um conjunto de raças, ditas espécies, reunidas a partir da consideração de suas relações e que constituem pequenas séries, limitadas por características escolhidas arbitrariamente para circunscrevê-las.

Em um gênero bem delimitado, as raças ou espécies que o perfazem foram reunidas a partir das características mais essenciais. As raças mais numerosas devem ser ordenadas, naturalmente, umas ao lado das outras, diferenciando-se entre si por características menos importantes, porém suficientes para distingui-las. De tal modo que gêneros bem delimitados são verdadeiras famílias em miniatura, isto é, ramificações de uma mesma ordem da natureza.

Mas, embora as séries a que atribuímos o nome de famílias sejam passíveis de variação dentro dos limites de sua extensão, certos autores, que modificam arbitrariamente os princípios de sua formação, são da opinião de que os limites que circunscrevem os gêneros também estariam expostos a variações infinitas, e não hesitam em modificar, conforme lhes pareça conveniente, as características empregadas para a determinação das famílias. Mas, como os gêneros devem ter um nome próprio, se cada variação na determinação de um gênero implicasse a mudança do seu nome, tais alterações prejudicariam imensamente o desenvolvimento das ciências naturais, obstruindo as sinonímias, sobrecarregando a nomenclatura, e tornando árduo e desagradável o estudo dessas ciências.

Quando é que os naturalistas irão consentir em se submeter a princípios de convenção, para regulamentar de maneira uniforme o estabelecimento de gêneros etc.? Seduzidos pela consideração de que as relações naturais que identificam entre objetos que eles mesmos associaram, quase todos acreditam que os gêneros, famílias, ordens e classes assim estabelecidos são realmente naturais. Não atentam para o fato de que as boas séries que eles formaram a partir do estudo das relações são séries naturais, frações grandes ou pequenas de uma ordem natural, enquanto as linhas demarcatórias de separação, também estabelecidas por eles, introduzem divisões alheias a essa mesma ordem.

Portanto, os gêneros e as famílias, as seções e as ordens, as próprias classes são, na verdade, *divisões da arte*, por naturais que sejam as séries bem formadas que constituem esses diferentes cortes. Sem dúvida, estabelecê-las é necessário, e sua utilidade é evidente e indispensável. Mas, se não quisermos pôr a perder, com excessos reiterados, os ganhos que elas nos trazem, é necessário que sua instituição seja submetida a princípios e regras convencionados, aos quais todos os naturalistas se submetam.

Nomenclatura. É a sexta e última divisão da arte necessária ao avanço das ciências naturais. Chamamos nomenclatura o sistema de nomes que consignamos aos objetos particulares, como as raças e espécies de corpos vivos, ou aos diferentes grupos de tais objetos, como os gêneros, famílias e classes.

Com o intuito de designar claramente o objeto da nomenclatura que pertença somente aos nomes atribuídos às espécies, aos gêneros, às famílias e às classes, devemos distinguir a nomenclatura de outra divisão da arte, denominada *tecnologia*, que se refere exclusivamente às denominações que atribuímos às partes dos corpos naturais.

"Todas as descobertas e observações dos naturalistas cairão necessariamente no esquecimento, e se tornarão inúteis à sociedade, se cada um dos objetos por elas observado e determinado não receber um nome que possa designá-lo no instante em que os mencionamos ou os citamos".[6]

É evidente que a nomenclatura é, na História Natural, uma divisão da arte, empregada para fixar nossas ideias em relação aos produtos naturais observados e transmitir essas ideias e nossas observações sobre os objetos que lhes concernem.

Sem dúvida, esse aspecto da arte deve estar submetido, como os demais, a regras de convenção a serem seguidas por todos, mas é preciso ressaltar que há exageros em seu uso; toda divisão provém, juntamente com o abuso do qual tanto nos queixamos, de objetos introduzidos previamente e que a cada dia se multiplicam nas demais divisões da arte já citadas.

Com efeito, há um problema no estabelecimento de convenções relativas à formação de gêneros e famílias, e mesmo das próprias classes. Para dar conta da divisão da arte e apresentar todas as variações arbitrárias, a nomenclatura sofre alterações infindáveis, e jamais poderá ser fixada enquanto persista esse defeito. A sinonímia, que já é consideravelmente extensa, não para de crescer, e se mostra cada vez mais inadequada para resolver uma confusão que ameaça todos os ganhos da ciência.

A consideração de que as linhas de separação que podemos traçar na série de objetos que compõem um dos reinos dos corpos vivos são de fato artificiais, exceto pelas que resultam de lacunas a serem preenchidas, simplesmente não foi feita até aqui. Não ocorreu aos naturalistas fazê-lo, nem questionaram seus próprios métodos, contentando-se em estabelecer distinções entre os objetos. É o que tentei mostrar em outra obra.

"Para que possamos obter e conservar o uso de todos os corpos naturais que estão ao nosso alcance, para que eles sirvam às nossas necessidades, é necessário determinar com precisão os caracteres próprios de cada um deles, e, por conseguinte, é necessário investigar e determinar as particularidades de sua organização, estrutura, forma, proporção etc., de modo a diferenciá-los, reconhecê-los e distingui-los uns dos outros, dada a ocasião. É algo

---

6 Lamarck, article "Nomenclature", *Dictionnaire encyclopédique de Botanique*, Paris, 1789. (N. A.)

que os naturalistas, por força de examinar os objetos, chegaram a executar, mas apenas até certo ponto".[7]

"Essa é a parte do trabalho dos naturalistas que mais avançou: após um século e meio, foram feitos imensos esforços para aperfeiçoá-la, pois é a mais útil para dar a conhecer as novas observações, para registrar o que já é conhecido e fixar os conhecimentos dos objetos cujas propriedades são ou serão identificadas, dependendo de sua utilidade".

"Mas, sem se dar conta dos limites desses avanços, os naturalistas não refletiram suficientemente a respeito das linhas de separação propostas para dividir as séries gerais dos animais e dos vegetais. Dedicaram-se quase exclusivamente a um único tipo de trabalho, considerar um verdadeiro e próprio ponto de vista, sem chegar a um entendimento comum, vale dizer, sem estabelecer previamente regras de convenção que limitem o entendimento de cada parte do empreendimento e fixem os princípios de determinação e controle dos excessos, de tal modo que cada um, ao modificar arbitrariamente as designações para a formação de classes, ordens e gêneros, apresenta numerosas e diferentes classificações, submete os gêneros a mudanças sem limites, e, de modo inconsequente, altera sem cessar os nomes dos produtos da natureza. Por essa razão, a *sinonímia* adquiriu, na História Natural, uma extensão extraordinária. A cada dia a ciência se torna mais obscura, enredando-se em dificuldades quase insuperáveis; e os mais belos esforços para estabelecer meios que permitam reconhecer e distinguir tudo o que a natureza oferece à observação e ao uso se perdem num imenso labirinto, ameaçando-nos com a ruina da ciência".[8]

Eis as consequências de não se distinguir entre o que pertence à arte e o que é da natureza, e de não tentar encontrar regras convenientes para determinar, de modo menos arbitrário, as divisões a serem estabelecidas.

---

7 Lamarck, *Discours d'ouverture du cours de 1806*, p.5. (N. A.)
8 Lamarck, *Discours d'ouverture du cours de 1806*, p.5-6. (N. A.)

Capítulo II
Importância da consideração das relações

Em se tratando de corpos vivos, dizemos que há relação entre dois objetos quando estes podem ser comparados por analogia ou por semelhança, e ser tomados no conjunto ou na generalidade de suas partes, ligadas pelos valores que lhes são mais essenciais. Quanto mais traços de conformidade e extensão forem encontrados, mais relações poderão ser estabelecidas entre os objetos; elas indicam um modo de parentesco entre os corpos vivos, e é necessário incluí-los em nossa distribuição de uma maneira proporcional às grandezas de suas relações.

Por quais mudanças não passaram as ciências naturais, em sua marcha e progresso, quando foi dada a devida atenção e consideração às relações, e, sobretudo, quando foram determinados os verdadeiros princípios concernentes às relações e ao valor delas!

Antes dessa mudança, nossa distribuição botânica encontrava-se à mercê da arbitrariedade e das eventuais contribuições dos sistemas artificiais. No reino animal, a distribuição dos animais sem vértebras, que respondem pela maioria dos animais conhecidos, oferece as associações mais disparatadas: umas sob o nome de insetos, outras sob o de vermes, trazem os animais mais alheios e mais distantes entre si do ponto de vista das relações de que falamos.

Felizmente, a situação mudou; e, enquanto a História Natural for estudada, esses progressos estarão garantidos.

A consideração das relações naturais impede toda arbitrariedade nas tentativas de distribuição metódica dos corpos organizados. Ela mostra a lei da natureza que nos dirige segundo um método natural; obriga as opiniões dos naturalistas a convergirem para uma classificação pautada primeiro pela distribuição das principais massas e em seguida pelos objetos particulares de que esses corpos são compostos; e, por fim, constrange-os a representar a própria ordem que a natureza segue ao dar existência às suas produções.

Assim, todas as considerações concernentes às relações entre os diferentes animais devem ser feitas anteriormente a qualquer divisão ou classificação, e são, por isso, o principal objeto de nossa investigação.

Não se trata aqui apenas de fazer considerações sobre as relações existentes entre as espécies, mas também de fixar as relações gerais entre as ordens que aproximam ou distanciam as massas que devemos considerar comparativamente.

As relações, embora muito diferentes em valor segundo a importância das partes, podem, todavia, se estender à conformação das partes externas. Se considerarmos os seres vivos não apenas em suas partes essenciais, mas também nas externas, e estas não oferecerem nenhuma diferença determinável, então os objetos considerados serão indivíduos da mesma espécie. Mas, se, apesar da extensão das relações, as partes externas apresentarem diferenças consideráveis, mesmo que menores que as semelhanças essenciais, os objetos serão de espécies diferentes de um mesmo gênero.

O importante estudo das relações não se furta a comparar entre si classes, famílias ou mesmo espécies para determinar as relações entre esses objetos; inclui ainda a consideração das partes que compõem os indivíduos, e, ao compará-los entre si a partir de partes do mesmo tipo, encontra um método sólido para reconhecer a identidade dos indivíduos de uma mesma raça e a diferença entre raças distintas.

Foi observado que as proporções e disposições das partes dos indivíduos que compõem uma espécie ou raça se mostram sempre as mesmas e parecem assim se manter constantemente; e concluiu-se, com razão, que, examinadas as partes separadas de um indivíduo, seria possível determinar a qual espécie, conhecida ou nova, essas partes pertenceriam.

É um meio propício ao avanço dos nossos conhecimentos acerca do estado dos produtos da natureza, no período em que os observamos. Mas as determinações que daí resultam são válidas por um tempo limitado, pois as próprias raças modificam o estado de suas partes conforme as circunstâncias que as afetam se alterem consideravelmente. Mas, como essas mudanças se dão com enorme lentidão, e somos insensíveis a elas, parece-nos que as proporções e disposições das partes permanecem as mesmas, pois não as vemos mudar; e, com frequência, quando observamos algo que é efeito de uma mudança, como ela nos passou despercebida, supomos que esteve ali desde sempre.

Também, por outro lado, ao comparar partes de mesmo tipo que pertencem a indivíduos diferentes, pode-se determinar com acerto e sem dificuldade as relações próximas ou distantes entre essas partes, e, portanto, identificá-las como pertencentes a indivíduos de uma mesma raça ou de raças diferentes. O único defeito nesse procedimento é uma consequência geral, extraída de maneira descuidada, à qual terei a oportunidade de retornar ao longo desta obra.

Relações são sempre incompletas quando decorrem de uma consideração isolada, isto é, quando são determinadas a partir da consideração de uma parte tomada em separado. Mesmo assim, elas poderão ter alguma extensão, dependendo da importância da parte que permitiu identificá-las.

Existem, portanto, graus determináveis entre relações reconhecidas, e valores de importância entre as partes que fornecem essas relações. Mas esse conhecimento permaneceria sem aplicação e utilidade se não distinguíssemos, nos corpos vivos, as partes mais importantes das menos e se não encontrássemos um princípio particular que permita estabelecer entre elas valores não arbitrários, malgrado toda a sua variedade.

Nos animais, as partes mais importantes, que fornecem as principais relações, são as essenciais à conservação da vida; nos vegetais, são as essenciais à sua regeneração.

Assim, nos animais, é a partir da *organização* interna que as principais relações serão determinadas; nos vegetais, é nas partes da *frutificação* que se buscarão as possíveis relações entre os diferentes corpos vivos.

Mas, como as partes mais importantes a serem consideradas na investigação das relações são, em ambos os reinos, de diferentes tipos, o único princípio adequado para determinar, sem arbitrariedade, o grau de importância de cada uma das partes é identificar seja aquela que a natureza principalmente emprega, seja, no caso do animal, a importância da faculdade resultante da aquisição de uma parte determinada.

Nos caso dos animais, a organização interna fornece as principais relações a serem consideradas, e três tipos de órgãos especiais são escolhidos, entre outros, como os mais importantes. Indiquemo-los segundo a ordem de sua importância:

1) *O órgão do sentimento*: os nervos, que têm um centro de relação, seja único, como nos animais que têm cérebro, seja múltiplo, como nos que têm medula ganglionar longitudinal.
2) *O órgão da respiração*: os pulmões, as brânquias e as traqueias.
3) *O órgão da circulação*: as artérias e as veias, que têm, no mais das vezes, um centro de ação, o coração.

Os dois primeiros são empregados pela natureza de maneira mais geral, e são, por isso, mais importantes que o terceiro, que, na ordem descendente de classificação, desaparece nos crustáceos, enquanto os dois primeiros se estendem aos animais das duas classes que se seguem a eles crustáceos.

Por fim, dentre os dois primeiros, o órgão do sentimento conta mais, pelo seu valor para as relações, pois produz a mais eminente das faculdades animais e, sem esse órgão, não haveria ação muscular.

Se tivesse que falar dos vegetais, cujas partes essenciais à regeneração são aquelas que fornecem as principais características para a determinação das relações, apresentaria essas partes na ordem de valor ou importância descrita a seguir:

1) O embrião, seus acessórios (os cotilédones, o perisperma) e o grão que o contém.
2) As partes sexuais das flores, como o pistilo e o estame.
3) As estruturas que envolvem as partes sexuais: a corola, o cálice etc.
4) As estruturas que envolvem o grão, ou pericarpo.
5) Os corpos reprodutivos que não requerem fecundação.

Esses princípios, boa parte deles reconhecidos e aceitos, dão às ciências naturais uma consistência e uma solidez que elas não tinham antes. As *relações* que são determinadas ao se conformarem a eles não estão sujeitas a variações de opinião. Nossas distribuições gerais são postiças, e, à medida que as aperfeiçoarmos com o auxílio desses meios, se aproximarão cada vez mais da própria ordem da natureza.

Com efeito, a percepção da importância das relações permitiu, em anos mais recentes, tentativas mais bem-sucedidas de determinar o que chamamos aqui de *método natural*, um simples esboço, traçado pelo homem, da marcha da natureza na confecção de seus produtos.

Atualmente na França não fazemos mais caso desses sistemas artificiais fundados sobre características que comprometem as relações naturais entre os objetos que estão sujeitos a elas, e que ocasionam as divisões e distribuições tão nocivas ao avanço de nossos conhecimentos sobre a natureza.

Relativamente aos animais, estamos agora convencidos, e com razão, de que as relações naturais entre eles só podem ser determinadas a partir do estudo de sua organização. E, por conseguinte, é junto à Anatomia Comparada que a Zoologia buscará pelas luzes necessárias à determinação dessas relações. Importam-nos, em especial, os fatos relatados nos trabalhos dos anatomistas, e não necessariamente as consequências que extraem deles, pois, com frequência, elas podem nos desviar e nos impedir de traçar as leis e o verdadeiro plano da natureza. O homem parece estar condenado a cada vez que observa um fato novo qualquer, a precipitar-se no erro, pois quer lhe atribuir uma causa, tão fecunda é a sua imaginação na criação de ideias, e deixa-se guiar por considerações gerais que lhe sejam sugeridas por observações e outros fatos, tão negligente é o seu juízo.

Quando nos ocupamos de *relações naturais* entre os objetos e essas relações são bem julgadas, as espécies que aproximamos de acordo com essa consideração e reunimos em grupos dentro de certos limites formam o que chamamos de *gêneros*; os gêneros similares que podemos agrupar após termos considerado tais relações, uma vez reunidos em grupos de ordem superior, formam o que chamamos de *famílias*; estas, por sua vez, reunidas a partir da mesma consideração de relações, compõem as *ordens*; que, pelos mesmos meios, são a primeira divisão das classes; que, por fim, estabelecem as divisões dentro de cada reino.

Portanto, as *relações naturais*, devidamente julgadas, são o que deve nos guiar nas associações que fazemos na determinação das divisões de cada reino em classes, de cada classe em ordens, de cada ordem em seções ou famílias, de cada família em gêneros, e de cada gênero em diferentes espécies, se for o caso.

Temos boas razões para pensar que a série completa dos seres que fazem parte de um reino, por estar distribuída em uma ordem em toda parte submetida à consideração das relações, representa a própria ordem da natureza; mas, como mostrei no capítulo anterior, é importante considerar que os diferentes tipos de divisão necessários para se estabelecer uma série que permita conhecer mais facilmente os objetos não pertencem, na verdade, à natureza, e são artificiais, por mais que ofereçam parcelas naturais da ordem instituída pela natureza.

Se acrescentarmos a essas considerações que as relações no reino animal são determinadas principalmente após a organização, e que os princípios empregados para fixar essas relações não devem deixar dúvida quanto ao seu fundamento, teremos, com essas considerações, bases sólidas para erguer uma *Filosofia Zoológica*.

Sabe-se que toda ciência deve ter sua *filosofia*, e que apenas assim ela pode fazer progressos reais. Em vão os naturalistas perdem seu tempo na tentativa de apreender cada uma das nuances e detalhes de suas variações para aumentar a lista das espécies inscritas, ou, em suma, para instituir outros gêneros mediante a modificação incessante das considerações empregadas para caracterizá-los: se negligenciarem a filosofia da ciência, seus progressos serão irreais, e sua obra inteira permanecerá imperfeita.

Efetivamente, foi apenas após termos começado a fixar as relações próximas ou distantes que existem entre os produtos da natureza e entre os objetos compreendidos nos diferentes cortes que formamos entre essas produções que as ciências naturais conquistaram princípios minimamente sólidos e alcançaram uma filosofia que as constitui em verdadeiras ciências.

Quantas vantagens para o seu aperfeiçoamento nossas distribuições e nossas classificações extraem a cada dia do estudo das relações entre os objetos!

Com efeito, ao estudar essas relações eu reconheci que os animais *infusórios* não poderiam estar associados aos pólipos numa mesma classe; que os *radiados* não devem ser confundidos com os pólipos; e que os animais moles, como as medusas e outros gêneros vizinhos, que tanto Lineu quanto Bruguière[1] incluíram entre os moluscos, se aproximam essencialmente dos equiníneos (equinodermos) e devem formar com eles uma classe particular.

Convenci-me ainda, ao estudar as relações, de que os *vermes* formam uma divisão isolada que compreende animais muito diferentes da divisão dos radiados, e, por razões ainda mais fortes, tampouco da dos pólipos; e percebi também que os aracnídeos não poderiam fazer parte da classe dos insetos, e que o cirrípedes não eram nem anelídeos, nem moluscos.

Por fim, fui levado, a partir do estudo das relações, a fazer correções essenciais na própria distribuição dos moluscos. Reconheci que os pterópodes, por suas relações, avizinham-se, ainda que de maneira distinta, dos gastrópodes, e não devem ser inseridos entre estes últimos e os cefalópodes, mas sim entre os moluscos acéfalos, dos quais estão mais próximos, e os gastrópodes. Os pterópodes não têm olhos, como todos os acéfalos, e quase não possuem cabeça (o hialo parece ser uma cabeça, mas não é). Vejam no Capítulo VII que encerra esta primeira parte a distribuição particular dos moluscos.

Mesmo nos vegetais, o estudo das relações entre as diferentes famílias identificadas pode ser esclarecedor, levando-nos a conhecer melhor a posição de cada uma delas na série geral. Com isso, a distribuição desses corpos vivos não será mais relegada à arbitrariedade, adequando-se mais conforme a própria ordem da natureza.

Portanto, a importância do estudo das relações entre os objetos observados é tão evidente que devemos tomar esse estudo como o principal dentre os que podem promover o avanço das ciências naturais.

---

1 Bruguière, *Histoire Naturelle des vers*, Paris, 1792. (N. T.)

Capítulo III
Das espécies de corpos vivos e da ideia que deve ser associada a essa palavra

Não é um objetivo fútil determinar positivamente a ideia que devemos formar do que se chama de *espécie* a propósito dos corpos vivos. A partir dessa ideia, devemos indagar se é verdade que as *espécies* têm uma constância absoluta, se são tão antigas quanto a natureza, se existem desde os primórdios até os dias atuais, ou se, submetidas a certas mudanças de circunstâncias, das quais temos conhecimento, não teriam, com o tempo, suas características e formas modificadas, ainda que com extrema lentidão.

O esclarecimento dessa questão não interessa apenas aos nossos conhecimentos zoológicos e botânicos, mas é essencial, sobretudo, para a história do globo.

Mostrarei nos capítulos que se seguem que cada espécie recebeu, a partir da influência de circunstâncias nas quais se encontra desde há muito tempo, certos *hábitos*, que, de resto, conhecemos, e que tais hábitos vêm, por si mesmos, exercendo influências sobre as partes de cada um dos indivíduos da espécie, a ponto de modificá-las e colocá-las em relação com os hábitos contraídos. Vejamos, de início, a ideia que temos disso que chamamos de *espécie*.

Chamamos de espécie toda coleção de indivíduos semelhantes produzidos por outros indivíduos semelhantes a eles.

Essa definição é exata, pois todo indivíduo dotado de vida se parece muito com aquele ou aqueles dos quais provém. Costuma-se acrescentar a essa definição a suposição de que as características específicas dos indivíduos que compõem uma espécie jamais variam, e que, por conseguinte, a espécie tem, na natureza, uma constância absoluta.

É essa suposição que me proponho a combater, pois há provas evidentes, obtidas por meio de observação, que mostram que ela não tem fundamento.

A suposição geralmente aceita de que os corpos vivos constituem espécies que se distinguem constantemente por características invariáveis, e que a existência dessas espécies é tão antiga quanto a própria natureza, foi estabelecida em uma época em que não havia observações suficientes, quando as ciências naturais ainda eram incipientes. Essa ideia, porém, é desmentida todos os dias, aos olhos dos bons observadores, que há muito acompanham a natureza e consultam, com proveito, as ricas e extensas coleções de nosso Museu de História Natural.

Todos aqueles que atualmente se dedicam ao estudo da História Natural sabem que os naturalistas enfrentam dificuldades para determinar os objetos a serem tomados como espécies. Como não perceberam que as espécies só são constantes, na realidade, relativamente à duração das circunstâncias nas quais se encontram os indivíduos que as representam, e que certos indivíduos, tendo variado, constituem raças nuançadas em relação a indivíduos de uma espécie vizinha qualquer, os naturalistas decidiram, sem mais, tomar como variedades ou espécies indivíduos observados em diferentes países e em situações diversas. O resultado é que a parte do trabalho que concerne à determinação das espécies se tornou a cada dia mais deficiente, isto é, mais truncada e mais confusa.

A verdade é que existem coleções de indivíduos que se assemelham entre si de tal maneira quanto à organização e ao conjunto das partes, e que se conservaram no mesmo estado por gerações a fio, tais como os conhecemos, que nos sentimos autorizados a ver nessas coleções de indivíduos as partes constituintes de espécies invariáveis.

Mas, assim, não damos atenção suficiente para o fato de que os indivíduos de uma espécie devem se perpetuar sem variar, desde que não variem, no essencial, as circunstâncias que influenciam em seu modo de existência. Mas isso não é o mesmo que afirmar, em consonância com preconceitos vigentes, que a regeneração sucessiva de indivíduos similares uns aos outros indicaria que as espécies são tão invariáveis e antigas quanto a natureza, criadas, cada uma delas em particular, pelo Autor Supremo de tudo o que existe.

Sem dúvida, nada existiria, se não fosse pela vontade do sublime Autor de todas as coisas. Mas poderíamos determinar as regras da execução de sua vontade, ou o modo como ele guiou seu olhar? Não poderia o seu poder infinito criar uma ordem de coisas que garantisse existência sucessiva a tudo o que vemos, bem como a tudo o que existe, mas desconhecemos?

Seguramente, qualquer que fosse sua vontade, a imensidão de seu poder é sempre a mesma, e, não importa como sua vontade suprema é executada, nada poderia diminuir sua grandeza.

Por respeito aos decretos dessa sabedoria infinita, limito-me a ser um simples observador da natureza. Mas, se quisesse lançar alguma luz sobre o caminho que ela segue, na efetivação de suas produções, eu diria, sem medo de me enganar, que aprouve ao seu Autor que a natureza tivesse essa faculdade e essa potência.

A ideia outrora existente da espécie dos corpos vivos era muito simples, e de fácil compreensão, e parecia, além disso, ser confirmada pelo fato de que a forma semelhante de diferentes indivíduos era perpetuada pela reprodução ou concedida a eles na geração, uma vez que deparamos, todos os dias, com um bom número dessas pretensas espécies.

Quanto mais avançamos no conhecimento de diferentes corpos organizados em quase todas as partes da superfície do globo, mais cresce nosso embaraço na tentativa de determinar o que deve ser tomado como espécie, e, por uma razão ainda mais forte, de limitar e distinguir os gêneros.

À medida que registramos os produtos da natureza e as nossas coleções se tornam mais ricas, vemos que quase todos os intervalos são preenchidos, e nossas linhas de separação se apagam. Somos então constrangidos a uma determinação arbitrária, que por vezes nos leva a tomar as menores variações como critério para formar os caracteres do que chamamos de espécie, e a declarar como variedades de uma espécie indivíduos que, embora mal difiram entre si, chegam a ser considerados, por alguns, como uma espécie em particular.

Eu repito, quanto mais ricas se tornam as nossas coleções, mais provas adquirimos de que as nuances estão por toda parte, de que as diferenças marcantes se atenuam e de que, se a natureza deixa ao nosso critério o estabelecimento de distinções, é apenas quanto a detalhes menores, para não dizer pueris.

Quantos gêneros não há, entre os animais e os vegetais, que são tão extensos, devido à quantidade de espécies a eles referidas, que tornaram praticamente inviável o estudo e a determinação dessas mesmas espécies! Escalonadas em séries e reunidas a partir da consideração de suas relações naturais, tais espécies apresentam, em relação às vizinhas, diferenças tão tênues, que se dissolvem em nuanças, a tal ponto de as espécies de alguma maneira se confundirem entre si e quase não permitem que se possa fixar, em uma expressão, as pequenas diferenças que as distinguem.

Todo aquele que se ocupa por algum tempo e com afinco à tarefa de determinar as espécies e que consulta, para tanto, ricas coleções sabe bem a que ponto elas se confundem entre si, e que, onde quer que se mostrem, na série, espécies isoladas, elas só parecem sê-lo porque nos faltam outras, próximas a elas, que ainda não foram coletadas.

Não quero com isso dizer que todos os animais que existem formam uma série extremamente simples e igualmente nuançada em todos os pontos; mas, apenas, que eles formam uma série ramificada, irregularmente graduada, sem pontos de descontinuidade, ou, ao menos, que nem sempre os possuiu, pois pode ser que se encontrem, em alguns lugares, devido a espécies perdidas. Do que resulta que as espécies em que cada ramo da série geral se encerra pertencem, ao menos em parte, a outras espécies, vizinhas a elas, e que se nuançam juntamente com elas. É algo que o estado atual de nossos conhecimentos permite a mim demonstrar.

Para tanto, não preciso nem de hipóteses nem de suposições: tenho o testemunho de todos os naturalistas que praticam a observação.

Não apenas muitos dos gêneros, mas ordens inteiras e por vezes as próprias classes nos oferecem porções quase completas do estado das coisas que indiquei.

Ora, quando, nesse caso, tivermos classificado as espécies em séries, e elas estiverem bem colocadas, segundo suas relações naturais, se escolherdes uma delas e, em seguida, saltardes por cima de muitas outras e tomardes uma mais afastada, haverá entre essas duas espécies, se comparadas, discrepâncias significativas. Foi assim que começamos por examinar os produtos da natureza que se encontram ao nosso alcance, o que certamente é mais difícil do que estabelecer, sem mais, distinções genéricas e específicas. Mas, agora que dispomos de ricas coleções, se tomardes a série que há pouco citei e a retraçardes a partir da espécie que escolhestes até a que tomastes depois, e que é bem diferente dela, chegareis a ela, de nuance em nuance, imperceptivelmente, sem terdes observado distinções dignas de serem notadas.

Mas então eu pergunto: que zoólogo ou botânico experiente não penetrou no fundamento do que acabo de expor?

Como estudar ou determinar as espécies de maneira sólida, em meio a essa multidão de pólipos de todas as ordens, de radiados, de vermes, e, principalmente, de insetos, nos quais apenas os gêneros borboleta, falenas, traça, mosca, icneumonídeo, gorgulho, cerambicídeo, escaravelho, cetonia etc. oferecem inúmeras espécies que se aproximam, se misturam e confudem-se umas às outras?

Que multidão de conchas os moluscos não nos apresentam, em todos os países e mares, que eludem nossos meios de distinção e esgotam nossos recursos!

Remontai aos peixes, aos répteis, às aves, aos próprios mamíferos, e vereis que, exceto por lacunas que ainda não foram preenchidas, as espécies vizinhas e os próprios gêneros frustram nosso empenho de estabelecer distinções claras, devido às nuances que existem entre espécies vizinhas, e os próprios gêneros frustram nosso empenho de estabelecer boas distinções.

Um estado de coisas semelhante não seria oferecido pela Botânica, que considera a outra série, de diversas partes, composta pelos vegetais?

Com efeito, quais não são as dificuldades pelas quais ela passa agora no estudo e na determinação das espécies e gêneros de líquens, algas, carriços, poas, piperes, eufórbias, ericas, hierácios, solanos, gerânios, mimosas etc.?

Quando esses gêneros foram formados, conhecia-se apenas um pequeno número de espécies que eram facilmente distinguidas, mas, agora que quase todos os intervalos entre elas estão preenchidos, as diferenças específicas são inevitavelmente minuciosas e, mesmo assim, no mais das vezes insuficientes. A partir da constatação desse estado de coisas, vejamos quais são as causas que teriam levado a ele, os meios que a natureza oferece para efetuá-lo e em que medida a observação poderia nos esclarecer a esse respeito.

Uma grande quantidade de fatos nos ensina que, à medida que os indivíduos de uma de nossas espécies mudam de lugar e de clima e alteram seu modo de existência ou seus hábitos, eles recebem influências que modificam pouco a pouco a consistência e as proporções de suas partes, a sua forma, as suas faculdades e a sua própria organização, de tal maneira tudo neles é alterado, com o tempo, por essas mutações.

Alterações drásticas de situação e circunstância em um mesmo clima podem introduzir, nos indivíduos afetados por elas, variações correspondentes. Ao longo do tempo, a variação constante de tais circunstâncias, aliada ao fato de viverem e se reproduzirem sucessivamente nessa situação, tornam as diferenças, de algum modo, essenciais ao seu ser. Dessa forma, na sucessão de numerosas gerações, esses indivíduos, que originariamente pertencem a outra espécie, são por fim transformados em uma nova espécie, distinta da original.

Por exemplo. Se os grãos de uma gramínea ou de qualquer outra planta oriunda de uma pradaria úmida forem transportados, devido a alguma circunstância, para a encosta de uma colina vizinha, onde o solo, ainda que mais elevado, seja fresco e permita à planta conservar sua existência, ela poderá, após ter ali vivido e se renovado, alcançar aos poucos o solo seco e quase árido de uma encosta montanhosa. Caso a planta consiga sobreviver e perpetuar-se por uma série de gerações, ela irá se modificar ulteriormente, e os botânicos tomarão o que encontrarem diante de si como uma espécie particular.

O mesmo ocorre com animais forçados pelas circunstâncias a mudar-se para outro clima e a alterar seu modo de vida e seus hábitos. Nesse caso, porém, a influência dessas causas requer um pouco mais de tempo para produzir alterações nos indivíduos do que no caso das plantas, que acabo de mencionar.

A ideia de abarcar, sob o nome de espécie, uma coleção de indivíduos semelhantes que se perpetuariam por meio da geração e que seriam tão antigos quanto a natureza pressupôs que os indivíduos de uma mesma espécie não estariam necessariamente aptos a se conjugar, em atos de geração, com indivíduos de uma espécie diferente.

Infelizmente, no entanto, a observação tem provado e continua a provar que essa consideração carece de fundamento, pois os híbridos, muito comuns entre os vegetais, e, no caso dos animais, os frequentes acasalamentos entre indivíduos de espécies muito diferentes, mostram que os limites entre espécies pretensamente invariáveis não são tão rígidos quanto se poderia imaginar.

É verdade que, no mais das vezes, nada resulta desses acasalamentos singulares, sobretudo se forem muito disparatados, e, assim, os indivíduos, eventualmente produzidos, não são fecundos, ao contrário do que acontece quando a disparidade é menor. É o suficiente para crermos na proximidade inicial entre variedades que depois se tornam raças e com o tempo constituem o que chamamos de espécies.

Para julgar se a ideia que formamos de espécie tem algum fundamento real, retornemos às considerações já expostas, pois elas mostram:

1) Que todos os corpos organizados do nosso globo são realmente produtos confeccionados pela natureza ao longo de muito tempo.

2) Que, em sua marcha, a natureza inicia e reinicia, a cada instante, e diretamente, a geração dos corpos organizados mais simples, isto é, os primeiros esboços de organização que designamos *gerações espontâneas*.

3) Que os primeiros esboços de animais e de vegetais, formados em lugares e circunstâncias convenientes, desenvolveram faculdades a partir da vida debutante e do movimento orgânico então estabelecido. Desenvolveram pouco a pouco, necessariamente, órgãos que com o tempo se diversificaram, assim como suas partes.

4) Que a faculdade de crescimento de cada parte do corpo organizado, por ser inerente aos primeiros efeitos da vida, proporciona diferentes modos de multiplicação e regeneração dos indivíduos; e, como consequência, os progressos adquiridos na composição da organização, na forma e na diversidade das partes foram conservados.

5) Que com o auxílio do tempo, de circunstâncias favoráveis, de sucessivas mudanças de condições em diferentes pontos da superfície do globo, em suma, em virtude da influência de novas situações e hábitos, os órgãos dos corpos dotados de vida, ou seja, de todos aqueles que ora existem, foram modificados e formados tais como os vemos.

6) Que, por fim, uma tal ordem de coisas foi determinada lentamente entre os corpos vivos que passaram por mudanças consideráveis tanto no estado de sua organização quanto de suas partes, de tal modo que o que chamamos de espécie, cuja constância é relativa ao seu estado, não pode ser, em absoluto, tão antigo quanto a natureza.

Alguém poderia supor, entretanto, que a natureza, com o auxílio do tempo e com a variação infinita de circunstâncias, teria formado, pouco a pouco, os diversos animais que conhecemos. Mas não seria suficiente para desmentir essa suposição considerar a admirável diversidade que se observa no *instinto* dos diferentes animais, e os prodígios de todo gênero oferecidos por seus tipos de *indústria*?

Não estaríamos alçando o espírito de sistema[1] a ponto de afirmar que a natureza, e somente ela, criou essa diversidade espantosa de meios, artifícios, dispositivos, precauções e cuidados que a própria indústria dos animais oferece tantos exemplos? A partir desse viés, o que observamos numa única classe de insetos, não seria mais que suficiente para sentirmos que os limites do poder da natureza não lhe permite de modo algum produzir, por si mesma, tantos fenômenos? Ou mesmo para convencer o filósofo mais obstinado a reconhecer que a vontade do Autor Supremo de todas as coisas foi necessária e suficiente para fazer existir tantas coisas admiráveis?

Sem dúvida, seríamos imprudentes, ou melhor, pretenciosos, ao querer demarcar os limites do poder do Autor de todas as coisas, bem como não estaríamos autorizados a negar que com esse poder infinito ele desejasse que a própria natureza nos mostrasse apenas o que ela nos apresentou.

Dito isto, se percebo que a natureza opera por si mesma todos os prodígios que citamos, como a criação da organização, da vida, do próprio sentimento que ela multiplica e diversifica, dentro de limites que desconhe-

---

[1] Em francês, *esprit de système*, disposição dogmática que leva à extensão irrefletida dos princípios de organização da experiência, à qual se opõe o *esprit systèmatique*, "espírito sistemático", que forma os sistemas e os revê a partir da observação e da experimentação. Distinção estabelecida por d'Alembert no "Discurso preliminar à Enciclopédia" (1751) e desenvolvida por Condillac no *Tratado dos sistemas* (1752). (N. T.)

cemos, os órgãos e as faculdades dos corpos organizados, cuja existência ela sustenta e propaga e que ela cria, nos animais, unicamente pela necessidade, que estabelece e dirige seus hábitos, todas as ações e faculdades, desde as mais simples até aquelas que constituem o *instinto*, as *habilidades*, e, enfim, a *razão*; não seria então preciso reconhecer, nesse poder da natureza, isto é, na ordem de todas as coisas existentes, a execução da vontade de seu sublime Autor, que assim desejou que ela tivesse essa faculdade?

Por que admirar menos o poder dessa primeira causa de tudo, se ela assim havia determinado? E se, pelos atos de sua vontade, tivesse que se ocupar constantemente de todos os detalhes das criações particulares, de todas as variações, de todo desenvolvimento e aperfeiçoamento, de todas as destruições e renovações, em suma, de todas as mutações que geralmente ocorrem nas coisas que existem? Espero então provar que a natureza possui tanto os meios quanto as faculdades necessários para produzir, por si mesma, o que nela mais admiramos.

Ainda assim, objeta-se que tudo o que percebemos com relação ao estado dos corpos vivos apresenta-se inalterado quanto à conservação da forma, e alega-se que todos os animais de que há registro em 2 ou 3 mil anos de história permaneceram sempre os mesmos, nada se perdeu nem foi adquirido no que diz respeito à perfeição de seus órgãos ou à forma de suas partes.

Contudo, essa aparente estabilidade foi desmentida por uma gama de fatos, corroborados por provas particulares fornecidas pelo "Relatório sobre as coleções de História Natural referentes ao Egito", de autoria do sr. Geoffroy, que se exprime da seguinte maneira: "A coleção é inicialmente um tanto peculiar, pois podemos dizer que ela contém animais de diversos séculos. Gostaríamos de saber se, após um longo intervalo de tempo, as espécies mudam de forma. Essa questão, aparentemente fútil, é, no entanto, essencial à história do globo terrestre, e, por conseguinte, à resolução de muitas outras questões que não são estranhas aos assuntos mais importantes do interesse humano. Jamais houve melhores condições para se decidir sobre a existência de tamanha variedade de espécies. Parece que a superstição dos antigos egípcios era inspirada pela natureza, fazendo com que realizassem um registro da sua história. Impossível conter o prazer e a imaginação quando nos deparamos com os menores ossos, os menores pelos, ainda conservados e perfeitamente reconhecíveis, de animais que existiram há 2 ou 3 mil anos, em Tebas ou em Mênfis, a exemplo de tantos templos e altares."[2]

Sem nos deixarmos levar pelas ideias sugeridas por essas comparações, limitemo-nos a dizer que, da leitura do "Relatório" do sr. Geoffroy, nos indica que esses animais são muito semelhantes aos que existem hoje em dia.

Impossível recusar a semelhança de conformação entre esses animais e os indivíduos da mesma espécie que vivem atualmente: as aves que os egípcios adoravam e embalsamavam há 2 ou 3 mil anos são muito similares às que vivem atualmente nesse país.[3]

Certamente seria estranho que não fosse dessa maneira, pois a posição do Egito e seu clima permanecem muito similares aos daquela época. Ora, as aves que lá vivem, e que se encontram sob as mesmas circunstâncias que as antigas, não foram forçadas a mudar seus hábitos.

Ademais, seria evidente que aves que têm facilidade para se deslocar e escolher os lugares que lhes são mais convenientes estariam menos sujeitas, do que outros animais, às variações das circunstâncias locais, e, por isso, não alterariam muito seus hábitos?

Efetivamente, não há nada na observação reportada pelo sr. Geoffroy que seja contrário às considerações que expus sobre esse assunto e, sobretudo, que prove que os animais mencionados sempre existiram na natureza; ela prova apenas que esses animais frequentaram o Egito há 2 ou 3 mil anos. E todo homem que tenha o hábito de refletir, assim como o de observar o que a natureza mostra em seus monumentos mais antigos, não terá dificuldades para apreciar o valor do tempo de duração para a nossa teoria.

Asseguramos que essa aparência de estabilidade das coisas na natureza será adotada vulgarmente pelos homens, tal como um fato da realidade, pois em geral só se julga o todo relativamente a si mesmo.

---

2 Étienne Geoffroy Saint-Hilaire, *Annales du Muséum d'Histoire Naturelle*, v.I, Paris, 1802, p.235-6. (N. A.)

3 A propósito do mesmo relatório comentado aqui por Lamarck, Cuvier extrai a conclusão oposta de que certos animais mumificados trazidos do Egito *não têm* espécies vivas correspondentes; ver o excurso sobre "A íbis do Egito" incluído em apêndice ao discurso preliminar das *Recherches sur les ossemens fossiles* (Paris, 1812). (N. T.)

Para o homem que julga apenas através das mudanças que ele percebeu em si mesmo, os intervalos dessas mutações devem lhes parecer estacionários, dada a breve existência dos indivíduos de sua espécie. Além disso, como os anais de suas observações e as notas dos fatos que ele pode consignar a esses monumentos apenas se estendem e remontam a alguns milhares de anos, o que, relativamente a ele, é uma longa duração, mas muito curta se comparada àquelas grandes mudanças ocorridas na superfície do globo terrestre, tudo lhe parece estável no planeta em que habita e, portanto, ele acaba por rechaçar os indícios dos monumentos à sua volta, que foram soterrados por toda parte, no solo mesmo em que ele pisa.

As grandezas de extensão e duração são relativas. O homem que tentar representar essa verdade tomará suas decisões pelo viés da *estabilidade* que ele atribui à natureza e ao estado de coisas que observa.[4]

Para admitirmos uma mudança imperceptível das espécies e as mudanças pelas quais passam os indivíduos, à medida que são forçados a variar seus hábitos e adquirir outros novos, não devemos, assim, nos limitar a considerações de períodos de tempo muito pequenos, restritos apenas às nossas observações, para que possamos perceber tais mudanças. Isso porque a quantidade de fatos coletados durante todos esses anos é esclarecedora para essa questão que examino, sem deixar dúvidas, e posso mesmo dizer que nossos conhecimentos, a partir de observações, encontram-se num estágio bem avançado para que a solução que procuramos não esteja evidente.

Com efeito, além de conhecermos as influências e as consequências das fecundações heterogêneas, hoje sabemos que uma mudança no ambiente pode ser decisiva e duradoura, e que pode interferir tanto nos hábitos quanto no modo de vida dos animais. E, ainda, que depois de algum tempo, pode mesmo operar como uma mutação marcante nos indivíduos que ali se encontram.

Se o animal que outrora corria livremente pelas planícies, ou se o pássaro que cruzava os ares impelido por suas necessidades, encontram-se agora confinados; o primeiro tendo sido colocado em uma jaula de zoológico ou confinado a um estábulo, e o outro tendo passado a viver em uma gaiola

---

4 Conferir o apêndice de minhas *Recherches sur l'organisation des corps vivants*. Paris, 1802, p.141. (N.A.)

ou em um poleiro, ambos foram submetidos a influências decisivas, sobretudo em seu estado, fazendo com que contraíssem novos hábitos.

O primeiro perdeu em grande medida sua rapidez e agilidade. Seu corpo ficou mais largo, seus membros perderam força e flexibilidade, e suas faculdades não são mais as mesmas. O segundo tornou-se pesado e quase não sabe mais voar, pois ganhou muito mais carne em todas as suas partes.

No Capítulo VI desta primeira parte terei a oportunidade de provar, através de fatos conhecidos, o poder das mudanças das *circunstâncias* que impõem aos animais novas necessidades e os levam a novas ações; essas novas *ações repetidas* criam novos *hábitos* e novas *tendências*; por fim, o emprego mais frequente de um órgão acaba por modificá-lo, fortalecê-lo, desenvolvê-lo e estendê-lo, já o emprego menos frequente o enfraquece, o emagrece, o contrai, ou, em alguns casos, pode mesmo suprimi-lo.

O mesmo se passa com relação aos vegetais quando são afetados por novas circunstâncias que atingem a disposição de suas partes, de modo que as mudanças sofridas após um longo período de cultivo não nos são surpreendentes.

Portanto, como eu disse anteriormente, tudo o que a natureza nos oferece, com relação aos corpos vivos, são indivíduos que se sucedem uns aos outros por geração e que provêm uns dos outros. Quanto às espécies constata-se apenas uma constância relativa, temporariamente invariável.

Mesmo assim, para facilitar o estudo e o conhecimento dos diferentes corpos, é útil dar o nome de espécie a toda coleção de indivíduos semelhantes, cuja geração se perpetua no mesmo estado, e cujas circunstâncias não são alteradas a ponto de fazer com que variem seus hábitos, sua característica e sua forma.

Das espécies ditas extintas

Permanece em aberto, para mim, a questão de saber se os meios que a natureza utilizou para assegurar a conservação das espécies ou das raças foram tão insuficientes que raças inteiras foram aniquiladas ou extintas. Não obstante, os fragmentos fósseis que encontramos enterrados no solo em muitos lugares diferentes nos oferecem os restos de uma multidão de diversos animais que existiram, e dentre os quais se encontra apenas um pequeno número que agora conhecemos e que são análogos vivos, perfeitamente semelhantes.

Poderíamos então concluir com algum fundamento, que as espécies que encontramos em estado fóssil e das quais não conhecemos nenhum indivíduo vivo e totalmente semelhante não existem mais na natureza? Existem muitas partes da superfície do globo terrestre que ainda não penetramos e tantas outras que os homens atravessaram apenas de passagem, e ainda tantas outras, como diferentes partes do fundo dos mares, nas quais temos poucos meios para reconhecer os animais que lá se encontram, diferentes lugares que bem poderiam abrigar espécies que não conhecemos.

Se existem espécies realmente extintas, sem dúvida essas só poderiam ser as dos grandes animais que viviam sobre as partes secas do globo, onde o homem, pelo império absoluto que exerce, pôde vir a destruir todos os indivíduos de algumas delas que ele não quis conservar, nem reduzir à domesticação. Daí a possibilidade de os animais dos gêneros *paleotherium*, *anoplotherium*, *megalonix*, *megatherium* e mastodonte, do sr. Cuvier, e outras espécies de gêneros conhecidos não existirem mais na natureza: todavia, trata-se apenas de uma possibilidade.⁵

Mas os animais que vivem dentro da água, sobretudo da água do mar, os marinhos, ou de todas as raças de porte pequeno, que habitam a superfície terrestre e que respiram o ar, estão ao abrigo da destruição de sua espécie por parte do homem. Sua multiplicação é tão grande, e os meios que eles têm de se livrar de seus perseguidores ou de seus caçadores são tantos, que não há nenhuma aparência de que o homem possa destruir uma espécie inteira de nenhum desses animais.

Apenas os grandes animais terrestres encontram-se expostos ao homem e sujeitos ao desaparecimento de suas espécies. Podemos considerar esse fato dessa maneira, mas não o é inteiramente comprovado. Contudo, dentre os fragmentos fósseis que encontramos de tantos animais que já existiram,

---

5 Referência às identificações de ossadas fósseis realizadas por Cuvier no Museu de História Natural a partir de 1796, posteriormente sumarizadas nas *Recherches sur les ossemens fossiles*, op. cit. (N. T.)

há neles um grande número que pertence a animais cujos análogos vivos e perfeitamente similares não nos são conhecidos. Ainda entre esses, a maior parte pertence aos moluscos com conchas, de modo que foram somente as conchas que restaram desses animais.

Ora, se a quantidade de conchas fósseis apresentam diferenças que não nos permitem, após termos admitido tais opiniões, vê-las como análogas de espécies próximas que conhecemos, conclui-se necessariamente que essas conchas pertenceriam a espécies realmente extintas? Por que estariam elas extintas, uma vez que o homem não pôde realizar a sua destruição? Ao contrário, não seria possível que os indivíduos fósseis de que tratamos pertencessem a espécies ainda existentes, mas que se modificaram e deram lugar a outras, atualmente vivas, que nos pareceriam próximas delas? As considerações que serão apresentadas, e nossas observações ao longo desta obra, tornaram essa presunção muito provável.

Todo homem observador e instruído sabe que nada permanece constantemente no mesmo estado na superfície do globo terrestre. Tudo, com o tempo, é submetido a mutações diversas mais ou menos repentinas, segundo a natureza dos objetos e das circunstâncias. Os lugares elevados se degradam perpetuamente pelas ações alternativas do solo, das águas pluviais e por diversas outras causas. Tudo aquilo que se destaca nela está entranhado em lugares mais baixos, como os leitos de riachos, rios, até mesmo os mares, variando em sua forma, profundidade e se deslocam sem que se perceba. Em suma, tudo na superfície terrestre muda de situação, de forma, de natureza e de aspecto, e os próprios climas dos diferentes lugares não são estáveis.

Ora, se como tentarei mostrar, as variações nas circunstâncias conduzem os seres vivos, e sobretudo os animais, a mudanças de necessidades, de hábitos e de modo de existência, e essas mudanças propiciam a modificações dos órgãos ou ao seu desenvolvimento, bem como da forma de suas partes, devemos perceber que todo corpo vivo deve variar em suas formas ou suas características externas, mesmo que essa variação seja insignificante e só se torne perceptível após um tempo considerável.

Dessa maneira, não nos espantemos mais se, entre os numerosos fósseis que podem ser encontrados na superfície seca do globo terrestre, houver fragmentos de tantos animais que outrora existiram, e, no entanto, tão poucos dos que reconhecemos nos análogos vivos.

Ao contrário, se existe alguma coisa que deve nos impressionar é encontrar, dentre esses numerosos espólios fósseis de corpos que viveram outrora, alguns cujos análogos ainda existem e sejam de nosso conhecimento. Esse fato, que constatamos através das nossas coleções de fósseis, nos faz supor que esses fragmentos de animais que possuem análogos vivos sejam fósseis menos antigos. A espécie a que cada um deles pertence, sem dúvida, ainda não teve tempo de variar em algumas de suas formas.

Os naturalistas, que não perceberam as mudanças a que a maior parte dos animais pode ter sido submetida no decorrer do tempo, quiseram explicar os fatos relativos aos fósseis observados, assim como as perturbações reconhecidas nos diferentes pontos da superfície do globo terrestre, supuseram que uma *catástrofe universal* ocorrera na Terra e que ela teria deslocado tudo e destruído uma grande parte das espécies que então existiam.

Esse cômodo subterfúgio para se desvencilhar do problema é utilizado precisamente quando deveríamos explicar operações da natureza cujas causas não conseguimos apreender. Ele tem fundamento apenas na imaginação de quem a criou, e não se apoia em nenhuma prova.

As catástrofes locais, tais como aquelas produzidas pelos tremores de terra, erupções de vulcões e outras causas particulares, são muito conhecidas e pudemos observar as desordens que elas ocasionaram nos lugares que foram devastados.

Mas por que supor, sem provas, uma catástrofe universal quando a marcha da natureza, que nos é mais conhecida, seria suficiente para dar razão a todos os fatos que observamos em todas as partes?

Se, por um lado, consideramos que em toda operação da natureza nada ocorreu bruscamente e que sua ação foi lenta e gradual em todos os lugares, e, por outro, que as causas particulares ou as desordens locais desencadeadas pelas reviravoltas, pelos deslocamentos etc. podem explicar tudo o que se observa na superfície do globo terrestre e que, todavia, estão submetidas às suas leis e à sua marcha geral, reconheceremos que não é necessário supor que uma catástrofe universal veio perturbar tudo e destruir uma grande parte das operações da natureza.

Eis aqui o suficiente para uma matéria que não oferece nenhuma dificuldade para ser entendida. Consideremos agora as generalidades e as características essenciais dos animais.

Capítulo IV
Considerações gerais a respeito dos animais

Os animais, em geral, representam seres vivos muito singulares por faculdades que lhes são próprias e, portanto, dignas de nossa admiração e estudo. Esses seres infinitamente diversificados quanto à forma, à organização e às faculdades são capazes de se mover ou de movimentar certas partes de seu corpo sem que nenhum movimento lhe tenha sido comunicado, mas por uma causa excitatória de sua própria irritabilidade. Alguns a produzem dentro de si mesmos, outros a recebem do exterior. A maioria goza da faculdade de se deslocar, e todos possuem partes eminentemente irritáveis.

Observamos que em seus deslocamentos uns rastejam, andam, correm ou saltam, outros voam, elevam-se na atmosfera percorrendo espaços diversos e outros vivem em meio à água e, portanto, nadam e transportam-se em diferentes extensões aquáticas.

Os animais não são como os vegetais, que têm a seu alcance a matéria da qual se nutrem: os que vivem de presas são obrigados a procurá-las, a persegui-las e, enfim, capturá-las, de modo que foi necessário desenvolver a faculdade de se movimentar e se deslocar, com a finalidade de poder procurar os alimentos de que necessitam.

Além disso, os animais que se multiplicam por reprodução sexuada nunca apresentam um hermafroditismo perfeito, a ponto de os indivíduos se bastarem a si mesmos. Tornou-se necessário deslocarem-se para realizar atos de fecundação, ou ainda que o meio ambiente facilitasse seus meios, como no caso das ostras, que não podem sair do lugar.

Assim, a faculdade que os animais possuem de movimentar as partes do corpo e de se locomover propiciou sua própria conservação, assim como a de suas raças, tendo a necessidade de conservá-la.

Buscaremos na segunda parte desta obra a origem dessa faculdade admirável, bem como a das mais eminentes que podemos encontrar entre elas. Mas, pelo lado dos animais, facilmente reconhecemos,

1) Que alguns se movimentam ou mexem suas partes como consequência de ter sua parte irritável excitada. Mas eles não experimentam nenhum sentimento e não podem ter nenhum tipo de vontade: são os mais imperfeitos.

2) Que outros, além dos movimentos de suas partes desencadeados pela excitação dessas, encontram-se suscetíveis a sensações e possuem um sentimento íntimo e muito obscuro de sua existência, mas que se trata apenas de um impulso interno, de um pendor que os conduz no sentido deste ou daquele objeto, de modo que sua vontade é sempre dependente e determinada.

3) Que outros, ainda, não apenas movimentam certas partes desencadeadas por uma irritabilidade que as excita, mas são suscetíveis a sensações dispondo de um sentimento íntimo de sua existência. Além disso, possuem a faculdade de formar ideias, ainda que confusas, e de agir por uma vontade determinante, sujeita a pendores exclusivos para alguns objetos particulares.

4) Que outros, enfim, e esses são os mais perfeitos, possuem todas as faculdades precedentes em um grau elevado. Possuem, por sua vez, o poder de formar ideias claras ou precisas dos objetos que afetaram seus sentidos e chamaram sua atenção, de comparar e combinar suas ideias até certo ponto, de realizar julgamentos e ter ideias complexas. Em outras palavras, de pensar, ter vontades mais amplas que lhes permitam variar suas ações.

A vida nos animais mais imperfeitos não tem energia em seus movimentos, e a irritabilidade é suficiente apenas para a execução dos movimentos vitais. Mas a energia vital se desenvolve à medida que a composição se torna mais complexa até que, para prover a atividade necessária dos movimentos vitais, a natureza precisou aumentar seus recursos, e para isso ela empregou a ação muscular para estabelecer o sistema circulatório, promovendo assim uma aceleração do movimento dos fluidos. Essa aceleração cresceu conforme houve um aumento da potência muscular, que, ao seu serviço, também aumentou. Finalmente, como nenhuma ação muscular pode ocorrer sem que haja uma influência nervosa, concluímos que essa última foi imprescindível para uma aceleração dos fluidos de que falamos.

Teria sido dessa maneira que a natureza soube acrescentar à irritabilidade, por si mesma insuficiente, a ação muscular e a influência nervosa. Mas essa influência nervosa que propicia uma ação muscular nunca ocorre pela via do sentimento, o que espero mostrar na segunda parte, e, consequentemente, provarei que a sensibilidade não é indispensável para a execução dos movimentos vitais, mesmo nos animais mais perfeitos.

Assim, os diferentes animais que existem são evidentemente distinguíveis uns dos outros, não somente pelas particularidades de sua forma externa, da consistência de seus corpos, de seu tamanho etc., mas também pelas faculdades de que são dotados. Alguns, como os mais imperfeitos, são reduzidos, desse ponto de vista, ao estado mais limitado, não tendo nenhuma outra faculdade além das que são próprias à vida e movimentam-se apenas impulsionados por uma força exterior a eles, os outros animais progridem sucessivamente conforme suas faculdades tornam-se mais numerosas e mais eminentes, a ponto de os mais perfeitos apresentarem um conjunto (de faculdades) que desperta nossa admiração.

Esses fatos notáveis deixam de nos surpreender quando começamos a reconhecer que cada faculdade adquirida é o resultado do funcionamento de um órgão especial ou de um sistema de órgãos que se desenvolveu. Disso conclui-se que, desde o animal mais imperfeito, que não tem nenhum órgão particular, e consequentemente nenhuma outra faculdade além daquelas ligadas à própria vida, até o animal mais perfeito e mais rico em faculdades, a organização se torna gradualmente mais complexa, de modo que todos os órgãos, mesmo os mais importantes, surgem uns após os outros em toda a extensão da escala animal. Eles são progressivamente aperfeiçoados como decorrência das mudanças a que são submetidos e se acomodam ao estado de organização à qual pertencem, e, enfim, por se agruparem dentre os animais mais perfeitos, eles oferecem a organização mais complexa, da qual resultam as faculdades mais numerosas e as mais eminentes.

A consideração sobre a organização interna dos animais, que envolve diferentes sistemas em toda a extensão da escala animal, e a consideração de que uma organização requer a existência de diversos órgãos especiais são, portanto, as principais de todas as considerações que devem fixar nossa atenção no estudo dos animais.

Se os animais, considerados como produtos da natureza, são seres singularmente notáveis pela faculdade de locomoção, e boa parte deles, o são, ainda mais, pela faculdade de sentir.

Assim como a faculdade de se locomover é bastante limitada nos animais mais imperfeitos, nos quais ela não é, de maneira nenhuma, voluntária, e só pode ser desencadeada por excitações exteriores, ela também se aperfeiçoa, chegando a ter sua fonte no próprio animal, estando assim assujeitada à sua vontade. O mesmo ocorre para a faculdade de sentir, que ainda é muito obscura e restrita nos animais em que ela passa a existir, de modo que ela se desenvolve progressivamente e, tendo alcançado o ápice de seu desenvolvimento, promove nesse animal as faculdades que constituem a inteligência.

Com efeito, os animais mais perfeitos têm ideias simples, ou mesmo ideias complexas, paixões, memórias e sonhos, isto é, experimentam reveses involuntários de suas ideias, de seus próprios pensamentos e são passíveis de instrução. Como é admirável esse resultado do poder da natureza!

Para alcançar um corpo vivo que tenha a faculdade de se mover sem a impulsão de uma força comunicada; de perceber objetos exteriores a ele, de formar ideias e compará-las com as impressões delas obtidas com outras que pode receber de outros objetos; de comparar ou combinar essas ideias e de produzir julgamentos, que são ideias de outra ordem, em suma, de pensar; não se revela apenas a maior das maravilhas às quais a força da natureza pôde atingir, bem como é a prova do emprego de um considerável período de tempo em que a natureza só poderia ter operado gradualmente.

Quando comparamos os longos períodos de duração que atribuímos como grandes, nos cálculos ordinários, sem dúvida vemos que foi necessário um tempo enorme e uma considerável variação das sucessivas circunstâncias para que a natureza pudesse conduzir a organização dos animais, tanto ao grau de complexidade quanto ao grau de desenvolvimento que observamos nos animais mais perfeitos. Desse modo, somos então autorizados a pensar que, se a consideração de diversas e numerosas camadas da crosta exterior do globo terrestre é a prova irrecusável de sua imensa antiguidade; se o deslocamento muito lento, mas contínuo, das bacias marítimas,[1] atestado por inúmeros monumentos que elas deixaram por onde passaram, confirma também a prodigiosa antiguidade do globo terrestre, a consideração do grau de aperfeiçoamento a que chegou a organização dos animais mais perfeitos concorre, por sua vez, para colocar em evidência essa verdade em seu mais alto ponto.

Mas, para que o fundamento dessa nova prova seja solidamente estabelecido, será necessário, antes de mais nada, revelar aquilo que está relacionado ao próprio progresso da organização, isto é, será necessário constatar, se possível, a realidade desse progresso. A partir disso, será necessário reunir os fatos mais bem estabelecidos e reconhecer quais meios que a natureza possui para dar a todas as suas produções a existência de que elas desfrutam.

Lembremos, por enquanto, que quando reunimos os seres que compõem cada reino sob o nome geral de *produto da natureza*, essa expressão, embora seja de aceitação geral, não parece estar ligada a nenhuma ideia positiva. Aparentemente, restringi-los a uma origem particular nos impede de reconhecer que a natureza possui a faculdade e todos os meios de garantir, ela mesma, a existência de tantos seres diferentes, de variar incessantemente, ainda que maneira lenta, as raças daqueles que gozam de vida e manter, em todos os lugares, a ordem que observamos.

Deixemos de lado toda opinião insignificante sobre esses grandes assuntos e, para evitar incorrer no erros da imaginação, consultemos por toda parte os próprios atos da natureza.

Quando pensamos em abarcar o conjunto dos animais existentes e dispô-los de uma maneira fácil de apreender, convém lembrar que todas as produções naturais que podemos observar foram divididas, após um longo tempo, pelos naturalistas, em três reinos, sob as denominações de *reino animal, reino*

---

[1] Lamarck, *Hydrogéologie*, Paris, 1802, p.41 ess. (N. A.)

vegetal e *reino mineral*. Por essa divisão, os seres compreendidos em cada um desses reinos são comparados entre si, como se repousassem sobre uma mesma linha, embora uns tenham uma origem bem diferente da de outros.

Após um longo tempo achei mais conveniente empregar outro tipo de divisão primária, pois ela permite conhecer melhor todos os seres que são nosso objeto de estudo. Assim, faço uma distinção de todos os produtos naturais compreendidos nesses três reinos que enunciei em dois ramos principais:

1) Em corpos organizados, vivos.
2) Em corpos brutos e sem vida.

Os seres, ou corpos vivos, tais como os animais e os vegetais, constituem o primeiro desses dois ramos de produtos da natureza. Esses seres têm, como todo mundo sabe, a faculdade de se nutrir, se desenvolver, se reproduzir e são necessariamente condenados à morte.

Mas o que não sabemos tão bem, pois as hipóteses aventadas não permitem que acreditemos, é que os corpos vivos, por consequência da ação e das faculdades de seus órgãos, bem como as modificações decorrentes dos movimentos orgânicos, produzem, eles mesmos, suas próprias substâncias e secretam seu próprio material.[2] O que sabemos ainda menos é que, pelos seus despojos, esses corpos vivos permitem a existência de toda matéria composta, bruta ou inorgânica que se observa na natureza; matéria de diversos tipos, que se multiplica com o tempo, conforme as circunstâncias e de acordo com as mudanças às quais é insensivelmente submetida, torna-se cada vez mais simplificada e é levada, após um longo período, a uma separação completa dos princípios que a constituem.

Essas são as diversas matérias brutas e sem vida, sólidas ou líquidas, que compõem o segundo ramo de produtos da natureza. A maior parte é conhecida pelo nome de *mineral*.

Podemos dizer que se encontra entre a matéria bruta e os corpos vivos um hiato imenso que não permite classificar sobre uma mesma linha esses dois tipos de corpos, nem ligá-los por nenhuma nuance, o que em vão tentamos fazer.

---

2 Lamarck, *Hydrogéologie*, p.112. (N. A.)

Todos os corpos vivos conhecidos se dividem claramente em dois reinos particulares, fundados sobre diferenças essenciais que distinguem os animais dos vegetais, e, apesar do que foi dito, estou convencido de que não há tampouco verdadeiras nuances em nenhum ponto entre esses dois reinos e, como consequência, não existe nenhum animal-planta, aquilo que a palavra "zoófito" exprime, nem planta-animal.

A irritabilidade em todas ou em certas partes é a característica mais geral dos animais; ela é mais do que a faculdade de movimentos voluntários e do que a faculdade de sentir, ou mesmo daquela de digerir. Ora, todos os vegetais, sem exceção, as plantas ditas sensitivas, ou aquelas que movem algumas de suas partes pelo primeiro toque, ou pelo contato com o ar, são completamente desprovidos de irritabilidade; o que já foi visto alhures.

Sabe-se que a irritabilidade é uma faculdade essencial às partes ou a certas partes dos animais e que não experimenta nenhuma suspensão, nem nenhum prejuízo em sua ação, desde que o animal esteja vivo e que a parte dela dotada não tenha sofrido nenhuma lesão em sua organização. Seu efeito consiste em uma contração de toda parte irritável, no instante do contato com um corpo estranho. Essa contração cessa juntamente com a sua causa e se renova a cada vez, após o relaxamento da parte, quando é irritada por novos contatos. Ora, nada disso jamais foi observado em nenhuma parte dos vegetais.

Quando toco os ramos estendidos de uma planta sensitiva ou dormideira (*mimosa pudica*), no lugar de uma contração, observo imediatamente nas articulações dos ramos e dos pecíolos tocados um relaxamento que permite a esses ramos e aos pecíolos das folhas se curvarem, o que faz que os folíolos se dobrem uns sobre os outros. Uma vez que se encontram flexionados uns sobre os outros, em vão tocamos novamente os ramos e as folhas desse vegetal, pois nenhum efeito é obtido. É necessário um tempo mais longo, a menos que esteja muito quente, para que a causa da distensão das articulações dos pequenos ramos e folhas da sensitiva possa voltar a levantar e a estender todas as suas partes e fazer que haja um novo fechamento da sensitiva no caso de um novo contato ou de um discreto choque.

Eu não consigo reconhecer nesse fenômeno nenhuma relação com a *irritabilidade* dos animais, mas sabendo que, durante o período de crescimento, sobretudo quando faz calor, produzem-se nos vegetais muitos *fluidos elásticos*, que uma de suas partes exala sem cessar, imaginei que, nas plantas leguminosas, esses fluidos elásticos poderiam se acumular especialmente nas articulações das folhas antes de se dissipar, e que poderiam então estender essas articulações, mantendo suas folhas ou folíolos eretos. Nesse caso, a dissipação lenta dos fluidos elásticos em questão, provocada nas leguminosas pela chegada da noite, ou a dissipação súbita dos mesmos fluidos, provocada na *mimosa pudica* por um pequeno abalo, dão lugar, nas leguminosas em geral, ao conhecido fenômeno chamado de sono das plantas, e, para a sensitiva, ao que normalmente é atribuído, de maneira errônea, a uma *irritabilidade*.[3]

Como isso resulta das observações que irei expor mais adiante, e das consequências a que cheguei através delas, a saber, que não é necessariamente verdadeiro que todos os animais sejam, sem exceção, seres sensíveis capazes de produzir atos de vontade e, consequentemente, dotados da faculdade de se mover voluntariamente; a definição dos animais que foi dada até o presente, para serem distinguidos dos vegetais, é completamente inapropriada. Como consequência, propus substituí-la pela que se segue, que é mais coerente com a verdade e mais adequada para caracterizar os seres que compõem os dois reinos dos corpos vivos.

Definição dos animais

Animais são corpos vivos organizados dotados de partes permanentemente irritáveis; quase todos digerem os alimentos de que se nutrem; uns se movimentam como consequência de uma vontade, seja ela livre ou dependente, outros como efeito da excitação de sua irritabilidade.

---

3 Mostrei em outra obra (*Histoire des végétaux*, edição organizada por Déterville, Paris, 1803, v.I, p.202) alguns outros fenômenos análogos observados nas plantas, como nas *Hedysarum girans*, na *dionea muscipula* (dioneia ou vênus papa-moscas), nas flores *berberis* etc., ou ainda outros movimentos singulares que observamos nas partes de alguns vegetais, principalmente de climas quentes, que jamais são produzidos por uma irritabilidade real, pois não é essencial a nenhuma de suas fibras, mas que são temporários os efeitos higrométricos ou pirométricos, breves as distensões elásticas efetuadas em certas circunstâncias e breves os resultados da dilatação e retração das partes pelo acúmulo local ou pelas dissipações mais ou menos rápidas dos fluidos elásticos e invisíveis exalados. (N. A.)

Definição dos vegetais

Vegetais são corpos vivos organizados cujas partes nunca são irritáveis, que não digerem nada e tampouco se movimentam por vontade própria ou pela excitação de uma irritabilidade real.

Uma vez feitas essas definições, mais exatas e bem fundamentadas do que as utilizadas até hoje, conclui-se que os animais são eminentemente distintos dos vegetais pela irritabilidade que possuem, em todas ou algumas de suas partes, pelos movimentos que nelas podem ser excitados por causas exteriores ou ainda que elas mesmas possam produzi-los.

Sem dúvida, estaremos errados se admitirmos essas novas ideias apenas pela mera exposição. Mas penso que todo leitor que não tenha uma opinião preconcebida e possa levar em consideração os fatos que irei expor ao longo do curso desta obra, bem como as minhas observações a respeito deles, não poderá se recusar a concordar que são preferíveis às antigas, pois estas são evidentemente contrárias a tudo o que observamos.

Terminemos então essa visão geral sobre os animais com duas considerações muito curiosas: uma concernente à existência de uma grande multiplicidade de animais sobre a superfície do globo terrestre, bem como na água; e outra que mostra quais meios a natureza emprega para que o montante de animais jamais comprometa a conservação daquilo que foi produzido e a ordem geral que deve subsistir.

Dos dois reinos de corpos vivos, aquele que compreende os *animais* parece muito mais rico e variado do que o dos *vegetais*; ele é, ao mesmo tempo, o que oferece, nos produtos da organização, os fenômenos mais admiráveis.

A Terra, em toda a sua superfície, ou seja, também no seio das águas e, de algum modo, nos ares, é povoada por uma infinidade de animais diferentes, cujas raças são tão diversificadas e numerosas que, tudo indica, boa parte delas escapa às nossas investigações. Cada vez mais somos levados a pensar que seja assim mesmo, pois a enorme extensão das águas, sua profundidade em muitos pontos, e a prodigiosa fecundidade da natureza nas menores espécies serão, sem dúvida, ao longo do tempo, um obstáculo quase insuperável ao avanço de nossos conhecimentos a esse respeito.

Uma única classe de animais invertebrados, como a dos insetos, por exemplo, equivale, pelo número e pela diversidade dos objetos que compreende, ao reino vegetal inteiro. A dos pólipos parece ser ainda mais numerosa, e jamais poderemos nos vangloriar de conhecer a totalidade dos animais que dela fazem parte.

Devido à gigantesca multiplicação das pequenas espécies, sobretudo as de animais imperfeitos, a multiplicidade de indivíduos impediria a conservação das raças e do progresso adquirido no aperfeiçoamento da organização; em suma, se a natureza não adotasse precauções para restringir essa multiplicação em certos limites, uma ordem geral seria inconcebível.

Os animais se alimentam uns dos outros, exceto pelos que se nutrem somente de vegetais, que, por sua vez, podem ser devorados pelos animais carnívoros.

Sabe-se que os mais fortes e mais bem preparados se alimentam dos mais fracos, e as grandes espécies devoram as menores. Todavia, indivíduos de uma mesma raça raramente se alimentam uns dos outros; a guerra que eles travam é contra outras raças.

A multiplicação das pequenas espécies de animais é tão considerável, e a renovação das gerações é tão rápida, que essas espécies tornariam o globo inabitável para outras espécies se a natureza não tivesse estabelecido um termo para a sua prodigiosa multiplicação. Mas, por servirem de presa para uma multidão de outros animais, pela duração de suas vidas ser bastante limitada e a diminuição da temperatura as fazer desaparecer, a quantidade dessas espécies encontra-se sempre na justa proporção para a conservação, seja de suas raças, seja de outras.

Quanto aos animais maiores e mais fortes, eles se tornariam dominantes e prejudicariam a conservação de muitas outras raças se pudessem se multiplicar em grandes proporções. Mas suas raças devoram-se umas às outras, e elas se multiplicam lentamente e em pequenas quantidades por vez, o que contribui para a conservação do tipo de equilíbrio que deve existir.

Por fim, apenas o homem pode ser considerado à parte quanto a todas as particularidades. Ele parece poder se multiplicar indefinidamente, pois sua inteligência e seus meios o colocam ao abrigo de ver sua multiplicação estancada pela voracidade de alguns animais. A supremacia que ele exerce sobre os demais é tamanha que, em vez de temer as raças de animais maiores e mais fortes, é capaz de destruí-las e restringi-las quanto ao número de seus indivíduos.

Mas a natureza lhe concedeu inúmeras paixões que, infelizmente, se desenvolvem juntamente com sua inteligência, impondo um grande obstáculo à extensa multiplicação dos indivíduos de sua espécie.

O homem parece estar constantemente encarregado de restringir o número de seus semelhantes, pois, ouso dizê-lo, a Terra jamais se encontrará repleta pela população que ela poderia alimentar. Sempre haverá muitas de suas partes que estarão pouco habitadas, embora essa afirmação dependa de um tempo que, para nós, ainda permanece incomensurável.

Assim, devido a sábias precauções, tudo se conserva em uma ordem estabelecida e observa-se que as constantes mudanças e renovações observadas a partir dessa ordem são mantidas dentro de certos limites intransponíveis. Todas as raças de corpos vivos subsistem, malgrado inúmeras variações. Os progressos adquiridos com o aperfeiçoamento da organização não se perdem; tudo o que parece estar em desordem, tais como as inversões e anomalias, não só terminam por retornar à ordem geral, como contribuem para ela. Além disso, sempre e não importa onde, a vontade do Autor Supremo da natureza e de tudo o que existe é invariavelmente executada.

Antes de mostrarmos a *degradação* e a *simplificação* que existem na organização dos animais, que vai do mais complexo ao mais simples, de acordo com as suas funções, examinemos o estado atual de sua distribuição e de sua classificação e quais os princípios utilizados para estabelecê-las. Feito isso, será mais fácil reconhecer as provas da referida degradação.

Capítulo V
Do estado atual da distribuição e da classificação dos animais

Para o progresso da Filosofia Zoológica e para o assunto que temos em vista, é necessário considerar o estado atual da distribuição e da classificação dos animais, além de examinar como chegamos até elas e identificar os princípios aos quais tivemos que nos adequar no estabelecimento dessa distribuição geral. Por fim, teremos de investigar o que resta a fazer para dar a essa distribuição a disposição mais apropriada de modo que represente a ordem da natureza.

Para tirar algum proveito dessas considerações, é necessário primeiro determinar a finalidade essencial da distribuição dos animais e a de sua classificação, pois são fins de natureza bem diferente.

A finalidade de uma distribuição geral dos animais não é apenas ter em mãos uma lista cômoda para ser consultada, mas, sobretudo, ter nessa lista uma ordem que represente, o mais próximo possível, aquela da própria natureza, isto é, a ordem que ela seguiu para produzir e caracterizar os animais, relacionando-os uns com os outros.

Já a finalidade de uma classificação de animais é fornecer, com a ajuda de linhas divisórias traçadas entre pontos na série geral desses seres, como que um repouso para a nossa imaginação, para que possamos, de maneira mais clara, reconhecer cada raça observada, discernir suas relações com os outros animais conhecidos e colocar em cada quadro as novas espécies que ainda não foram descobertas. Esse meio supre nossas deficiências, facilita nossos estudos e conhecimentos e é de uso indispensável para nós. No entanto, já mostrei que ele é um produto da arte e, apesar das aparências contrárias, realmente não apresenta nada da ordem natural.

A justa determinação das relações entre os objetos fixará sempre de maneira invariável em nossas distribuições gerais, de início o lugar das grandes massas ou cortes primários, em seguida o das massas subordinadas aos primeiros e, por fim, o das espécies ou raças particulares que já foram observadas. Ora, para a ciência, é uma vantagem inestimável conhecer essas relações; é que com essas relações, sendo uma obra da natureza, nenhum naturalista, sem dúvida, jamais poderá ter vontade de modificar o resultado de uma relação bem estabelecida. A distribuição geral se tornará, assim, cada vez mais perfeita e necessária, à medida que nossos conhecimentos sobre as relações estiverem mais avançados do ponto de vista dos objetos que compõem um reino.

Não é o que ocorre com a classificação, isto é, com as diferentes linhas de separação que nos interessa traçar, de ponto em ponto, na distribuição geral dos animais bem como dos vegetais. Na verdade, enquanto existirem espaços vazios a serem preenchidos na nossa distribuição, pois há ainda uma grande quantidade de animais e de vegetais que não foram observados, encontraremos sempre linhas de separação que nos parecerão colocadas pela própria natureza. No entanto, essa ilusão se dissipará à medida que avançarmos nossas observações. Ora, e já não vimos um grande número dessas linhas se apagarem, ao menos nos menores quadros, devido às numerosas descobertas dos naturalistas após um período de meio século?

Assim, exceto pelas linhas de separação que resultam de vazios a serem preenchidos, aquelas que seremos sempre forçados a estabelecer serão arbitrárias e, portanto, vacilantes enquanto os naturalistas não adotarem algum princípio de convenção para seguir durante a sua formação.

No reino animal, devemos observar como um princípio desse gênero que toda classe deve compreender animais distinguidos por um sistema particular de organização. A execução estrita desse princípio é muito fácil e apresenta apenas inconvenientes insignificantes.

Com efeito, apesar de a natureza não passar bruscamente de um sistema de organização a outro, é possível colocar limites entre cada sistema apenas com um pequeno número de animais colocados próximos a esses limites e, no caso, oferecer dúvidas sobre sua verdadeira classe.

As outras linhas de separação que subdividem as classes são, em geral, mais difíceis de ser estabelecidas, pois incidem sobre caracteres menos importantes e, por essa razão, são mais arbitrárias.

Antes de examinar o estado atual da classificação dos animais, tentaremos mostrar que a distribuição dos corpos vivos deve formar uma série, ao menos quanto à disposição das massas, e não uma ramificação reticular.

Na distribuição dos animais as classes devem formar uma série

Como os homens estão condenados a cometer todos os erros possíveis antes de reconhecerem uma verdade pelo exame dos fatos que se relacionam, eles negam que os produtos da natureza, em cada reino dos corpos vivos, podem formar uma verdadeira série após a consideração das relações, e, dessa forma, recusam-se a reconhecer uma escala na disposição geral, seja dos animais, seja dos vegetais.

Assim, um grande número de naturalistas, tendo notado que muitas das espécies, alguns gêneros e mesmo algumas famílias podem parecer se encontrar num certo grau de isolamento quanto às suas características, imaginaram que os seres vivos de um ou outro reino se aproximassem ou se distanciassem entre si, no que diz respeito às suas relações naturais, numa disposição similar aos diferentes pontos de uma carta geográfica ou do mapa-múndi. Observaram as pequenas séries bem pronunciadas, denominadas famílias naturais, como estando dispostas de modo a formar uma *reticulação*. Essa ideia, aparentemente sublime, para alguns modernos é evidentemente um erro e, sem dúvida, se dissipará a partir do momento que tivermos conhecimentos mais profundos e mais gerais sobre a organização, sobretudo se distinguirmos aquilo que se encontra sob influência das regiões ondem vivem e dos hábitos contraídos, isto é, daquilo que resulta de progressos mais ou menos avançados tanto na composição quanto no aperfeiçoamento da organização.

Enquanto espero, vejo que a natureza, ao dar origem, com o auxílio do tempo, à existência de todos os animais e à de todos os vegetais, realmente forma, em cada um desses reinos, uma verdadeira *escala*, relativa à complexidade crescente da organização desses seres vivos. Devemos reconhecer, porém, que essa *escala*, embora aproxime os objetos a partir de relações naturais entre eles, exibe umas poucas gradações, apreensíveis apenas entre as principais massas da série geral, mas não entre as espécies, e tampouco entre os gêneros. A razão disso é que a extrema diversidade das circunstâncias em que as diferentes raças de animais e vegetais se encontram, não está em relação direta com a complexidade crescente da organização entre eles – algo que, de resto, irei mostrar mais à frente. A natureza engendra, nas formas e características externas, anomalias ou diferenças que a complexidade crescente da organização não poderia ocasionar por si mesma.

Trata-se, portanto, de provar que a série que constitui a escala animal reside essencialmente na distribuição dos principais corpos que a compõem e não naquela das espécies, nem mesmo na dos gêneros.

A série a que me refiro só pode ser determinada a partir da colocação das massas, pois essas massas constituem as classes e as grandes famílias compreendem cada um dos seres cuja organização é dependente de um sistema particular dos órgãos essenciais.

Assim, cada massa distinta tem seu sistema particular de órgãos essenciais e estes são sistemas particulares que vão se degradando, desde o que apresenta a maior complexidade até o mais simples. Mas cada órgão considerado isoladamente não segue uma marcha tão regular em sua degradação: ele a segue menos se tiver uma menor importância e for mais suscetível a ser modificado pelas circunstâncias.

Com efeito, os órgãos de pouca importância ou não essenciais à vida não estão sempre relacionados uns com os outros em seu aperfeiçoamento ou sua degradação, de modo que, se seguirmos todas as espécies de uma classe, veremos que determinado órgão em determinada espécie goza de seu mais alto grau de aperfeiçoamento, enquanto outro órgão, que nessa mesma espécie encontra-se muito simplificado ou muito imperfeito, encontra-se mais bem acabado em uma outra espécie.

Essas variações irregulares no aperfeiçoamento e na degradação dos órgãos não essenciais se devem ao fato de que esses órgãos são mais suscetíveis que os outros às influências das circunstâncias exteriores. Elas modificam de maneira similar a forma e os estados de suas partes mais externas e possibilitam uma diversidade tão considerável e tão singularmente ordenada das espécies que, no lugar de alinhá-los como as massas, numa série única, simples e linear, sob a forma de uma escala regularmente graduada, essas mesmas espécies formam frequentemente, em torno das massas das quais fazem parte, ramificações laterais, cujas extremidades oferecem pontos verdadeiramente isolados.

É preciso, para modificar cada sistema da organização interna, uma cooperação de circunstâncias bem mais influentes e de mais longa duração que para alterar e modificar os órgãos exteriores.

Todavia, observo que, dependendo das exigências das circunstâncias, a natureza passa de um sistema a outro sem apresentar saltos, desde que sejam vizinhos. É, com efeito, devido a essa faculdade que ela volta a formar a todos sucessivamente, ao proceder do mais simples ao mais complexo.

Tanto é verdade que ela possui essa faculdade, que passa de um sistema a outro, não apenas entre duas famílias diferentes quando são vizinhas por suas relações, como também o faz num mesmo indivíduo.

Os sistemas de organização que admitem como órgão da *respiração* os *pulmões* são mais próximos dos sistemas que admitem *brânquias* do que aqueles que exigem *traqueias*. Assim, não apenas a natureza passa das brânquias aos pulmões nas classes e nas famílias próximas, como indica considerar próximos peixes e répteis. No entanto, ela passa até durante a existência de um mesmo indivíduo, que utiliza sucessivamente um e outro sistema. Sabe-se que a rã, em seu estado imperfeito de girino, respira por brânquias, ao passo que, em seu estado mais perfeito, a rã respira por pulmões. Não observamos em nenhuma parte a natureza transitar do sistema de traqueias para o sistema pulmonar.

Portanto, pode-se dizer que, na verdade, existe para cada reino de corpos vivos uma série única e graduada na disposição dessas massas, conforme a crescente complexidade da organização e a disposição dos objetos considerando suas relações. Essa série, seja no reino animal, seja no reino vegetal, deve oferecer numa extremidade inicial os corpos vivos mais simples e menos organizados, e, numa terminal, os mais perfeitos em sua organização e em suas faculdades.

Essa parece ser a verdadeira ordem da natureza. E, de fato, é isso que nos oferece claramente a observação mais atenta e o estudo que acompanha todos os traços característicos de seu andamento.

Após termos sentido, em nossa distribuição dos produtos da natureza, a necessidade de levar em consideração as *relações*, não podemos mais dispô-las numa série geral do modo que gostaríamos. Quanto mais conhecemos a marcha da natureza e à medida que estudamos as relações estabelecidas, mais próximas ou mais distantes, seja entre objetos, seja entre as diferentes massas, somos conduzidos e forçados a nos conformar com sua ordem.

O primeiro resultado obtido a partir do emprego das relações na colocação das massas para formar uma distribuição geral é que as duas extremidades da ordem devem oferecer os seres mais dessemelhantes, pois são efetivamente os mais afastados ao considerarmos as relações e, como consequência, nos termos da organização. Segue-se disso que, se uma das extremidades da ordem apresenta os corpos vivos mais perfeitos, aqueles cuja organização é a mais complexa, a outra extremidade da mesma ordem deverá necessariamente conter os corpos vivos mais imperfeitos, isto é, aqueles cuja organização é a mais simples.

Na disposição geral dos vegetais conhecidos, segundo o método natural, quer dizer, após a consideração das relações, conhecemos, de maneira sólida, apenas uma das extremidades da ordem e sabemos que a criptogamia deve se encontrar nessa extremidade. Se a outra extremidade não é determinada com a mesma certeza, isso se deve a que nossos conhecimentos da organização dos vegetais são muito menos avançados do que os que temos sobre a organização de um grande número de animais conhecidos. O resultado disso é que, do ponto de vista dos vegetais, ainda não tivemos um guia certo para fixar as relações entre as grandes massas como tivemos para reconhecer aquelas que se encontram entre os gêneros e para formar as famílias.

Não encontramos a mesma dificuldade no que se refere aos animais. As duas extremidades de sua série geral são fixadas de maneira definitiva, pois enquanto fizermos uso do método natural e, por conseguinte, considerarmos as relações, os mamíferos ocuparão necessariamente uma das extremidades da ordem e os infusórios serão colocados na outra extremidade.

Existe, portanto, tanto para os animais como para os vegetais, uma ordem que pertence à natureza e que resulta, assim como tudo o que se origina nessa ordem, dos meios que ela recebeu do Autor Supremo de todas as coisas. Ela é somente a ordem geral e imutável que esse Autor Sublime criou para tudo. É um conjunto de leis gerais e particulares às quais essa ordem está sujeita. Por esses meios, que ela utiliza sem alterar, veio a dar, e continua a fazê-lo para todo o sempre, uma existência às suas produções, variando-as e renovando-as sem cessar, e conservando, assim, por toda parte, a ordem inteira que se efetiva.

Veremos que, relativamente ao reino animal, essa ordem da natureza que reconhecemos em cada reino dos corpos vivos, e da qual possuímos diversas porções em famílias bem reconhecidas e nos melhores gêneros, é agora determinada, em seu conjunto, de uma maneira que não deixa margem para nenhuma arbitrariedade.

Mas tanto a grande quantidade de diversos animais que viemos a conhecer quanto as luzes que a Anatomia Comparada lançou sobre sua organização deram-nos os meios para determinar, de maneira definitiva, a distribuição geral de todos os animais conhecidos e, portanto, de demarcar positivamente os principais cortes que podemos estabelecer dentro da série que eles constituem.

Eis então o que importa reconhecer e o que terá uma verossimilhança difícil de ser contestada.

Examinemos agora o estado atual da distribuição geral dos animais e de sua classificação.

Estado atual da distribuição e classificação dos animais

Como a finalidade e os princípios, seja da distribuição geral dos corpos vivos, seja de sua classificação, passaram despercebidos até o momento em que nos ocupamos desses assuntos, os trabalhos dos naturalistas se ressentiram por muito tempo dessa imperfeição de nossas ideias, e o mesmo aconteceu nas ciências naturais e em todas as outras, das quais nos ocupamos antes de termos formulado os princípios que devem fundamentar e regrar nossos trabalhos.

Em vez de submeter a classificação que foi levada, em cada reino dos corpos vivos, a uma distribuição que em nada deveria apresentar entraves, pensamos apenas em classificar comodamente os objetos, e sua distribuição foi submetida à arbitrariedade.

Por exemplo, como as relações entre as grandes massas são muito difíceis de serem apreendidas entre os vegetais, por muito tempo, na Botânica, foram empregados sistemas artificiais. Eles ofereceram a facilidade de fazer classificações cômodas, fundadas sobre princípios arbitrários, e cada autor compôs uma nova segundo sua própria fantasia. Também a distribuição estabelecida entre os vegetais, a partir do *método natural*, sempre foi sacrificada. Apenas após o conhecimento da importância das partes da frutificação, e sobretudo a preeminência que, entre eles, uns devem ter sobre os outros, é que a distribuição geral dos vegetais começa a avançar no sentido de um aperfeiçoamento.

Como isso não ocorre da mesma maneira no que se refere aos animais, as relações gerais que caracterizam as grandes massas são muito mais fáceis de serem percebidas. Também várias dessas massas foram reconhecidas desde o início dos tempos em que começamos a cultivar a História Natural.

Com efeito, Aristóteles dividiu, primariamente, os animais em dois principais cortes, ou, segundo ele, duas classes, a saber:

1. Animais dotados de sangue:

Quadrúpedes vivíparos.
Quadrúpedes ovíparos.
Peixes.
Aves.

2. Animais desprovidos de sangue:

Moluscos.
Crustáceos.
Testáceos.
Insetos.

Essa divisão primária dos animais em dois grandes cortes era muito boa; mas a característica empregada por Aristóteles ao formá-la era ruim. O filósofo atribuiu o nome de sangue para o fluido principal dos animais, cuja cor é vermelha e, ao supor que os animais reportados na segunda classe possuíam apenas fluidos brancos ou esbranquiçados, passou a considerá-los privados de sangue.

Tal foi aparentemente o primeiro esboço de uma classificação dos animais, ao menos é a mais antiga de que temos conhecimento. Mas essa classificação oferece também o primeiro exemplo de uma distribuição no sentido inverso da ordem da natureza, pois nela encontramos uma progressão, ainda que muito imperfeita, do mais complexo até o mais simples.

Depois dessa época, geralmente seguiu-se essa direção falsa quanto à distribuição dos animais, o que evidentemente retardou nossos conhecimentos relativamente à marcha da natureza. Os naturalistas modernos acreditaram aperfeiçoar a distinção feita por Aristóteles ao dar aos animais dessa primeira divisão o nome de animais de sangue vermelho e, aos da segunda, o de animais de sangue branco. Agora sabemos com clareza o quanto essa característica é falha, pois existem animais invertebrados (muitos dos anelídeos) que têm sangue vermelho.

Segundo minha definição, os fluidos essenciais aos animais não merecem o nome de sangue quando não circulam dentro de vasos arteriais ou venosos. Esses fluidos são ainda tão degradados, e tão pouco compostos ou tão imperfeitos na combinação de seus princípios que estaríamos errados ao equiparar sua natureza àquela dos fluidos que estão submetidos a uma verdadeira circulação. Ora, atribuir sangue a um radiado ou a um pólipo é o mesmo que atribuí-lo a uma planta.

Para evitar equívocos, ou o emprego de alguma consideração hipotética, no meu primeiro curso ministrado no Museu de História Natural na primavera de 1794 (ano II da República), dividi a totalidade dos animais conhecidos em dois cortes perfeitamente distintos, a saber:

Os animais com vértebras;
Os animais sem vértebras.

Observei aos meus alunos que a coluna vertebral indica, nos animais que são munidos dela, a posse de um esqueleto mais ou menos aperfeiçoado e de um plano de organização que é relacionado a ela. Já sua ausência nos outros animais não apenas os distingue claramente dos primeiros, mas anuncia que os planos de organização sobre os quais são formados são todos muito diferentes daqueles dos animais com vértebras.

De Aristóteles até Lineu, nada de muito marcante surgiu com relação à distribuição geral dos animais. Mas, no último século, naturalistas de grande mérito fizeram muitas observações particulares sobre os animais, e principalmente sobre uma grande quantidade de animais sem vértebras. Alguns mostraram sua anatomia, com maior ou menor extensão, outros apresentaram uma história exata e detalhada das metamorfoses e dos hábitos de um grande número desses animais, de modo que, como resultado de suas preciosas observações, muitos fatos importantes chegaram ao nosso conhecimento.

Enfim, Lineu, homem de um gênio superior e um dos maiores naturalistas conhecidos, após ter reunido os fatos e nos ter instruído a colocar uma grande precisão na determinação das características de todas as ordens, proporcionou, no referente aos animais, a distribuição que mostraremos a seguir.

Ele distribuiu os animais conhecidos em seis classes, subordinadas a três graus ou características de organização.

Distribuição dos animais estabelecida por Lineu

Classe	Primeiro grau
I. Os mamíferos	O coração possui dois ventrículos; o sangue é vermelho e quente.
II. As aves	

Classe	Segundo grau
III. Os anfíbios (os répteis)	O coração possui um ventrículo; o sangue é vermelho e frio.
IV. Os peixes	

Classe	Terceiro grau
V. Os insetos	Humor aquoso (no lugar do sangue).
VI. Os vermes	

Salvo a inversão que apresenta essa distribuição como todas as outras, os quatro primeiros cortes que ela oferece doravante estarão fixados definitivamente, contando-se sempre com o consentimento dos zoólogos quanto à sua colocação na série geral. Vemos assim que somos primeiramente devedores a esse ilustre naturalista sueco.

Não se pode dizer o mesmo dos dois últimos cortes dessa distribuição, pois eles são muito ruins, e inteiramente inadequados. Como compreendem o maior número de animais conhecidos, e os mais diversificados em suas características, devem ser os mais numerosos. Precisaram ser reformados e substituídos por outros.

Lineu, como pode-se notar, e os naturalistas que o seguiram deram tão pouca atenção à necessidade de multiplicar os cortes entre os animais que colocaram o humor aquoso frio no lugar do sangue (dos animais sem vértebras), e, onde características e organização oferecem tamanha diversidade, eles fizeram a distinção de inúmeros animais em apenas duas classes, a saber, em *insetos* e *vermes*, de modo que tudo o que não foi visto como inseto, ou, de outro modo, todos os animais sem vértebras que não tenham membros articulados, foram, sem exceção, reportados à classe dos vermes. Eles colocaram a classe dos insetos depois daquela dos peixes, e aquela dos vermes depois daquela dos insetos. Os vermes formavam, portanto, após essa distribuição de Lineu, a última classe do reino animal.

Essas duas classes se encontram ainda expostas, seguindo essa ordem, em todas as edições do *Sistema da natureza* publicadas após a morte de Lineu. E embora o vício essencial dessa distribuição, relativamente à ordem natural dos animais, seja evidente, e seja inegável que a classe dos vermes de Lineu é uma espécie de caos, no qual objetos tão disparatados se encontram reunidos, a autoridade desse sábio tinha, para os naturalistas, um peso tão grande que ninguém ousava modificar a monstruosa classe dos vermes criada por ele.

Com a intenção de implantar algumas reformulações úteis quanto a isso, eu apresentei, nos meus primeiros cursos, a seguinte distribuição para os animais sem vértebras, que dividi não apenas em duas classes, mas em cinco na ordem que pode ser vista a seguir.

Distribuição dos animais sem vértebras, tal como exposta nos meus primeiros cursos

1) Os moluscos.
2) Os insetos.
3) Os vermes.
4) Os equinodermos.
5) Os pólipos.

Essas classes são compostas ainda de algumas das ordens que Bruguière apresentou em sua distribuição dos *vermes*, mas cuja disposição não adotei; quanto à classe dos insetos, tomei-a tal como circunscrita por Lineu.

Por volta da metade do ano III (de 1795), a chegada do sr. Cuvier a Paris despertou a atenção dos zoólogos sobre a organização dos animais. Vi com muita satisfação as provas decisivas que ele apresentou sobre a proeminência que era necessário conceder aos moluscos sobre os insetos, de acordo com a escala que os animais deveriam ocupar na série geral.[1] O que, aliás, eu já havia feito nas minhas aulas, mas que não foi visto de maneira favorável por parte dos naturalistas desta capital.

A modificação que eu havia feito nesse sentido, pelo simples sentimento de que a distribuição de Lineu seguida pelos naturalistas não era conveniente, o sr. Cuvier a consolidou perfeitamente pela exposição dos fatos mais positivos, apesar de muitos, é verdade, já serem conhecidos, mas que ainda não haviam em nada chamado a nossa atenção em Paris.

Aproveitando o ensejo das luzes que esse sábio propagou após a sua chegada, sobre todas as partes da Zoologia, e particularmente sobre os animais sem vértebras, que ele denomina animais de *sangue branco*, eu acrescentei sucessivamente novas classes à minha distribuição. Fui o primeiro a instituí-las, mas, como veremos, algumas dessas classes foram adotadas apenas tardiamente.

Sem dúvida, o interesse dos autores é bastante indiferente para a ciência e parece também sê-lo para aqueles que a estudam. Todavia, é interessante conhecer o histórico das mudanças a que foi submetida a classificação dos animais, após quinze anos: eis as mudanças que operei.

Inicialmente, modifiquei a denominação da minha classe dos equinodermos para a dos radiados, com a finalidade de nela reunir as medusas e os gêneros que são semelhantes a eles. Essa classe, malgrado sua utilidade e a necessidade que se sente das características desses animais, ainda não foi adotada pelos naturalistas.

No meu curso do ano VII (1799), estabeleci a classe dos *crustáceos*. O sr. Cuvier, em seu *Tableau des animaux*, ainda classificava os crustáceos na classe dos

---

1 Cuvier, *Tableau élémentaire de l'histoire naturelle des animaux*, Paris, 1797-1798, 2v. (N. T.)

insetos; apesar de essa classe ser em si mesma essencialmente distinta, apenas seis ou sete anos depois houve naturalistas que consentiram em adotá-la.

O ano seguinte, quer dizer, em meu curso no ano VIII (1800), apresentei os aracnídeos como uma classe particular, fácil e necessária de se distinguir. A natureza de suas características era a indicação certa de uma organização particular desses animais. É impossível que uma organização perfeitamente semelhante àquela dos insetos, em que todos se submetem a metamorfoses, se regeneram pelo menos uma vez ao longo da vida e possuem apenas duas antenas, dois olhos reticulados e seis patas articuladas, possa dar lugar aos animais que nunca passam por metamorfoses e que oferecem, além dessas, diferentes características que os distinguem dos insetos. Uma parte dessa verdade foi confirmada posteriormente pela observação. No entanto, essa classe de aracnídeos não é admitida em nenhuma outra obra além da minha.

A partir da descoberta do sr. Cuvier de que existem vasos arteriais e vasos venosos em diferentes animais que se confundiam sob o nome de *vermes* com outros animais muito diferentemente organizados, empreguei imediatamente a consideração desse novo fato para o aperfeiçoamento da minha classificação. No meu curso do ano X (1802), estabeleci a classe dos anelídeos, que ficaria depois dos moluscos e antes dos crustáceos, o que, portanto, exigiria o reconhecimento de sua organização.

Ao dar um nome particular a essa nova classe, pude conservar o antigo nome de vermes aos animais que sempre o tiveram, e cuja organização obrigava a afastá-los dos anelídeos. Continuei, portanto, a colocar os vermes após os insetos e a distingui-los dos radiados e dos pólipos, com os quais jamais estaremos autorizados a reuni-los.

A classe dos anelídeos que propus e foi publicada no meu curso e nas minhas *Recherches sur l'organisation des corps vivants*,[2] ficou muitos anos sem ser admitida pelos naturalistas. Contudo, após um período de dois anos começaram a reconhecer essa classe. Mas como julgamos em prol da mudança de nome transportá-lo para aquela dos vermes, não se sabe bem o que fazer com a dos vermes propriamente ditos, dado que estes não possuem nem nervos, nem sistema circulatório e, diante dessa dificuldade, os reunimos na classe dos pólipos, apesar de serem em si mesmos muito diferentes em sua organização.

---

2 *Recherches sur l'organisation des corps vivants*, p.24. (N. A.)

Esses exemplos de aperfeiçoamentos estabelecidos inicialmente nas partes de uma classificação, destruídas depois por outras e em seguida restabelecidas pela necessidade e pela força das coisas não são raras nas ciências naturais.

Com efeito, Lineu reuniu muitos gêneros de plantas que Tournefort[3] havia anteriormente distinguido, como vimos, nos gêneros *polygnum* (sanguinária), *mimosa* (dorme-dorme), *justicia* (erva-santa), *convallaria* (lírio-do-vale), além de outros. E agora os botânicos restabeleceram os gêneros que Lineu havia descartado.

Por fim, em meu curso do ano passado (1807), estabeleci, dentre os animais sem vértebras, uma nova e segunda classe, aquela dos infusórios, pois, após um exame detido dos caracteres conhecidos desses animais imperfeitos, convenci-me de que eu havia me equivocado em classificá-los entre os pólipos.

Assim, ao continuar a compilar os fatos obtidos pela observação e pelo progresso acelerado da Anatomia Comparada, instituí consecutivamente as diferentes classes que agora compõem a minha distribuição dos animais sem vértebras. São dez classes que estão dispostas desde os animais mais complexos para os mais simples, segundo o uso:

Classe dos animais sem vértebras

Os moluscos.
Os cirrípedes.
Os anelídeos.
Os crustáceos.
Os aracnídeos.
Os insetos.
Os vermes.
Os radiados.
Os pólipos.
Os infusórios.

---

3 Tournefort, *Élémens de Botanique*, Paris, 1694. (N. T.)

Mostrarei, ao expor cada uma dessas classes, que elas constituem cortes necessários, uma vez que estão fundamentadas sobre a consideração da organização, e que, apesar de poder ou mesmo dever se encontrar, perto de seus limites, raças de algum modo partidas ou intermediárias entre duas classes, esses cortes apresentam tudo o que a arte pode produzir de mais conveniente nesse gênero. Além disso, enquanto considerarmos principalmente o interesse da ciência, não podemos deixar de reconhecê-las.

Vê-se que ao acrescentar, a essas dez classes que dividem os animais sem vértebra, as quatro classes reconhecidas e determinadas por Lineu para os animais com vértebras, teremos a classificação de todos os animais conhecidos. Apresento, assim, catorze classes em uma ordem contrária àquela da natureza.

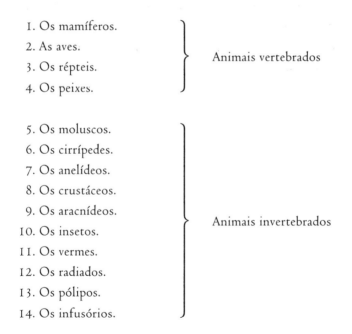

Tal é o estado atual da distribuição geral dos animais e das classes estabelecidas para eles.

De agora em diante, deveremos examinar uma questão muito importante que aparenta não ter jamais sido aprofundada nem discutida, e cuja solução mesmo assim se faz necessária. Vejamos.

Como todas as classes que compartilham o reino animal formam necessariamente uma série de massas conforme a composição crescente ou decrescente de organização, deve-se, ao dispor dessa série, proceder do mais complexo para o mais simples ou do mais simples para o mais complexo?

Tentaremos solucionar essa questão no Capítulo VIII que encerra esta primeira seção, mas antes convém examinar um fato marcante, digno de nossa atenção e que pode nos levar a perceber o caminho realizado pela natureza, ao dar às suas diversas produções a existência que elas desfrutam. Estou me referindo a essa degradação singular que encontramos na organização, se percorrermos a série natural dos animais, partindo dos mais perfeitos ou mais complexos em direção aos mais simples ou mais imperfeitos.

Embora essa degradação não seja nem possa ser nuançada, como mostraremos, ela existe nas principais massas de maneira bastante evidente e com uma pronunciada constância, mesmo nas variações de seu andamento. Sem dúvida, ela depende de alguma lei geral que será importante descobrir e, por conseguinte, investigar.

Capítulo VI
Degradação e simplificação da organização de uma extremidade a outra na cadeia animal, do mais complexo ao mais simples

Das considerações que interessam à Filosofia Zoológica, uma das mais importantes concerne à degradação e à simplificação que se observam na organização dos animais quando se percorre a cadeia animal de uma extremidade à outra, dos animais mais perfeitos aos mais simples quanto à organização.

Trata-se de saber se esse fato pode realmente ser constatado, pois, então, ele lançaria uma luz considerável sobre o plano seguido pela natureza e nos colocaria no caminho da descoberta de muitas outras leis que é de suma importância conhecer.

Proponho-me aqui a provar que o fato em questão pode ser asseverado, e é produto de uma lei constante da natureza, que atua sempre com uniformidade, por mais que uma causa particular, facilmente identificável, introduza aqui e ali, em toda a extensão da cadeia animal, variações que afetam a regularidade dos resultados produzidos por essa lei.

Para começar, é forçoso reconhecer que a série geral dos animais distribuídos em conformidade a suas relações naturais apresenta uma sequência de massas particulares resultantes dos diferentes sistemas de organização empregados pela natureza, e que essas massas, que se distribuem segundo a complexidade decrescente da organização, formam uma verdadeira cadeia.

Em seguida, observa-se que, exceto pelas anomalias cuja causa iremos determinar, reina de uma extremidade a outra da cadeia uma *degradação* notável na organização dos animais que a compõem, e há uma proporcional redução do número de faculdades desses animais, de sorte que, se em uma das extremidades da cadeia encontram-se os animais mais perfeitos sob todos os aspectos, na extremidade oposta necessariamente serão encontrados os animais mais simples e mais imperfeitos que se poderia encontrar na natureza.

Por fim, poderemos nos convencer, por meio desse exame, que todos os órgãos especiais se simplificam progressivamente de classe em classe, alteram-se, tornam-se mais pobres e se atenuam pouco a pouco, até perderem sua concentração local, se forem de primeira importância, e terminem por desaparecer por completo e em definitivo, antes que tenham chegado à extremidade oposta da cadeia.

Na verdade, a degradação de que falo nem sempre é nuançada e regular em sua progressão, pois, muitas vezes, um órgão desaparece ou se altera subitamente, e, em tais modificações, adquire por vezes formas singulares, que não se ligam a outras por graus identificáveis. Acontece ainda de um mesmo órgão desaparecer e reaparecer muitas vezes antes de ser suprimido por completo. Veremos que não poderia ser diferente, e que a causa da complexidade progressiva da organização deve passar por diversos desvios em seus produtos, pois muitas vezes acontece de estes serem alterados por uma causa estranha, que atua sobre eles com poderosa eficácia. Mas veremos que a degradação de que se trata nem por isso é menos real e progressiva, sempre que pode sê-lo.

Se a causa que tende incessantemente a tornar complexa a organização fosse a única a influir na forma e nos órgãos dos animais, a complexidade crescente da organização progressiva seria regular por toda parte. Mas não é isso o que acontece. A natureza se encontra forçada a submeter suas operações à influência das circunstâncias que atuam sobre elas, e em toda parte essas circunstâncias fazem que seus produtos variem. Tal é a causa particular que explica a ocorrência, aqui e ali, no curso de degradação que verificaremos, dos desvios muitas vezes bizarros que nos oferece a sua progressão.

Tentemos trazer à luz tanto a degradação progressiva da organização dos animais quanto a causa das anomalias ocorridas na progressão dessa degradação no curso da série dos animais.

É evidente que, se a natureza só tivesse trazido à existência animais aquáticos, e todos eles tivessem sempre vivido no mesmo clima, na mesma espécie de água, à mesma profundidade etc., sem dúvida se encontraria, na organização desses animais, uma gradação regular e mesmo nuançada.

Mas a potência da natureza não se encerra, em absoluto, em tais limites.

Em primeiro lugar, é preciso observar que nas águas existe uma diversidade considerável de circunstâncias: águas doces ou marinhas, tranquilas ou estagnadas, correntes ou agitadas, de climas quentes e de regiões frias, e, por fim, águas profundas ou muito profundas. Todas elas oferecem circunstâncias particulares que atuam de maneira diferente sobre os animais que nelas vivem. Raças de animais com o mesmo grau de composição na organização que se encontram expostas a essas diferentes circunstâncias sofrem influências particulares e tornam-se, de acordo com isso, diversas.

Após ter produzido os animais aquáticos de todas as ordens, e tê-los variado de maneira singular, com o auxílio das diferentes circunstâncias oferecidas pelas águas, a natureza levou muitos deles, pouco a pouco, a viver no ar. De início à beira das águas, depois em todas as partes do globo, esses animais se encontrariam, com o tempo, em circunstâncias tão diferentes dos primeiros, e teriam sofrido uma influência tão poderosa sobre seus hábitos e seus órgãos, que a gradação regular que eles deveriam oferecer na complexidade de sua organização foi singularmente alterada, de sorte que mal se pode reconhecê-la, sob diversos aspectos, em relação ao que foi um dia.

Essas considerações, que há tempos venho examinando e estabelecendo sobre provas certificadas, permitem-me apresentar o seguinte princípio zoológico, cujo fundamento parece-me estar ao abrigo de toda contestação:

A progressão na complexidade da organização sofre, aqui e ali, na série geral dos animais, anomalias introduzidas pela influência do local de habitação e de hábitos contraídos.

A consideração dessas anomalias foi alegada para rejeitar a evidente progressão existente na complexidade da organização dos animais e negar a marcha que a natureza segue na produção dos corpos vivos.

Mas, apesar dos aparentes desvios que irei indicar, o plano geral da natureza e a marcha uniforme de suas operações são facilmente identificáveis, por mais que os seus meios variem ao infinito. Para ver que é assim, é preciso considerar a série geral dos animais conhecidos, tomá-la primeiro em conjunto, em seguida em suas grandes massas, pois assim se encontrarão as provas mais inequívocas da gradação por ela seguida na complexidade da organização, gradação que as anomalias a que me referi não autorizam ignorar. Por fim, observa-se que, por toda parte em que não houve mudanças extremas de circunstância, encontra-se essa gradação, perfeitamente nuançada, nas diversas porções da série geral a que damos o nome de famílias. Essa verdade se torna ainda mais impressionante no estudo das chamadas espécies, pois, quanto mais observamos, mais difíceis, complicadas e minuciosas se tornam as nossas distinções específicas.

A gradação na complexidade da organização é, portanto, um fato que não pode ser posto em dúvida, quando tivermos dado provas detalhadas e assertivas do que acabamos de afirmar. Ora, como tomamos a série geral dos animais em sentido inverso ao da ordem seguida pela natureza, que os trouxe à existência sucessivamente, essa gradação se torna por isso, para nós, uma degradação impressionante, que reina de uma extremidade a outra da cadeia animal, exceto pelas interrupções que resultam dos objetos que restam ainda a descobrir e pelas que provêm das anomalias produzidas por circunstâncias extremas no local de habitação.

Para estabelecermos agora, por fatos comprovados, o fundamento da degradação da organização dos animais de uma extremidade a outra de sua série geral, lancemos um olhar sobre a composição e o conjunto dessa série, consideremos os fatos que ela nos apresenta e, em seguida, passemos rapidamente em revista as catorze classes que constituem suas divisões principais.

Ao examinar a distribuição geral dos animais, tal como a apresentei no capítulo precedente, e que, no conjunto, é unanimemente reconhecida pelos zoólogos, os quais contestam apenas os limites de certas classes, observo um fato bem evidente, que, por si só, é decisivo para a minha tese. Ei-lo!

Em uma das extremidades da série (a que temos o hábito de considerar a antecedente) veem-se os animais mais perfeitos sob todos os aspectos e cuja organização é mais complexa, enquanto, na extremidade oposta, encontram-se os mais imperfeitos que existem na natureza, aqueles cuja organização é mais simples, e que suspeitamos mal teriam animalidade.

Esse fato reconhecido e que, efetivamente, não poderia ser contestado, torna-se a primeira prova da degradação que quero estabelecer, pois é condição essencial desta. Outro fato oferecido pela consideração da série geral dos animais, que fornece uma segunda prova da degradação que reina em sua organização de uma extremidade a outra de sua cadeia, é que as quatro primeiras classes do reino animal oferecem animais geralmente dotados de coluna vertebral, ao passo que os animais de todas as outras classes são desprovidos dela por completo.

Sabe-se que a coluna vertebral é a base essencial do esqueleto, que ele não existe sem ela, e que por toda parte em que ela se encontra há um esqueleto mais ou menos completo, mais ou menos perfeito.

Sabe-se ainda que o aperfeiçoamento das faculdades prova o dos órgãos que as ocasionam.

Embora o homem esteja fora da série, devido à extrema superioridade de sua inteligência relativamente à sua organização, ele certamente oferece o tipo do maior aperfeiçoamento a que a natureza pode chegar. Portanto, quanto mais uma organização animal se aproxima da sua, mais perfeita ela é.

Quanto a isso, observo que o corpo do homem possui não apenas um esqueleto articulado, mas que é o mais completo e mais perfeito em cada uma de suas partes. Esse esqueleto enrijece seu corpo, fornece aos músculos numerosos pontos de fixação e permite-lhe variar seus movimentos quase ao infinito.

Sendo o esqueleto a parte principal do plano de organização do corpo do homem, é evidente que todo animal munido de um esqueleto tem uma organização mais perfeita que a dos que são dele desprovidos.

Portanto, os animais sem vértebras são mais imperfeitos que os vertebrados, e, ao colocar no topo do reino animal os animais mais perfeitos, a série geral dos animais oferece a degradação real na organização, pois, após as quatro primeiras classes, todos os animais das classes que se seguem são privados de esqueleto e têm, por conseguinte, uma organização menos aperfeiçoada.

Isso, porém, não é tudo. Entre os próprios vertebrados, a degradação de que se trata também é observada; e veremos que ela se encontra igualmente nos invertebrados. Portanto, essa degradação que segue o plano constante adotado pela natureza é, ao mesmo tempo, o resultado de acompanharmos sua ordem em sentido inverso. Pois, se seguíssemos sua verdadeira ordem, vale dizer, se percorrêssemos a série geral dos animais, remontando dos mais imperfeitos aos mais perfeitos, encontraríamos, em vez de uma degradação em sua organização, uma complexidade crescente, e veríamos um aumento sucessivo das faculdades animais, em número e em perfeição. Para provar que a realidade da degradação se encontra por toda parte, percorramos agora, rapidamente, as diferentes classes do reino animal.

Mamíferos

Animais com mamas, dotados de quatro membros articulados e de todos os órgãos essenciais dos animais mais perfeitos, do pelo a outras partes do corpo.

Os mamíferos (*mammalia*, Linneus) devem, evidentemente, ocupar uma das extremidades da cadeia animal, situando-se naquela em que estão os animais mais perfeitos e mais ricos quanto à organização e em faculdades, pois é unicamente entre eles que se encontra a inteligência mais desenvolvida.

Se, como eu disse, o aperfeiçoamento das faculdades prova o dos órgãos que as ocasionam, então, nesse caso, todos os animais dotados de mamas, os únicos verdadeiramente vivíparos, têm a organização mais perfeita, pois é sabido que esses animais têm mais inteligência, mais faculdades e uma reunião de sentidos mais perfeita do que os outros. São aqueles cuja organização está mais próxima da do homem.

Sua organização apresenta um corpo cujas partes são sustentadas por um esqueleto articulado, em geral mais completo nesses animais do que nos vertebrados das três outras classes. A maioria tem quatro membros articulados dependentes do esqueleto; e todos têm um diafragma entre o tórax e o abdômen, um coração com dois ventrículos e duas aurículas, sangue vermelho e quente, pulmões livres, circunscritos ao tórax e pelos quais o sangue passa antes de ser enviado a outras partes do corpo, e, por fim, são os únicos animais vivíparos, pois são os únicos cujo feto, revestido por invólucros, se comunica mesmo assim com a mãe, desenvolve-se a expensas da substância desta, e os filhotes, após o nascimento, alimentam-se, por algum tempo, do leite dos mamilos dela.

Os mamíferos ocupam, portanto, o primeiro lugar no reino animal, por conta da perfeição de sua organização e do maior número de faculdades, pois, abaixo deles, não encontramos mais uma geração de fato vivípara, pulmões circunscritos por um diafragma no tórax e que recebem a totalidade do sangue a ser enviado às outras partes do corpo etc.

Na verdade, é difícil distinguir, entre os próprios mamíferos, o que realmente pertence à degradação que examinamos e o que é produto de circunstâncias de habitação, modos de vida e de hábitos há muito adquiridos.

Contudo, mesmo entre eles encontramos traços da degradação geral da organização, pois aqueles cujos membros são apropriados para agarrar os objetos são superiores, em perfeição, àqueles cujos membros servem apenas para caminhar. Com efeito, é entre os primeiros que o homem, considerado em relação à organização, encontra-se posicionado. Ora, é evidente que a organização do homem, por ser a mais perfeita, deve ser considerada como o tipo a partir do qual deve ser julgado o aperfeiçoamento ou a degradação das outras organizações animais.

Assim, nos mamíferos, os três cortes que dividem essa classe, ainda que de maneira desigual, oferecem entre si, como veremos agora, uma degradação notável na organização dos animais que elas compreendem.

Primeiro corte: os mamíferos unguiculados. Têm quatro membros, unhas achatadas ou pontiagudas nas extremidades dos dedos e que não os recobrem. Esses membros são, em geral, apropriados para agarrar os objetos, ou ao menos para envolvê-los. Entre eles se encontram os animais cuja organização é mais perfeita.

Segundo corte: os mamíferos ungulados. Têm quatro membros e seus dedos são revestidos inteiramente, na extremidade, por um revestimento córneo arredondado, chamado casco. Seus pés servem unicamente para caminhar ou correr sobre a terra, e não poderiam ser empregados nem para escalar árvores, nem para apanhar um objeto ou presa, nem para atacar e destroçar outros animais. Alimentam-se apenas de matéria vegetal.

Terceiro corte: os mamíferos exungulados,[1] desprovidos de úngulas. Têm apenas dois membros, muito curtos, achatados e similares a nadadeiras. Seus dedos, envoltos por pele, não têm nem unhas nem cascos. São assim todos

---

[1] O termo "exungulado" não existe em português, mas seguiremos, com esse neologismo, a terminologia utilizada por Lamarck. (N. T.)

os mamíferos cuja organização é menos perfeita. Não têm nem bacia nem patas traseiras, engolem sem antes mastigar, e costumam viver nas águas, embora venham à superfície para respirar. Receberam o nome de cetáceos.

Embora os anfíbios[2] também habitem as águas, deixando a terra, de tempos em tempos, para se banhar em riachos, eles pertencem ao primeiro corte da ordem natural, não ao que compreende os cetáceos. Vê-se assim que é preciso distinguir a degradação e a organização provenientes da influência dos lugares habitados e dos hábitos contraídos daquela que resulta dos progressos menos avançados no aperfeiçoamento ou na composição da organização. Mas, para ver que é assim, é preciso examinar os detalhes a fundo, pois, como mostrarei, os meios em que os animais costumam viver, os lugares particulares que habitam, os hábitos impostos pelas circunstâncias, as maneiras de vida etc. têm força suficiente para modificar os órgãos, o que poderia nos levar a atribuir à degradação as formas de partes que, na verdade, se devem a outras causas.

É evidente, por exemplo, que os mamíferos anfíbios, bem como os cetáceos, costumam viver em um meio denso, onde membros bem desenvolvidos seriam nocivos ao movimento e têm, por isso, membros encurtados; e que a influência das águas, que tornariam prejudiciais ao movimento os membros demasiadamente alongados, com partes sólidas internas, os tornou tais como são efetivamente, e, por conseguinte, esses animais devem sua forma geral à influência do meio em que vivem. Mas, relativamente à degradação que tentamos identificar nos mamíferos, os anfíbios estão longe dos cetáceos, pois sua organização é bem menos degradada nas partes essenciais, o que exige que os aproximemos da ordem dos mamíferos unguiculados, ao passo que os cetáceos formam a derradeira ordem da classe, pois são os mamíferos mais imperfeitos. Falaremos a seguir das aves, mas, antes disso, devo observar que não existe nuance entre os mamíferos e as aves, há um

---

2 O termo "anfíbio" era empregado na época de Lamarck na acepção geral de animal (principalmente mamífero) que habita mais de um meio (seco, aquoso), e se dizia, por exemplo, do castor. Ver o verbete de Daubenton, "Anfíbio", na *Enciclopédia* de Diderot e d'Alembert (Ed. bras.: São Paulo: Editora Unesp 2015, v.3, p.140). Quanto aos que hoje se chamam de anfíbios, eram incluídos entre os répteis, como se verá mais à frente. (N. T.)

vazio a ser preenchido, e, sem dúvida, a natureza produziu animais que aos poucos preencheram esse vazio, e que deverão formar uma classe em particular, caso não possam ser incluídos nem entre os mamíferos nem entre as aves, segundo o sistema de sua organização.

Esse preenchimento está sendo realizado com a recente descoberta de dois gêneros de animais da Nova Holanda. São eles:

Os ornitorrincos
As equidnas
} Monotremados, Geoffroy

São animais quadrúpedes, desprovidos de mamas, dentes e lábios, têm um único orifício para os órgãos genitais, os excrementos e a urina (uma cloaca). Seus corpos são recobertos por pelos ou por espinhos.

Não são mamíferos, pois não têm mamas e, ao que tudo indica, são ovíparos. Não são aves, pois seus pulmões não são perfurados, e não têm membros no formato de asas. Por fim, não são répteis, pois seu coração tem dois ventrículos. Pertencem, assim, a uma classe em particular.

As aves

Animais sem mamas, dotados de dois pés e de dois braços no formato de asas. Penas recobrem seus corpos.

A segunda classe é ocupada, evidentemente, pelas aves, pois, ainda que não se encontre nesses animais um número de faculdades tão grande e um grau de inteligência tão elevado como nos animais da primeira classe, são únicos, com exceção dos monotremados, a ter, como os mamíferos, um coração com dois ventrículos e duas aurículas, o sangue quente, a cavidade do crânio completamente preenchida pelo cérebro e o tronco respaldado por costelas. São qualidades exclusivas que compartilham com os animais mamíferos, com os quais têm, assim, relações que não existem entre quaisquer outras classes posteriores.

Mas, comparada à dos mamíferos, a organização das aves apresenta uma degradação evidente, que não se deve, em absoluto, à influência de circunstâncias. Com efeito, faltam-lhes mamas, órgãos dos quais apenas os animais da primeira classe são dotados e que pertencem a um sistema de geração que não se encontra nas aves ou em qualquer outro animal das classes que se seguirão a elas. Em uma palavra, são essencialmente ovíparos, pois o sistema dos verdadeiros vivíparos, próprio dos animais da primeira classe, não se encontra mais na segunda, nem reaparece nas subsequentes. O seu feto, recoberto por um invólucro inorgânico (a casca do ovo), que apenas de início se comunica com a mãe, desenvolve-se sem se nutrir da substância desta.

O diafragma, que nos mamíferos separa por completo, ainda que mais ou menos obliquamente, o peitoral do abdômen, deixa aqui de existir, ou encontra-se muito incompleto. A coluna vertebral das aves não tem mobilidade, exceto pelas vértebras do pescoço e da cauda, pois os movimentos das outras vértebras dessa coluna, por não serem necessários a esse animal, não são executados, não colocando assim qualquer obstáculo aos grandes desenvolvimentos do esterno que, por sua vez, os tornam praticamente impossíveis.

Com efeito, o esterno das aves, por oferecer apoio aos músculos peitorais, que os movimentos enérgicos e quase contínuos tornaram espessos e muito fortes, tornou-se extremamente grande e carenado ao meio. Isso, porém, se deve aos hábitos dos animais, não à degradação geral que examinamos. Tanto é assim que o mamífero chamado morcego também tem o esterno carenado.

O sangue das aves passa por seus pulmões antes de chegar a outras partes do corpo. Elas respiram inteiramente com um dos pulmões, como o fazem os animais da primeira classe, e, depois delas, nenhum outro animal o faz.

Apresenta-se aí uma peculiaridade conspícua, relativa às circunstâncias em que se encontram esses animais. Por habitarem o espaço aéreo ao qual se elevam incessantemente e por atravessarem-no em todas as direções, mais que os outros vertebrados, eles adquiriram o hábito de insuflar os pulmões com ar, aumentando assim o volume destes e se tornando mais ligeiros, o que levou esse órgão a aderir às partes laterais do peitoral e encerrar o ar aí retido e rarefeito pelo calor no interior de grandes ossos ocos até as raízes das grandes penas, para que assim o ar não perfurasse os pulmões e os invólucros que os revestem, penetrando em quase todas as partes do corpo.[3] É nos pulmões que o sangue das aves recebe a influência do ar do qual elas tanto precisam, pois o ar que penetra nas outras partes do corpo tem outro uso que não o de servir à respiração.

Portanto, as aves, que por boas razões situamos após os mamíferos, apresentam em sua organização geral uma degradação evidente, não porque o seu pulmão ofereça alguma peculiaridade que não encontramos nos primeiros, e que se deve, assim como as penas, exclusivamente ao hábito adquirido de se elevar no espaço aéreo, mas porque não têm o sistema de geração próprio aos animais mais perfeitos, pois o seu é tal como o da maioria dos animais das classes que a sucedem. É muito difícil reconhecer, entre as aves, a degradação da organização que é objeto de nossas pesquisas. Nossos conhecimentos a respeito de sua organização são ainda muito gerais. E, até o presente, foi arbitrário colocar à frente dessa classe tal ou tal ordem, ou terminá-la com uma ordem qualquer que queiramos escolher.

Todavia, considerando-se que as aves aquáticas (como as palmípedes), as pernaltas e as galináceas têm, sobre as demais, a vantagem de que seus filhotes, ao romper a casca do ovo, já sabem caminhar e se alimentar, e, sobretudo, levando-se em conta que, entre as palmípedes, os manchos e os pinguins têm asas quase sem penas, meros remos para a natação, e não servem para voar, o que aproxima, de alguma maneira, essas aves dos monotremados e dos cetáceos; estabeleceremos que as aves palmípedes, pernaltas e galináceas devem constituir as três primeiras ordens de aves, e que as columbiformes, as passeriformes, as de rapina e as trepadoras respondem pelas quatro últi-

---

[3] Se as aves possuem pulmões perfurados e pelos modificados em plumas, como consequência do hábito de se elevar no espaço aéreo, pergunta-se por que os morcegos não possuem plumas nem pulmões perfurados. Respondo que parece provável que os morcegos possuam um sistema de organização mais aperfeiçoado que o das aves, um diafragma completo que delimita o enchimento dos pulmões, que não podem, assim, ser perfurados nem ser suficientemente preenchidos pelo ar para que a influência desse fluido, que alcança a pele com esforço, permitisse que a matéria córnea dos pelos se ramificasse em plumas. Com efeito, nas aves, o ar é introduzido até o bulbo dos pelos, modifica em cânulas a sua base e força tais pelos a se dividirem em plumas, o que não pode ocorrer nos morcegos, pois o ar não penetra para além do pulmão. (N. A.)

mas ordens dessa classe. Tudo o que sabemos dos hábitos das aves dessas quatro últimas ordens mostra que seus filhotes, quando deixam o ovo, não sabem nem caminhar, nem se alimentar por si mesmos.

Por fim, se, de acordo com essa consideração, as trepadoras compõem a derradeira ordem de aves, como são as únicas com dois dedos posteriores e dois anteriores, esse caráter, que elas têm em comum com o camaleão, parece autorizar que as aproximemos dos répteis.

Répteis

Animais com apenas um ventrículo no coração que gozam de respiração pulmonar, embora incompleta. Sua pele é lisa ou munida de escamas.

Na terceira classe se encontram natural e necessariamente os *répteis*, e eles nos fornecerão novas e importantes provas da degradação da organização de uma extremidade a outra da cadeia animal, a partir dos animais mais perfeitos. Com efeito, em seu coração, que tem apenas um ventrículo, não mais se encontra essa conformação que pertence essencialmente aos animais da primeira e da segunda classe, e seu sangue é frio, como o dos animais de classes posteriores.

Outra prova da degradação da organização dos répteis nos é oferecida por sua respiração. Para começar, são os derradeiros animais a respirar por um verdadeiro pulmão, e, depois deles, não se encontra em nenhum dos animais das classes seguintes um órgão respiratório dessa natureza, como tentarei mostrar ao falar dos moluscos. Ademais, seu pulmão é, em geral, feito de células muito grandes, proporcionalmente menos numerosas e é já bastante simplificado. Em muitas espécies, esse órgão não existe na tenra idade, e em seu lugar ocorrem brânquias, órgão respiratório que não se encontra em animais das classes antecedentes. Por vezes, aqui, as duas espécies de órgãos da respiração se reencontram em um mesmo indivíduo.

Mas a maior prova de degradação no que diz respeito à respiração dos répteis é que apenas uma parte do sangue passa por seus pulmões, enquanto o restante chega às partes do corpo sem ter recebido influência da respiração.

Por fim, entre os répteis, os quatro membros essenciais aos animais mais perfeitos começam a se perder, e em muitos deles (quase todas as serpentes) faltam por completo.

Independentemente da degradação da organização identificada na forma do coração, na temperatura do sangue, que dificilmente se eleva acima daquela do meio circundante, na respiração incompleta e na simplificação praticamente gradual do pulmão, observa-se que os répteis são consideravelmente diferentes entre si, de modo que os animais de cada uma das ordens dessa classe oferecem as maiores diferenças de organização e de forma externa do que os que pertencem às duas classes precedentes. Alguns habitualmente vivem no ar, e, entre eles, os que não têm patas conseguem apenas rastejar; outros habitam a água ou vivem em suas margens, refugiando-se ora na água, ora em locais descobertos. Há os que são revestidos por escamas e os que têm a pele nua. Por fim, embora todos tenham coração com um ventrículo, em alguns há duas aurículas, em outros apenas uma. Todas essas diferenças dizem respeito aos locais de habitação e às circunstâncias de vida, que, sem dúvida, influenciam tão mais fortemente uma organização quanto mais distante ela esteja da finalidade para a qual a natureza tende, influência que não se exerce sobre as formas mais avançadas em seu aperfeiçoamento.

Assim, os répteis, por serem animais ovíparos (incluindo aqueles cujos ovos são chocados dentro da mãe), dotados de esqueleto modificado e muitas vezes degradado, que apresentam respiração e circulação menos aperfeiçoadas que as dos mamíferos e das aves, que são dotados de um cérebro que não preenche a cavidade do crânio, são animais menos perfeitos que os das duas classes precedentes e confirmam, de sua parte, a crescente degradação da organização à medida que se aproximam de outros ainda mais imperfeitos.

Além das modificações na conformação das partes decorrentes das circunstâncias em que eles vivem, observa-se na organização desses animais traços de degradação generalizada, tendo em vista que na última de suas ordens (a dos batráquios), os indivíduos de tenra idade respiram por brânquias.

Caso se considere a ausência de patas nas serpentes como uma etapa de degradação, os ofídios constituirão a última ordem dos répteis. Essa consideração, porém, está errada. Com efeito, as serpentes, por serem animais que, para se esconder, se habituaram a rastejar sobre a terra, seu corpo adquiriu uma extensão considerável, desproporcional à sua espessura. Ora, patas muito alongadas poderiam ter sido prejudiciais à necessidade de rastejar e de se esconder, e patas demasiado curtas deveriam se restringir a no máximo quatro, pois são animais vertebrados e da mesma forma os impediriam de mover seus corpos. Assim, os hábitos desses animais levaram ao desaparecimento das patas; contudo, os batráquios, que as possuem, apresentam uma organização mais degradada, e estão mais próximos dos peixes.

As provas da importante consideração que acabo de tecer serão estabelecidas por fatos positivos e estarão, com isso, ao abrigo de vãs contestações que venham se opor a elas.

Peixes

Animais que respiram por brânquias e têm a pele lisa ou recoberta por escamas e o corpo munido de nadadeiras.

Acompanhando-se o curso dessa degradação no conjunto da organização e na redução do número das faculdades animais, vê-se que os *peixes* estão necessariamente situados na quarta classe, ou seja, depois dos répteis. Eles têm, com efeito, uma organização ainda menos próxima da perfeição que os répteis e, por conseguinte, mais afastada da dos animais mais perfeitos.

Sem dúvida, sua forma geral, a ausência de entrelaçamento entre a cabeça e o corpo, formado por um pescoço, e as diferentes nadadeiras que ocupam o lugar dos membros são resultados da influência do denso meio que eles habitam, e não da degradação de sua organização. Mas nem por isso essa degradação é menos real e considerável, como veremos se examinarmos seus órgãos internos. E ela é tal que nos constrange a consignar aos peixes uma classe inferior à dos répteis.

Não encontramos entre eles o órgão respiratório dos animais mais perfeitos, vale dizer, carecem de um verdadeiro pulmão, e, no lugar desse órgão, têm apenas brânquias, ou filetes pectíneos e vascularizados, dispostos em ambas as laterais do pescoço ou da cabeça, quatro em cada lateral. A água respirada por esses animais entra pela boca, passa pelas fendas das brânquias, irrigando os numerosos vasos que nelas se encontram. E, como essa água é uma mistura de ar ou contém ar dissolvido, esse ar, embora em pequena quantidade, atua no sangue das brânquias e opera o benefício da respiração. Em seguida, a água sai lateralmente pelos ouvidos, ou cavidades que se abrem em ambas as laterais do pescoço.

Ora, observeis que essa é a última vez que o fluido aspirado entrará pela boca do animal para retornar ao órgão da respiração. Esses animais, assim como os que ocupam posições posteriores na escala, não possuem nem artéria-traqueia, nem laringe, nem uma voz verdadeira (mesmo aqueles que denominamos ralhadores), nem pálpebras sobre os olhos etc. Perderam-se os órgãos e as faculdades que não mais se encontram no restante do reino animal. No entanto, os peixes ainda fazem parte da divisão dos animais vertebrados, ainda que sejam os últimos. Encerram o quinto grau de organização, sendo com os répteis os únicos animais que possuem:

— Uma coluna vertebral.
— Nervos que terminam em um cérebro que não preenche totalmente o crânio.
— O coração com apenas um ventrículo.
— O sangue frio.
— Por fim, uma orelha interna.

Assim, os peixes oferecem, em sua organização, uma geração ovípara, um corpo sem mamas, cuja forma é a mais apropriada para a natação, sendo que as nadadeiras não se encontram relacionadas aos quatro membros dos animais mais perfeitos; um esqueleto muito incompleto singularmente modificado e apenas esboçado nos últimos animais dessa classe; um único ventrículo no coração e o sangue frio; brânquias no lugar do pulmão; um cérebro bem pequeno; o sentido do tato incapaz de reconhecer a forma dos corpos; e se encontra aparentemente sem olfato, pois os odores são transmitidos apenas pelo ar. É evidente, assim, que esses animais confirmem pronunciadamente a degradação da organização que temos acompanhado por toda a extensão do reino animal.

Veremos agora que a divisão primária dos peixes se dá entre os chamados *ósseos*, mais aperfeiçoados, e os *cartilaginosos*, menos aperfeiçoados. Essa divisão confirma, no interior de uma mesma classe, a degradação da organização, prenunciada nos peixes cartilaginosos pela flacidez destinada a fortalecer seus corpos e a facilitar seus movimentos. Encerra-se com eles o esqueleto; ou melhor, com eles a natureza começa a esboçá-lo.

Ao seguirmos a ordem no sentido inverso daquele da natureza, os oito últimos gêneros dessa classe devem compreender os peixes com fendas branquiais, sem opérculo e sem membrana; mostrando-se apenas cavidades laterais ou sob (o que seria) a garganta. Por fim, as lampreias e os gasterobrânquios devem encerrar a classe, peixes extremamente diferentes dos demais, pela imperfeição de seu esqueleto e por terem o corpo nu e viscoso, serem desprovidos de nadadeiras laterais etc.

Observações sobre os vertebrados

Embora existam entre os animais vertebrados grandes diferenças relativamente aos órgãos, eles aparentam ser formados sobre um plano comum de organização. Ao remontar dos peixes aos mamíferos, observa-se que esse plano se aperfeiçoa de classe a classe e só se realiza por completo nos mamíferos mais perfeitos. Mas também notamos que, no curso de seu aperfeiçoamento, esse plano é submetido a numerosas modificações, por vezes bastante consideráveis, devido à influência de seus locais de habitação, bem como dos hábitos que as raças foram forçadas a contrair, conforme as circunstâncias em que se encontram.

Vê-se assim que, se os animais vertebrados diferem consideravelmente entre si quanto ao estágio de organização, isso se deve à natureza, que começou a execução de seu plano pelos peixes e em seguida avançou com os répteis, chegando um pouco mais próxima de seu aperfeiçoamento nas aves, mas só o realizou por completo nos mamíferos mais perfeitos. Por outro lado, não podemos deixar de reconhecer que, se o aperfeiçoamento do plano de organização dos vertebrados não se encontra por toda parte desde os peixes mais imperfeitos até os mamíferos mais perfeitos, percebe-se, mesmo assim, uma gradação regular e nuançada. O trabalho da natureza foi com frequência adulterado, contrariado e mesmo desviado pela influência de circunstâncias singularmente diferentes, e mesmo contrastantes, que atuaram sobre animais que a elas se expuseram no curso de uma longa sucessão de gerações renovadas.

Desaparecimento da coluna vertebral

Quando chegamos a este ponto da escala animal, a coluna vertebral desaparece por completo; e como a coluna é base de todo esqueleto verdadeiro, e esse arcabouço ósseo desempenha um importante papel na organização dos animais mais perfeitos, os animais sem vértebras que iremos examinar têm uma organização ainda mais degradada que a das quatro classes que vimos anteriormente. Doravante, o apoio à ação muscular não mais repousará sobre partes internas.

Nenhum dos animais sem vértebras respira por pulmões celulares, nenhum tem voz, pois é desprovido do órgão para essa faculdade, e parecem, em sua maioria, desprovidos de verdadeiro sangue, esse fluido essencialmente vermelho dos vertebrados que deve sua cor à intensidade da animalização e dá prova de uma verdadeira circulação. Não seria um abuso das palavras dar o nome de sangue a esse fluido sem cor e sem consistência, que se move com uma lentidão da substância celular dos pólipos? Daríamos um nome similar à seiva dos vegetais?

Além da coluna vertebral, perde-se aqui também a íris que caracteriza os olhos dos animais mais perfeitos, pois, entre os animais sem vértebras, os que possuem olhos não os têm distintamente ornados por uma íris.

Da mesma maneira, encontram-se rins apenas nos animais vertebrados, os peixes são os últimos dessa escala em que podemos encontrar esse órgão.

Doravante, não há mais medula espinhal nem o grande nervo simpático.

Por fim, uma observação muito importante a ser considerada é que nos vertebrados, e principalmente no sentido da extremidade da escala animal que apresenta os animais mais perfeitos, os órgãos essenciais são isolados, cada um possui uma sede isolada em seus lugares particulares. Logo veremos que o contrário é inteiramente válido, à medida que avançamos para a outra extremidade da mesma escala.

É evidente, portanto, que todos os animais sem vértebras possuem uma organização menos aperfeiçoada que a dos animais dotados de coluna vertebral. A organização dos mamíferos, que compreendem os animais mais perfeitos em todos os aspectos, é sem contradições o verdadeiro tipo daquela que apresenta a maior perfeição.

Vejamos agora se as classes e as grandes famílias que compartilham a numerosa série dos animais sem vértebras apresentam também, na comparação entre suas massas, uma degeneração crescente quanto à composição e à organização dos animais compreendidos nelas.

Animais sem vértebras

Ao chegarmos nos animais sem vértebras, entramos numa imensa série de animais diversos, os mais numerosos que existem na natureza, os mais curiosos, e os mais interessantes, do ponto de vista das diferenças que se observam em sua organização e suas faculdades.

Estamos convencidos, ao observar seu estágio, que, para lhes dar existência sucessiva, a natureza procedeu, gradualmente, do mais simples ao mais complexo. Ora, com a finalidade de chegar a um plano de organização que permitisse o maior aperfeiçoamento (o dos animais vertebrados), a natureza adotou planos bastante diferentes, e, de acordo com isso, percebe-se, nesses numerosos animais, não um único sistema de organização progressivamente aperfeiçoado, mas diversos sistemas, muito distintos, cada um deles o resultado do ponto em que cada órgão de primeira importância começou a existir.

Com efeito, desde que a natureza passou a criar um órgão especial para a digestão (como nos pólipos), pela primeira vez ela atribuiu uma forma particular e constante aos animais que dele são munidos. Os infusórios, pelos quais ela começou, não podem possuir nem a faculdade realizada por esse órgão, nem sua forma e organização próprias, que possibilitam essas funções.

Desde então ela estabeleceu um órgão especial para a respiração e, à medida que variou esse órgão para aperfeiçoá-lo e acomodá-lo às circunstâncias de habitação dos animais, diversificou a organização segundo foi sucessivamente exigido pela existência e pelo desenvolvimento de outros órgãos especiais.

Feito isso, executou com êxito a produção do sistema nervoso, o que possibilitou, por sua vez, a criação do sistema muscular sem, no entanto, prover pontos de fixação que permitissem a inserção dos músculos, das partes pares que constituem uma forma simétrica, o que resultou em diferentes modos de organização em razão das circunstâncias de habitação e das partes adquiridas que não podiam existir anteriormente.

Por fim, assim que os fluidos contidos no animal ganharam movimento suficiente para que a circulação pudesse se organizar, resultaram, ainda, para a organização, particularidades importantes que a distinguem, como sistemas orgânicos sem os quais a circulação não poderia existir.

Para perceber o fundamento do que acabo de expor, e colocar em evidência a degradação e a simplificação da organização, continuaremos a seguir a ordem da natureza em sentido inverso, percorrendo agora, rapidamente, as diferentes classes de animais sem vértebras.

Moluscos

Animais de corpo mole, não articulados, respiram por brânquias e possuem um manto. Desprovidos de medula ganglionar longitudinal e de medula espinhal.

Na escala graduada que forma a série dos animais, a quinta posição, em sentido descendente, cabe aos moluscos, que devem vir um grau abaixo dos peixes, uma vez que não possuem coluna vertebral, embora sejam mais organizados que os animais sem vértebras. Respiram por brânquias e variam muito quanto à forma e ao tamanho e quanto à configuração externa e interna, devido aos hábitos das raças compreendidas nesses gêneros. Todos eles têm cérebro, nervos que não formam gânglios, isto é, que não apresentam uma fileira de gânglios ao longo de uma medula longitudinal, artérias e veias, e um ou mais corações uniloculares. São os únicos animais conhecidos que possuem um sistema nervoso sem apresentar nem medula espinhal nem medula ganglionar longitudinal.

As brânquias, essencialmente destinadas pela natureza a operar a respiração no ambiente aquático, submeteram-se a modificações tanto com relação às suas faculdades quanto à sua forma nos animais aquáticos, assim como para todas as gerações de indivíduos de suas raças que estão expostos e entram frequentemente em contato com o ar, ou mesmo para várias dessas raças que habitualmente permanecem expostas a ele.

O órgão respiratório desses animais está habituado ao ar, o que não é, portanto, uma suposição, pois sabe-se que todos os crustáceos possuem brânquias e, contudo, conhecemos os caranguejos (*cancer ruricola*) que habitam a terra e respiram o ar, naturalmente com as suas brânquias. Esse hábito de respirar por meio de brânquias tornou-se necessário, ao fim e ao cabo, para muitos dos moluscos que o contraíram, alterando o próprio órgão, de modo que as brânquias desses animais não precisaram mais, para respirar, ter pontos de contato com o fluido, tornaram-se aderentes às paredes da cavidade que as contêm. Disso resulta que os moluscos possuem dois tipos de brânquias.

As do primeiro tipo são constituídas por redes de vasos que se alastram pela cavidade interna, não formam pontos de saliência e respiram apenas o ar. Iremos chamá-las de *brânquias aéreas*.

As do segundo são órgãos quase sempre salientes, para dentro ou para fora do animal, em forma de franjas ou lâminas pectíneas ou então de pequenos cordões, que só conseguem realizar a respiração mediante contato com água em estado fluido. Iremos chamá-las de *brânquias aquáticas*.

Se os diferentes hábitos dos animais ocasionaram seus diferentes órgãos, podemos concluir que, no estudo de características particulares de certas ordens de moluscos, é útil distinguir entre os que possuem brânquias aéreas e aqueles cujas brânquias só respiram na água. Mas, em todo caso, são sempre brânquias, e parece-nos inconveniente dizer que os moluscos que respiram o ar possuem um *pulmão*. Quantas vezes o abuso das palavras e as falsas denominações não serviram para desnaturar os objetos e nos conduzir ao erro?

Não parece haver uma diferença tão grande entre o órgão respiratório no *pneumodermo*, que consiste de redes ou filamentos vasculares que se alastram sobre uma pele externa, e a rede vascular das hélices que se alastram sobre uma pele interna. Mas o pneumodermo só respira na água.

Examinemos agora, por um momento, se haveria relações entre o órgão respiratório dos moluscos que respiram o ar e o pulmão dos animais vertebrados.

É próprio da constituição do pulmão formar uma massa esponjosa particular, composta por células mais ou menos numerosas, nas quais o ar *in natura* entra constantemente, primeiro pela boca do animal, em seguida por um canal mais ou menos cartilaginoso, chamado *traqueia-arterial*, que em geral se subdivide em ramificações denominadas *brônquios*, que chegam até as células. Tanto as células quanto os brônquios se preenchem e se esvaziam de ar alternadamente, como consequência do preenchimento e do esvaziamento alternado da cavidade do corpo que contém a massa. Desse modo, é próprio do pulmão apresentar inspirações e expirações alternadas e distintas. Esse órgão suporta apenas o contato com o próprio ar e reage fortemente ao contato com a água ou com qualquer outro material. Ele tem, portanto, uma natureza diferente daquela da *cavidade branquial* de certos moluscos, que é sempre única e não apresenta distinção entre inspiração e expiração, preenchimento e esvaziamento, e é desprovida de traqueia-arterial bem como de brônquios, de modo que o fluido respirado não entra pela boca do animal.

Ora, uma cavidade respiratória que não oferece nem traqueia-arterial, nem brônquios, nem é alternadamente insuflada e esvaziada, na qual o fluido respirado não entra pela boca e que se adapta seja ao ar, seja à agua, não poderia ser um pulmão. Confundir sob um mesmo nome objetos tão diferentes não contribui em nada para avançar a ciência, apenas para atrapalhá-la.

O pulmão é o único órgão respiratório que pode garantir ao animal a faculdade da voz. Abaixo dos répteis, nenhum animal possui pulmão, e nenhum possui voz.

Concluo que não é verdade que existam moluscos que respirem por um pulmão. Se alguns respiram o ar *in natura*, certos crustáceos o respiram igualmente, e todos os insetos, mas nenhum desses animais possui um verdadeiro pulmão, a menos que queiramos atribuir esse nome indistintamente a objetos tão diferentes.

Se os moluscos, com sua organização geral inferior, quanto ao aperfeiçoamento, àquela dos peixes, provam a *degradação progressiva* que examinamos na cadeia animal, não é fácil determinar a degradação entre os próprios moluscos. Pois é difícil distinguir, em animais tão numerosos e tão diversificados como os dessa classe, o que pertence à degradação de que tratamos e o que é produto dos lugares que habitam e de seus hábitos.

Na verdade, das duas ordens únicas que partilham a numerosa classe dos moluscos e que contrastam pela importância de suas características distintivas, os animais da primeira dessas ordens (*os moluscos cefálicos*) possuem uma cabeça muito distinta, olhos, maxilares, um bico; reproduzem-se por acasalamento. Enquanto os moluscos da segunda ordem (*os moluscos acéfalos*), ao contrário, não possuem cabeça, olhos, maxilares, ou bico próximo à boca, e nunca se acasalam para procriar. Parece-nos que a segunda ordem é inferior à primeira, quanto à perfeição da organização.

No entanto, é importante considerar que a falta de cabeça e de olhos nos moluscos acéfalos não se deve unicamente à degradação geral da organização, visto que em graus inferiores da cadeia animal encontramos animais que possuem cabeça, olhos etc. Aparentemente, há aqui um desses desvios na progressão do aperfeiçoamento da organização, produzidos pelas circunstâncias e, portanto, por causas estranhas às que compõem gradativamente a organização dos animais.

Em consideração à influência do emprego dos órgãos e aquela de uma falta absoluta e constante do uso, veremos, com efeito, que cabeça, olhos etc. tornaram-se inúteis aos moluscos da segunda ordem, cujo manto, bastante desenvolvido, não permite sequer um emprego insignificante desses órgãos.

Conforme a essa lei da natureza que institui que todo órgão que permaneça sem uso constante se deteriore insensivelmente, atrofie e por fim desapareça, a cabeça, os olhos, os maxilares etc., encontram-se, com efeito, extintos nos moluscos acéfalos. Veremos alhures outros exemplos disso.

A natureza não adota, nas partes internas dos animais sem vértebras, apoios para o movimento muscular; mas, em compensação, deu aos moluscos um manto. Ora, esse manto é bastante firme e estreito, o que permite a esses animais melhor executar a locomoção, ainda que estejam reduzidos a esse único recurso.

Assim, nos moluscos cefálicos, que se locomovem melhor do que aqueles que não possuem cabeça, o manto é mais estreito, mais espesso e mais consistente. Entre os moluscos cefálicos, aqueles que são nus (desprovidos de conchas) têm em seu manto uma couraça ainda mais firme que o próprio manto, couraça essa que facilita a locomoção de maneira singular, bem como as contrações do animal (as lesmas).

Se, em vez de seguir a cadeia animal no sentido inverso da própria ordem da natureza, percorrêssemos esse sentido desde os animais mais imperfeitos até os mais perfeitos, perceberíamos mais facilmente que a natureza, no momento de iniciar o plano de organização dos animais vertebrados, foi forçada, nos moluscos, a abandonar a pele encrostada ou córnea para o apoio da ação muscular. Ao preparar esses pontos de apoio no interior do animal, os moluscos se encontrariam, de qualquer modo, na passagem da mudança do sistema de organização, possuindo meios frágeis de ação locomotora, que executam com uma lentidão impressionante.

Cirrípedes

Animais privados de olhos, respiram por brânquias, são munidos de um manto, possuem membros articulados e pele córnea.

Os cirrípedes, dos quais conhecemos até agora apenas quatro gêneros,[4] devem ser considerados à parte, pois formam uma classe particular. Esses animais não entram no quadro de nenhuma classe de animais sem vértebras.

Dos moluscos eles possuem o manto, devendo-se colocá-los imediatamente após os moluscos acéfalos, sendo, como esses, desprovidos de cabeça e de olhos.

No entanto, os cirrípedes não podem fazer parte da classe dos moluscos, pois seu sistema nervoso apresenta, como os animais das três classes que o seguem, uma medula ganglionar longitudinal. Além disso, possuem membros articulados, pele córnea e muitos pares de maxilares transversais. São, portanto, de um grau inferior àquele dos moluscos. Os movimentos de seus fluidos operam por uma verdadeira circulação e contam com o auxílio de artérias e de veias.

Esses animais são sésseis e estão fixados sobre corpos marinhos e, assim, não executam nenhuma locomoção. Seus principais movimentos estão reduzidos ao movimento dos membros. Ora, embora tenham um manto como os moluscos, não conseguindo fazer esses membros se movimentarem, a natureza foi forçada a criar, na pele desses membros, pontos de apoio para os músculos que devem movimentá-los. Também essa pele é rígida e córnea, como a dos crustáceos e dos insetos.

---

4 As lepas, os bálanos, os coronulos (*coronules*) e os tubicinelos (*tubicinelles*). (N. A.) [Os dois últimos gêneros só foram encontrados neste texto, e a eles foram atribuídos neologismos correspondentes em português (N. T.)].

Anelídeos

Animais de corpo alongado e anelado, desprovidos de patas articuladas, respiram por brânquias, possuem um sistema circulatório e uma medula longitudinal ganglionar.

A classe dos anelídeos vem necessariamente após a dos cirrípedes, porque nenhum anelídeo possui manto. Somos, portanto, forçados a colocá-los antes dos crustáceos, uma vez que esses animais não possuem patas articuladas e não devem interromper a série daqueles que as possuem, pois sua organização não permite colocá-los em um lugar posterior aos insetos.

Ainda que esses animais sejam, em geral, muito pouco conhecidos, o lugar que sua organização ocupa prova que o ponto de vista de uma degradação da organização continua a se sustentar; desse ponto de vista, eles são inferiores aos moluscos, tendo uma medula longitudinal ganglionar. Ao contrário dos cirrípedes, que possuem um manto, faltam-lhes patas articuladas, o que não permite colocá-los de modo a interromper a série daqueles que oferecem essa organização.

A forma alongada dos anelídeos se deve aos seus hábitos de vida: encontram-se na terra úmida ou no limo, ou então em águas, na maioria das vezes em tubos de diferentes matérias de onde saem e retornam conforme sua vontade. São similares aos vermes, com os quais todos os naturalistas, até hoje, os confundem.

Sua organização interna oferece um pequeno cérebro, uma medula ganglionar longitudinal, artérias e veias nas quais circula um sangue com frequência vermelho; respiram através de brânquias, sejam externas e salientes, sejam internas e escondidas, ou não aparentes.

Crustáceos

Animais que possuem o corpo e os membros articulados, a pele encrostada e um sistema de circulação e de respiração através de brânquias.

Entramos aqui na numerosa série dos animais de corpo articulado, sobretudo nos membros. Os tegumentos são firmes, encrostados, córneos ou coriáceos. As partes sólidas ou enrijecidas desses animais são todas externas. A natureza criou o sistema muscular para os primeiros animais dessa série e, necessitando do apoio das partes sólidas para lhe dar energia, foi obrigada a estabelecer articulações, para que o movimento se tornasse possível.

Todos os animais dotados de articulações foram reunidos e considerados, por Lineu e depois dele, como uma única classe, à qual foi dado o nome de insetos; mas sabemos que essa grande série de animais apresenta muitas seções importantes que é preciso distinguir.

A classe dos crustáceos também foi confundida com a dos insetos, apesar de todos os antigos naturalistas a distinguirem, de ser uma seção indicada pela natureza. É essencial, por isso, conservá-la como imediatamente posterior à classe dos anelídeos, ocupando a oitava posição na série geral dos animais. A consideração da organização o exige: não há nada de arbitrário desse ponto de vista.

Com efeito, os crustáceos têm um coração, artérias e veias, um fluido circulante transparente quase sem cor, e respiram através de verdadeiras brânquias. É um fato incontestável, que incomoda os que se obstinam em classificá-los entre os insetos, por conta de seus membros articulados.

Se os crustáceos, pela circulação e pelo órgão respiratório são eminentemente distintos dos aracnídeos e dos insetos, e se, por essa consideração, sua classificação é evidentemente superior, todavia, eles compartilham com as *aranhas* e os *insetos* o traço de inferioridade em sua organização relativo aos anelídeos, ou seja, aquele de fazer parte da série de animais com membros articulados, série em que vemos se extinguir e desaparecer o sistema circulatório e, por conseguinte, o coração, as artérias e as veias; também nessa série, a respiração por *sistema branquial* desaparece de maneira similar. Os crustáceos confirmam, portanto, por sua vez, *a* degradação sustentada da organização no sentido em que percorremos a escala animal. O fluido que circula em seus vasos sendo transparente e quase sem consistência como aquele dos insetos vem comprovar de sua parte essa degradação.

Quanto ao seu sistema nervoso, ele consiste em um pequeno cérebro e uma medula ganglionar longitudinal, característica do empobrecimento desse sistema que pode ser observada nos animais das duas classes precedentes e de duas que se seguem. Os animais dessas classes sendo os últimos em que o sistema nervoso parece ainda se manifestar.

É nos crustáceos que os últimos traços do órgão do ouvido foram percebidos; após eles não são mais encontrados em nenhum animal.

Observações

Termina aqui a existência de um verdadeiro sistema circulatório, isto é, de um sistema de artérias e veias que faz parte da organização dos animais mais perfeitos e que está presente em todas as classes precedentes. A organização dos animais de que iremos falar é, portanto, ainda mais imperfeita que aquela dos crustáceos, os últimos em que a circulação se encontra bem visível. E, assim, a degradação da organização prossegue de maneira evidente, visto que, à medida que avançamos na série dos animais, todos os indicativos de semelhança entre a organização daqueles que consideramos e àquela dos animais mais perfeitos se perdem sucessivamente.

Qualquer que seja a natureza do movimento dos fluidos nos animais das classes que iremos percorrer, ele se dá através de meios menos ativos, que o atenuam.

Aracnídeos

Animais que respiram por traqueias limitadas, não se submetem a nenhuma metamorfose e possuem o tempo todo patas articuladas e olhos na cabeça.

Ao prosseguir em nossa ordenação, a nona posição no reino animal cabe aos aracnídeos, que têm relação com os crustáceos, dos quais temos de aproximá-los, posicionando-os logo após eles. Todavia, distinguem-se claramente deles e apresentam o primeiro exemplo de um órgão respiratório inferior às brânquias, que não é encontrado em animais dotados de coração, artérias e veias.

Com efeito, os aracnídeos respiram através de estigmas e de traqueias aeríferas, que são órgãos respiratórios análogos aos dos insetos. Mas essas traqueias, em vez de se estenderem por todo o corpo, como as dos insetos, estão circunscritas a um pequeno número de vesículas, o que mostra que a natureza encerra, nos aracnídeos, o modo de respiração que empregara antes de estabelecer as brânquias, assim como finalizara, nos peixes e nos últimos répteis, o modo de respiração branquial do qual se utilizara antes que pudesse formar um verdadeiro pulmão.

Se os aracnídeos se distinguem bem dos crustáceos, visto que não respiram através das brânquias, mas sim de traqueias aeríferas bem delimitadas, são também bastante distintos dos insetos, e seria totalmente inconveniente reuni-los a esses últimos, que não possuem nenhuma característica clássica, e dos quais diferenciam-se por sua organização interna, responsável pela confusão entre crustáceos e insetos.

Com efeito, os aracnídeos, apesar de terem estreitas relações com os insetos, são essencialmente distintos deles:

1) Não estão submetidos à metamorfose, nascem com a forma e com as partes do corpo que deverão conservar e, consequentemente, possuem durante todo o tempo olhos sobre a cabeça e patas articuladas, ordem de coisas que apresentam naturalmente em sua organização interna, que assim se diferencia essencialmente daquela dos insetos.
2) Nos aracnídeos de primeira ordem (os pedipalpos) pode-se começar a perceber o esboço de um sistema de circulação.[5]
3) Seu sistema de respiração, apesar de pertencer à mesma ordem que aquela dos insetos, é muito diferente, visto que suas traqueias, limitadas a um pequeno número de vesículas, não são constituídas por numerosos canais aéreos que se estendem por todo o corpo do animal como se observa nas traqueias dos insetos.
4) Por fim, os aracnídeos se reproduzem várias vezes no curso de sua vida, faculdade de que os insetos são desprovidos.

Essas considerações são suficientes para mostrar que são incorretas as distribuições que reúnem aranhas e insetos em uma mesma classe, pois seus autores consideraram apenas as articulações das patas desses animais e a

---

5 "É sobretudo nas aranhas (*araneae*) que o coração é mais facilmente observável: nós o vemos bater através da pele do abdômen, nas espécies não aveludadas. Ao elevar essa pele, observa-se um órgão oco, oblongo, pontudo em suas duas terminações, estendendo-se desde a extremidade anterior até o tórax, e nas laterais das quais ele parte são visíveis dois ou três pares de vasos." Cuvier, *Leçons d'Anatomie Comparée*, Paris, 1805, v.IV, p.419. (N. A.)

pele mais ou menos encrostada que os recobre. Um pouco como se considerássemos apenas os tegumentos mais ou menos escamados dos répteis e dos peixes para reuni-los em uma mesma classe.

Quanto à degradação geral da organização que buscamos ao percorrer a escala inteira dos animais, nos aracnídeos ela é extremamente evidente: esses animais, com efeito, respiram através de um órgão inferior quanto ao aperfeiçoamento orgânico do pulmão, e mesmo das brânquias. Possuem apenas um primeiro esboço de uma circulação que parece não ter sido ainda finalizada, confirmando por sua vez que se trata de uma degradação mantida.

Essa degradação se faz notar mesmo na série de espécies relacionadas a essa classe, pois os aracnídeos antenados de segunda ordem são muito distintos dos outros, são muito inferiores quanto ao progresso da organização e se aproximam consideravelmente dos insetos. Todavia, permanecem distintos, pois não passam por nenhuma metamorfose e, como não se elevam no ar (voam), é muito provável que suas traqueias em geral não se estendam por todas as partes do corpo.

Insetos

Animais que sofrem metamorfoses e que, em seu estado final (perfeito), possuem dois olhos e duas antenas sobre a cabeça, possuem seis patas articuladas e duas traqueias que se estendem por todo o corpo.

Prosseguindo na ordem inversa daquela da natureza, após os aracnídeos vêm os *insetos*, essa imensa série de animais imperfeitos, desprovidos de artérias ou veias, que respiram através das traqueias aéreas não delimitadas. Por fim, que nascem em um estado menos perfeito do que aquele em que se reproduzem e que, consequentemente, submetem-se a *metamorfoses*.

Quando chegam a seu estado perfeito, todos os insetos possuem, sem exceção, seis patas articuladas, duas antenas e dois olhos sobre a cabeça. A maior parte tem asas.

Os insetos, conforme a ordem que seguimos, ocupam a décima posição no reino animal, pois são inferiores aos aracnídeos quanto ao aperfeiçoamento da organização, visto que não nascem em estado perfeito e se reproduzem uma única vez ao longo da vida.

É particularmente nos insetos que começamos a notar que os órgãos essenciais para a manutenção da vida são repartidos quase igualmente, e a maior parte encontra-se situada em toda a extensão de seu corpo em vez de estarem isolados em lugares particulares como os têm os animais mais perfeitos. Essa consideração perde gradualmente suas exceções e se tornam ainda mais impressionantes nos animais das classes posteriores.

Em nenhum momento até aqui, a degradação geral da organização se encontrou tão expressiva quanto nos insetos, nos quais essa organização é menos aperfeiçoada que aquela dos animais de todas as classes precedentes. Essa degradação mostra, mesmo entre as diferentes ordens que dividem naturalmente os insetos, pois as três primeiras ordens (os coleópteros, os ortópteros e os neurópteros) possuem mandíbulas e maxilares que compõem a boca; aqueles da quarta ordem (os himenópteros) são os primeiros a possuir uma espécie de trompa; por fim, os animais das quatro últimas ordens (os lepidópteros, os hemípteros, os dípteros e os ápteros) de fato possuem apenas uma tromba. Ora, não encontramos maxilares emparelhados em nenhum lugar do reino animal após os insetos das três primeiras ordens. Com relação às asas, os insetos das seis primeiras ordens possuem quatro, sendo que todas elas ou apenas duas se destinam ao voo. Os outros da sétima e oitava ordem não possuem mais que duas asas ou delas são desprovidos, por terem sido abortadas. As larvas dos insetos das duas últimas ordens não possuem patas e assemelham-se aos vermes.

Aparentemente, os insetos são os últimos animais que oferecem uma geração sexuada bem definida e que se assemelha à dos *ovíparos*.

Enfim, veremos que os insetos são infinitamente curiosos pelas particularidades relativas ao que se denomina sua indústria, ainda que essa pretensa indústria não seja de nenhum modo o produto de qualquer pensamento, isto é, de nenhuma combinação de ideias de sua parte.

Observações

Entre os vertebrados, os peixes apresentam, em sua conformação geral e em suas anomalias relativas à progressão da composição da organização, a influência do meio que eles habitam tanto quanto os insetos, entre os invertebrados, que oferecem em sua forma, em sua organização e em suas metamorfoses o resultado evidente da influência do ar em que vivem e no qual a maior parte habitualmente copula e, como as aves, se sustenta.

Se os insetos possuíssem um pulmão, se eles pudessem encher-se de ar e se esse ar que penetrasse em todas as partes de seu corpo pudesse se dissipar, como aquele que é introduzido no corpo das aves, sem dúvida seus pelos se transformariam em plumas.

Por fim, se entre os animais sem vértebras surpreendemo-nos em encontrar tão poucas relações entre os insetos que sofrem metamorfoses singulares e os invertebrados de outras classes, chama-nos a atenção o fato de que eles são os únicos animais sem vértebras que copulam no ar e que executam movimentos progressivos. Perceberemos ainda que as circunstâncias e os hábitos tão particulares produziram resultados que, da mesma maneira, também são particulares a eles.

Os insetos se aproximam apenas dos aracnídeos por suas relações; com efeito, tanto uns quanto outros, em geral, são animais sem vértebras que vivem no ar. Mas nenhum aracnídeo possui a faculdade de voar, assim como nenhum sofre metamorfose, e, quanto à influência dos hábitos, mostrarei que esses animais, acostumados a permanecer sobre a superfície do globo e a viver isolados, devem ter perdido uma parte da faculdade dos insetos e adquiriram características que os distinguem eminentemente.

Supressão de vários órgãos essenciais aos animais mais perfeitos

Após os insetos, aparentemente há na série um intervalo vazio bastante considerável a ser preenchido pelos animais que ainda não foram observados. Isso porque, nesse ponto da série, vários órgãos essenciais aos animais mais aperfeiçoados subitamente desapareceram, tendo sido realmente aniquilados, visto que não os encontramos mais nas classes que ainda nos restam percorrer.

Desaparecimento do sistema nervoso

Aqui, com efeito, o sistema nervoso (os nervos e seu centro de relações) desaparece inteiramente e não se apresenta mais em nenhum dos animais das classes que iremos seguir.

Nos animais mais perfeitos, esse sistema consiste em um cérebro que parece servir à execução de atos de inteligência e como sede das sensações de onde partem os nervos, assim como uma medula espinhal dorsal que envia outros a diversas partes. Nos animais vertebrados, o cérebro se empobrece sucessivamente e, à medida que seu volume diminui, a medula espinhal se torna mais grossa e parece substituí-lo.

Nos moluscos, a primeira classe de invertebrados, o cérebro ainda existe, mas não há nem medula espinhal, nem medula ganglionar longitudinal, e, como os gânglios são raros, os nervos não os compõem.

Por fim, nas cinco classes que se seguem, o sistema nervoso, em sua última etapa, se reduz a um cérebro apenas esboçado, muito pequeno, e a uma medula longitudinal que envia os nervos às partes. A partir daí não existe mais uma sede isolada para as sensações, mas uma multiplicidade de pequenas sedes dispostas ao longo do corpo do animal.

Dessa maneira encerra-se nos insetos o importante sistema do sentimento, aquele que em determinado momento do desenvolvimento permite o nascimento das ideias e que, em sua maior perfeição, pode produzir todos os atos de inteligência. Finalmente, aquele que é o local de origem da força exercida pela ação muscular sem a qual a geração sexuada parece não poder existir.

O centro de relações do sistema nervoso se encontra no cérebro ou em sua base, ou encontra-se na medula ganglionar longitudinal. Mas se não existe nem cérebro, nem medula longitudinal, o sistema nervoso deixa de existir.

Desaparecimento dos órgãos sexuais

A partir daqui desaparecerão totalmente os traços da geração sexuada, e com efeito, nos animais que serão citados, não é mais possível reconhecer os órgãos de uma verdadeira fecundação. Contudo, ainda encontraremos, nos animais das duas classes que se seguem, espécies de ovários abundantes em corpúsculos oviformes que são tomados por ovos. Mas considero esses pretensos ovos, que podem ser produzidos sem fecundação prévia, como gérmens ou gêmulas internas. Eles fazem a transição da geração gemípara interna para a geração sexuada ovípara.

A inclinação do homem para manter seus hábitos é tão grande que ele persiste, mesmo contra as evidências, em considerar sempre as coisas da mesma maneira.

É assim que os botânicos, habituados a observar os órgãos sexuais de um grande número de plantas, pretendem que todas, sem exceção, tenham órgãos semelhantes. Como consequência, vários dentre eles fizeram esforços inimagináveis, com relação às plantas *criptógamas*, ou *autógamas*, para nelas descobrir estames ou pistilos. Preferiram atribuir, arbitrariamente e sem provas, funções às partes das quais não conheciam o uso do que reconhecer que a natureza sabe alcançar a mesma finalidade por diferentes meios.

Somos persuadidos a pensar que todo corpo reprodutivo é um grão ou um ovo, ou seja, um corpo que, para ser reprodutivo, deve receber a influência da fecundação sexuada. Isso fez Lineu dizer: *Omne vivum et ovo*. Mas agora conhecemos muito bem os vegetais e os animais que se reproduzem unicamente a partir de corpos que não são nem grãos nem ovos e que, consequentemente, não possuem nenhuma necessidade de fecundação sexuada. Esses corpos são conformados diferentemente e se desenvolvem de outra maneira.

Eis aqui o princípio que deve ser observado para julgar o modo de geração de um corpo vivo qualquer.

Todo corpúsculo reprodutivo, seja vegetal, seja animal, que não necessita *se libertar de nenhum invólucro*, apenas brota, cresce e se torna um vegetal ou um animal semelhante àquele do qual é proveniente, não é nem um grão, nem um ovo. Ele não sofre nenhuma germinação, nem eclode após começar a crescer, e sua formação não exigiu nenhuma fecundação sexuada; além disso, não contém um embrião encerrado em invólucros que ele é obrigado a romper, como o do grão ou do ovo.

Ora, segui atentamente os desenvolvimentos dos corpúsculos reprodutivos das algas, dos *champignons* etc., e vós vereis que esses corpúsculos brotam, crescem e alcançam insensivelmente a forma do vegetal do qual são provenientes, e não irrompem de nenhum invólucro como o fazem o embrião do grão ou aquele que o ovo contém.

Da mesma maneira, segui a *gema* ou gérmen de um pólipo, por exemplo, de uma hidra, e vós estareis convencidos de que esse corpo reprodutivo apenas brota e cresce, que não irrompe de nenhum invólucro. Em outras palavras, que não eclode como o faz o frango ou o bicho-da-seda, que saem de seus ovos.

É evidente, portanto, que nem toda reprodução dos indivíduos ocorre pela via da fecundação sexuada, e onde a fecundação sexuada não ocorre não há órgão verdadeiramente sexual. Ora, como, após os insetos, não distinguimos nos animais das quatro classes que se seguem nenhum órgão de fecundação, há uma aparência de que este é o ponto da cadeia animal que a *geração sexuada* deixa de existir.

Desaparecimento do órgão da visão

É ainda aqui que o *órgão da visão*, extremamente útil aos animais mais perfeitos, se encontra inteiramente extinto. Esse órgão, que primeiramente esteve ausente em uma parte dos moluscos, nos cirrípedes e na maior parte dos anelídeos, encontrados, em seguida, apenas nos crustáceos, nos aracnídeos e nos insetos, num estado imperfeito, bastante limitado ou quase nulo, não reaparece após os insetos em nenhum animal.

Por fim, é ainda aqui que a *cabeça*, essa parte essencial do corpo dos animais mais perfeitos, sede do cérebro e de quase todos os sentidos, cessa totalmente de existir. Isso porque o aumento do volume da extremidade anterior do corpo de alguns vermes, como a da *tênia*, não pode ser considerado como uma cabeça verdadeira, porque esse aumento é causado pela disposição de seus sugadores, e não por ser a sede de um cérebro, ou do órgão da audição, ou da visão etc., visto que todos esses órgãos estão ausentes nos animais das classes que se seguem.

Vê-se assim que, nesse ponto da escala, a degradação da organização se torna extremamente rápida e que ela indica acentuadamente a aproximação de maior simplificação da organização animal.

Vermes

Animais de corpo mole, alongado, desprovidos de cabeça, de patas articuladas, de medula longitudinal e de sistema circulatório.

Trata-se aqui dos vermes que conhecemos sob a denominação de *vermes intestinais* e de alguns outros não intestinais. Eles não apresentam vasos para a circulação, são animais de corpo mole, mais ou menos alongado, não sofrem nenhuma metamorfose e todos são desprovidos de cabeça, olhos e patas articuladas.

Os vermes seguem imediatamente os insetos, vêm antes dos radiados e ocupam o 11º lugar na escala do reino animal. Entre eles é que se vê o início de uma tendência da natureza para estabelecer o *sistema de articulações*, sistema que ela em seguida executou completamente com os insetos, os aracnídeos e os crustáceos. Mas a organização dos vermes é menos perfeita que a dos insetos, visto que eles não possuem mais medula longitudinal, cabeça, olhos ou patas reais, o que leva a que sejam colocados depois dos insetos. Por fim, através deles a natureza inaugura uma nova forma para estabelecer o sistema de articulações e se distancia da disposição radial entre as partes, provando que devemos realmente localizar os vermes antes dos radiados. Além disso, após os insetos, perde-se esse plano executado pela natureza nos animais das classes precedentes, a saber, essa forma geral do animal que consiste em uma oposição simétrica entre as partes de maneira que cada uma delas se opõe a outra parte que lhe é semelhante.

Nos vermes não se encontra mais essa *oposição simétrica* das partes e também não vemos mais a disposição radial dos órgãos, tanto internos quanto externos, que é característica nos radiados.

Depois que estabeleci a nomenclatura para os anelídeos, alguns naturalistas atribuem o nome de vermes aos próprios anelídeos, e como ainda não sabem o que fazer com os animais aqui em questão, eles os reúnem aos pólipos. Deixo ao leitor julgar quais são as relações e as características clássicas que autorizam a reunir numa mesma classe uma tênia, ou uma lombriga, com uma hidra ou qualquer outro pólipo.

Como os insetos, vários outros vermes aparentam ainda respirar através das traqueias, cujas aberturas ao exterior são tipos de estigmas. Mas acredita-se que essas traqueias delimitadas ou imperfeitas sejam aquíferas e não aeríferas como aquelas dos insetos. Isso porque esses animais jamais vivem ao ar livre, estão sempre imersos, seja na água, seja nos fluidos que os contêm.

Não há neles nenhum órgão de fecundação bem distinto. Presumo que a geração sexuada não ocorra nesses animais. Seria possível, todavia, que, assim como a circulação encontra-se apenas em esboço nos aracnídeos, também o seria a geração sexuada nos vermes; isso é o que os diferentes formatos de cauda dos nematódeos (verme renal gigante ou *Strongylus gigas*) parece indicar, mas a observação quanto à geração nesses animais ainda não foi bem estabelecida.

O que se percebe em alguns dentre eles e que chamamos de ovários (como nas *tênias*) parece ser apenas um amontoado de corpúsculos reprodutivos que não necessitam de nenhuma fecundação. Esses corpúsculos oviformes são internos, como os dos ouriços-do-mar, em vez de externos, como os dos *corine*[6] etc. Os pólipos oferecem as mesmas diferenças com relação à situação das gêmulas que eles produzem. Portanto, é muito provável que os vermes sejam *gemíparos* internos.

Animais como os vermes, desprovidos de cabeça, olhos, patas e provavelmente de geração sexuada, por sua vez, provam a degradação continuada da organização que investigamos em toda a extensão da escala animal.

Radiados

Animais com corpo regenerativo, desprovidos de cabeça, de olhos, de patas articuladas. Possuem uma boca inferior, e suas partes, sejam internas ou externas, apresentam uma disposição radial.

Segundo a sequência utilizada, os radiados ocupam o 12º lugar da numerosa série de animais conhecidos e compõem uma das três últimas classes de animais sem vértebras. Ao alcançarmos essa classe, encontramos nos animais que ela compreende uma forma geral e uma disposição tanto interna quanto externa das partes e órgãos que a natureza não havia empregado em nenhum animal das classes anteriores.

Com efeito, os radiados possuem eminentemente em suas partes, interiores ou exteriores, essa disposição radial em torno de um centro ou de um eixo que constitui uma forma particular que a natureza, até lá, nunca

---

6 Não há referências para essa palavra em nenhum lugar, no que diz respeito à Zoologia. (N. T.)

havia utilizado e que iniciou seu esboço apenas nos *pólipos*, que, consequentemente, vêm depois dos radiados.

Contudo, os radiados formam na escala animal um nível muito distinto daquele que constituem os pólipos, de modo que não é mais possível confundir os radiados com os pólipos, assim como não agrupamos os crustáceos com os insetos ou os répteis com os peixes.

Com efeito, nos radiados, não apenas se observam órgãos que parecem estar destinados à respiração (tubos ou espécies de traqueias aquíferas), mas observam-se também órgãos particulares para a geração, tais como tipos de ovários de diversas formas. Nada de semelhante é encontrado nos pólipos. Também o canal intestinal dos radiados geralmente não é como um fundo de saco com uma única abertura como em todos os pólipos. A boca, que se encontra sempre embaixo ou na região inferior, mostra nesses animais uma disposição particular diferente daquela que nos oferecem os pólipos em sua generalidade.

Apesar de os radiados serem animais muito singulares e ainda pouco conhecidos, sabe-se que sua organização indica evidentemente a classificação que lhes confiro. Como os vermes, os radiados são desprovidos de cabeça, olhos, patas articuladas, de sistema circulatório e, provavelmente, de nervos. No entanto, os radiados vêm necessariamente após os vermes, pois esses últimos não têm nada em sua disposição dos órgãos internos que possua uma forma radial, e é com os vermes que se inaugura o modo das articulações.

Os radiados são privados de nervos e desprovidos da faculdade de *sentir*; são apenas irritáveis. Observações realizadas a respeito de estrelas-do-mar vivas mostraram que elas não oferecem nenhum sinal quando tiveram um de seus raios/pés cortados.

Em muitos radiados, as fibras são ainda distintas; mas pode-se dar a essas fibras o nome de músculos (a menos que não estejamos autorizados a dizer que um músculo privado de nervos é capaz de executar suas funções)? Não seriam os vegetais o exemplo do poder do tecido celular de se reduzir a fibras, sem que essas fibras possam ser vistas como musculares? Todo corpo vivo, em que observamos fibras, não necessariamente tem *músculos* por essa única razão. Penso que, onde já não há nervos, o sistema muscular também não existe mais. Pode-se acreditar que, nos animais privados de nervos, as fibras que ali se encontram desempenham, por sua simples irritabilidade, a faculdade de produzir movimentos que substituem os dos músculos, embora com menos energia.

Não somente parece que nos radiados o sistema muscular não existe mais, como também que não há mais geração sexuada. Com efeito, não constatamos e não há indicações que os pequenos corpos oviformes, cujo conjunto compõe o que denominamos ovários desses animais, sejam fecundados de algum modo e sejam verdadeiros *ovos*: isso, no entanto, é menos plausível do que igualmente encontra-se em todos os indivíduos. Indico assim que esses pequenos corpos oviformes sejam *gêmulas* internas já aperfeiçoadas, que, em seu conjunto particularmente localizado, atuam como meios preparatórios para a natureza alcançar à geração sexuada.

Os radiados concorrem, por sua vez, para provar a degradação geral da organização animal, pois, ao chegar a essa classe de animais, encontramos uma forma e uma disposição novas de suas partes e de seus órgãos muito distantes daquelas das classes dos animais precedentes. Além disso, esses animais parecem privados de sentimento, de movimento muscular, de geração sexuada e entre eles vê-se que o canal intestinal não mais possui duas saídas, os corpúsculos oviformes desapareceram e os corpos tornaram-se inteiramente gelatinosos.

Observações

Parece que nos animais muito imperfeitos, como os pólipos e os radiados, o centro do movimento dos fluidos existe ainda, mas apenas como canal alimentar. Isso porque eles o inauguram e é pela via desse canal que os *fluidos sutis* do ambiente penetram principalmente para excitar o movimento nos fluidos contidos ou próprios desses animais. O que seria a vida vegetal sem as excitações exteriores e, do mesmo modo, o que seria da vida dos animais mais imperfeitos sem essa causa, isto é, sem o calor e a eletricidade do meio circundante?

Sem dúvida, é por consequência desse meio empregado pela natureza, inicialmente com pouca energia nos pólipos e em seguida com um maior desenvolvimento nos radiados, que a forma radial foi adquirida. Isso porque os fluidos sutis do ambiente que penetram pelo canal alimentar e se expandem devido a uma repulsão contínua que ocorre do centro em direção à periferia da circunferência formam a disposição radial de suas partes.

Por causa disso, nos radiados, o canal intestinal, ainda que bastante imperfeito, muito frequentemente possui apenas uma única abertura, mas é complexo por causa de seus apêndices radiais, vasculiformes, numerosos e muito ramificados.

Sem dúvida, ainda por conta dessa causa, nos radiados moles, tais como nas medusas etc., observa-se um movimento isócrono constante. Esse movimento é muito semelhante a sucessivos movimentos intermitentes entre as massas dos fluidos sutis que penetram no interior desses animais e as massas desses mesmos fluidos que delas saem após serem propagados por todas as suas partes.

Não se diz que os movimentos isócronos dos radiados moles ocorrem como consequência de sua respiração, pois na escala, após os animais vertebrados, a natureza não apresenta, em nenhum animal, esses movimentos alternados de inspiração e expiração. Qualquer que seja a respiração dos radiados, ela é extremamente lenta e é executada sem movimentos perceptíveis.

Pólipos

Animais de corpo subgelatinoso e regenerativo. Não possui nenhum outro órgão especial além do canal alimentar com uma única abertura. A boca é terminal, acompanhada de tentáculos radiais, ou de um órgão ciliado e rotatório.

Ao chegar aos pólipos alcançamos a penúltima etapa da escala animal, ou seja, a penúltima das classes que foi necessário estabelecer entre os animais. Aqui, a imperfeição e a simplicidade da organização são muito eminentes, de modo que os animais que aqui se encontram quase não possuem faculdades e, portanto, por muito tempo duvidamos de sua natureza animal. São animais gemíparos, com corpo homogêneo, quase sempre gelatinoso, que regeneram suas partes com facilidade. Apresentam a forma radial (pois a natureza inaugurou-a com eles) apenas nos tentáculos em forma de raios que se encontram ao redor de sua boca; não possuem nenhum outro órgão especial além de um canal intestinal incompleto, com uma única abertura.

Pode-se dizer que os pólipos são animais muito mais imperfeitos que todos aqueles que compõem as classes precedentes, pois neles não encontramos cérebro, medula longitudinal, nervos, órgãos particulares para a respiração, vasos para a circulação dos fluidos ou ovários para a geração. A substância de seus corpos é homogênea, constituída por um *tecido celular* gelatinoso e irritável, no qual os fluidos se movimentam com lentidão. Por fim, todas as suas vísceras se reduzem a um canal alimentar imperfeito desprovido de apêndices e que raramente se dobra sobre si mesmo. Em geral aparenta formar somente uma bolsa alongada com uma única abertura que serve como boca e como ânus.

Não temos base para dizer que, nesses animais de que tratamos e nos quais não encontramos nem sistema nervoso, nem órgão respiratório, nem músculos etc., esses órgãos, infinitamente reduzidos, podem, todavia, existir; mas são espalhados e incorporados na massa geral do corpo e igualmente repartidos em todas as suas moléculas, em vez de encontrarem-se em locais particulares. Como consequência, todos os pontos de seu corpo podem provar toda sorte de sensações, o movimento muscular, a vontade, ideias e pensamentos. Essa seria uma suposição, todavia gratuita, sem fundamento e não verossímil. Ora, por meio de uma suposição similar, poder-se-ia dizer que a hidra possui, em todos os pontos de seu corpo, todos os órgãos de um animal mais perfeito, e, consequentemente, que cada ponto do corpo desse pólipo vê, entende, distingue odores, percebe sabores etc. Além disso, que ele possui ideias, que faz julgamentos, que pensa, ou seja, que raciocina. Cada molécula do corpo de uma hidra ou de qualquer outro pólipo seria ela sozinha um animal perfeito, e a hidra seria um animal ainda mais perfeito que o homem, visto que cada uma dessas moléculas teria uma equivalência completa, quanto à sua organização e suas faculdades, às de um indivíduo inteiro da espécie humana.

Não há razão para recusar estender o mesmo raciocínio para a mônada, o mais imperfeito dos animais conhecidos, e em seguida não o aplicar aos próprios vegetais, também dotados de vida. Atribuiríamos, assim, a cada molécula de um vegetal, todas as faculdades que citei, mas restritas aos limites relativos à natureza do corpo vivo do qual ela faz parte.

Seguramente, não é para esse ponto que conduzem os resultados do estudo da natureza. Desse estudo, ao contrário, apreendemos que em todos os lugares em que um órgão deixa de existir, igualmente cessam as faculdades que dele dependem. Todo animal que não possui olhos, ou que teve seus olhos destruídos, nada pode ver. Ainda que, em última análise, os diferentes *sentidos* tenham sua fonte no *tato*, que é apenas diversamente modificado em cada um deles, todo animal desprovido de *nervos*, órgãos especiais do sentimento, não pode experimentar nenhum tipo de sensação, pois não possui o sentimento íntimo de sua existência. Ele não possui a sede para a qual a sensação seria conduzida, portanto, ele não saberia sentir.

Assim, o *sentido de tocar*, base para todos os outros sentidos, disseminado a quase todas as partes do corpo dos animais dotados de nervos, não existe mais naqueles que, como os pólipos, são deles desprovidos. Nesses animais, as partes são simplesmente *irritáveis* e o são em um grau muito elevado, mas eles são privados do sentimento e, por conseguinte, de toda sorte de sensação. Com efeito, para que uma sensação possa existir, é necessário primeiramente um órgão para recebê-la (nervos), e em seguida é preciso que exista uma sede qualquer (um cérebro, ou uma medula ganglionar longitudinal) para onde essa sensação possa ser conduzida.

Uma sensação é sempre a consequência de uma impressão recebida e em seguida transmitida a uma sede interna onde se forma essa sensação. Se a comunicação entre o órgão que recebe a impressão e a sede onde a sensação se forma for interrompida, todo sentimento deixará de existir nesse lugar. Nunca poderemos contestar esse princípio.

Nenhum pólipo pode ser realmente ovíparo, pois não possui nenhum órgão particular para a geração. Ora, para produzir verdadeiros ovos, é preciso não apenas que o animal tenha um *ovário*, mas também que exista nele mesmo, ou outro indivíduo de sua espécie possua um órgão particular para a fecundação, mas ninguém poderia demonstrar que os pólipos são munidos de órgãos semelhantes. Ao contrário, conhecemos bem os gérmens que vários dentre eles produzem para se multiplicar. Ao dirigirmos um pouco de atenção a eles, perceberemos que esses gérmens são somente frações isoladas do corpo do animal, frações menos simples do que as que a natureza emprega para multiplicar os animálculos que compõem a última classe do reino animal.

Os pólipos, sendo muito irritáveis, movimentam-se somente por excitações exteriores e estranhas a eles. Todos os seus movimentos são, necessariamente, o resultado de impressões recebidas e em geral são executados sem que seja um ato de vontade, porque não saberiam produzi-lo, e, portanto, sem a possibilidade de escolha, já que não podem ter vontade.

A luz os obriga constantemente e sempre da mesma maneira a se dirigir para onde se origina, assim como ela o faz com os ramos das folhas ou com as flores das plantas, ainda que muito mais lentamente. Nenhum pólipo corre atrás de sua presa, nem a investiga com seus tentáculos. No entanto, se algum corpo estranho toca esses tentáculos, eles o prendem e o levam à boca, e o pólipo o devora sem fazer nenhuma distinção quanto à natureza apropriada ou não, ou sua utilidade. Ele o digere e dele se nutre, se esse corpo servir para isso, ou o rejeita inteiramente se este se conservar intacto durante algum tempo em seu canal alimentar. Por fim, ele devolve aqueles detritos que não pode mais alterar, mas, em tudo isso, a mesma necessidade de ação e nunca a possibilidade de escolha é que permite as variações.

Quanto à distinção dos pólipos e dos radiados, ela é maior e mais imbricada: não encontramos no interior dos pólipos nenhuma parte distinta que possua uma disposição radial, somente seus tentáculos possuem essa disposição, isto é, a mesma que os braços dos moluscos cefalópodes, que certamente não confundimos com os radiados. Além disso, os pólipos possuem a boca superior e terminal enquanto a dos radiados se dispõe de maneira diferente.

É totalmente inconveniente atribuir aos pólipos o nome de *zoófitos*, o que significa denominá-los animais-plantas, pois esses últimos são única e completamente animais que possuem, em geral, faculdades exclusivas das plantas, aquela de ser verdadeiramente *irritável* e, geralmente, aquela de *digerir*; enfim, sua natureza não possui essencialmente nada referente àquela das plantas.

As únicas relações existentes entre os pólipos e as plantas se encontram em: 1) na simplificação bastante próxima de suas organizações; 2) na faculdade que muitos pólipos possuem em aderir uns aos outros, de se comunicar conjuntamente pelo canal alimentar e de formar animais compostos;

3) por fim, na forma externa das massas que esses pólipos reunidos constituem, forma que durante muito tempo fez essas massas serem tomadas por verdadeiros vegetais, porque frequentemente elas se ramificam da mesma maneira.

Que os pólipos tenham uma ou várias bocas, trata-se sempre de um canal alimentar condutor e, consequentemente, de um órgão para a digestão, do qual todos os vegetais são desprovidos. Se a degradação da organização que havíamos notado em todas as classes após os mamíferos é de algum modo evidente, seguramente ela o é entre os pólipos, cuja organização é reduzida a uma extrema simplificação.

Infusórios

Animais infinitamente pequenos com corpo gelatinoso, transparente, homogêneo e muito contrátil. Não têm em seu interior nenhum órgão especial distinto, mas apresentam frequentemente gêmulas oviformes e não oferecem ao exterior nem tentáculos radiculares, nem órgãos rotatórios.

Finalmente chegamos à última classe do reino animal, a que compreende os animais mais imperfeitos de todos, ou seja, aqueles que possuem a organização mais simples, que possuem a menor quantidade de faculdades e todos parecem verdadeiros esboços da natureza animal.

Até o presente, eu reuni esses pequenos animais na classe dos pólipos, na qual constituíam a última ordenação denominada *pólipos amorfos*, uma vez que não possuem uma forma constante que seja característica a todos. Mas reconheci a necessidade de separá-los para colocá-los numa classe particular, o que na verdade em nada muda a classe que eu lhes havia atribuído. Tudo o que resulta dessa mudança se reduz a uma linha de separação que a maior simplificação em sua organização e a falta de tentáculos radiais e órgãos rotatórios pareceram exigir.

A organização dos infusórios tornou o que era mais simples em algo ainda mais simples segundo os gêneros que os compõem. O último desses gêneros nos apresenta, de algum modo, o termo da animalidade, pois nos oferece, ao menos, onde podemos esperá-lo. É sobretudo nos animais da segunda ordem dessa classe que asseguramos que todo traço de canal intestinal e de boca desapareceu inteiramente e que não há mais qualquer órgão particular, em outras palavras, que eles não executam mais a digestão.

Esses animais são apenas minúsculos corpos gelatinosos, transparentes, contráteis e homogêneos, compostos por um tecido celular quase sem consistência, e todavia irritáveis em todos os seus pontos. Esses pequenos corpos, que apenas parecem pontos animados, ou em movimento, nutrem-se por absorção e por embebição contínua. Sem dúvida são animados pela influência dos fluidos sutis do ambiente, tais como *calor* e *eletricidade*, que excitam seus movimentos e constituem a vida.

Seria uma vã suposição se, em vista de tais animais, ainda presumíssemos que eles possuem todos os órgãos que conhecemos dos outros, mas que estes se encontram fundidos em todos os pontos de seu corpo!

Com efeito, a consistência extremamente débil e quase nula das partes desses pequenos corpos gelatinosos indica que não devem existir órgãos similares, porque a execução de suas funções seria impossível. Temos a sensação efetiva de que, para quaisquer órgãos terem o poder de reagir aos fluidos, assim como exercer funções que lhes são próprias, é necessário que suas partes tenham a consistência e a tenacidade que lhes garantam determinada força. Ora, não podemos supô-lo em vista desses frágeis animálculos.

É unicamente entre os animais dessa classe que a natureza parece formar gerações espontâneas ou diretas que ela renova de maneira constante a cada vez que as circunstâncias lhes são favoráveis. Tentaremos mostrar que foi através desses animais que a natureza adquiriu meios de produzir indiretamente, numa escala enorme de tempo, todas as outras raças de animais que conhecemos.

O que nos autoriza a pensar que os infusórios, ou a maior parte desses animais, devem sua existência apenas a gerações espontâneas é o fato de que esses animais débeis perecem todos com a diminuição da temperatura que ocorre nos invernos. Certamente não iremos supor que corpos assim delicados possam deixar algum esporo que seja consistente o suficiente para se conservar e possam se reproduzir no período do calor.

Encontramos os infusórios nas águas estagnadas, em infusões de substâncias animais ou vegetais, ou ainda nos líquidos prolíficos dos animais

mais perfeitos. São encontrados em todas as partes do mundo, mas somente nas circunstâncias em que podem se formar.

Assim, considerando sucessivamente os diferentes sistemas de organização dos animais, desde os mais complexos até os mais simples, vimos a degradação da organização animal iniciar-se na classe mesma que compreende os animais mais perfeitos e avançar progressivamente de classe em classe, apesar das anomalias produzidas por toda sorte de circunstâncias, e enfim se encerrar nos infusórios. Estes são os animais mais imperfeitos, os mais simples em termos de organização, nos quais a degradação é seguida a termo ao reduzir a organização animal à constituição de um corpo simples, homogêneo, gelatinoso e quase sem consistência; desprovido de órgãos particulares, formado unicamente por um tecido celular muito delicado, praticamente apenas esboçado, que aparenta estar vivo pelos fluidos sutis do ambiente que o penetram e dele são exalados sem cessar.

Vimos sucessivamente cada órgão especial, mesmo o mais essencial, degradar-se aos poucos, tornar-se menos particular e menos isolado, por fim perder-se e desaparecer inteiramente levando um longo tempo antes de alcançar a outra extremidade da ordem que estávamos seguindo. Além disso, fizemos notar que é principalmente nos animais sem vértebras que vemos extinguirem-se os órgãos especiais.

Na verdade, mesmo antes de deixarmos a divisão dos animais vertebrados, já percebemos grandes mudanças no aperfeiçoamento dos órgãos ou mesmo o desaparecimento de alguns deles, como a bexiga urinária, o diafragma, o órgão da voz, as pálpebras etc. Com efeito, o pulmão, órgão mais aperfeiçoado para a respiração, começa a se degradar nos répteis, deixa de existir entre os peixes e não aparece mais em nenhum animal sem vértebras. Por fim, o esqueleto, que fornece a base das quatro extremidades ou membros, presente na maioria dos animais vertebrados, começa a se deteriorar, principalmente nos répteis, encerrando esse processo inteiramente entre os peixes.

Mas é na divisão dos *animais sem vértebras* que se extinguem o coração, o cérebro, as brânquias, os aglomerados de glândulas, os vasos próprios à circulação, o órgão do ouvido, o da visão, os da geração sexual, os próprios ao sentimento, assim como os do movimento.

Eu já havia dito que seria vão buscar num pólipo, assim como numa hidra, ou na maior parte dos animais dessa classe, os menores vestígios de nervos (órgãos do sentimento) ou de músculos (órgãos do movimento). Isso porque a irritabilidade, da qual todo pólipo é dotado em um grau bastante elevado, vem a substituí-los, assim como não apresenta a faculdade de sentir, pois não possui o órgão essencial, nem a de movimentar-se voluntariamente, uma vez que toda vontade é um ato do órgão da inteligência, e esse animal encontra-se totalmente desprovido de um órgão semelhante. Todos os seus movimentos são necessariamente resultantes de impressões recebidas em suas partes irritáveis provenientes de excitações exteriores e são executadas sem a menor possibilidade de escolha.

Colocai uma hidra em um recipiente d'água e encerrai esse recipiente em um quarto que recebe a luz do dia através de uma janela, e, por consequência, apenas de um único lado. Quando a hidra tiver se fixado sobre um ponto da parede do recipiente, girai esse recipiente de modo que a luz incida sobre ele do lado oposto em que se encontra o animal: vereis sempre a hidra, lentamente, se deslocar para o local onde a luz incide e lá permanecer enquanto não trocardes esse ponto. Nisso ela acompanha aquilo que observamos nas partes dos vegetais que se dirigem, sem nenhum ato de vontade, em direção ao lado de onde vem a luz.

Sem dúvida, em todos os lugares onde um órgão especial não mais existe, a faculdade à qual ele estaria relacionado também deixa de existir. No entanto, além disso, observa-se claramente, à medida que um órgão se degrada e se empobrece, a faculdade dele resultante também se torna proporcionalmente obscura e imperfeita. É assim ao descermos do mais complexo para o mais simples, os insetos serão os últimos animais em que encontramos olhos, mas somos levados a pensar que eles enxergam de maneira obscurecida e pouco utilizam esses órgãos.

Assim, ao percorrermos a cadeia dos animais, desde os mais perfeitos até os mais imperfeitos, e ao considerarmos sucessivamente os diferentes sistemas de organização que se distinguem em toda a extensão da cadeia, a degradação da organização e de cada um dos órgãos até seu completo desaparecimento pode vir a ser um fato positivo do qual constatamos a existência.

Essa degradação se mostra até mesmo na natureza, na consistência dos fluidos essenciais e na carne dos animais, pois tanto a carne quanto o sangue dos mamíferos, assim como o das aves, é o material mais composto e mais animalizado que podemos observar nas partes moles desses animais. Também após os peixes, esse material se degrada progressivamente, a ponto de, nos radiados moles, nos pólipos e sobretudo nos infusórios, o fluido essencial possuir a mesma cor e a mesma consistência que as da água; a carne desses animais não oferece mais que uma matéria gelatinosa, pouco animalizada. O caldo que se faz com carnes similares, sem dúvida, não é tão nutritivo e fortificante para o homem que deles fizer tal uso.

Ainda que reconheçamos ou não essas interessantes verdades, todavia a elas serão sempre conduzidos aqueles que observarem atentamente os fatos e, ao superar os preconceitos geralmente disseminados, poderão consultar os fenômenos da natureza e estudar suas leis e sua marcha constante.

Agora passaremos ao exame de um outro tipo de consideração ao tentar provar que as circunstâncias de habitação exercem uma grande influência sobre as ações dos animais e, por consequência dessa influência, o aumento, a manutenção ou a inutilização do emprego de um órgão são as causas que modificam a organização e a forma dos animais e ainda podem gerar anomalias que observamos na progressão da composição da organização animal.

Capítulo VII
Da influência das circunstâncias sobre as ações e hábitos dos animais, e das ações e dos hábitos desses corpos vivos enquanto causas que modificam sua organização e suas partes

Não se trata aqui de considerar, mas de examinar um fato positivo que é mais generalizado do que pensamos, e ao qual não é dada a devida atenção, sem dúvida porque, embora seja frequente, é muito difícil de ser reconhecido. Esse fato é a influência que as circunstâncias exercem sobre os diferentes corpos vivos que se encontram a elas submetidos.

Na verdade, já falamos a respeito da existência de uma influência, após um tempo consideravelmente longo, dos diferentes estados de nossa organização sobre as nossas características, nossos pendores, nossas ações ou mesmo sobre nossas ideias, mas aparentemente ninguém ainda tomou conhecimento dessa influência de nossas ações e hábitos sobre a nossa própria organização. Ora, como essas ações e hábitos dependem inteiramente das circunstâncias em que normalmente nos encontramos, tentarei mostrar quão grande é a influência que exercem as circunstâncias sobre a forma geral, sobre o estado das partes e sobre a organização mesma dos corpos vivos. Assim, são desses fatos tão positivos que trataremos neste capítulo.

Se não tivemos muitas ocasiões para reconhecer, de maneira evidente, os efeitos dessa influência sobre certos corpos vivos que transportamos para circunstâncias totalmente novas e muito diferentes daquelas em que se encontravam antes, e se ainda não vimos os efeitos e as mudanças que dela resultaram de algum modo sob os nossos próprios olhos, o fato importante de que se trata ainda permanece desconhecido para nós.

A influência das circunstâncias atua, efetivamente, em todos os tempos e lugares, sobre os corpos que gozam de vida. O que torna essa influência difícil de perceber é o fato de que seus efeitos só são sensíveis ou identificáveis (sobretudo nos animais) após um longuíssimo tempo de atuação.

Antes de expor e examinar as provas desse fato que merece toda a nossa atenção e é de suma importância para a *Filosofia Zoológica*, retomemos o fio das considerações tecidas até aqui.

No capítulo precedente, vimos que um fato incontestável a ser considerado na escala animal, no sentido inverso daquele que encontramos na natureza, sobre as massas que compõem essa escala, é que há uma degradação sustentada, mas irregular, da organização; isto é, constatou-se uma simplificação crescente da organização dos corpos vivos; enfim, uma diminuição proporcional no número de faculdades desses seres.

Esse fato, suficientemente conhecido, pode iluminar as considerações sobre a ordem obedecida pela natureza na produção de todos os animais a que ela dá existência, mas não nos mostra por que a organização dos animais, em sua complexidade crescente, desde os mais imperfeitos até os mais perfeitos, oferece uma *gradação irregular*, cujas diversas anomalias ou variações, bastante numerosas, não têm nenhuma aparência de ordem.

Ora, ao buscarmos a razão dessa irregularidade singular na complexidade crescente da organização dos animais, poderemos tudo esclarecer se consideramos o produto das influências que as circunstâncias, infinitamente diversificadas em todas as partes do globo, exercem sobre a forma geral, as partes e a organização desses animais.

Com efeito, é evidente que o estado em que encontramos todos os animais é, por um lado, o produto da complexidade *crescente* da organização, que tende a formar uma *gradação regular*, e, por outro, da influência de uma multidão de diferentes circunstâncias, que tendem continuamente a destruir a regularidade na gradação da complexidade crescente da organização.

Faz-se aqui necessária uma explicação sobre o sentido que atribuo a esta expressão, *as circunstâncias influenciam a forma e a organização dos animais*, ou seja, que, ao se tornarem muito diferentes, elas modificam, com o tempo, tanto a forma quanto a própria organização, pelas mudanças proporcionadas.

Certamente, se levarmos essa expressão ao pé da letra, somos conduzidos a um erro, pois quaisquer que sejam as circunstâncias, elas não operam diretamente sobre a forma e sobre a organização dos animais e não causam nenhuma modificação.

No entanto, grandes mudanças nas circunstâncias conduzem os animais a grandes mudanças em suas necessidades, que, por seu turno, levam a novas ações. Ora, se as novas necessidades se tornam constantes ou duradouras, os animais adquirem novos hábitos, tão duradouros quanto as necessidades que os impelem. É algo fácil de se demonstrar, e não requer nenhuma explicação para fazer sentido.

É evidente que uma grande mudança nas circunstâncias que se torne constante para uma raça de animais conduzirá esses animais a novos hábitos.

Ora, se as novas circunstâncias se tornaram permanentes para uma raça de animais e novos hábitos foram adquiridos por eles, isto é, se foram levados a novas ações que se tornaram habituais, o resultado será o emprego preferencial de uma parte em detrimento de outra e, em alguns casos, a ausência total do emprego de uma parte que tenha se tornado inútil.

Nada disso poderia ser considerado como hipótese ou opinião particular; ao contrário, são verdades que, para se tornar evidentes, exigem apenas a atenção e a observação dos fatos.

Veremos, por meio de fatos conhecidos, que novas necessidades tornam necessária uma determinada parte e que, após repetidos esforços, promovem-na pelo emprego sustentado, pouco a pouco fortificando-a, desenvolvendo-a e terminando por fazer com que cresça consideravelmente. Veremos também que, em alguns casos, as novas circunstâncias e novas necessidades tornam uma parte absolutamente inútil, e a ausência de emprego dessa parte é a causa de ela não ter se desenvolvido como as demais partes do animal. Encolhe e atrofia aos poucos, até que não seja mais empregada e por fim desapareça. Tudo isso é verdadeiro, e proponho-me a oferecer as provas mais convincentes.

Nos vegetais, nos quais não há nenhuma ação e, por conseguinte, não existem hábitos propriamente ditos, grandes alterações de circunstância não produzem grandes diferenças no desenvolvimento das partes; tudo opera aí por mudanças sobrevindas da nutrição do vegetal, pela sua absorção e transpiração, pela quantidade de calor, de luz, de ar e de umidade que ele habitualmente recebe e, por fim, pela superioridade de diversos movimentos vitais que influenciam os outros.

Nos indivíduos de uma mesma espécie, uns são continuamente bem nutridos e vivem em circunstâncias favoráveis que propiciam o seu desenvolvimento, enquanto outros se encontram em circunstâncias opostas, o que leva a uma diferença em suas respectivas condições, diferença que pouco a pouco se torna marcante. Quantos exemplos eu não poderia citar de animais e vegetais que confirmariam essa consideração! Ora, se as circunstâncias permanecerem as mesmas, torna-se habitual e constante o estado adoecido ou languescido dos indivíduos mal-nutridos, conduzindo assim a uma modificação de sua organização interna. A reprodução desses indivíduos conserva as modificações adquiridas e termina por dar lugar a uma raça bastante diferente daquela, cujos indivíduos se encontram constantemente em circunstâncias favoráveis ao seu desenvolvimento.

Uma primavera excessivamente seca leva as ervas de um prado a crescer pouco, mantendo-as magras e raquíticas. Uma vez florescentes, frutificam, embora tenham um crescimento bastante reduzido.

Uma primavera em que os dias de calor se alternam com os dias chuvosos proporciona às suas ervas um grande crescimento, e a colheita de feno será excelente.

Ainda quanto a essas plantas, se alguma causa se perpetuar e as circunstâncias desfavoráveis variarem proporcionalmente, no início modificarão suas características gerais ou seu estado geral e, em seguida, muitas das particularidades de seus caracteres.

Por exemplo, se um grão de certas ervas do prado em questão for transportado para um lugar elevado, um terreno seco, árido e pedregoso, exposto aos ventos, e venha a germinar, a planta que lá viver permanecerá sempre mal-nutrida, e os indivíduos que lá se reproduzirem e continuarem a existir sob circunstâncias ruins formarão uma raça distinta daquela que vive no prado do qual ela proveio. Os indivíduos dessa nova raça serão mirrados, terão partes exíguas e, como alguns de seus órgãos se desenvolverão mais que outros, eles terão proporções particulares.

Os naturalistas que têm observado e consultado com frequência as grandes coleções puderam se convencer que, à medida que as circunstâncias de habitação e de exposição, de clima, de nutrição, de hábito de vida etc., se modificam, caracteres como tamanho, forma, proporção entre as partes, cor, consistência, agilidade e habilidades modificam-se proporcionalmente nos animais.

O que a natureza faz no decorrer de um longo tempo, nós o fazemos todos os dias, quando mudamos subitamente a relação de um vegetal vivo com as circunstâncias que vive, seja num único indivíduo, seja em todos os indivíduos de sua espécie.

Os botânicos sabem que os vegetais transportados do local de origem para jardins de cultivo são submetidos, pouco a pouco, a mudanças que os tornam, por fim, irreconhecíveis. Muitas plantas por natureza felpudas tornam-se glabras ou pouco felpudas; as que são guardadas ou arrastadas têm o caule torto; outras perdem seus espinhos ou asperezas; outras, ainda, do estado lenhoso e vivaz que seu caule possuía nos climas quentes em que habitava, em nosso clima desenvolvem um estado herbáceo e, entre elas, muitas das plantas que são anuais acabam por ser submetidas a mudanças muito consideráveis em toda as dimensões de suas partes. Esses efeitos das mudanças de circunstâncias são reconhecidos por todos, a ponto de os botânicos não gostarem de descrever as plantas de jardins, a menos que elas sejam recém-cultivadas.

O trigo cultivado (*triticum sativum*) não é um vegetal que o homem levou ao estado em que o encontramos atualmente? Dizei-me em que país uma semelhante planta habita naturalmente, isto é, sem ter sido cultivada em alguma vizinhança?

Onde se encontram na natureza o nosso repolho, a nossa alface, no estado em que os temos em nossas hortas? Não se daria o mesmo com os animais que foram domesticados e que foram modificados completa ou parcialmente?

Fomos levados a criar raças muito diferentes existentes entre nossos frangos e nossas pombas domésticas sob diversas circunstâncias e em diferentes países, e em vão conseguiríamos encontrá-los assim na natureza.

Sem dúvida, aquelas que têm as partes menos modificadas, por serem de domesticação mais recente ou por não sobreviverem a um clima estrangeiro, nos oferecem diferenças não menos consideráveis, pois também foram produzidas pelos hábitos que as fizemos contrair. Assim, nossos patos e gansos domésticos encontram seu tipo nos patos e gansos selvagens. Com a diferença de que os nossos perderam a faculdade de se elevar a grandes altitudes e sobrevoar amplas regiões. É que se operou uma mudança em suas partes, comparadas às dos animais de cuja raça eles provêm.

Quem não sabe que, se confinarmos essa ave de nosso clima a uma gaiola, por cinco ou seis anos seguidos, e depois a devolvermos natureza, colocando-a em liberdade, ela não é capaz de voar como seus semelhantes que permaneceram livres? A discreta mudança de circunstância operada nesse indivíduo não fez mais, é verdade, que diminuir sua capacidade de voar e, sem dúvida, não operou nenhuma mudança na forma de suas partes. Mas se uma numerosa sequência de gerações de indivíduos da mesma raça fosse mantida em cativeiro durante uma duração considerável, não há dúvida de que a forma mesma das partes desses indivíduos seria pouco a pouco submetida a modificações consideráveis. Se, no lugar de um simples cativeiro, fosse, ao mesmo tempo, acompanhada de uma grande mudança no clima, e esses indivíduos se habituassem gradualmente a outro tipo de nutrição, certamente essas circunstâncias, reunidas e tornadas constantes, formariam insensivelmente uma nova raça.

Onde encontraríamos na natureza essa multidão de raças de cães atualmente existentes como consequência da domesticação a que reduzimos esses animais? Onde encontraríamos esses cães labradores, bassets, spaniels, bichons e outras tantas raças, que apresentam diferenças maiores do que as que admitimos como específicas em animais de um mesmo gênero que vivem livres na natureza? Sem dúvida, uma primeira e única raça, ainda fortemente similar ao lobo, se não foi ela própria o verdadeiro tipo, foi submetida pelo homem, em uma época qualquer, à domesticação. Essa raça, em cujos indivíduos não se notava ainda nenhuma diferença particular, foi pouco a pouco diversificada, juntamente com o homem, em diferentes regiões, em diferentes climas e após um período de tempo; quer dizer, esses indivíduos foram submetidos à influência dos lugares em que habitavam e dos hábitos diversos que contraíram em cada região, passando assim por mudanças marcantes e formando diferentes raças particulares. Ora, o homem, que pelo comércio, ou por outro gênero de interesse, percorre grandes distâncias, deslocando-se por regiões muito povoadas, como uma grande capital, para transportar diferentes raças de cães formadas em diferentes lugares distantes entre si, produz, pelo cruzamento sucessivo, novas linhagens, tais como as que conhecemos.

O fato seguinte prova, do ponto de vista das plantas, o quanto a modificação de uma circunstância importante influencia na modificação das partes desses corpos vivos.

Quando o *ranunculus aquatilis* é fincado dentro d'água, suas folhas são finamente cortadas e têm divisões capilares, mas logo que os caules dessa planta atingem a superfície d'água, as folhas que se desenvolvem no ar se tornam alargadas, arredondadas e divididas em lobos. Se alguns pés da mesma planta pudessem vingar em solo úmido, sem estar imersos n'água, seus caules seriam mais curtos e nenhuma de suas folhas estaria dividida em seções capilares, desenvolvendo-se a *ranunculus hederaceus*, que os botânicos observam como uma espécie desde que a encontraram.

É certo que, nos animais, importantes mudanças nas circunstâncias em que costumam viver não produzem o mesmo em suas partes. Suas mutações são muito mais vagarosas do que aquelas que se operam nos vegetais e, como consequência, são para nós menos sensíveis, com causas menos reconhecíveis.

Quanto às circunstâncias capazes de modificar os órgãos dos corpos vivos, a mais influente é, sem dúvida, a diversidade do meio que habitam. Além disso, muitas outras também influenciam consideravelmente a produção dos efeitos em questão.

Sabemos que os diferentes lugares mudam de natureza e de qualidade em função de sua posição, de sua composição e de seu clima. É o que facilmente se percebe quando diferentes lugares são percorridos e podem ser distinguidos por suas qualidades particulares. Eis uma causa da variação para os animais e vegetais que vivem nesses diversos lugares. Mas o que ainda não se conhece bem, mesmo porque geralmente não se quer acreditar, é o fato de que os próprios lugares se modificam com o tempo, com sua exposição, com o clima, quanto à sua natureza e qualidade, ainda que com uma lentidão tão grande que, ao compararmos à nossa duração, atribuímos a ela uma *estabilidade* perfeita.

Ora, tanto em um caso quanto no outro, as mudanças ocorridas nos lugares são proporcionais às circunstâncias relativas aos corpos vivos que os habitam, e elas produzem ainda outras influências sobre os mesmos corpos.

Além disso, percebemos que, se existem extremos nessas mudanças, existem também nuances, isto é, graus que são intermediários e que preenchem o intervalo. Consequentemente, existem também nuances nas diferenças que distinguem o que denominamos como *espécies*.

Portanto, é evidente que em toda a superfície do globo, nos seus diferentes pontos, existe, na natureza e na situação das matérias que ocupam esses diferentes pontos, uma diversidade de circunstâncias que, por toda a parte, se encontram em relação àquela das formas e das partes dos animais, independentemente da diversidade particular que resulta necessariamente do progresso da complexidade da organização de cada animal.

Em cada lugar que os animais habitam, as circunstâncias que lhes impõem uma ordem permanecem as mesmas durante muito tempo e produzem modificações tão lentas que o homem não saberia identificá-las diretamente. Para tanto, ele é obrigado a consultar monumentos e a identificar que a ordem das coisas que ele encontrou em cada um desses lugares nem sempre foi a mesma e pode vir a se modificar.

Cada uma das raças de animais que vive nesses lugares e conserva seus hábitos por um longo tempo se afigura a nós como constante e a chamamos de *espécie*. Essa constância nos dá a ideia de que essas raças seriam tão antigas quanto a natureza.

Mas, em diferentes porções habitáveis da superfície do globo, a natureza, a localização e o clima oferecem circunstâncias diversas de diferentes graus, tanto para os animais como para os vegetais. Os animais que habitam esses diferentes lugares devem, portanto, diferenciar-se uns dos outros, não apenas conforme o grau de complexidade da organização em cada raça, mas também em razão dos hábitos que os indivíduos de cada raça são forçados a adquirir. Além disso, à medida que percorre grandes distâncias da superfície do globo, o naturalista observador vê as circunstâncias se modificarem de maneira pouco notável e privilegia por isso as constantes, por mais que as espécies mudem em proporção à alteração de suas características.

Ora, a identificação, em tudo isso, da verdadeira ordem das coisas, depende de que se reconheça:

1) Que toda mudança pouco considerável que se mantenha inalterada nas circunstâncias em que cada raça de animal se encontra altera as necessidades desta.
2) Que todas as modificações nas necessidades dos animais exigem deles outras ações, capazes de satisfazer as novas necessidades e, consequentemente, outros hábitos.
3) Que toda nova necessidade precisa de novas ações para satisfazê-la, exige do animal que a experimenta o emprego mais frequente de uma de suas partes, que assim se desenvolve e aumenta consideravelmente, ou então o emprego de novas partes que as necessidades fizeram nascer nele insensivelmente, pelos esforços de seu sentimento interior; é o que provarei em breve, com fatos conhecidos.

Assim, para vir a conhecer as verdadeiras causas de tantas e diversas formas, de tantos hábitos diferentes de que os animais conhecidos nos oferecem exemplos, é necessário considerar as circunstâncias, infinitamente diversificadas, mas que se modificam lentamente nos animais de cada raça, considerando suas novas necessidades e as modificações de seus hábitos. Ora, uma vez reconhecida essa verdade incontestável, percebe-se facilmente como as novas necessidades poderão ser satisfeitas e novos hábitos, adquiridos. Basta darmos alguma atenção às duas leis naturais que seguem, e que a observação permite, desde sempre, constatar.

Primeira lei

Em todo animal que não tenha ultrapassado minimamente o termo de seu desenvolvimento, o emprego mais frequente e sustentado de um órgão qualquer fortalece pouco a pouco esse órgão, desenvolve-o, aumenta-o e lhe dá uma potência proporcional à duração desse emprego; enquanto uma diminuição constante no uso de tal órgão o enfraquece insensivelmente, o deteriora, diminui progressivamente suas faculdades, até que por fim ele desaparece.

Segunda lei

Tudo o que a natureza permitiu aos indivíduos adquirir ou perder pela influência das circunstâncias a que sua raça se encontra exposta há tempos e, por consequência, pela influência do emprego predominante de um determinado órgão, ou pela constante diminuição no uso de tal parte, ela conserva pela reprodução nos novos indivíduos que foram gerados, contanto que as modificações adquiridas sejam comuns aos dois sexos, ou àqueles que produziram esses novos indivíduos.

Essas são duas verdades constantes, que só podem ser desconhecidas por aqueles que jamais observaram ou seguiram a natureza em suas operações ou por aqueles que se deixaram conduzir pelo erro que irei combater.

Os naturalistas fazem notar que, quando se comparam as formas das partes dos animais com o seu uso, encontra-se uma perfeita relação entre eles, e pensam que as formas e o estado das partes se explicam por seu uso. Mas isso é um erro, e seria fácil demonstrar pela observação, que, ao contrário, as necessidades que levaram ao uso dessas partes é que as desenvolveram, promovendo-as onde elas não existiam e levando, por conseguinte, ao estado atual em que as encontramos nos diferentes animais.

Do contrário, teria sido necessário que a natureza tivesse criado as partes dos animais com tantas formas quanto as exigidas pela diversidade de circunstâncias em que eles poderiam viver, e que essas formas, assim como as circunstâncias, não variassem jamais.

Certamente não é essa a ordem em que as coisas existem, e, se fosse, não teríamos cavalos de corrida como os que existem na Inglaterra, e não teríamos nossos gordos cavalos de tração, tão pesados e tão diferentes daqueles, pois a natureza não produziu por si mesma nada de semelhante. Tampouco teríamos bassets de membros arqueados, galgos ágeis para a corrida, cães d'água etc.; não teríamos frangos sem cauda, pombos com cauda em forma de leque; e, por fim, poderíamos cultivar as plantas selvagens a bel-prazer, no solo úmido e fértil de nossos jardins, sem que com isso elas se alterassem.

Depois de muito tempo sentimos o que isso significa, a ponto de propor a seguinte sentença que se transformou em provérbio e todo mundo conhece: *os hábitos formam uma segunda natureza*.

Certamente, se os hábitos e a natureza de cada animal jamais pudessem variar, o provérbio seria falso, não teria cabimento e não valeria para o caso em questão.

Se levarmos a sério o que expus aqui, veremos que tenho boas razões como fundamento, e isso desde a minha obra intitulada *Recherches sur l'organisations des corps vivants*, na qual estabeleci a seguinte proposição: "Não são os órgãos, quer dizer, a natureza e a forma das partes dos corpos de um animal, que criaram seus hábitos e faculdades particulares, mas, ao contrário, seus hábitos, seu modo de vida e as circunstâncias nas quais se encontram os indivíduos dos quais são provenientes que, com o tempo, têm constituído a forma de seu corpo, o número e o estado dos seus órgãos e, por fim, as faculdades de que gozam".[1]

Pesemos bem essa proposição e façamos a relação com todas as observações que a natureza e o estado das coisas nos colocam sem cessar, pois, estabelecida desse modo, sua importância e sua solidez irão adquirir, para nós, a maior evidência.

Como eu já disse, o tempo e as circunstâncias favoráveis são os dois principais meios que a natureza emprega para atuar na existência de todos os seus produtos: sabemos que não há limite de tempo para ela, que o tem à sua inteira disposição.

Quanto às circunstâncias necessárias das quais ela se serve diariamente para variar e produzir tudo o que faz, diremos que são, de algum modo, inesgotáveis.

As principais vêm da influência do clima, das variações de temperatura, da diversidade dos lugares e de situações, dos hábitos, dos movimentos mais comuns, das ações mais frequentes e, por fim, dos meios de conservação, de defesa, de multiplicação e dos modos de vida.

Ora, como consequência dessas influências diversas, essas faculdades conservam-se e se propagam pelo uso, se diversificam pelos novos hábitos

---

[1] Lamarck, *Recherches sur l'organisation des corps vivants*, op. cit., p.50. (N. A.)

conservados por um longo tempo e, de maneira insensível, a conformação, a consistência, em suma, a natureza e o estado das partes, assim como dos órgãos, participam dos resultados de todas essas influências, se conservam e propagam pela geração.

Essas verdades resultantes das duas leis naturais expostas anteriormente são, em todo caso, confirmadas pelos fatos. Elas indicam claramente o andamento da natureza na diversidade de suas produções.

Mas, em vez de nos contentarmos com generalidades que poderiam ser consideradas como hipotéticas, examinemos diretamente os fatos e consideremos, nos animais, o resultado do emprego e da ausência do uso de seus órgãos sobre mesmos órgãos, após os hábitos que cada raça foi forçada a contrair.

Provarei que a falta constante de exercício, do ponto de vista de um órgão, atrofia de início as suas faculdades e o empobrece gradualmente até que ele desapareça, ou então o debilita, caso essa falta de emprego se mantenha por muito tempo, por sucessivas gerações de animais da mesma raça. Em seguida mostrarei que, ao contrário, o hábito de exercitar um órgão, em todo animal que ainda não atingiu o termo da diminuição de suas faculdades, não apenas aperfeiçoa e aumenta as faculdades desse órgão, mas, além disso, faz com que ele adquira dimensões que o modificam discretamente, até que esse hábito o torne bem diferente do mesmo órgão quando consideramos outro animal que se exercita muito menos.

A falta do emprego de um órgão tornada constante pelos hábitos que foram adquiridos empobrece gradualmente esse órgão, terminando por suprimi-lo ou destruí-lo.

Como uma posição semelhante pode ser admitida apenas com provas e não através de um mero enunciado, tentaremos demonstrá-la citando os principais fatos conhecidos que constatam o seu fundamento.

Os animais vertebrados, cujo plano de organização é, em todos eles, muito parecido, mesmo que suas partes sejam muito diversas, no caso de terem maxilares dotados de dentes, enquanto aqueles cujas circunstâncias os conduziram a deglutir alimentos de que se nutrem, sem executar anteriormente nenhuma mastigação, foram expostos a condições em que os dentes não alcançaram nenhum desenvolvimento. Assim, esses dentes permaneceram escondidos entre as lâminas ósseas dos maxilares sem poder aparecer, ou até sendo suprimidas de seus elementos.

Na baleia, que acreditávamos completamente desprovida de dentes, o sr. Geoffroy os encontrou escondidos nos maxilares do feto desse animal. Esse professor também encontrou, nas aves, a ranhura onde os dentes deveriam estar colocados, mas nós não os percebemos mais.

Na própria classe de mamíferos, que compreende os animais mais perfeitos e principalmente aqueles cujo plano de organização de vértebras é executado mais completamente, não é somente a baleia que não possui dentes para o uso, mas também o tamanduá (*Myrmecophaga*), cujo hábito de não mastigar foi introduzido e conservado, após um longo tempo, na sua raça.

Os olhos na cabeça são próprios a um grande número de animais diversos e fazem essencialmente parte do plano de organização dos vertebrados.

No entanto, a toupeira, que pelos seus hábitos necessita muito pouco da visão, tem olhos muito pequenos e pouco aparentes, pois faz pouco uso desses órgãos.

O *aspalax* de Olivier (identificado em viagem ao Egito e à Pérsia), que viveu sob a terra como a toupeira e que de maneira semelhante se expõe ainda menos à luz do dia, perdeu por completo a capacidade da enxergar e apresenta apenas vestígios dos órgãos que sediam a visão. Esses vestígios podem estar escondidos, recobertos pela pele em quaisquer partes do corpo onde eles se encontram, não tendo mais, portanto, o menor acesso à luz.

O *proteus*, réptil aquático, próximo das salamandras pelas suas relações e que habita as cavidades profundas e obscuras sob a água, não tem mais que vestígios, como o *aspalax*, dos órgãos da visão e, da mesma maneira, vestígios que se encontram recobertos e escondidos.

Eis aqui uma consideração decisiva com relação à questão que tratamos atualmente. A luz não penetra em todos os lugares, consequentemente, os animais que normalmente habitam lugares onde ela não chega não encontram ocasião para utilizar-se da visão se a natureza se ocupou em muni-los dela. Ora, os animais dotados de olhos pertencem a um plano de organização que conta com eles em sua origem. No entanto, o fato de encontrarmos dentre eles aqueles animais que são privados do uso desse órgão e que possuem apenas vestígios escondidos e recobertos torna evidente que o empobrecimento e o desaparecimento dos órgãos em questão são o resultado de uma deficiência constante no exercício desses órgãos.

Isso prova que o órgão da audição não se encontra nunca entre esses casos, e podemos encontrá-lo em todos os animais cuja natureza de sua organização comporta sua existência. Vejamos a razão.

A matéria do som,[2] aquela que, movida pelo choque ou pelas vibrações dos corpos, transmite ao órgão do ouvido a impressão dela recebida, penetra em todos os lugares, atravessa todos os meios, até mesmo a massa daqueles mais densos: do que resulta que todo animal que faz parte de um plano de organização que abrange o ouvido de um modo essencial sempre teve ocasião para utilizar-se desse órgão onde quer que habite. Também entre os animais vertebrados não encontramos nenhum que seja privado do órgão do ouvido. Depois deles, quando esse órgão falta, ele não é mais encontrado em seguida em nenhum dos animais de classes posteriores.

---

2 Os médicos continuam a pensar e a dizer que o ar atmosférico é a própria matéria do som, isto é, aquela que, movida por choques ou vibrações dos corpos, transmite ao órgão do ouvido a impressão das ondulações (*ébranlemens*) que ela recebeu. É um erro, atestado pela quantidade de fatos conhecidos que provam que é impossível ao ar penetrar por toda a matéria que produziu o som, penetrar de fato. Conferir minha *Memória sobre a matéria do som*, impressa no final da *Hydrogéologie* (p.225), na qual estabeleci as provas desse erro. Após a impressão do *Memorial*, que acabo de citar, fizemos grandes esforços para calcular a velocidade da propagação do som pelo ar, cuja resistência de propagação e de oscilação são muito lentas em suas partes para se igualar a essa velocidade. Ora, como o ar em suas oscilações experimenta compressões e dilatações sucessivas em diversas partes de sua massa, empregamos o produto calórico expresso nas compressões súbitas de ar, bem como as calorias absorvidas na rarefação desse fluido. Assim, com a ajuda dos efeitos desses produtos e de suas quantidades, determinadas por suposições apropriadas, os geômetras determinaram a razão da velocidade com que o *som* se propaga no ar. Mas isso em nada explica os fatos que constatam que o som se propaga através dos corpos que o ar não poderia penetrar, nem ativar suas partes. Com efeito, a suposição da vibração das menores partes dos corpos sólidos, vibração duvidosa, que se propaga apenas nos corpos homogêneos e de mesma densidade, não se estende aos corpos densos e raros, nem mesmo a algum outro muito denso, apesar do fato bem conhecido sobre a propagação do som através dos corpos densos e heterogêneos, não saberia dizê-lo sobre aqueles cuja natureza é muito diferente. (N. A.)

Não ocorre o mesmo com o órgão da visão, pois observa-se esse órgão desaparecer, reaparecer e novamente desaparecer, dependendo da possibilidade ou da impossibilidade de o animal utilizá-lo.

Nos moluscos acéfalos, o grande desenvolvimento do seu manto fez seus olhos e mesmo sua cabeça se tornarem de fato inúteis. Esses órgãos, ainda que façam parte de um plano de organização que deve compreendê-los, tiveram que desaparecer e ser eliminados pela constante falta de utilização.

Enfim, ele pertence ao plano de organização dos répteis, como a outros animais vertebrados que possuem quatro patas dependentes do seu esqueleto. As serpentes, consequentemente, também deveriam ter quatro patas, sobretudo porque não constituem a última ordem dos répteis e são menos próximas dos peixes que os batráquios (as rãs, as salamandras etc.).

No entanto, como as serpentes passaram a ter o hábito de rastejar sobre a terra e de se esconder sob as ervas, seu corpo, pela sequência de esforços repetidos para se alongar, com a finalidade de passar por espaços estreitos, adquiriu uma extensão considerável e nada proporcional à sua espessura. Ora, as patas tornaram-se bem inúteis a esses animais e consequentemente sem emprego, pois patas muito longas tornaram-se nocivas às suas necessidades de rastejar, assim como patas muito curtas só poderiam existir se fossem quatro, caso contrário seriam incapazes de movimentar seu corpo. Dessa forma, a constante falta de emprego dessas partes nessas raças fez que elas desaparecessem totalmente, ainda que estivessem no plano de organização dos animais de sua classe.

Muitos dos insetos, pela característica natural de sua ordem ou mesmo de seu gênero, deveriam ter asas. Elas estão presentes mais ou menos completamente, dependendo de seu emprego. Temos como exemplos grandes quantidades de coleópteros (besouros), ortópteros (gafanhotos, grilos etc.), himenópteros (vespas, abelhas, formigas etc.) e hemípteros (as cigarras, percevejos, pulgões e cochonilhas), animais cujos hábitos nunca os levam a fazer uso de suas asas.

Mas não é suficiente explicar a causa que levou ao estado dos órgãos de diferentes animais, o mesmo estado que sempre vemos nos indivíduos da mesma espécie. Além disso, é preciso verificar as mudanças de estado operadas nos órgãos de um mesmo indivíduo durante a sua vida pelo único resultado de uma grande mutação nos hábitos particulares dos indivíduos de sua espécie. O seguinte fato, talvez um dos mais marcantes, será capaz de provar a influência dos hábitos sobre o estado dos órgãos e o quanto as mudanças mantidas nos hábitos de um indivíduo afetam o estado dos órgãos que entram em ação durante o exercício desses hábitos.

O sr. Tenon, membro do Instituto, fez parte da Classe de Ciências que examinou o canal intestinal de muitos homens que beberam apaixonadamente durante uma grande parte da sua vida, encontrando uma quantidade extraordinária de canais mais curtos quando comparados com o mesmo órgão daqueles que não tinham um hábito semelhante.

Sabe-se que os grandes bebedores, ou aqueles que pendem ao alcoolismo, comem muito poucos alimentos sólidos, e que a bebida que tomam em abundância e com muita frequência é suficiente para nutri-los.

Ora, como os alimentos líquidos, sobretudo as bebidas espirituais, não permanecem durante muito tempo, seja no estômago, seja no intestino, o estômago e o restante do canal intestinal perdem o hábito de estarem distendidos nos beberrões, assim como nas pessoas sedentárias e continuamente aplicadas ao trabalho do espírito, que estão habituadas a se alimentar muito pouco. Pouco a pouco, no longo prazo, os estômagos se fecharão e os intestinos ficarão mais curtos.

Não se trata aqui de retração e encurtamento operados por um enrugamento das partes, que permitiriam sua extensão ordinária se no lugar de uma vacuidade mantida, essas vísceras viessem a ser preenchidas. Trata-se de uma retração e de um encurtamento reais, consideráveis, a tal ponto que esses órgãos romper-se-iam se tivessem que ceder subitamente às causas exigidas por uma extensão ordinária.

Comparai dois indivíduos da mesma idade: um que, para dedicar-se aos estudos e aos trabalhos habituais do intelecto que tornaram a digestão mais difícil, contraiu o hábito de comer muito pouco; outro que habitualmente faz muito pouco exercício, mas que sai frequentemente de casa e se alimenta bem. O estômago do primeiro praticamente não terá mais as mesmas faculdades, e uma pequena quantidade de alimento o preencherá, já o segundo terá conservado, ou mesmo aumentado as suas faculdades.

Eis, portanto, um órgão fortemente modificado em suas dimensões e suas faculdades por uma única causa que modificou os hábitos ao longo da vida de um indivíduo.

O hábito de utilizar frequente e constantemente um órgão incrementa suas faculdades, desenvolve-o e faz que adquira dimensões e uma força de ação que não é vista em nenhum dos animais que o exercitam menos.

Veremos assim que a falta de emprego de um órgão que deveria existir o modifica, o empobrece, acabando por aniquilá-lo.

Agora irei demonstrar que o emprego contínuo de um órgão, através de esforços feitos para aproveitar uma grande parte das circunstâncias que dele exigem, fortifica, estende e aumenta esse órgão, ou, ainda, ele é reinventado para que possa exercer funções que se tornaram necessárias.

A ave, cuja necessidade a atira sobre a água para encontrar a presa que a faz viver, afasta seus dedos do pé para que possa adentrar na água e se movimentar até a superfície. A pele que une os dedos, desde a sua base, foi contraída pelo próprio afastamento destes que ocorreu repetidamente pelo hábito de abri-los e estendê-los. Assim, com o tempo, as largas membranas que unem os dedos dos patos, dos gansos etc. se configuraram tais como os vemos. Os mesmos esforços para nadar, quer dizer, para empurrar a água, com a finalidade de avançar e se mover nesse líquido, estenderam igualmente as membranas que existem entre os dedos das rãs, das tartarugas do mar, da lontra, do castor etc.

A ave que, contrariamente, possui o hábito de pousar nas árvores, proveniente de indivíduos que há muito o contraíram, tem necessariamente os dedos dos pés mais alongados e com conformação diferente daquela dos animais aquáticos que acabei de citar. Suas unhas, com o tempo, alongaram-se, agudizaram-se e curvaram-se em formato de gancho para agarrar os ramos sobre os quais o animal, muito frequentemente, repousa.

Assim como sabemos que a ave costeira, que não gosta de nadar e que, muitas vezes, tem a necessidade de se aproximar das beiradas da água para encontrar sua presa, corre o risco de se afundar no lodo. Essa ave voa de modo que seu corpo não encoste na parte líquida, faz um grande esforço para estender e alongar seus pés. O resultado do hábito permanente dessa ave e de todas aquelas de sua raça, de alongar e estender continuamente seus pés, fez com que os indivíduos dessa raça se encontrassem elevados como se estivessem sobre pernas de pau, tendo obtido, pouco a pouco, longas pernas nuas, isto é, destituídas de plumas até as coxas e com frequência para além delas.[3]

Sabe-se ainda que a mesma ave, ao querer pescar sem molhar seu corpo, é obrigada a esforçar-se continuamente para alongar seu pescoço. Ora, a sequência desses esforços habituais nesses indivíduos e naqueles de sua raça, com o tempo devem alongá-los de maneira singular; com efeito, isso pode ser constatado pelo longo pescoço dessas aves costeiras.

No entanto, algumas das aves que nadam, como o cisne e o ganso, cujas patas são curtas, também possuem um pescoço bastante alongado. Isso se deve ao fato de que essas aves, ao se deslocarem sobre a água, têm o hábito de mergulhar sua cabeça tão profundamente quanto possível para capturar larvas aquáticas e diferentes animálculos de que se nutrem, não necessitando, assim, de nenhum esforço para alongar suas patas.

Se um animal, para satisfazer suas necessidades, faz esforços repetidos para alongar sua língua, ele irá adquirir um alongamento considerável (o tamanduá, o pica-pau verde). Se tiver a necessidade de apanhar alguma coisa com esse órgão, agora sua língua irá se dividir e se tornará bifurcada. Línguas como a dos colibris, que apreendem com a língua, e como a das serpentes e dos lagartos, que se servem da língua para palpar e reconhecer os corpos que se encontram diante deles, são provas desse progresso.

As necessidades, sempre ocasionadas pelas circunstâncias, seguidas de esforços sustentados para satisfazê-las, não são delimitadas em seus resultados às modificações destinadas a aumentar ou diminuir a extensão e as faculdades dos órgãos, mas também deslocam esses mesmos órgãos, desde que algumas dessas carências tornem isso necessário.

Os peixes, que nadam habitualmente em grandes volumes de água, têm a necessidade de ver lateralmente e possuem, com efeito, seus olhos deslocados para as laterais da cabeça. Seu corpo, mais ou menos achatado, segue as espécies que têm suas faixas perpendiculares com relação ao plano da água e seus olhos colocados de maneira que haja um olho em cada lado

---

3 Lamarck, *Système des animaux sans vertèbres*, op. cit., p.14. (N. A.)

achatado. Mas aqueles peixes, cujos hábitos lhes impõem a necessidade de se aproximar incessantemente da beirada de córregos e particularmente os rios pouco inclinados ou de quedas suaves, foram forçados a nadar sobre seus lados achatados, a fim de poder se aproximar ainda mais da borda da água. Essa situação fazia que recebessem mais a luz proveniente de cima do que a de baixo e têm a necessidade particular de estarem sempre atentos ao que se encontra acima deles. Essa necessidade forçou um de seus olhos a uma espécie de deslocamento, tendo assim a situação muito singular que conhecemos sobre os olhos dos linguados, dos rodovalhos, dos limandes etc. A disposição desses olhos não é simétrica, pois ela resulta de uma mutação incompleta. Ora, essa mutação é completa nas raias, onde o achatamento transversal do corpo é inteiramente horizontal, assim como a cabeça. Também os olhos das raias, colocados os dois na face superior, tornaram-se simétricos.

As serpentes que rastejam sobre a superfície da terra, tiveram necessidade de ver principalmente objetos elevados, ou que se encontram acima delas. Essa necessidade teve influência sobre o órgão da visão desses animais e, com efeito, eles têm os olhos localizados nas partes laterais e superiores da cabeça, de maneira que podem facilmente perceber o que está acima deles ou dos dois lados. No entanto, elas não conseguem ver aquilo que se encontra à frente delas, a menos que estejam a uma distância muito pequena. Dessa maneira, são forçadas a suprir essa deficiência da visão para conhecer os corpos que estão em frente à sua cabeça e que poderiam feri-las à medida que avançam; elas podiam apenas palpar esses corpos com o auxílio de sua língua, utilizando-se de todas as forças para alongá-la. Esse hábito contribuiu não apenas para deixar essa língua bifurcada, muito longa e muito contrátil, mas também a forçou a dividir-se no maior número de espécies para palpar diversos objetos de uma só vez; até permitiu a formação de uma abertura na extremidade de seu focinho para que a língua pudesse passar sem que houvesse a necessidade de os maxilares se abrirem.

Nada de mais marcante que o produto dos hábitos nos mamíferos herbívoros.

O quadrúpede que, conduzido pelas circunstâncias e pelas necessidades, assim como a todos de sua raça depois de um longo tempo, passou a ter o hábito de digerir ervas e se alimentar de gramíneas, caminha apenas sobre a terra e se encontra obrigado a permanecer sobre as quatro patas a maior parte de sua vida. Em geral, executa apenas poucos movimentos ou movimentos medíocres, e o tempo considerável que esse animal é forçado a empregar a cada dia para consumir um único tipo de alimento faz que ele se movimente muito pouco, que empregue seus pés apenas para sustentar-se sobre a terra para marchar ou correr, sem jamais utilizá-los para se pendurar e trepar nas árvores.

Desse hábito de consumir, todos os dias, grandes volumes de matérias alimentares que distendem os órgãos que os recebem, e realizar apenas movimentos mínimos, o resultado é que o corpo desses animais é consideravelmente espesso, pesado e massivo, tendo adquirido um grande volume, como vemos nos elefantes, rinocerontes, bois, búfalos, cavalos etc.

O hábito de permanecer apoiado sobre as quatro patas durante a maior parte do dia para comer fez nascer uma camada córnea que envolve a extremidade dos dedos dos pés; como esses dedos permaneceram sem exercer nenhum movimento e serviram apenas de sustentação como o restante do pé, a maior parte deles encolheu, tornou-se apenas vestígio e finalmente desapareceram. Assim, nos paquidermes, alguns têm pés com cinco dedos envoltos pela camada córnea e, consequentemente, o casco é dividido em cinco partes, outros têm apenas quatro ou três divisões. Mas nos ruminantes, que parecem ser os mais antigos dos mamíferos, que estão restritos a suportar apenas os ambientes terrestres, têm somente dois dedos nos pés e, mesmo assim, só podem ser encontrados nos solípedes (o cavalo, o asno). Observamos que, entre os animais herbívoros, particularmente entre os ruminantes que habitam países do deserto, devido às circunstâncias de seu ambiente, encontram-se constantemente expostos ao risco de se tornarem presas de animais carnívoros e só podem viver à base de fugas repentinas. Portanto, a necessidade os forçou a correr rapidamente e a terem o hábito de fazê-lo. Seus corpos tornaram-se esbeltos e suas pernas mais finas, e podemos encontrar exemplos desses animais nos antílopes, nas gazelas etc.

Em nosso clima, há outros perigos a que são expostos continuamente os cervos, os cabritos-monteses, os gamos (camurça), a saber, os de serem tomados como caça pelo homem, que os levou à mesma necessidade e os fez contrair hábitos semelhantes, dando lugar aos mesmos resultados de seu ponto de vista.

Os animais ruminantes que só empregam seus pés para sustentação e têm pouca força em seus maxilares, dos quais se utilizam apenas para cortar e triturar a grama, só podem bater-se de frente pela cabeça, ao dirigirem, um contra o outro, o vértice dessa parte do corpo.

Em seus frequentes acessos de cólera, movidos por sentimentos íntimos, sobretudo entre os machos, ao esforçar-se dirigem de maneira mais incisiva os fluidos em direção a essa parte da cabeça, vertendo uma secreção de matéria córnea em uns e matéria óssea misturada à matéria córnea em outros. Isso lhes confere protuberâncias sólidas e daí localizamos a origem dos chifres dos bois, com os quais a maior parte desses animais apresenta a cabeça armada.

Com relação aos hábitos, é curioso observar seu produto na forma particular e no tamanho da girafa (*Camelo pardalis*). Sabe-se que esse animal, o maior dos mamíferos, habita o interior da África em lugares onde a terra é quase sempre árida e sem vegetação, obrigando-o a mastigar a folhagem das árvores, esforçando-se continuamente para encontrá-las. O resultado desse hábito continuado, após muito tempo, em todos os indivíduos de sua raça, é que suas pernas dianteiras se tornaram mais longas que as traseiras e que seu pescoço se alongou completamente e a girafa, sem erguer as suas pernas traseiras, eleva sua cabeça até seis metros de altura (quase vinte pés).

Entre as aves, os avestruzes, privados da faculdade de voar e elevar bastante suas pernas, de maneira semelhante, devem sua conformação singular a circunstâncias análogas. O produto dos hábitos nos mamíferos carnívoros é tão marcante quanto nos mamíferos herbívoros, mas apresenta seus efeitos de outro modo.

Com efeito, aqueles mamíferos que estão habituados, assim como toda sua raça, seja a trepar, seja a arranhar para escavar a terra, seja a atacar com ferocidade e matar outros animais que lhes servem de presa, tiveram a necessidade de se servir dos dedos de seus pés: ora, esse hábito favoreceu a separação de seus dedos e a formação de garras das quais os vemos armados.

No entanto, há entre os carnívoros alguns animais que são obrigados a empregar a corrida para apanhar sua presa. Ora, aqueles animais que necessitam dela e consequentemente têm o hábito de apanhar a presa com suas garras, sempre o fazem de modo a cravá-las profundamente no corpo de um outro animal, a fim de nele se enganchar e em seguida arrancar a parte agarrada. Devido a seus esforços repetidos, suas garras atingiram uma grandeza e uma curvatura tamanha que as tornaram muito incômodas para caminhar ou correr sobre o solo pedregoso. Nesses casos, o animal foi obrigado a fazer outros esforços para recolher suas garras excessivamente salientes e curvas que o atrapalhavam, resultando disso que aos poucos houve a formação de invólucros particulares como aqueles dos gatos, dos tigres, dos leões etc. que recolhem suas garras quando estas de nada lhes servem.

Assim, os esforços, num sentido qualquer, sustentados por muito tempo ou habitualmente feitos por algumas partes de um corpo vivo, para satisfazer as necessidades exigidas pela natureza ou pelas circunstâncias, estendem essas partes e fazem que adquiram dimensões e formas que jamais obteriam caso tais esforços não tivessem se tornado uma ação habitual dos animais que os exerceram. As observações feitas sobre todos os animais conhecidos nos fornecem muitos exemplos.

E não seria o mais impressionante aquele que nos oferece o canguru? Esse animal que leva seus filhotes em uma bolsa localizada sob seu abdômen e criou o hábito de manter-se em pé, apoiado apenas sobre as patas traseiras e sobre sua cauda, além de se deslocar apenas com o auxílio de uma sequência de saltos, com os quais ele conserva sua atitude aprumada para não prejudicar os filhotes.

Eis aqui no que resultou:

1) Seus membros dianteiros, que são muito pouco utilizados e sobre os quais ele se apoia apenas momentaneamente, uma vez que mantém sua atitude em pé, não se desenvolvem proporcionalmente às outras partes e permanecem magras, muito pequenas e quase sem força.
2) Seus membros traseiros, quase constantemente ativos, seja para sustentação de todo o corpo, seja para executar os saltos, têm, ao contrário, obtido um desenvolvimento considerável e se tornaram muito grandes e muito fortes.
3) Por fim, a cauda, que vemos aqui tão fortemente empregada para a sustentação do animal e para a execução de seus principais mo-

vimentos, adquiriu, em sua base, espessura e força extremamente importantes.

Esses fatos tão conhecidos são seguramente muito apropriados para provar o resultado da utilização habitual de um órgão ou de uma parte qualquer nesses animais. Se, ao observarmos em um animal um órgão particularmente desenvolvido, forte e potente, inferimos que seu exercício habitual nada lhe fez obter e que sua falta de utilização sustentada nada o fez perder, e por fim que esse órgão sempre existiu dessa maneira após a criação da espécie a qual esse animal pertence, perguntarei por que nossos patos domésticos não podem mais voar como os patos selvagens; em outras palavras, citarei uma multidão de exemplos que, a nosso ver, atestam as diferenças do exercício ou da falta deste para os nossos órgãos, ainda que essas diferenças não sejam mantidas nos indivíduos que se sucedem pelas gerações, pois seus produtos ainda devem ser bem mais consideráveis.

Mostrarei na segunda parte que quando a vontade impele um animal a uma ação qualquer, os órgãos que devem executar essa ação também são instigados pela afluência de fluidos sutis (do fluido nervoso) que neles se tornam a causa determinante dos movimentos exigidos pela ação a ser executada. Uma série enorme de observações constata esse fato que agora não poderíamos colocar em dúvida.

O resultado das múltiplas repetições desses atos de organização é a fortificação, a extensão, o desenvolvimento e até mesmo a criação de órgãos que lhes são necessários. É preciso apenas observar atentamente o que se passa em todos os lugares, através desse olhar para se convencer do fundamento dessa causa dos desenvolvimentos e das mudanças orgânicas.

Ora, toda mudança ocorrida num órgão pelo hábito de empregá-lo suficientemente deve ter operado e se conservado consequentemente pela geração, caso seja comum aos indivíduos que, na fecundação, concorreram conjuntamente para a reprodução de sua espécie. Enfim, essa modificação se propaga e, portanto, é transmitida a todos os indivíduos que se sucedem e que são submetidos às mesmas circunstâncias, sem que tenham sido obrigados a adquiri-la pela via que realmente a criou.

Quanto ao restante, nas uniões reprodutivas, as misturas entre indivíduos que possuem qualidades ou formas diferentes opõem-se necessariamente à propagação constante dessas qualidades e dessas formas. Eis o que impede que no homem, submetido a tantas e tão diversas circunstâncias que o influenciam, as qualidades ou defeitos acidentais que pôde adquirir se conservem e se propaguem pela geração. Se as particularidades da forma ou defeitos quaisquer que foram adquiridos fossem reproduzidos por dois indivíduos que se unissem e, ainda, se as gerações sucessivas se limitassem a uniões similares, uma raça particular e distinta seria então formada. No entanto, misturas que se perpetuam entre indivíduos que não possuem as mesmas particularidades de forma fazem que desapareçam todas as particularidades adquiridas pelas circunstâncias particulares. Daí podemos assegurar que, se as distâncias de habitação não separam os homens, as mestiçagens nas sucessivas gerações fariam desaparecer as características gerais que distinguem as diferentes nações.

Se eu quisesse revisar aqui todas as classes, todas as ordens, todos os gêneros e todas as espécies de animais existentes, poderia mostrar que a conformação dos indivíduos e de suas partes, que seus órgãos, suas faculdades etc., em todos os lugares, são unicamente o resultado das circunstâncias às quais cada espécie encontra-se submetida pela natureza, que os indivíduos foram obrigados a adquirir seus hábitos e que eles não são o produto de uma forma primitiva previamente existente que os forçou aos hábitos que conhecemos deles.

Sabe-se que o animal que denominamos preguiça, ou *Bradypus tridactylus*, vive em um estado de constante debilidade tão considerável que ele executa apenas movimentos muito lentos e limitados e dificilmente anda sobre a terra. Seus movimentos são tão lentos que deduzimos que ele dê apenas uns cinquenta passos por dia. Sabe-se ainda que a organização desse animal está diretamente relacionada ao seu estado de debilidade e à sua inaptidão para andar; caso quisesse fazer movimentos diferentes daqueles que está acostumado a executar, ele não poderia fazê-los.

Além disso, supondo que esse animal tenha recebido da natureza a organização que conhecemos, podemos dizer que essa organização o forçou a tais hábitos e a esse estado miserável em que se encontra.

Estou bem longe de pensar dessa maneira, pois estou convencido de que os hábitos que os indivíduos da raça da preguiça foram forçados a contrair originalmente devem ter levado necessariamente sua organização ao estado atual.

Os perigos contínuos de outrora conduziram os indivíduos dessa espécie a se refugiar sobre as árvores, a nelas permanecer habitualmente e nutrir-se de suas folhas. É evidente que devem ter se privado de uma enormidade de movimentos que os animais que vivem sobre a terra podem executar. Todas as necessidades da preguiça estariam, portanto, reduzidas a se pendurar sobre os galhos, a rastejar ou se arrastar para alcançar as folhas e em seguida permanecer sobre a árvore numa espécie de inação com a finalidade de evitar cair. Alhures, esse tipo de inação teria sido provocado sem cessar pelo calor do clima, pois, para os animais de sangue quente, o calor convida mais ao repouso que ao movimento.

Ora, durante um longo período, os indivíduos da raça da preguiça teriam conservado o hábito de permanecer sobre as árvores e lá realizar apenas movimentos lentos e pouco variados que seriam suficientes às suas necessidades. Sua organização pouco a pouco estaria relacionada aos seus novos hábitos, e disso resultaria:

1) Que os braços desse animais fariam contínuos esforços para abraçar facilmente os ramos das árvores e se alongariam.
2) Que as unhas de seus dedos adquiririam um grande comprimento e uma forma curva pelos esforços sustentados do animal para agarrar-se.
3) Que os seus dedos, por jamais exercerem movimentos particulares, teriam perdido toda a mobilidade entre eles e se reuniriam conservando somente a faculdade de flexionar ou estender todos conjuntamente.
4) Que suas coxas, continuamente abraçadas, seja ao tronco, seja aos ramos grossos das árvores, teriam contraído um afastamento habitual que contribuiria para alargar a bacia e a direcionar para trás as cavidades cotiloides (acetábulos).
5) Por fim, que um grande número de ossos se encontram soldados e, por consequência, muitas partes de seu esqueleto adotariam uma disposição e uma configuração conforme os hábitos desses animais,

ao contrário daquelas que ele deveria adotar para a realização de outros hábitos.

Eis o que não podemos jamais contestar, porque, com efeito, a natureza, em mil outras ocasiões, nos mostra, com o poder das circunstâncias sobre os hábitos e o dos hábitos sobre as formas, as disposições e as proporções das partes dos animais, fatos frequentemente análogos.

Um maior número de citações não seria de nenhum modo necessário; eis agora ao que se encontra reduzido o núcleo da discussão.

O fato é que cada um dos diversos animais, seguindo seu gênero e sua espécie, tem hábitos particulares e sempre uma organização que se encontra em perfeita relação com os seus hábitos.

Ao considerarmos esse fato, parece que estamos livres para admitir, seja uma, seja outra das duas conclusões seguintes, e nenhuma delas pode ser provada.

Conclusão admitida até hoje: a natureza (ou seu Autor), ao criar os animais, previu toda sorte de circunstâncias possíveis nas quais eles deveriam viver e deu a cada espécie uma organização constante, assim como uma forma determinada e invariável para suas partes que forçam cada espécie a viver em lugares e climas em que se encontra, bem como conservar seus hábitos tais como os conhecemos.

Minha conclusão particular: a natureza, ao produzir sucessivamente todas as espécies de animais, começando pelos mais imperfeitos ou os mais simples para terminar sua obra pelos mais perfeitos, tornou gradualmente mais complexa a sua organização. Esses animais em geral estão difundidos em todas as regiões habitáveis do globo e cada espécie recebeu a influência das circunstâncias nas quais ela se encontra, os hábitos que conhecemos dela e as modificações em suas partes cuja observação nos mostra.

A primeira dessas duas conclusões é aquela a que já chegamos até o presente, ou seja, é a difundida para quase todo mundo: ela supõe, em cada animal, uma organização constante e partes que jamais variaram e que não irão jamais variar. Supõe ainda que as circunstâncias dos lugares que cada espécie de animal habita também nunca variam, pois, se variassem, esses mesmos animais lá não poderiam mais viver e a possibilidade de encontrar seus semelhantes alhures e para serem transportados para lá poderia lhes ser interditada.

A segunda conclusão é a minha: ela supõe que, pela influência das circunstâncias sobre os hábitos e, por consequência, por aquela dos hábitos sobre o estado das partes e mesmo sobre o da organização, cada animal pode sofrer em suas partes e em sua organização modificações suscetíveis de tornarem-se muito consideráveis e de conduzir ao estado em que encontramos todos os animais.

Para estabelecer que essa segunda conclusão seja sem fundamento é necessário, primeiramente, provar que cada ponto da superfície do globo jamais varia em sua natureza, sua exposição, sua situação elevada ou soterrada, seu clima etc. etc. e, em seguida, provar que nenhuma parte dos animais é submetida, mesmo após um longo período de tempo, a nenhuma modificação pela mudança das circunstâncias e pela necessidade que os constrangem a um modo de vida e de ação diferente daquele que lhe era habitual.

Ora, se um único fato constata que um animal, após longo tempo sob domesticação, difere da espécie selvagem da qual ele é proveniente e se, nessa espécie submetida à domesticação, encontramos uma grande diferença de conformação entre os indivíduos que foram submetidos a tais hábitos e aqueles que foram coagidos a hábitos diferentes, então será certo que a primeira conclusão não se encontra de nenhum modo em conformidade com as leis da natureza e que, ao contrário, a segunda é perfeitamente de acordo com elas.

Tudo concorre, portanto, para provar minha asserção, a saber, que não é a forma, seja do corpo, seja de suas partes, que define os hábitos e o modo de vida dos animais, mas, ao contrário, foram os hábitos, o modo de vida e outras circunstâncias importantes que, com o tempo, constituíram a forma do corpo e das partes dos animais. Com as novas formas, novas faculdades foram adquiridas e pouco a pouco a natureza conseguiu formar os animais tais como os vemos atualmente.

Haveria, em História Natural, consideração mais importante, que mereça mais atenção do que esta que vim a expor?

Encerraremos esta primeira parte com os princípios e a exposição da ordem natural dos animais.

Capítulo VIII
Da ordem natural dos animais e da disposição necessária à sua distribuição geral para ajustá-la à ordem da natureza

Já fiz notar anteriormente (Capítulo V) que a finalidade essencial de uma distribuição dos animais não deve se limitar, de nossa parte, à posse de uma lista de classes, gêneros e espécies, mas que essa distribuição deve oferecer, ao mesmo tempo, pela sua disposição, o meio mais favorável ao estudo da natureza, o mais apropriado ao conhecimento de sua marcha, seus meios e suas leis.

As distribuições gerais dos animais receberam, até o presente, uma disposição inversa à ordem mesma que a natureza seguiu ao conceber sucessivamente a existência de seus produtos vivos. Assim, ao proceder segundo o uso, do mais complexo ao mais simples, dificultamos ainda mais o conhecimento da progressão da composição da organização, e torna-se ainda mais difícil perceber tanto as causas dos progressos quanto aquelas que os interrompem aqui e acolá.

Em tais matérias, se identificamos algo útil ou mesmo indispensável à finalidade que nos propusemos, e que não tenha nada de inconveniente, não devemos hesitar em adotá-lo, por mais que contrarie o uso.

É o caso da *disposição* necessária à *distribuição* geral dos animais. Veremos que não há diferença em começar essa distribuição geral dos animais por uma ou outra das extremidades e que não cabe a nós escolher a que estará no início da ordem.

O uso introduzido e seguido até hoje para iniciar o reino animal pelos animais mais perfeitos e terminá-lo pelos mais simples e imperfeitos quanto à organização deve sua origem, por um lado, ao pendor que nos leva a dar preferência sempre aos objetos que mais nos impressionam, que nos parecem mais aprazíveis ou mais interessantes e, por outro lado, à preferência de começar pelo mais conhecido e avançar no sentido do menos conhecido.

Quando começamos a nos ocupar do estudo de História Natural, esse método era, sem dúvida, muito pertinente, mas atualmente deve dar lugar aos imperativos da ciência e, em particular, a tudo o que possa facilitar nosso progresso no conhecimento da natureza.

Quanto aos animais numerosos e diversificados que a natureza produziu, se não podemos nos vangloriar de conhecer com exatidão a verdadeira ordem que ela seguiu ao conceber sua existência em sucessão, a que irei expor é provavelmente muito próxima da sua. A razão e os conhecimentos que adquirimos depõem a favor dessa probabilidade.

Com efeito, se é verdade que todos os corpos vivos são produtos da natureza, parece-nos mais plausível que ela poderia somente tê-los produzido sucessivamente, e não de uma vez nem ao mesmo tempo. Ora, se ela os formou em sucessão, pode-se pensar que foi a partir do mais simples que iniciou seus trabalhos, tendo produzido por último as organizações mais complexas, tanto as do reino animal quanto as do reino vegetal.

Os botânicos foram os primeiros a dar o exemplo[1] aos zoólogos a respeito da verdadeira disposição, ao garantirem uma distribuição geral para representar a ordem mesma da natureza, pois foi através das plantas *sem cotilédones* ou *ágamas* que se formou a primeira classe entre os vegetais, ou seja, uma classe com as plantas mais simples em sua organização e mais imperfeitas em todos os aspectos, pois não possuem nenhum cotilédone, isto é, não têm sexo determinado nem vasos no tecido, sendo compostas apenas por tecido celular mais ou menos modificado segundo diversas expansões.

O que os botânicos realizaram com os vegetais devemos fazê-lo relativamente ao reino animal. Não somente porque é uma indicação da própria natureza e porque a razão o quer, mas, se não houvesse outro motivo, a

---

1 Referência ao método de Bernard de Jussieu; ver, neste livro I, o cap.I. (N. T.)

ordem natural das classes segundo o aumento da complexidade da organização é muito mais fácil de se determinar entre os animais do que já existe com relação às plantas.

Essa ordem, ao mesmo tempo que representa melhor o que é da natureza, também facilita o estudo dos objetos e permite um melhor controle da organização dos animais e dos progressos de sua composição em cada classe, mostrando ainda mais claramente as relações a serem encontradas entre os diferentes graus de complexidade da organização animal, bem como as diferenças externas às quais com frequência recorremos para caracterizar as classes, ordens, famílias, gêneros e espécies.

Acrescento a essas duas considerações que, de resto, não poderiam ser contestadas, que, como a natureza não pôde fazer que os corpos organizados subsistissem para sempre, se ela não tivesse lhes dado a faculdade de produzir por si mesmos outros indivíduos semelhantes a si que pudessem sucedê-los e perpetuar suas raças pela mesma via, teria sido forçada a criar todas as raças, ou melhor, teria criado uma única raça em cada reino orgânico, a dos animais e a dos vegetais, e, em ambos, ela seria a mais simples e mais imperfeita.

Ademais, se a natureza não pudesse dar aos atos de organização a faculdade de tornar ainda mais complexa a organização, se não influenciasse no aumento de energia do movimento dos fluidos e, por conseguinte, no movimento orgânico, e se não tivesse conservado, por meio da *reprodução*, o progresso da complexidade da organização e os aperfeiçoamentos adquiridos, ela seguramente jamais poderia produzir a multidão infinitamente variada de animais e vegetais tão diferentes entre si, tanto em relação à organização quanto às faculdades.

Por fim, ela não criou primeiro as faculdades mais eminentes dos animais, que só têm lugar por meio de sistemas formados por órgãos muito complexos: ela teve de preparar, pouco a pouco, os meios para que tais sistemas pudessem existir.

Assim, para estabelecer relativamente aos corpos vivos o estado de coisas que já mostramos, a natureza não pode tê-los produzido diretamente, isto é, sem a convergência de um ato orgânico dos corpos organizados de maneira mais simples, sejam eles animais, sejam vegetais; ela ainda os reproduziu da mesma maneira, todos os dias, em lugares e em períodos propícios, atribuindo a esses corpos, que ela mesma criou, as faculdades de nutrição, de crescimento, de multiplicação e de conservação, a cada vez, do progresso adquirido em sua organização; enfim, transmitindo essas mesmas faculdades a todos os indivíduos, renovados organicamente. Com o tempo e a enorme diversidade das circunstâncias sempre mutantes, os corpos vivos de todas as classes e de todas as ordens foram sucessivamente produzidos por esses meios.

Ao considerarmos a ordem natural dos animais, a gradação assaz positiva que existe na complexidade crescente de sua organização, no número, assim como no aperfeiçoamento de suas faculdades, estamos muito distantes de obter uma nova verdade, pois os próprios gregos, certos de percebê-la,[2] no entanto, não puderam expor os princípios e as provas dessa gradação, uma vez que lhes faltava ainda os conhecimentos necessários para estabelecê-la.

Ora, para facilitar o conhecimento dos princípios que me guiaram na exposição que farei dessa ordem dos animais e para melhor mostrar essa gradação que observamos na complexidade de sua organização, desde os mais imperfeitos deles, que compõem o início da série, até os mais perfeitos, que a terminam, dividi em seis graus muito distintos todos os modos de organização que foram reconhecidos em toda a extensão da escala animal.

Desses seis graus de organização, os quatro primeiros envolvem os animais *sem vértebras*, e como consequência as dez primeiras classes do reino animal segundo a nova ordem que devemos seguir. Os dois últimos graus compreendem todos os animais *vertebrados* e, consequentemente, as quatro (ou cinco) últimas classes dos animais.

Com o auxílio desse meio será fácil estudar e seguir a marcha da natureza na produção dos animais criados por ela, bem como distinguir, em toda a sua extensão, a escala animal, os progressos adquiridos na composição da organização e verificar em toda parte tanto a precisão da distribuição como a conveniência dessas escalas assinaladas, quando examinarmos as características e os fatos da organização estabelecida.

---

2 Veja *Voyage du jeune Anacharsis*, por J-J. Barthelemy, tomo V, p.353-4. (N. A.)

É assim que, depois de muitos anos, exponho em minhas aulas, no Museu, os animais sem vértebras procedendo sempre do mais simples para o mais complexo.

Com a finalidade de distinguir melhor a disposição e o conjunto da série geral dos animais, apresentamos inicialmente um quadro com catorze classes que dividem o reino animal, limitando-nos a uma exposição muito simples de suas características e os graus de organização que os envolvem.

TABELA DA DISTRIBUIÇÃO E CLASSIFICAÇÃO DOS ANIMAIS
Segundo a ordem que mais se adéqua à da natureza
Animais sem vértebras

Classes	
I. INFUSÓRIOS	
Fissíparos ou gemíparos amorfos; corpo gelatinoso, transparente, homogêneo, contrátil e microscópico; não possuem tentáculos radiais nem apêndices rotatórios e nenhum órgão especial, nem sequer para a digestão.	1º GRAU Ausência de nervos; ausência de vasos; nenhum outro órgão interno, nem mesmo para a digestão.
II. PÓLIPOS	
Gemíparos; corpo gelatinoso e regenerativo, sem nenhum órgão interior, apenas um canal alimentar com uma única abertura; boca terminal rodeada por tentáculos radiais ou munida de órgãos ciliares e rotatórios; a maior parte forma animais compostos.	
III. RADIADOS	
Subovíparos livres; corpo podem regenerar-se; desprovidos de cabeça, de olhos, de patas articuladas, suas partes apresentam uma disposição radial; boca inferior.	2º GRAU Ausência de medula ganglionar longitudinal; ausência de vasos para circulação; presença de alguns outros órgãos internos além daqueles que envolvem a digestão.
IV. VERMES	
Subovíparos; corpo mole, capazes de regenerar-se; ausência de metamorfoses; sem olhos nem partes articuladas, nem disposição radial em suas partes internas.	

Classes	
V. INSETOS	
Ovíparos; passam por metamorfoses; têm, em seu estado perfeito, olhos na cabeça, seis patas articuladas e traqueias que se estendem por todo o corpo; uma única fecundação ao longo da vida.	**3º GRAU** Nervos que terminam em uma medula ganglionar longitudinal; respiração por traqueias aeríferas; circulação ausente ou imperfeita.
VI. ARACNÍDEOS	
Ovíparos; patas articuladas e olhos na cabeça no curso da vida; ausência de metamorfose; traqueias se limitam à respiração; esboço de circulação; diversas fecundações ao longo da vida.	
VII. CRUSTÁCEOS	
Ovíparos; corpo e membros articulados; pele encrostada; olhos na cabeça; apresentam muito frequentemente quatro antenas; respiração por brânquias; medula ganglionar longitudinal.	**4º GRAU** Nervos que terminam em um cérebro ou em uma medula ganglionar longitudinal; respiração por brânquias; artérias e veias para a circulação.
VIII. ANELÍDEOS	
Ovíparos; corpo alongado e anelado; ausência de patas articuladas; raramente possuem olhos; respiração por brânquias; medula ganglionar longitudinal.	
IX. CIRRÍPEDES	
Ovíparos; manto e braços articulados; pele córnea; ausência de olhos; respiração por brânquias; medula ganglionar longitudinal.	
X. MOLUSCOS	
Ovíparos; corpo mole de partes não articuladas; manto variável; respiração por brânquias de diversas formas e posições; não possuem nem medula espinhal, nem ganglionar longitudinal, apenas nervos que terminam em um cérebro.	

Animais vertebrados

Classes	
XI. PEIXES	
Ovíparos; sem mamas; respiração completa através de brânquias; esboço de dois ou quatro membros; nadadeiras para locomoção; ausência de pelos ou plumas sobre a pele.	**5º GRAU** Nervos que terminam em um cérebro que não preenche totalmente a cavidade craniana; coração possui um ventrículo; têm o sangue frio.
XII. RÉPTEIS	
Ovíparos; sem mamas; respiração incompleta, através de pulmões no curso da vida ou somente na vida adulta; dois a quatro membros, ou nenhum; ausência de pelos ou plumas sobre a pele.	
XIII. AVES	
Ovíparos; sem mamas; quatro membros articulados, sendo dois na conformação de asas; respiração completa pelos pulmões aderentes e perfurados; possuem plumas sobre a pele.	**6º GRAU** Nervos que terminam em um cérebro que preenche totalmente a cavidade craniana; coração possui dois ventrículos e o sangue é quente.
XIV. MAMÍFEROS	
Vivíparos; com mamas; quatro membros articulados ou somente dois; respiração completa pelos pulmões sem comunicação com o exterior; existência de pelos sobre algumas partes do corpo.	

Esse é o quadro das catorze classes determinadas pelos animais conhecidos, dispostas segundo a ordem mais adequada à da natureza. A disposição dessas classes é tal que seremos sempre forçados a nos adequarmos a ela, inclusive quando nos recusarmos a adotar as linhas de separação que as formam; porque essa disposição está fundamentada na consideração de que se trata da organização dos corpos vivos e que essa mesma consideração, de suma importância, estabelece as correspondências existentes entre os objetos compreendidos em cada corte e a escala de cada um desses cortes em toda a série.

Pelas razões que acabei de expor, não encontraremos motivos suficientemente sólidos para modificar essa distribuição em seu conjunto, mas podemos modificá-la nos detalhes, sobretudo nos cortes subordinados às classes, pois as relações entre os objetos compreendidos nas subdivisões são mais difíceis de ser determinados e se prestam mais à arbitrariedade.

Para mostrar da melhor maneira possível o quanto essa disposição e essa distribuição dos animais encontram-se em conformidade com a própria ordem da natureza, irei expor a *série geral* dos animais conhecidos, separada de acordo com suas principais divisões, procedendo desde os mais simples até os mais complexos segundo os motivos anteriormente indicados.

Meu objetivo nessa exposição é facilitar ao leitor o reconhecimento do lugar em que se encontram nessa série geral os animais que, ao longo da obra, cito com bastante frequência e lhe poupar o trabalho de recorrer a outras obras de Zoologia.

No entanto, apresentarei apenas uma lista simples de *gêneros* e suas principais divisões, mas essa lista basta para mostrar a extensão da série geral, a disposição em maior conformidade com a ordem da natureza e o escalonamento indispensável das *classes*, das *ordens* e, talvez, das *famílias* e dos *gêneros*. Sabemos que nas boas obras de Zoologia que possuímos é que devemos estudar os detalhes de todos os objetos mencionados nesta lista porque não pude me ocupar deles nesta obra.

DISTRIBUIÇÃO GERAL DOS ANIMAIS

Formando uma série conforme a ordem da natureza.

ANIMAIS SEM VÉRTEBRAS

Não têm coluna vertebral e, consequentemente, também não possuem esqueleto. Aqueles que possuem pontos de apoio para o movimento de suas partes realizam-no através de seus tegumentos. Carecem de uma medula espinhal e oferecem uma grande diversidade na composição de sua organização.

1º GRAU DE ORGANIZAÇÃO

Não possuem nervos nem medula ganglionar longitudinal, não possuem vasos para a circulação e não possuem órgãos respiratórios, ou outro órgão interno, em especial o da digestão. (*Infusórios e pólipos.*)

INFUSÓRIOS
(1ª classe do reino animal)

Animais fissíparos, amorfos, com corpo gelatinoso, transparente, homogêneo, contrátil e microscópico. Não possuem tentáculos radiais, nem apêndices rotatórios. Internamente nenhum órgão especial, nem mesmo para a digestão.

Observações

De todos os animais conhecidos, os infusórios são os mais imperfeitos, os mais simples em sua organização e aqueles que possuem menos faculdades; certamente eles não possuem a de sentir.

Infinitamente pequenos, gelatinosos, transparentes, contráteis e quase homogêneos, são incapazes de apresentar qualquer órgão especial. Por causa da consistência extremamente frágil de suas partes, os infusórios são, de fato, apenas esboços da animalização.

Esses frágeis animais são os únicos que não realizam a digestão daquilo que se alimentam, pois sua nutrição se dá pela absorção através dos poros da sua pele e por uma embebição interna.

Nisso eles se assemelham aos vegetais, que vivem somente de absorções, não realizam nenhuma digestão e cujos movimentos orgânicos são operados por excitações exteriores; mas os infusórios são irritáveis, contráteis e executam movimentos súbitos que podem se repetir por muitas vezes seguidas, o que caracteriza sua natureza animal e os distingue essencialmente dos vegetais.

QUADRO DOS INFUSÓRIOS

1ª ORDEM – INFUSÓRIOS NUS

São desprovidos de apêndices exteriores.

(Monade) Mônada	–
(Volvoce) Volvox	(Bursaire) Bursária
(Protée) Proteus	(Kolpode) Kolpoda
(Vibrion) Vibrio	

2ª ORDEM – INFUSÓRIOS APENDICULADOS

Têm partes salientes, como pelos, espécies de cornos ou uma cauda.

(Cercaire) Cercária
(Trichocerque) Trichocercus
(Trichode) Trichoda

Nota. A mônada e, particularmente, aquela que chamamos mônada termo, é o mais imperfeito e mais simples dos animais conhecidos, pois seu corpo extremamente pequeno oferece apenas um ponto gelatinoso e transparente, mas contrátil. Esse deve ser, pois, o animal com que devemos iniciar a série dos animais disposta segundo a ordem da natureza.

PÓLIPOS
(2ª classe do reino animal)

Animais gemíparos, com corpo gelatinoso, regenerativo e não possuem nenhum outro órgão interno, a não ser um canal alimentar com uma única abertura.

Boca terminal, rodeada de tentáculos radiais ou munida de órgãos ciliados e rotatórios.

Em sua maioria, aderem uns aos outros e comunicam-se em conjunto pelo canal alimentar formando assim animais compostos.

Observações

Vimos nos infusórios animálculos infinitamente pequenos, frágeis, sem consistência, sem uma forma particular em sua classe, sem quaisquer órgãos e, por consequência, sem boca e sem canal alimentar distinto.

Nos pólipos, a simplicidade e a imperfeição da organização, ainda que muito eminentes, são menores do que nos infusórios. A organização fez alguns progressos evidentes, pois a natureza já obteve uma forma regular constante para os animais dessa classe. Todos são munidos de um órgão especial para a digestão, e consequentemente, de uma boca, que é a entrada do saco alimentar desses animais.

São representados por um corpo alongado, gelatinoso, muito irritável, tendo em sua extremidade superior uma boca coberta ou por órgãos rotatórios, ou por tentáculos radiais, a qual serve de entrada para um canal alimentar que não tem nenhuma outra abertura; tem-se assim a ideia de um pólipo.

A partir dessa ideia, ligada à de uma aderência entre muitos desses pequenos corpos que vivem em conjunto e participam de uma vida comum, conheceremos o fato mais geral e mais marcante concernente a eles.

Os pólipos, por não possuírem nervos para o sentimento, órgãos particulares para a respiração, ou vasos para a circulação de seus fluidos, são mais imperfeitos em sua organização do que os animais das classes seguintes.

QUADRO DOS PÓLIPOS

1ª ORDEM – PÓLIPOS ROTÍFEROS

Possuem órgãos ciliados e rotatórios ao redor da boca.

(Urcéolaires) Urceolaria
(Brachions?) Brachionus?
(Vorticelles) Vorticella

2ª ORDEM – PÓLIPOS COM POLIPEIRO

Possuem tentáculos radiais ao redor da boca são fixados em um polipeiro que não flutua no ambiente aquático.

* *Polipeiro membranoso ou córneo, sem invólucro distinto.*

(Cristatelle) Cristatella	(Cellaire) Cellaria
(Plumatelle) Plumatella	(Flustre) Flustra
(Tubulaire) Tubularia	(Cellepore) Cellepora
(Sertulaire) Sertularia	(Botryle) Botrycephalus

** *Polipeiro com um eixo córneo, recoberto por uma crosta.*

(Acétabule) Acetabulum	(Alcyon) Alcyonium
(Coralline) Coralina	(Antipates) Coral negro
—[3]	(Gorgone) Gorgonia
(Éponge) Spongia	

*** *Polipeiro com um eixo parcial ou inteiramente pedregoso e recoberto por uma crosta corticiforme.*

Isis
(Corail) Corallium

**** *Polipeiro inteiramente pedregoso e sem crostas.*

(Tubipore) Tubipora	(Eschare) Eschara
(Lunulite)	(Rétépore) Retepora
(Ovulite)	(Millepore) Millepora
(Sidérolite) Siderolite	(Agarice) Agaricia
(Orbulite) Orbulite	(Pavone) Pavonia
(Alvéolite) Alveolite	(Méandrine) Maendrina
(Ocellaire) Ocellaria	(Astrée) Astraea
(Madrépore) Madrepora	(Cyclolite) Cyclolithes
(Caryophyllie) Caryophyllia	(Dactylopore) Dactylopora
(Turbinolie) Turbinolia	(Virgulaire) Virgularia
(Fongie) Fungia	

3ª ORDEM – PÓLIPOS FLUTUANTES

Polipeiro livre, alongado, flutuante nas águas e com um eixo córneo ou ósseo recoberto por um material carnoso, comum a todos os pólipos; tentáculos radiais ao redor da boca.

(Funiculine) Funiculina	(Encrine) Encrinus
(Vérétille) Veretillum	(Ombellulaire) Ombellularia
(Pennatule) Pennatula	

---

3 O uso do traço indica uma lacuna na série. (N. T.)

4ª ORDEM – PÓLIPOS NUS

Tentáculos radiais ao redor da boca, frequentemente são múltiplos e nunca formam polipeiro.

(Pédicellaire) Pedicellaria	(Zoanthe) Zoanthus
(Corine) Coryne	(Actinie) Actinia
(Hydre) Hydra	

2º GRAU DE ORGANIZAÇÃO

Ausência de medula ganglionar longitudinal; ausência de vasos para a circulação; presença de alguns outros órgãos particulares e internos além dos órgãos da digestão (sejam tubos ou poros para aspirar água, sejam espécies de ovários). (*Radiados e vermes.*)

RADIADOS (Celenterados)[4]
3ª classe do reino animal

Animais subgemíparos, livres ou flutuantes; com corpo capaz de se regenerar, uma disposição radial de suas partes, tanto internas quanto externas, e um órgão digestivo composto; boca inferior, simples ou múltipla.

Ausência de cabeça; ausência de olhos ou patas articuladas; não possuem outros órgãos internos além daquele da digestão.

Observações

Eis a terceira linha de separação clássica que foi conveniente traçar na distribuição natural dos animais. Aqui encontramos formas realmente novas que, todavia, se apresentam sempre da mesma maneira, a saber, pela disposição radial de suas partes, tanto internas quanto externas.

Esses não são mais animais com o corpo alongado, possuem uma boca superior e terminal; encontram-se frequentemente fixados a um polipeiro

---

4 Lamarck os coloca como uma terceira classe do reino animal, no entanto, com Cuvier, eles serão tomados como Acalèphes, isto é, com a mesma classificação dos pólipos não sésseis. Atualmente encontram-se no mesmo filo dos Celenterados ou cnidários. (N. T.)

e vivem em um grande e numeroso conjunto, cada um participando de uma vida comum. Mas são animais cuja organização é mais complexa do que a dos pólipos, simples, que se encontram sempre livres e possuem uma conformação que lhes é particular ao permanecerem, em geral, numa posição invertida.

Quase todos os radiados possuem tubo aspiratório de água que se assemelha às traqueias aquáticas. Em grande número desses animais encontramos corpos particulares que parecem ovários.

Através da leitura que fiz da *Memória* de uma conferência na reunião de professores do Museu (de História Natural), soube que um observador erudito, o *dr. Spix*,[5] um médico da Baviera, descobriu que nas astérias (estrelas-do-mar-comuns) e nas actínias (anêmonas-do-mar) havia a presença de um sistema nervoso.

O *dr. Spix* garante ter visto na astéria vermelha um entrelaçamento composto por nódulos e fibras esbranquiçadas sob uma membrana tendinosa que, como uma tenda, permanece suspensa sobre o estômago. Além disso, à origem de cada raio localizam-se dois nódulos ou gânglios que se comunicam entre si por uma fibra e, deles, partem outras fibras que se dirigem às regiões vizinhas. Além dessas, há ainda outras duas bastante longas que são conduzidas por toda a extensão do raio (da fibra radial), irradiando-se pelos tentáculos.

Segundo as observações desse sábio, vemos, em cada raio, dois nódulos, um pequeno prolongamento de estômago (ceco), dois lobos hepáticos, dois ovários e canais traqueais.

Nas actínias (estrelas-do-mar), o dr. Spix observou que existem na base desses animais, abaixo do estômago, alguns pares de nódulos, dispostos ao redor de um centro, que se comunicam entre si por fibras cilíndricas e que são enviadas a outras porções superiores. Além disso, ele viu quatro ovários em torno do estômago, da base dos quais partem canais que, por sua vez, após reunidos, abrem-se em um ponto inferior da cavidade alimentar.

---

5 Johann Baptist von Spix, que depois se notorizou com a publicação de um relato de *Viagem ao Brasil* (1823-1831), escrito em conjunto com Martius. (N. T.)

É surpreendente que esses órgãos tão complexos tenham escapado a todos aqueles que examinaram a organização desses animais.

Se o dr. Spix não estava iludido quanto ao que acreditava ver e não estava enganado ao atribuir a esses órgãos uma natureza e funções diferentes das que lhes são próprias, a muitos botânicos ocorrera observar órgãos masculinos e órgãos femininos em quase todas as plantas criptógamas. O resultado disso seria que,

1) Não seriam mais os insetos a inaugurarem o início do sistema nervoso.
2) Esse sistema deveria ser considerado como um esboço para os vermes, para os radiados, ou mesmo para as actínias, último gênero de pólipos.
3) Não seria essa uma razão para que todos os pólipos possuíssem o esboço desse sistema, bem como não se depreenderia que alguns répteis possuíssem brânquias ou que outros fossem delas desprovidos.
4) Por fim, não se concluiria em que o sistema nervoso é um órgão específico, nem comum a todos os seres vivos; ele não existe nos vegetais, nem tampouco em todos os animais, pois, como já mostramos, é impossível que os infusórios sejam munidos dele, assim como, seguramente, os pólipos em geral não poderiam possuí-lo. Também o buscaríamos em vão nas hidras que, no entanto, pertencem à última ordem dos pólipos e mais se assemelham aos radiados, gênero que compreende as actínias.

Assim, se existe algum fundamento que possa compreender os fatos citados logo acima, as considerações que apresento nesta obra sobre a formação sucessiva de diferentes órgãos especiais subsistem em sua integridade, em qualquer ponto da escala animal que cada um desses órgãos inaugura. Assim como é verdade que as faculdades que eles atribuem aos animais só podem ocorrer a partir da existência dos órgãos que os capacitam.

QUADRO DOS RADIADOS

1ª ORDEM – RADIADOS MOLES

Corpos gelatinosos; pele mole, transparente; ausência de espinhos articulados e de ânus.

(Stéphanomie) Stephanomia	(Pyrosome) Pyrosoma
(Lucernaire) Lucernaria	(Beroë) Beroe
(Physsophore) Physsophora	(Equorée P.) Aequorea P.
(Physalie) Physalia	(Rhizostome) Rhizostoma
(Velelle) Velella	(Méduse) Medusa
(Porpite) Porpita	

2ª ORDEM – RADIADOS EQUINODERMOS

Pele opaca, recoberta por crostas ou coriácea, munida de tubérculos retráteis ou de espinhos articulados sobre os tubérculos e com orifícios dispostos em séries.

* Os Asteroides. A pele não é irritável, mas móvel; não possuem ânus.

(Ophiure) Ophiura/Ofiúros
(Astérie) Astéria/ Estrela-do-mar

** As Echinoideas. A pele não é irritável nem móvel; possuem ânus.

(Clypéastre) Clypeaster/Echinantus	(Galérite) Conulus
(Cassidite) Cassidulus	(Nucléolite)
(Spatangue) Spatangus	(Oursin) Echinius/Ouriço-do-mar
(Ananchite) Echinus Melo	

*** Os fistulídeos. Corpo alongado, a pele é irritável e móvel; possuem ânus.

(Holothurie) Holothuria/Holotúria
(Siponcle) Siponculus

Nota. Os *Siponculus* são animais que se aproximam dos vermes. No entanto, reconhecidamente mantêm relações como os holotúrios, o que os insere entre os radiados, que não possuem mais suas características, e que, portanto, os encerram.

Em geral, em uma distribuição natural, os primeiros e os últimos gêneros das classes são aqueles em que os caracteres clássicos encontram-se menos pronunciados por se encontrarem no limite. As linhas de separação são artificiais e esses gêneros devem oferecer uma menor quantidade de caracteres que os outros animais de sua classe.

VERMES
4ª classe do reino animal

Animais subovíparos, com corpo mole, alongado, ausência de cabeça, olhos, patas e feixes de cílios. Também são desprovidos de circulação e possuem um canal intestinal completo, ou com duas aberturas.

Boca constituída por um ou vários sugadouros.

Observações

A forma geral dos vermes é bem diferente daquela dos radiados e sua boca, apropriada para sugar, não tem nenhuma analogia com a dos pólipos, que oferece apenas uma abertura acompanhada de tentáculos radiais ou órgãos rotatórios.

Em geral, os vermes possuem corpos alongados, a pele pouco contrátil, ainda que bastante flácida, e um canal intestinal não bem delimitado com uma única abertura.

Nos *radiados fistulídeos*, a natureza começou a abandonar a forma radial das partes e a dar aos corpos dos animais uma forma mais alongada, a única que poderia conduzir à finalidade que ela se propôs a alcançar. Ao conseguir formar os vermes, ela ainda terá de estabelecer o modo *simétrico* entre as partes *de número par*, o qual só pode realizar ao estabelecer as articulações. Mas, nessa classe de vermes que é um tanto ambígua, ela apenas esboçou alguns traços.

QUADRO DOS VERMES

1ª ORDEM – VERMES CILÍNDRICOS

(Dragoneau) Gordius[6]	(Cucullan) Cucullanus
(Filaire) Filaria	(Strongle) Strongylus
(Proboscide) Proboscides	(Massette) Scolex
(Crinon)	(Caryophyllé) Caryophyllaeus
(Ascaride) Ascaris	(Tentaculaire) Tentacularia
(Fissule) Fissula	(Échinorique) Echinorynchus
(Trichure) Trichocephalus	

2ª ORDEM – VERMES VESICULADOS

(Bicorne) Bicornis
(Hydatide) Hydatis

3ª ORDEM – VERMES ACHATADOS

(Tænia) Taenia	(Ligule) Ligula
(Linguatule) Linguatula	(Fasciole) Fasciola

3º GRAU DE ORGANIZAÇÃO

Nervos que terminam em uma medula ganglionar longitudinal; respiração por traqueias aeríferas; circulação nula ou imperfeita. (*Insetos e aracnídeos*).

INSETOS

5ª classe do reino animal

Animais ovíparos que passam por metamorfoses e podem ter asas; em seu estado mais perfeito apresentam seis patas articuladas, duas antenas, dois olhos reticulados e pele córnea. A respiração ocorre por meio de traqueias aéreas que se estendem por todas as partes do corpo; não apresentam

---

6 Gordius eram denominados vulgarmente como *Dragonneaux*. Em 1875 passaram a ser denominados como *Poly Gordius*. (N. T.)

nenhum sistema circulatório; possuem dois sexos distintos; realizam um único acasalamento no curso da vida.

Observações

Alcançada a classe dos insetos, encontramos animais extremamente numerosos, uma ordenação de coisas bastante diferente das outras quatro classes precedentes, bem como uma nuance no progresso da composição da organização animal. Por esse viés, damos um salto considerável com esses animais.

Pela primeira vez, os animais aqui considerados, quanto ao seu aspecto exterior, sempre nos oferecem uma verdadeira cabeça bem distinta, dois olhos bem marcados, ainda que altamente imperfeitos; patas articuladas dispostas em duas séries e essa forma simétrica das partes opostas em número par que, inclusive, a natureza irá empregar até os animais mais perfeitos.

Ao penetrar no interior dos insetos, vemos também um sistema nervoso completo, composto de nervos que terminam em uma medula ganglionar longitudinal. Apesar de quase completo, esse sistema nervoso é altamente imperfeito, pois a sede para onde se encaminham as sensações é aparentemente muito dividida; possuem um pequeno número de sentidos, mas ainda assim são bastante obscuros. Por fim, neles observamos um verdadeiro sistema muscular, sexos distintos, mas, assim como os vegetais, podem realizar apenas uma fecundação.

Na verdade, ainda não encontramos um sistema de circulação e precisaríamos alçar-nos um pouco mais alto na cadeia animal para encontrar esse aperfeiçoamento na organização. É próprio a todos os insetos possuírem asas em seu estado mais perfeito, de modo que aqueles que não as possuem delas foram privados porque lhes foram constante e habitualmente arrancadas.

Observações

No quadro que irei apresentar, os gêneros são reduzidos a um número consideravelmente inferior àqueles que são formados pelos animais dessa classe. O interesse, a simplicidade e a clareza do método exigem essa redução, que por sua vez não prejudicará em nada o conhecimento desses objetos de estudo. Empregar todas as particularidades que podemos apreender das características dos animais e das plantas para multiplicar os gêneros ao infinito é, como eu disse, atravancar e obscurecer a ciência em vez de servir a ela. É em função desse estudo bastante complexo e difícil que ela agora se torna praticável para aqueles que consagraram a vida inteira ao conhecimento da imensa nomenclatura e de características minuciosas empregadas para distinguir esses animais.

QUADRO DOS INSETOS

(A) SUGADORES

Sua boca apresenta um sugadouro munido ou desprovido de invólucros.

1ª ORDEM – INSETOS ÁPTEROS

Possuem um tubo bivalve, triarticulado que envolve um sugador de duas cerdas. As asas costumam ser abortadas nos dois sexos; larva ápode; pupa permanece imóvel em uma carapaça.

Pulga

2ª ORDEM – INSETOS DÍPTEROS

Um tubo não articulado, reto ou flexionado, às vezes retrátil.
Duas asas nuas, membranosas, de aspecto varicoso; dois halteres; larva vermiforme, frequentemente ápodas.

(Hippobosque) Hippobosca	(Empis)
(Oëstre) Oestrus	(Bombile) Bombylius
–	(Asile) Asilus
(Stratiome) Stratiomys	(Taon) Tabanus
(Syrphe) Syrphus (Sirfídeo)	(Rhagion) Rhagio
(Anthrace) Anthrax	–
(Mouche) Mosca	(Cousin) Culex
–	(Tipule) Tipula
(Stomoxe) Stomoxys	(Simulie) Simulium
(Myope) Myopa	(Bibion) Bibio
(Conops) Conops	

3ª ORDEM – INSETOS HEMIPTERA

Bico fino, articulado, recurvado sobre o peito, serve de invólucro a um sugadouro de três cerdas. Duas asas escondidas sob os élitros membranosos; larva hexápode; a pupa anda e se alimenta.

(Dorthésie) Dorthesia	(Pentatome) Pentatoma
(Cochenille) Cochonilhas	(Punaise) Cimex
(Psylle) Psylla	(Coré) Coreus
(Puceron) Pulgão	(Réduve) Reduvius
(Aleyrode) Aleyrodidae	(Hydromètre) Hydrometra
(Trips) Thrips	(Gerris) Gerridae
–	–
(Cigale) Cigarra	(Nepa) Escorpião aquático
(Fulgore) Fulgora	(Notonecte) Notonecta
(Tettigone) Tettigonia (cigarras)	(Naucore) Naucoris
–	(Corise) Corixa
(Scutellaire) Scutellera	

4ª ORDEM – INSETOS LEPDOPTEROS

Sugadouro de duas partes desprovido de invólucros que se assemelha a um tubo e é envolto numa espiral quando se encontra inativo.
Quatro asas membranosas recobertas de escamas, esbranquiçadas.
Larva munida de oito a dezesseis patas; pupa inativa.

* *Antenas subuladas e setáceas.*

(Ptérophore) Pterophorus	(Alucite) Alucita (Fabricius)
(Ornéode)[7] Orneodes	(Adèle) Allucita (Adèle de Latreille)
(Cérostome) Cerostoma	(Pyrale) Pyralis
(Teigne) Tinea	–
(Noctuelle) Noctuaelite	(Hépiale) Hepialus
(Phalène) Phalaenae Pyralide	(Bombice) Bombyx

** *Antenas intumescidas em algumas partes ao longo de sua extensão.*

(Zygène) Zygaena	(Sphinx)
(Papillon) Borboleta	(Sésie) Sesia

---

[7] Latreille (*Précis des caractères génériques des insectes*, Paris, 1796) atribui aos *pterophorus hexadactylus* e aos *pentadactylus* o nome genérico de ornéode. (N. T.)

(B) ROEDORES

Sua boca possui mandíbulas e com frequência são acompanhadas de maxilares.

5ª ORDEM – INSETOS HIMENÓPTEROS

Mandíbulas e um sugadouro de três partes mais ou menos prolongadas,
cuja base é envolvida por um invólucro curto.
Possui quatro asas nuas, membranosas, com aspecto varicoso, desiguais; o ânus das fêmeas
possui um ferrão ou é munido de um aguilhão; pupa imóvel.

* *Ânus das fêmeas possui um ferrão.*

(Abeille) Abelha	(Fourmi) Formiga
(Monomélite) Monomelite	(Mutile) Mutilla
(Nomade) Nomada	(Scolie) Scolia
(Eucère) Eucera	(Tiphie) Tiphia
(Andrenne) Andrena	(Bembece) Bembex
–	(Crabron) Crabro
(Guêpe) Vespa	(Sphex) Ammophila
(Polyste) Poliste[8]	

** *Ânus das fêmeas munidos de um aguilhão.*

(Chryside) Chrysis	–
(Oxyure) Oxiurus/Proctotrupoidea	(Evanie) Evanioidea
–	(Fœne) Foenus
(Leucopsis)	–
(Chalcis) Vespa	(Urocère) Urocerata
(Cinips) Cynipoidea	(Orysse) Oryssus
(Diplolèpe) Cynipidae/Diploleparia	(Tentrède) Tenthredo
(Ichneumon) Diphyus	(Clavellaire) Clavellaria

---

8 *Guêpes* e *Polistes*, da ordem dos Himenópteros, foram posteriormente classificadas como espécies de vespa e a segunda do gênero *Guêpes* propriamente dito (*Polistes*), segundo Latreille. (1802) (N. T.)

6ª ORDEM – INSETOS NEURÓPTEROS

Mandíbulas e maxilares.
Quatro asas nuas, membranosas e reticuladas; abdômen alongado, desprovido de ferrão e de aguilhão; larva hexápoda; diferentes tipos de metamorfoses.

* *Pupas inativas.*

(Perle) Perla	(Hémerobe) Hemerobius
(Némoure) Nemura	(Ascalaphe) Ascalaphus
(Frigane) Phryganea	(Myrméléon) Myrmeleon

* *Pupas ativas.*

(Némoptère) Nemoptera	(Raphidie) Raphidia
(Parnorpe) Parnopa	(Éphémère) Ephemera
(Psoc) Psocus	–
(Thermite) Termes	(Agrion)
–	(Æshne) Aeshna
(Corydale) Corydalidae	(Libellule) Libélula
(Chauliode)	

7ª ORDEM – INSETOS ORTÓPTEROS

Mandíbulas, maxilares e lábios que recobrem os maxilares.
Duas asas retas, flexionadas longitudinalmente e recobertas por dois élitros membranosos.
Larva como um inseto perfeito, mas não possui nem asas, nem élitros; pupa ativa.

(Sauterelle) Gafanhoto[9]	(Phasme) Phasma
(Achête) Grilo	(Spectre) Spectrum
(Criquet) Acrydium	–
(Truxale) Truxalis ou Gryllus acrida	(Grillon) Grilo-do-mato
–	(Blatte) Blatta
(Mante) Mantis	(Forficule) Forficula

---

9 Segundo Cuvier, na segunda família dos Ortópteros existem *Sauterelles*, que são os gafanhotos de Lineu, e *Grillons* ou *Achêtes*, que são os grilos. *Le Règne animal distribué d'après son organisation*, Tome III, Paris: Deterville, 1817. (N. T.)

8ª ORDEM – INSETOS COLEÓPTEROS

Mandíbulas e maxilares. Possuem duas asas membranosas, flexionadas transversalmente quando em repouso, que permanecem sob os dois élitros rijos ou coriáceos mais curtos. Larva hexápoda, com uma cabeça escamada e desprovida de olhos; pupa inativa.

* *Dois ou três segmentos para todos os tarsômeros.*

(Pséphale) Pselaphus	(Coccinelle) Coccinella
–	(Eumorphe) Eumorphus

** *Quatro segmentos para todos os tarsômeros.*

(Erotyle) Erotylus	(Criocère) Crioceris
(Casside) Cassida	(Clytre) Clytra
(Chrysomèle) Chrysomela	(Gribouri) Cryptocephalus
(Galéruque) Galeruca	–
(Lepture) Leptura	(Micétophage) Mycetophagus/Tritoma
(Stencore) Stenocurus	(Trogossite) Trogosita
(Saperde) Lamia	(Cucuje) Cucujus
(Nécydale) Necydalis	–
(Callidie) Callidium[10]	(Bruche) Bruchus
(Capricorne) Cerambyx	(Attélabe) Attelabus
(Prione) Prionus	(Brente) Brentus
(Spondyle) Spondylis	(Charanson) Curculio
–	(Brachicère) Brachycerus
(Bostrich) Bostrichus	

*** *Cinco segmentos para os tarsômeros dos primeiros pares de patas e quatro segmentos naqueles que possuem um terceiro par.*

(Opatre) Opatrum	(Mordelle) Mordella
(Ténébrion) Tenebrio	(Ripiphore) Ripiphorus
(Blaps)	(Pyrochre) Pyrochroa

---

10 Os *Callides* foram denominados *Callidium*, *Clytus* ou *Cerambyx*. Anteriormente foi identificado por Lineu como *Leptura*. Já o gênero *Leptura* de Linneu compreende os *Stenocorus* de Fabricius. (N. T.)

(Pimélie) Pimelia	(Cossyphe) Cossyphus
(Sépidie) Sepidium	(Notoxe) Notoxus
(Scaure) Scaurus	(Lagrie) Lagria
(Érodie) Erodius	(Cérocome) Cerocoma
(Chiroscelis)	(Apale) Apalus
–	(Horie) Horia
(Hélops) Cnudalon/Helops	(Mylabre) Mylabris
(Diapère) Diaperis	(Cantharide) Cantharis[11]
–	(Méloë) Meloe
(Cistele) Cistela/Allecula	

**** *Cinco segmentos para todos os tarsômeros.*

(Lymexyle) Atractocerus/Necydalis/Lymexilon[12]	(Lampyre) Lampyris
(Théléphore) Telephorus[13]	(Lycus)
(Malachie) Malachius	(Omalyse) Omalisus
(Mélyris) Melyris/Zygia	(Drille) Drilus/Ptilinus
–	(Clairon) Clerus
(Mélasis) Melasis	–
(Bupreste) Buprestis	(Nécrophore) Necrophorus
(Taupin) Elater	(Bouclier) Silpha
–	(Nitidule) Nitidula
(Ptilin) Ptilinus	(Ips) Scolytes
(Vrillette) Anobium/Byrrhus	(Dermestes) Dermestes
(Ptine) Ptinus/Bruchus	(Anthrène) Anthrenus
–	(Byrrhe) Byrrhus
(Staphylin) Staphylinus	(Escarbot)
(Oxypore) Oxyporus	(Sphériedie) Sphaeridium
(Pédère) Paederus	–
–	(Trox)

---

11 *Cantharis* foi anteriormente classificado como *Meloe* por Lineu. (N. T.)

12 A nomenclatura atual dos *Atractocerus* é *Lymexilon*, da superfamília dos coleópteros *Lymexilidae*. (N. T.)

13 Os *Telephorus* e os *Malachius* foram anteriormente classificados como *Cantharis* por Lineu. (N. T.)

(Cicindele) Cicindela	(Cétoine) Cetonia
(Elaphre) Elaphrus	(Goliath)
(Scarite)	(Hanneton) Melolontha
(Manticore) Manticora	(Léthrus) Lethrus
(Carabe) Carabus	(Géotrupe)
(Dytique) Dytiscus	(Bousier) Escaravelho
–	(Scarabé) Scarabeus
(Hydrophile) Hydrophilus	(Passale) Passalus
(Gyrin) Gyrinus	(Lucane) Lucanus
(Dryops)	

ARACNÍDEOS
6ª classe do reino animal

Animais ovíparos que no curso da vida apresentam patas articuladas, olhos na cabeça, não sofrem nenhum tipo de metamorfose e não possuem asas ou élitros. Os estigmas e as traqueias encontram-se limitadas à respiração; apresentam um esboço de circulação; várias fecundações no curso da vida.

Observações

Os *aracnídeos*, na ordenação que estabelecemos, encontram-se depois dos insetos e oferecem progressos manifestos no aperfeiçoamento da organização.

Com efeito, a reprodução sexual neles apresenta pela primeira vez todas as suas faculdades, visto que esses animais acasalam e são fecundados diversas vezes ao longo da vida, enquanto nos insetos os órgãos sexuais, assim como nos dos vegetais, podem ser fecundados apenas uma única vez. Além disso, os aracnídeos são os primeiros animais em que a circulação inicia seu esboço, pois, segundo as observações do sr. Cuvier, podemos encontrar um coração de onde partem dois ou três pares de vasos para as laterais.

Os aracnídeos vivem em ambiente terrestre como os insetos que alcançaram seu estado perfeito, mas não sofrem nenhum tipo de metamorfose, nunca apresentam asas ou élitros sem que estes tenham existido ou sido abortados. Em geral, vivem escondidos ou solitários, nutrem-se da presa ou do sangue que sugam.

Nos aracnídeos, o modo de respiração é ainda o mesmo daquele dos insetos; no entanto, esse modo está prestes a mudar, pois, nos aracnídeos, as traqueias encontram-se limitadas e, por assim dizer, empobrecidas, não se estendendo por todos os pontos do corpo. Essas traqueias estão reduzidas a um pequeno número de vesículas, assim nos indica o sr. Cuvier, e após os aracnídeos esse modo de respiração não é encontrado mais em nenhum dos animais das classes seguintes. Essa classe de animais é bastante problemática: muitos dos animais são venenosos, sobretudo os que habitam lugares de clima quente.

QUADRO DOS ARACNÍDEOS

1ª ORDEM – ARACNÍDEOS COM PALPOS

Não possuem antenas, apenas palpos; a cabeça se confunde com o corselete; oito patas.

(Mygale) Aranha caranguejeira	(Trogul) Trogulus
(Araignée) Aranha	(Elays)
(Phryne) Phrynus	(Trombidion) Trombidium
(Théliphone) Thelyphonus	–
(Scorpion) Escorpião	(Hydrachne) Hydrachna
–	(Bdelle) Bdella
(Pince) Obisium	(Mitte) Acarus
(Galéode) Galeodes	(Nymphon) Aranha-do-mar
(Faucheur) Phalangium	(Picnogonon) Pycnogonum

2ª ORDEM – ARACNÍDEOS COM ANTENAS

Possui duas antenas; a cabeça distingue-se do corselete.

(Pou) Pediculus	–
(Ricin) Ricinus	(Scolopendre) Scolonpendra
–	(Scutigère) Scutigera
(Forbicine) Forbicina	(Iule) Iulus
(Podure) Podurellae	–

4º GRAU DE ORGANIZAÇÃO

Os nervos terminam em uma medula ganglionar longitudinal ou em um cérebro, mas não em uma medula espinhal. Respiração por brânquias; existência de artérias e veias circulatórias. (*Crustáceos, Anelídeos, Cirrípedes e Moluscos*).

CRUSTÁCEOS
7ª classe do reino animal

Animais ovíparos que possuem corpo e membros articulados, a pele recoberta por uma crosta, vários pares de maxilares, olhos e antenas sobre a cabeça.

Respiração por brânquias; um coração e vasos circulatórios.

Observações

As grandes modificações na organização dos animais dessa classe anunciam que, ao formar os crustáceos, a natureza conseguiu fazer progressos consideráveis quanto à organização animal.

Inicialmente, o tipo de respiração desses animais é realmente muito diferente daquele empregado pelos aracnídeos e pelos insetos. Esse tipo de respiração constituído por órgãos que denominamos brânquias irá se propagar até os peixes. As traqueias não mais reaparecerão e as próprias brânquias irão desaparecer assim que a natureza puder formar um pulmão.

Enquanto havíamos encontrado apenas um simples esboço da circulação nos aracnídeos, nos crustáceos ela encontra-se completamente estabelecida, pois neles encontramos um coração e artérias para enviar sangue para as diferentes partes do corpo, assim como veias que devolvem esse fluido ao principal órgão que o movimenta.

Também se encontra nos crustáceos o mesmo tipo de articulação que a natureza normalmente emprega para os insetos e para os aracnídeos, a partir de agora para facilitar o movimento muscular com o auxílio do enrijecimento da pele, porém, doravante, a natureza abandonará esse meio para estabelecer um sistema de organização que não o exigirá mais.

A maior parte dos crustáceos vive em ambiente aquático, de água doce ou marinho. Todavia, alguns habitam a terra e respiram ar com as suas brânquias. Todos eles se nutrem apenas de matéria animal.

QUADRO DOS CRUSTÁCEOS

1ª ORDEM – CRUSTÁCEOS COM OLHOS SÉSSEIS

Os olhos são sésseis e imóveis.

(Cloporte) Oniscus	(Céphalocle) Cephaloculus
(Ligie) Ligia	(Amymone)
(Aselle) Asellus	(Daphnie) Daphnia
(Cyame) Cyamus	(Lyncé) Lynceus
(Crevette) Camarão	(Osole)
(Cheverolle) Caprella	(Limule) Límulus
–	(Calige) Caligus
(Cyclops)	(Polyphême) Polyphemus
(Zoëe) Zoeae	

2ª ORDEM – CRUSTÁCEOS COM PEDÍCULOS

Dois olhos distintos elevados por pedículos móveis.

* *Cauda alongada guarnecida de lâminas natatórias, ganchos ou cílios.*

(Branchiopode) Branchiopoda	(Crangon)
(Squille) Squilla	(Palinure) Palinurus
(Palémon) Palaemon	(Scyllare) Scyllarus
(Galathée) Galathea	(Albunée) Albunea
(Ecrevisse) Astacus	(Hippe) Hippa
(Pagure) Pagurus	(Coriste) Corystes
–	(Porcellane) Porcellana
(Ranine) Ranina	

** *Cauda curta, nua e localizada abaixo do abdômen.*

(Pinnothère)	(Doripe)
(Leucosie) Leucosia	(Plagusie) Plagusia
(Arctopsis)	(Grapse) Grapsus
(Maia)	(Ocypode) Ocypoda
–	(Calappe) Calappa
(Matute) Matuta	(Hépate) Hepatus
(Orithye) Orithyia	(Dromie) Dromia
(Podophtalme) Podophtalmus	(Cancer) Cancer ou caranguejo
(Portune) Portunus	

ANELÍDEOS
8ª *classe do reino animal*

Animais ovíparos com corpo alongado, mole, transversalmente anelado, raramente possuem dois olhos e uma cabeça distinta, e não possuem patas articuladas.

Artérias e veias para a circulação; respiração por brânquias; uma medula ganglionar longitudinal.

Observações

Vê-se nos anelídeos que a natureza se esforça para abandonar o tipo de articulações que constatamos ter empregado nos insetos, nos aracnídeos e nos crustáceos. Seu corpo é alongado, mole e em sua maior parte anelado de maneira simples, dando ao animal a aparência de ser tão imperfeito quanto os vermes, com os quais os vínhamos confundindo. No entanto, possuem artérias e veias e respiram por brânquias. Esses animais tão distintos dos vermes devem, juntamente com os cirrípedes, fazer a passagem dos crustáceos para os moluscos.

A eles faltam patas articuladas[14] e em sua maioria possuem, em suas laterais, cerdas ou feixes de cerdas: quase todos são sugadores, nutrindo-se apenas de matérias fluidas.

---

14 Para aperfeiçoar os órgãos do movimento de translação do animal, a natureza teve de abolir o sistema de patas articuladas que não é produzido em nenhum esqueleto interno. Mas, com a finalidade de estabelecer um sistema de quatro

QUADRO DOS ANELÍDEOS
1ª ORDEM – ANELÍDEOS CRIPTOBRANQUIAIS

(Planaire) Planária	(Furie?) Furiae
(Sangsue) Sanguessuga	(Naïade) Naïs
(Lernée) Lernae[15]	(Lombric) Lumbricus
(Clavale) Claval	(Thalasseme) Thalassema

2ª ORDEM – ANELÍDEOS GIMNOBRANQUIAIS

(Arénicole) Arenicola	(Sabellaire) Sabellaria
(Amphinome) Amphinome rostrata	–
(Aphrodithe) Aphrodita	(Serpule) Serpula
(Néréide) Nereis	(Spirorbe) Spirorbis
–	(Siliquaire) Siliquaria
(Terebelle) Terebella	(Dentale) Dentalium
(Amphitrite) Amphitrite variabilis	

CIRRÍPEDES
9ª *classe do reino animal*

Animais ovíparos e testáceos, desprovidos de cabeça e de olhos, possuem um manto que envolve o interior da concha, braços articulados com pele córnea e dois pares de maxilares na boca.

Respiração por brânquias; uma medula ganglionar longitudinal; vasos para a circulação.

Observações

Ainda que conheçamos apenas um pequeno número de gêneros que corresponda a essa classe, a característica dos animais que compreendem esses

---

membros dependente de um esqueleto interno que é próprio ao corpo dos animais mais perfeitos e que se iniciou nos peixes, ela veio a executar nos anelídeos e nos moluscos a preparação de uma organização particular dos animais vertebrados. Assim, nos anelídeos, ela abandonou as patas articuladas e nos moluscos fez ainda mais, retirou o emprego de uma medula ganglionar longitudinal. (N. A.)

15 Posteriormente em *Le règne animal distribué d'après son organisation*, de Cuvier, *Lernae* fará parte da segunda classe dos zoófitos intestinais. (N. T.)

gêneros é tão singular que exige que os separemos como constituintes de uma classe particular.

Os cirrípedes possuem uma concha, um manto e são desprovidos de cabeça ou de olhos, não podendo, portanto, pertencer aos crustáceos. Seus braços articulados impedem que os classifiquemos entre os anelídeos e sua medula ganglionar longitudinal não permite que sejam reunidos aos moluscos.

QUADRO DOS CIRRÍPEDES

(Tubicinelle) Tubicinella	(Balane) Balanus
(Coronule) Coronula	(Anatife) Anatifa

Nota. Vê-se que os cirrípedes possuem ainda dos anelídeos uma medula ganglionar longitudinal, mas, nesses animais, a natureza se prepara para formar os moluscos, visto que eles possuem como esses últimos um manto que recobre o interior de sua concha.

MOLUSCOS
10ª classe do reino animal

Animais ovíparos, com corpo mole não articulado em suas partes; possuem um manto variável.

Respiração por brânquias bastante diversificadas; não possuem medula espinhal, nem medula ganglionar longitudinal, possuem nervos que alcançam um cérebro imperfeito.

A maior parte é recoberta por uma concha; uma outra parte não se encaixa completamente em seu interior e ainda outra é totalmente desprovida de concha.

Observações

Os moluscos são os que possuem uma organização mais aperfeiçoada dentre os animais sem vértebras, isto é, aqueles cuja organização é mais complexa e que mais se aproxima daquela dos peixes. Constituem uma classe numerosa que encerra as classes dos animais sem vértebras e se distinguem eminentemente das outras classes dos animais que as compõem, tendo assim um sistema nervoso como muitos outros, mas sendo os únicos que não possuem nem medula ganglionar longitudinal, nem medula espinhal.

A natureza, a ponto de iniciar e formar o sistema de organização dos animais vertebrados, parece aqui se preparar para essa mudança. Também os moluscos não possuem articulações e seus músculos apoiam-se somente sobre a pele córnea, o que lhes garante movimentos muito lentos, aparentando, desse modo, serem mais imperfeitamente organizados que os próprios insetos.

Por fim, como os moluscos fazem a passagem dos animais sem vértebras para os animais vertebrados, seu sistema nervoso tem características intermediárias, não oferecendo nem medula ganglionar longitudinal, nem a medula espinhal dos vertebrados: nisso eles se encontram eminentemente caracterizados e bem distintos dos outros animais sem vértebras.

QUADRO DOS MOLUSCOS

1ª ORDEM – MOLUSCOS ACÉFALOS

Não possuem cabeça ou olhos; não possuem órgão para a mastigação; se reproduzem sem acasalamento.
A maioria possui uma concha com duas valvas que se articulam como uma charneira.

Brachiopoda

(Lingule) Lingula
(Térébratule) Terebratula
(Orbicule) Orbicula

Ostracoides

(Radiolite)	(Huître) Ostra
(Calcéole) Calceola	(Gryphée) Gryphaea
(Cranie) Crania	(Plicatule) Spondylus plicatus
(Anomie) Anomia	(Spondyle) Spondylus
(Placune) Placuna	(Peigne) Pecten
(Vulselle) Vulsella	

Bissóforos

(Houlette) Pedum	(Moule) Mytilus
(Lime) Lima	(Modiole?) Modiolus
(Pinne) Pinna	(Crénatule) Crenatula
(Perne) Perna	(Avicule) Avicula
(Marteau) Malleus	—

Camaceanos

(Ethérie) Etheria	(Corbule) Corbula
(Came) Chama	(Pandore) Tellina inoequivalvis
(Dicérate) Dicerate/Psilopus[16]	—

(Naïades) Náiades
(Mulette) Unio
(Anodonte) Anodonta
—

Arcas

(Nucule) Arca pellucida	(Cucullée) Arca[17]
(Pétoncle) Pectunculus	(Trigonie) Trigonia[18]
(Arche) Arca	—

Cardiados

(Tridacne) Chama gigas	(Isocarde) Isocardia
(Hippope) Hippopus	(Bucarde) Cardium
(Cardite) Cardita	

---

16 Ver Cuvier, *Le règne animal distribué d'après son organisation*, op. cit., v.2, Paris, 1817, p.477. Poli considera que há ainda outro animal dentro da família *Chama* que possui um pequeno pé, curvado como o do homem. (N. T.)

17 Cuvier, *Le règne animal distribué d'après son organisation*, op. cit., v.2, p.468. Lamarck diferenciou alguns animais dessa família pelo nome de *Cucullées*, por possuírem dentes nas duas extremidades da charneira. (N. T.)

18 Cuvier, *Le règne animal distribué d'après son organisation*, op. cit., v.2, p.469. Denominação de Bruguière. (N. T.)

Valvares

(Vénéricarde) Venus imbricata	(Lucine) Lucina
(Vénus) Venus	(Cyclade) Cyclas/Tellina cornea
(Cithérée) Cytherea/Venus	(Galathée) Galathea
(Donace) Donax	(Capse) Capsa
(Telline) Tellina	

Mactridae

(Erycine) Erycina	(Lutraire) Lutraria
(Onguline) Ungulina	(Mactre) Mactra
(Crassatelle) Crassatella tumida	–

Myares

(Myes) Myas
(Panorpe) Panorpa
(Anatine) Solen anatinus

Solenáceos

(Glycimère) Glycimeris/Mya siliqua	(Pétricole) Petricola
(Solen) Solen	(Rupellaire) Rupellaria/Venus lapicida
(Sanguinolaire) Sanguinolaria	(Saxicave) Saxicava

Foladários

(Pholade) Pholas	(Arrosoir) Penicillus[19]
(Taret) Taredo	–
(Fistulane) Fistulana	

Ascídias

(Ascidie) Ascidia
(Biphore) Thalia/Salpa
(Mammaire) Mammaria

---

19 Posteriormente, esses animais serão classificados como anelídeos. Classificados anteriormente dentre os moluscos por Lamarck, possuem uma concha em forma de um tubo cônico, cuja extremidade alargada é fechada por um disco coberto por canais vazados, muito pequenos. (N. T.)

2ª ORDEM – MOLUSCOS CEFALÓPODES

Possuem uma cabeça distinta, olhos, dois ou quatro tentáculos em sua maioria, maxilares e uma cânula em sua boca. A reprodução ocorre por acasalamento.
A concha, daqueles que a possuem, jamais é bivalve e se articula por uma charneira.

* Pterópodes

Duas asas opostas e natatórias.
(Hyale) Hyalea/Cavolina
(Clio) Clio/Clione
(Pneumoderme) Pneumodermon

** Gastrópodes

(A) Corpo reto, unido por um pé em toda ou quase toda a sua extensão.

Tritôneos

(Glaucie) Glaucus	(Tritonie) Tritonia
(Eolide) Eolidia	(Téthys) Thethys
(Scyllée) Scyllaea	(Doris) Doris

Filídeos

(Pleurobranche) Pleurobranchus	(Patelle) Patella
(Phyllidie) Phyllidia	(Fissurelle) Fissurella
(Oscabrion) Chiton	(Emarginule) Patella fissura

Aplysias

(Laplysie) Aplysia	(Bullée) Bulla
(Dolabelle) Dolabella	(Sigaret) Sigaretus

Stylommatophora

(Onchide) Onchidium	(Vitrine) Vitrina/Helico-Limax
(Limace) Limax	(Testacelle) Testacella
(Parmacelle) Parmacella	

(B) Corpo espiralado; não possui sifão.

Colimáceos

(Hélix)	(Amphibulime) Succinea
(Hélicine) Helicina	(Agathine) Achatina
(Bulime) Bulimus	(Maillot) Pupa

Orbáceos

| (Cyclostome) Cyclostoma | (Planorbe) Planorbis |
| (Vivipare) Helix vivipara | (Ampullaire) Ampullaria |

Auriculados

| (Auricule) Auricula | (Mélanie) Melania |
| (Mélanopside) Melanopsis | (Lymnée) Lymnaeus |

Neritáceos

| (Néritine) Neritina | (Nérite) Nerita |
| (Nacelle) Nacella | (Natice) Natica |

Estomatáceos

(Haliotide) Halyotys
(Stomate) Stomatia/Halyotis imperforata
(Stomatelle) Stomatella

Turbináceos

(Phasianelle) Phasianella	(Scalaire) Scalaria
(Turbo)	(Turritelle) Turritella
(Monodonte) Monodon	(Vermiculaire?) Vermicularia?
(Dauphinule) Delphinula	

Heteróclitos

(Volvaire) Volvaria
(Bulle) Bulla
(Janthine) Janthina

Caliptráceos

(Crépidule) Crepidula	(Cadran) Solarium
(Calyptrée) Calyptraea	(Trochus)

(C) *Corpo espiralado; possui um sifão.*

Canalíferos

(Cérite) Cerithium	(Turbinelle) Turbinella
(Pleurotome) Pleurotoma	(Fasciolaire) Fasciolaria/Murex[20]
	(Pyrule) Bulla fycus/Pyrula
	(Fuseau) Fusus
	(Murex)

Alados

(Rostellaire) Rostellaria
(Ptérocère) Pterocera/Strombus[21]
(Strombe) Strombus

Purpúreos

(Casque) Cassis	(Buccin) Buccinum
(Harpe) Harpa	(Concholepas)
(Tonne) Dolium	(Monocéros) Monoceros
(Vis) Terebra	(Pourpre) Púrpura
(Eburne) Eburna	(Nasse) Nassa

Columelários

(Cancellaire) Cancellaria	(Mitre) Mitra
(Marginelle) Marginella	(Volute) Voluta
(Colombelle) Colombella	

(Enroulées) Espiralados

(Ancille) Acillaria	(Ovule) Ovula
(Olive) Oliva	(Porcelaine) Cyprae
(Tarrière) Terebellum	(Cone) Conus

---

20 Ver Cuvier, *Le règne animal distribué d'après son organisation*, v.2, p.442. Lamarck distingue como Fasciolaria uma parte dos Fusus de Bruguières por possuírem dobras oblíquas abaixo das columelas desses animais. (N. T.)

21 Ver Cuvier, *Le règne animal distribué d'après son organisation*, v.2, p.444. (N. T.)

*** Cefalópodes

(A) Possuem concha multilocular.

Lenticulados

(Miliolites) Miliole	(Discorbite) Discorbes
(Gyrogonite)	(Lenticuline)
(Rotalite) Nautilus mamilla	(Numulite) Heterostegina depressa
(Rénulite) Nautilus aduncus	

Lituoláceos

(Lituolite) Lituus	(Orthocère) Orthoceras
(Spirolinite)	(Hippurite) Cornu-Copiae
(Spirule) Spirula	(Bélemnite)

Nautiláceos

(Baculite) Amonite	(Ammonite) Simplegade
(Turrilite)	(Orbulite)
(Ammonocératite)	(Nautile) Nautilo

(B) Possuem concha unilocular.

Argonautáceos

(Argonaute) Argonauta
(Carinaire) Carinaria

(C) Não possuem concha.

Sepiáleos

(Poulpe) Polvo
(Calmar) Loligo
(Sèche) Sepia

ANIMAIS VERTEBRADOS

Possuem uma coluna vertebral composta por uma infinidade de ossos curtos, articulados e dispostos em série. Essa coluna serve de sustentação ao corpo, compõe a base do esqueleto, fornece um envoltório para a medula espinhal e termina anteriormente em uma caixa óssea que contém o cérebro.

5º GRAU DE ORGANIZAÇÃO

Os nervos terminam em uma medula espinhal e em um cérebro que não preenche toda a cavidade do crânio. O coração possui um ventrículo e o sangue é frio. (*Peixes e répteis.*)

PEIXES
9ª classe do reino animal

Animais ovíparos, vertebrados e com sangue frio. Vivem em ambiente aquático, respiram através de brânquias, são recobertos por uma pele escamosa ou quase nua e viscosa. Os movimentos de translação são realizados por nadadeiras membranosas sustentadas por uma espinha óssea ou cartilaginosa.

Observações

A organização dos peixes é mais aperfeiçoada do que a dos moluscos e dos animais das classes precedentes, uma vez que são os primeiros animais a possuírem uma coluna vertebral, o esboço de um esqueleto, uma medula espinhal e um crânio que contém o cérebro. São também os primeiros animais em que o sistema muscular se apoia nas partes internas.

No entanto, seus órgãos respiratórios ainda são análogos aos dos moluscos, dos cirrípedes, dos anelídeos e dos crustáceos. Assim como todos os animais das classes precedentes, eles ainda são privados de voz e não possuem pálpebras sobre os olhos.

A forma de seu corpo é apropriada às necessidades de nadar, mas conservam a forma simétrica das partes emparelhadas que teve seu início com os insetos. Por fim, neles, assim como nas três classes seguintes, o tipo de articulação é apenas interior, localizada nas partes do esqueleto interno.

Nota. Para a composição dos quadros dos animais com vértebras, utilizei a obra do sr. Duméril intitulada *Zoologie Analitique*, sendo permitido a mim apenas algumas modificações da disposição desses objetos de estudo.

QUADRO DOS PEIXES

1ª ORDEM – PEIXES CARTILAGINOSOS

Coluna vertebral flexível e cartilaginosa; não possuem um grande número de costelas.

* *Não possuem opérculos ou membranas recobrindo as brânquias.*

TREMATOPNOS

Respiração por fendas arredondadas.

1. Trematopnos ciclostomados

(Gastérobranche) Gastrobranchus
(Lamproie) Lampreia

2. Trematopnos plagiostomos

(Torpille) Torpedo	(Squatine) Squatina
(Raie) Raia	(Squale) Squalus
(Rhinobate) Rhinobatus	(Aodon)

** *Membrana que recobre as brânquias no lugar dos opérculos.*

CHISMOPNOS

Fendas branquiais laterais no pescoço; quatro nadadeiras pares.

3. ....

(Baudroie) Batrachus	(Baliste)
(Lophie) Lophius	(Chimère) Chimaera

*** *Um opérculo sobre as brânquias; ausência de membrana.*

ELEUTERÓPOMOS

Quatro nadadeiras pares; boca ventral.

4. ....

(Polyodon) Spatularia
(Pégase) Pegasus
(Accipenser) Esturjão

**** *Um opérculo e uma membrana que recobrem as brânquias.*

TELEOBRANQUIAIS
Brânquias completas possuem um opérculo e uma membrana.

5. Teleobrânquios afióstomos
(Macrorhinque) Macrorhyncus
(Solénostome) Solenostomus
(Centrisque) Centriscus

6. Teleobrânquios plecopteros
(Cycloptère) Cyclopterus
(Lépadogastère) Lepadogaster

7. Teleobrânquios osteodermos

(Ostracion) Ostration	(Diodon) Baiacu
(Tétraodon) Tetraodon	(Sphéroïde) Sphaeroide
(Ovoïde) Ovoide	(Syngnathe) Syngnathus

2ª ORDEM – PEIXES ÓSSEOS
Coluna vertebral com vértebras ósseas não flexíveis.

* *Um opérculo e uma membrana que recobrem as brânquias.*

(HOLOBRÂNQUIOS)

HOLOBRÂNQUIOS ÁPODES
Ausência de nadadeiras pares inferiores.

8. Holobrânquios perópteros

(Cœcilie) Coecilia	(Notoptère) Notopteras/Gymnotus notopterus
(Monoptère) Monopterus	(Ophisure) Ophisurus
(Leptocéphale) Leptocephalus	(Aptéronote) Sternarchus
(Gymnote) Gymnotus	(Régalec) Regalecus
(Trichiure) Trichiurus	

9. Holobrânquios pantópteros

(Murène) Muraena	(Anarrhique) Anarrihicas
(Ammodyte)	(Coméphore) Callionymus Baicalensis
(Ophidie) Ophidium	(Stromatée) Stromateus
(Macrognathe) Macrognathus	(Rhombe) Rhombus
(Xiphias) Peixe espada	

HOLOBRÂNQUIOS JUGULARES

Nadadeiras pares peitorais situadas na região torácica ventral.

10. Holobrânquios auchenopterus

(Murénoïde) Muraenoide	(Batracöide) Batrachoide
(Calliomore) Calliomorus	(Bleunie) Blennius
(Uranoscope) Uranoscopus	(Oligopode) Oligopod
(Vive) Trachinus	(Kurte) Kurthus
(Gade) Gadus	(Chrysostrome) Chrysostomus

HOLOBRÂNQUIOS TORÁCICOS

Nadadeiras pares ventrais situadas sob os peitorais (na região torácica).

11. Holobrânquios petalósomos

(Lépidope) Lepidopus	(Bostrichte) Bostrichtys
(Cépole) Cepola	(Bostrichoïde) Bostrichoide
(Tænioïde) Taenioide	(Gymnètre) Gymnetrus

12. Holobrânquios plecópodos

(Gobie) Gobius
(Gobioïde) Gobioide

13. Holobrânquios eleuterópodes

(Gobiomore) Gobio
(Gobiomoroïde) Gobiomoroide
(Echénéïde) Echeneis

14. Holobrânquios atractósomos

(Scombre) Scomber	(Scombéromore) Scomberomous
(Scombéroide) Scomberoide	(Gastérostée) Gasterosteus
(Caranx) Carapau	(Centropode) Centropodus
(Trachinote) Trachinus	(Centronote) Centronotus
(Caranxomore) Caranxomorus	(Lépisacanthe) Lepisacanthus
(Cæsion) Caesius	(Istiophore) Istiophorus
(Cæsiomore) Caesiomorus	(Pomatome) Pomatomus

15. Holobrânquios léspomos

(Hiatule) Hiatula	(Osphronème) Osphronemus
(Coris) Peixe-palhaço	(Trichopode) Trichogaster
(Gomphose) Elops	(Monodactyle) Psettus
(Plectorhinque) Plectorhyncus	(Hologymnose) Hologymnosus
(Pogonias) Miraguaia	(Spare) Sparus
(Labre) Labrax	(Diptérodon) Dipterodon
(Cheiline) Cheilinus	(Cheilion) Cheilium
(Cheilodiptère) Cheilodipterus	(Mulet) Mulus
(Ophicéphale) Ophicephalus	

16. Holobrânquios osteótomos

(Scare) Scarus
(Ostorhinque) Ostorhincus
(Leiognathe) Leiognathus

17. Holobrânquios lofiónotos

(Coryphène) Coryphaena	(Tænianote) Taenionotus
(Hémiptéronote) Hemiteronotus	(Centrolophe) Centrolophus
(Coryphénoïde) Coryphaenoide	(Chevalier) Eques

18. Holobrânquios cefalotes

(Gobiésoce) Lepadogaster dentex	(Cotte) Cottus
(Aspidophore) Aspidophora	(Scorpène) Scorpaena
(Aspidophoroïde) Aspidophoroide	

19. Holobrânquios dáctilos

(Dactyloptère) Dactylopterus	(Trigle) Trigla
(Prionote) Prionotus	(Péristédion) Peristedion

20. Holobrânquios heterósomos

(Pleuronecte)
(Achire) Achirus

21. Holobrânquios acantópomos

(Lutjan) Lutjanus	(Sciène) Sciaena
(Centropome) Centropomus	(Microptère) Micropterus
(Bodian) Bodianus	(Holocentre) Holocentrus
(Tænionote) Taenionotus	(Persèque) Perca

22. Holobrânquios leptósomos

(Chétodon) Chetodon	(Acanthure) Acanthurus
(Acanthinion) Acanthinia	(Aspisure) Aspisurus
(Chétodiptère) Chetodipteron	(Acanthopode) Psettus
(Pomacentre) Pomacentrus	(Sélène) Selena
(Pomadasys) Roncadores	(Argyréiose) Argyriosus
(Pomacanthe) Pomacanthus	(Zée) Zeus
(Holacanthe) Holacanthus	(Gal) Gallus
(Enoplose) Prochilus	(Chrysostose) Lampris
(Glyphisodon) Apocryptodon	(Caprose) Capros

HOLOBRÂNQUIOS ABDOMINAIS

Nadadeiras pares ventrais localizadas pouco acima do ânus.

23. Holobrânquios sifonóstomos

(Fistulaire) Fistularia
(Aulostome) Aulostoma
(Solénostome) Soullenostoma

24. Holobrânquios cilindrósomos

(Cobite) Cobitis	(Amie) Amia
(Misgurne) Misgurnos	(Butyrin) Butyrinus
(Anableps) Tralhoto	(Triptéronote) Tripteronotus
(Fondule) Fundulus	(Ompolk) Ompok
(Colubrine) Colubrinus	

25. Holobrânquios oplóforos

(Silure) Silurus	(Doras) Cascarudos
(Macroptéronote) Clarias	(Pogonate) Pogonatus
(Malaptérure) Malapterurus	(Cataphracte) Cataphractus
(Pimélode) Pimelodus	(Plotose) Plotosus
(Agénéiose) Ageniosus	(Hypostome) Loricaria plecostomus
(Macroramphose) Macroramphosus	(Corydoras) Coridora
(Centranodon)	(Tachysure) Tachysurus
(Loricaire) Loricaria	

26. Holobrânquios diméridos

(Cirrhite) Cirritos	(Polynème) Polynemus
(Cheilodactyle) Cheilodactylus	(Polydactyle) Polydactilus

27. Holobrânquios lepídomos

(Muge) Mugil	(Chanos) Channa
(Mugiloïde) Mugiloide	(Mugilomore) Mugilomorus

28. Holobrânquios gimnópomos

(Argentine) Argentina	(Clupanodon) Arenque-comum / Clupea
(Athérine) Atherina	(Serpe) Gasteropleucus
(Hydrargyre) Hydragyrus	(Méné) Notropis
(Stoléphore) Stolephorus	(Dorsuaire) Dorsuaria
(Buro)	(Xystère) Xystera
(Clupée) Clupea	(Cyprin) Cyprineus
(Myste) Mystus	

29. Holobrânquios dermópteros

(Salmone) Salmão	(Characin) Characinus
(Osmère) Osmerus	(Serrasalme) Serrasalmus
(Corrégone) Corregonus	

30. Holobrânquios siagonotos

(Elope) Elops	(Sphyrène) Sphyraenae
(Mégalope) Megalops	(Lépisostée) Lepisoteus
(Esoce) Esox	(Polyptère) Polypterus
(Synodon) Synodontis	(Scombrésoce) Scombresox

** *Opérculo que recobre as brânquias; ausência de membranas.*

ESTERNÓPTIDOS

31. ....

(Sternoptyx)

*** *Não possuem opérculos que recobrem as brânquias, apenas uma membrana.*

CRIPTOBRÂNQUIOS

32. ....

(Mormyre) Mormyrus
(Stéléphore) Stylephorus

**** *Não possuem nem membranas nem opérculos que recobrem as brânquias; não possuem nadadeiras pares ventrais.*

OFÍCTIOS

33. ....

(Unibranche aperture) Synbranchus	(Murénophis) Muraenophis
(Sphagébranche) Sphagebranchus	(Gymnomurène) Gymnomuraena

Nota. Uma vez que o esqueleto começou a se formar nos peixes, provavelmente os menos aperfeiçoados são aqueles que denominamos cartilaginosos e, consequentemente, o mais imperfeito de todos vem a ser o gasterobrânquio que Lineu classificou como um verme sob o nome de Myxine. Assim, na ordem que seguimos, o gênero gasterobrânquio deve vir à frente dos peixes porque ele é o menos aperfeiçoado.

RÉPTEIS
12ª *classe do reino animal*

Animais ovíparos, vertebrados e de sangue frio. Respiram incompletamente através de um pulmão quando se tornam adultos e possuem a pele lisa ou recoberta por escamas ou por um tegumento ósseo.

Observações

O progresso quanto ao aperfeiçoamento da organização é notável nos répteis se comparamos esses animais com os peixes. Isso porque neles encontramos pela primeira vez o *pulmão*, que sabemos ser o órgão respiratório mais perfeito, visto que é o mesmo que o do homem. Mas ainda encontra-se apenas esboçado e em muitos répteis não desempenha nenhum papel nos primeiros anos de vida: na verdade, eles respiram de maneira incompleta, pois somente uma parte do sangue é enviada para o pulmão.

Também neles é que vemos pela primeira vez, de maneira distinta, os quatro membros tais como o do plano dos animais vertebrados, sejam eles apresentados como apêndices, sejam uma parte do esqueleto de sustentação.

QUADRO DOS RÉPTEIS

1ª ORDEM – RÉPTEIS BATRÁQUIOS

O coração possui apenas uma única aurícula; a pele é nua; apresentam duas ou quatro patas e brânquias nos primeiros anos de vida; ausência de acasalamento.

Urodelos

(Sirène) Siren	(Triton) Triturus
(Protée) Proteus	(Salamandre) Salamandra

Anuros

(Rainette) Hyla	(Pipa) Sapo-pipa
(Grenouille) Rã	(Crapaud) Bufo

2ª ORDEM – RÉPTEIS OFÍDEOS (ou SERPENTES)

O coração possui apenas uma única aurícula; o corpo é alongado e estreito; ausência de patas, nadadeiras e pálpebras.

Homodermos

(Cécilie) Caecilia	(Ophisaure) Ophisaurus
(Amphisbène) Amphisbaena	(Orvet) Anguis
(Acrochorde) Acrochordus	(Hydrophide) Hydrophis

Heterodermos

(Crotale) Crotalus	(Erix) Eryx conicus
(Scytale) Surucucu	(Vipère) Vipera
(Boa) Jiboia	(Couleuvre) Coluber
(Erpeton) Espetum Tentaculatum	(Plature) Colubrinus laudicaudatus ou Hydrus Colubrinus

3ª ORDEM – RÉPTEIS SAURIANOS

O coração possui duas aurículas; o corpo é escamado e munido de quatro patas; possui unhas nos dedos e dentes nos maxilares.

Tereticaudos

(Chalcides) Chalcides	(Agame) Agama
(Scinque) Scincus	(Lézard) Lagarto
(Gecko) Geckolepis	(Iguane) Iguana
(Analis) Anolius	(Stellion) Stellio
(Dragon) Draco	(Caméléon) Chamaleo

Planicaudos

(Uroplate) Uroplatus	(Lophyre) Lophyrus
(Tupinambis) Teiú	(Dragone) Dracaena
(Basilic) Basiliscus	(Crocodile) Crocodilus

4ª ORDEM – RÉPTEIS QUELÔNIOS

O coração possui duas aurículas; o corpo é envolto por uma carapaça, possui quatro patas; ausência de dentes nos maxilares.

(Chélonée) Chelonia	(Emyde) Emys
(Chélys) Tracajá	(Tortue) Tartaruga

6º GRAU DA ORGANIZAÇÃO

Nervos terminam em uma medula espinhal e em um cérebro que preenche a cavidade do crânio; o coração possui dois ventrículos e o sangue é quente. (*Aves e mamíferos.*)

AVES
13ª *classe do reino animal*

Animais ovíparos, vertebrados e de sangue quente; respiração completa através dos pulmões aderentes e perfurados; possuem quatro membros articulados, sendo dois sob forma de asas; plumas sobre a pele.

Observações

Seguramente, as aves possuem uma organização mais aperfeiçoada do que a dos répteis e do que aquelas de todos os outros animais precedentes, pois possuem sangue quente, coração com dois ventrículos e um cérebro que preenche toda a cavidade craniana; características que compartilham com os animais mais perfeitos que compõem a última classe.

No entanto, claramente as aves só ocupam o penúltimo nível da escala animal por serem menos aperfeiçoadas do que os mamíferos, já que ainda são ovíparas, carecem de mamas, são desprovidas de diafragma, de uma melhor vascularização etc., ou seja, possuem uma menor quantidade de faculdades.

No quadro a seguir, podemos notar que as quatro primeiras ordens englobam as aves cujos filhotes não são capazes de andar ou de nutrir-se assim que saem do ovo. Contrariamente, as três últimas compreendem as aves cujos filhotes andam e se nutrem por si mesmos desde o momento em que saem do ovo. Por fim, a sétima ordem, aquela dos *palmípedes*, parece-me conter as aves que mais se aproximam, por suas relações, dos primeiros animais da classe seguinte.

QUADRO DAS AVES

1ª ORDEM – OS TREPADORES
Possuem dois dedos anteriores e dois posteriores.

Trepadores levirostros

(Perroquet) Papagaio	(Touraco) Corytahaix
(Cacatoës) Cacatus	(Couroucou) Trogon
(Ara) Arara	(Musophage) Musophaga
Barbu (Bucco)	(Toucan) Tucano

Trepadores cuneirostros

(Pic) Picus	(Ani) Crotophaga
(Torcol) Yunx	(Coucou) Cuculus
(Jacamar) Jacamar	

2ª ORDEM – AVES DE RAPINA
Um único dedo posterior; dedos anteriores inteiramente livres; bico e unhas recurvados.

Rapina noturnas
(Chouette) Coruja
(Duc) Bubo
(Surnie) Surnia

Rapina nudícolas
(Sarcoramphe) Sarcoramphus
(Vautour) Abutre

Rapina plumícolas

(Griffon) Aegypius	(Buse) Bútio
(Messager) Serpentarius	(Autour) Açor
(Aigle) Águia	(Faucon) Falcão

3ª ORDEM – PASSERIFORMES

Um único dedo posterior; os dedos anteriores encontram-se reunidos; os tarsos são medíocres em altura.

Pássaros crenirostros

(Tangara) Tangará	(Cotinga) Cotinga cotinga
(Pie-grièche) Picanço	(Merle) Melro
(Gobe-mouche) Papa-moscas	

Pássaros dentirostros

(Calao) Buceros
(Momot) Momotus
(Phytotome) Phytotomus

Pássaros plenirostros

(Mainate) Eulabe	(Corbeau) Corvus
(Paradisier) Paradisea	(Pie) Pica
(Rollier) Coracias	

Pássaros conirostros

(Pique-bœuf) Buphaga	(Bec-croisé) Crucirostra
(Glaucope) Callaeas	(Loxie) Loxia
(Troupiale) Icterus	(Coliou) Colius
(Cacique) Cacicus	(Moineau) Fringilla
(Estourneau) Sturnus	(Bruant) Emberiza

Pássaros subulirostros

(Manakin) Manaquim	(Alouette) Alanda
(Mésange) Parus	(Bec-fin) Motacilla

Pássaros planirostros

(Martinet) Apus
(Hirondelle) Andorinha
(Engoulevent) Caprimulgus

Pássaros tenuirostros

(Alcyon) Alcedo	(Guêpier) Merops
(Todier) Todus	(Colibri) Trochilus
(Sittelle) Sitt	(Grimpereau) Certhia
(Orthorinque) Orthorincus	(Huppe) Upupa

4ª ORDEM – COLOMBIFORMES

Bico mole, flexível, com base achatada; narinas recobertas por uma pele mole; asas apropriadas ao voo; dois ovos resultantes dos acasalamentos.

(Pigeon) Pomba

5ª ORDEM – GALINÁCEAS

Bico rígido, curvado, com base arredondada; vários ovos resultantes dos acasalamentos.

Galináceas alétridas

(Outarde) Otis	(Pintade) Galinha d'angola
(Paon) Pavão	(Hocco) Crax
(Tétras) Tetrao	(Guan) Jacu
(Faisan) Phasianus	(Dindon) Meleagris

Galináceas braquípteras

(Dronte) Didus	(Touyou) Rhea
(Casoar) Casuarius	(Autruche) Avestruz

6ª ORDEM – PERNALTAS

Tarsos bastante longos, desprovido de plumas até a perna; dedos externos reunidos em sua base.

(Aves costeiras)

Pernaltas pressirostros

(Jacana) Parra	(Gallinule) Gallinula
(Râle) Rallus	(Foulque) Fulica
(Huîtrier) Hoematopus	

Pernaltas cultrirostros

(Bec-ouvert) Hyans	(Grue) Grus
(Héron) Ardea	(Jabiru) Jaburu
(Cigogne) Ciconia	(Tantale) Tantalus

Pernaltas teretirostos

(Avocette) Recurvirostra	(Vanneau) Tringa
(Courlis) Numenius	(Pluvier) Charadrius
(Bécasse) Scolopax	

Pernaltas latirostros

(Savacou) Cancroma
(Spatule) Platalea
(Phénicoptère) Phoenicopterus

7ª ORDEM – PALMÍPEDES

Dedos reunidos por membranas largas; tarsos pouco elevados.
(Aves aquáticas, nadadoras)

Palmípedes venípedes

(Anhinga) Plotus	(Frégate) Pelecanus aquilus
(Phaéton) Phaethon	(Cormoran) Cormorão
(Fou) Sula	(Pélican) Pelicano

Palmípedes serrirostros

(Harle) Mergus
(Canard) Anas
(Flammant) Phaenicopterus

Palmípedes longípenos

(Mauve) Larus	(Avocette) Beija-flor de bico virado
(Albatros) Albatroz	(Sterne) Sterna
(Pétrel) Procellaria	(Rhincope) Rhincops

Palmípedes brevípenos

(Grèbe) Colymbus	(Pingoin) Alca torda
(Guillemot) Uria	(Manchot) Pinguim
(Alque) Alca	

*MONOTREMADOS, *Geoff.*

Animais que ocupam uma localização intermediária entre as aves e os mamíferos. Esses animais são quadrúpedes e não têm mamas, dentes e lábios; possuem apenas um orifício para os órgãos genitais, os excrementos e a urina; o corpo é recoberto de pelos ou de espinhos.

Ornitorrincos

Equidnas

Nota. Eu já falei desses animais no sexto capítulo, p.125, onde mostrei que eles não são nem mamíferos, nem aves, nem répteis.

MAMÍFEROS
14ª classe do reino animal

Animais vivíparos com mamas; apresentam dois ou quatro membros articulados; respiração completa através dos pulmões alveolados que não se comunicam com o exterior; apresentam pelos que recobrem algumas partes do corpo.

Observações

Na ordem da natureza, que procede evidentemente do mais simples ao mais complexo com relação às operações do corpo vivo, os mamíferos constituem necessariamente a última classe do reino animal.

Essa classe compreende efetivamente os animais mais perfeitos, aqueles que possuem o maior número de faculdades e que possuem maior inteligência; por fim, aqueles cuja organização é a mais complexa.

Esses animais, cuja organização mais se aproxima daquela do homem, por essa razão oferecem um conjunto de sentidos e de faculdades mais aperfeiçoado do que todos os outros. Eles são os únicos verdadeiramente vivíparos e que possuem mamas para o aleitamento de seus filhotes. Dessa maneira, os mamíferos apresentam a maior complexidade na organização animal e, portanto, o verdadeiro termo do aperfeiçoamento e do número de faculdades que, com o auxílio dessa organização, a natureza pôde dar aos corpos vivos. Eles encerram, assim, a imensa série de animais existentes.

QUADRO DOS MAMÍFEROS

1ª ORDEM – MAMÍFEROS EX-UNGULADOS

Dois membros apenas: eles são anteriores, curtos, achatados, próprios à natação; não apresentam unhas ou cornos.

Cetáceos

(Baleine) Baleia	(Narval) Monodon
(Baleinoptère) Balaenoptera	(Anarnak) Anarnacus
(Physale) Physalus	(Delphinaptère) Delphinapterus
(Cachalot) Cachalote	(Dauphin) Golfinho
(Physétère) Physeterus	(Hypérodon) Hyperodon

2ª ORDEM – MAMÍFEROS ANFÍBIOS

Quatro membros: os dois anteriores são curtos no formato de nadadeiras com unhas em seus dedos; os membros posteriores são voltados para trás, reunidos na extremidade inferior do corpo no formato de uma cauda de peixe.

(Phoque) Foca	(Dugong) Dugongo
(Morse) Morsa	(Lamantin) Trechechus

Observação

Essa ordem está aqui colocada somente pela relação que possui com a forma geral dos animais que ela abarca. *Ver* minha observação p.123-4.

3ª ORDEM – MAMÍFEROS UNGULADOS

Quatro membros que são apropriados exclusivamente para a marcha: seus dedos são inteiramente envolvidos, em sua extremidade por material córneo que denominamos casco.

Solípedes

(Cheval) Equus caballus

Ruminantes ou Bissulcos

(Bœuf) Boi	(Cerf) Cervo
(Antilope) Antílope	(Giraffe) Camelopardalis
(Chèvre) Cabra	(Chameau) Camelus
(Brebis) Ovelha	(Chèvrotain) Moschus

Paquidermos

(Rhinocéros) Rhinoceros	(Cochon) Porco
(Daman) Hyrax	(Éléphant) Elefante
(Tapir) Tapirus	(Hippopotame) Hipopótamo

4ª ORDEM – MAMÍFEROS UNGUICULADOS

Quatro membros: unhas achatadas ou pontiagudas na extremidade de seus dedos, com invólucros ausentes.

Tardígrados

(Paresseux) Bradypus

Desdentados

(Fourmiller) Tamanduá	(Oryctérope) Orycteropus
(Pangolin) Pangolim	(Tatou) Tatu

Roedores

(Kangurou) Macropus

(Lièvre) Lebre	(Aspalax) Myospalax Aspalax
(Coendou) Coendus	(Écureuil) Scirius
(Porc-épic) Porco-espinho	(Loir) Leirão cinzento
(Aye-aye) Cheromis	(Hamster) Hamster
(Phascolome) Phascholomys	(Marmotte) Marmota
(Hydromys) Hydromys chrysogaster	(Campagnol) Synaptomys
(Castor) Castor	(Ondatra) Rato-almiscarado
(Cabiai) Capivara	(Rat) Rato

Pedímanos

(Sarigue) Didelphis	(Wombat) Phascolomys
(Péramèle) Perameles	(Coescoës) Spilocuscus
(Dasyure) Dasyurus	(Phalanger) Phalangista

Plantígrados

(Taupe) Toupeira	(Blaireau) Taxus
(Musaraigne) Sorex	(Coati) Quati
(Ours) Ursus	(Hérisson) Erimaceus
(Kinkajou) Caudivolvulus	(Tenrec) Centene

Digitígrados

(Loutre) Lutra	(Chat) Gato
(Mangouste) Herpestes	(Civette) Viverra
(Moufette) Mephitis	(Hyène) Hiena
(Marte) Mustella	(Chien) Cachorro

Quirópteros

(Galéopithèque) Galeopithecus	(Noctilion) Noctilio
(Rhinolophe) Rhinolophus	(Chauve-souris) Vespertilio
(Phyllostome) Phylostoma	(Roussette) Pteropus

Quadrúmanos

(Galago) Otolicnus	(Lori) Nycticebus
(Tarsier) Tarsius	(Maki) Lemures
(Indri) Indri	(Alouate) Mycete
(Guenon) Cercopthecus	(Magot) Macaca sylvanus
(Babouin) Papio	(Pongo) Orangotango
(Sapajou) Sapajus	(Orang) Pithecus

Nota. Segundo a ordem que vou apresentar, a família dos quadrúmanos são os mais perfeitos animais conhecidos, sobretudo os últimos gêneros dessa família. Com efeito, o gênero ORANG (*pithecus*)[22] encerra a ordem

---

22 O gênero Orang (*Pithecus*), mencionado por Lamarck, será denominado Pithèque por Étienne Geffroy Saint-Hillaire, em 1812. Essa denominação agrupa o orango-

inteira, como a mônada a inicia. Quanta diferença com relação à organização e às faculdades entre os animais desses gêneros!

Os naturalistas que têm considerado o homem apenas relativamente à organização colocaram-no em seis variações conhecidas de um gênero particular que, por sua vez, constitui uma única família à parte, caracterizada da seguinte maneira.

BÍMANOS

Mamíferos com membros separados, unguiculados que apresentam três tipos de dentes e polegares oponíveis somente nas mãos.

Homem

	Caucasiano
	Hiperbóreo
Variações	Mongol
	Americano
	Malaio
	Etíope ou negro

Deu-se a essa família o nome de bímanos porque, com efeito, apenas no homem as mãos possuem um polegar separado com dedos oponentes, enquanto nos quadrúmanos as características do polegar são as mesmas nas mãos e nos pés.

Algumas observações relativas ao homem

Se o homem fosse distinto dos animais apenas relativamente à sua organização seria simples mostrar que as características dessa organização, utilizada para compor uma família à parte em todas as suas variações, são o produto de antigas mudanças de suas ações e dos hábitos que adquiriram tornando-se particulares aos indivíduos de sua espécie.

---

tango (*Pithecus satyrus*), algumas variedades do Gibão (*Pithecus lar*, *Pithecus variegatus* e *Pithecus leuciscus*). (N. T.)

Efetivamente, se uma raça qualquer de quadrúmanos, sobretudo a mais aperfeiçoada dentre elas, perdesse, pelas necessidades das circunstâncias, ou por quaisquer outras causas, o hábito de subir em árvores e de se pendurar em seus ramos tanto com os pés quanto com as mãos para nelas se segurar; e se os indivíduos dessa raça, durante uma sequência de gerações, fossem forçados a servir-se apenas dos pés para caminhar e parassem de empregar suas mãos como se fossem pés, não é de se duvidar, após as observações expostas no capítulo precedente, que esses quadrúmanos seriam, enfim, transformados em bímanos e que os polegares dos pés não ficariam mais afastados dos dedos, de modo que esses pés serviriam apenas para caminhar.

Além disso, se os indivíduos dos quais falo, movidos pela necessidade de dominar e de enxergar mais longe e mais amplamente, se esforçassem para manter-se em pé e propagassem esse hábito constantemente de geração em geração, ainda assim, não há dúvidas de que seus pés adotariam, de maneira insensível, uma conformação própria para mantê-los em uma postura ereta. Suas pernas adquiririam uma barriga (panturrilha) e esses animais apenas penosamente poderiam andar ao mesmo tempo sobre seus pés e suas mãos.

Por fim, se esses mesmos indivíduos cessassem de empregar seus maxilares como armas para morder, lacerar, apreender ou como garras, que servem para arrancar as folhas para delas se nutrirem, e se servissem deles apenas para a mastigação, não há dúvidas que o ângulo facial se tornaria mais aberto, que o focinho encolheria cada vez mais até se extinguir inteiramente, tornando assim os incisivos verticais.

Supõe-se então que uma raça de quadrúmanos, a mais aperfeiçoada, uma vez tendo adquirido, a partir dos hábitos constantes de todos os seus indivíduos, a conformação citada, bem como tendo adquirido a faculdade de permanecer e de caminhar em pé, veio em seguida a dominar as outras raças de animais, do que podemos conceber que:

1) Essa raça, a mais aperfeiçoada em suas faculdades, tendo alcançado a capacidade de dominar as outras, poderá conquistar, na superfície do globo, todos os lugares que lhe convier.
2) Ela poderá caçar outras raças eminentes, disputar com elas os bens da terra, obrigando-as a se refugiar em lugares que ela não ocupa.

3) Ao impedir uma grande multiplicação das raças que se avizinham pelas relações e tendo-as relegado a bosques e a outros lugares desertos, tendo assim estagnado o progresso e o aperfeiçoamento das faculdades dessas raças, enquanto ela mesma, senhora de si por ter-se disseminado por todos os outros lugares, se multiplicado sem os obstáculos impostos pelas outras e passado a viver numa população numerosa, terá criado, sucessivamente, novas necessidades que irão impelir sua indústria e o aperfeiçoamento gradual de seus meios e de suas faculdades.

4) Finalmente, essa raça proeminente, uma vez tendo adquirido supremacia absoluta sobre todas as outras, terá instaurado entre ela e os animais mais aperfeiçoados uma diferença e uma distância consideráveis. Assim, a raça mais perfeita de quadrúmanos poderá modificar seus hábitos como consequência do império absoluto que terá imposto sobre os das outras a partir de suas novas necessidades; ao incorporar progressivamente as modificações na sua organização, além de novas e numerosas faculdades; limitar os mais aperfeiçoados das outras raças ao estado que eles alcançaram; e estabelecer entre ela e essas últimas distinções muito marcantes.

O orangotango-d'Angola (*Simia troglodytes*, Lineu) é o mais aperfeiçoado dos animais: ele o é ainda mais do que o orangotango-das-índias (*Simia Satyrus*, Lineu), que denominamos orangotango; e, todavia, com relação à sua organização, tanto um quanto outro são muito inferiores ao homem em suas faculdades corporais e em sua inteligência.[23] Esses animais permanecem eretos em muitas ocasiões, mas não possuem o hábito constante de se manterem dessa forma e sua organização não foi suficientemente modificada; de modo que a *bipedestação* para eles é uma posição difícil e muito incômoda.

Sabe-se, pelos relatos dos viajantes, sobretudo no que diz respeito aos orangotangos (das-índias), que estes, ao pressentirem um perigo que os obriga a fugir, rapidamente recaem sobre suas quatro patas. Isso revela,

---

23 Veja em minhas *Recherches sur l'organisations des corps vivants* op. cit., p.136, algumas considerações sobre o orangotango-d'Angola. (N. A.)

por assim dizer, a verdadeira origem desse animal, uma vez que é forçado a deixar essa postura estranha que lhe foi imposta.

Sem dúvida, essa postura lhe é estranha, pois em seus deslocamentos, ele pouco se utiliza dela, o que faz que, para a sua organização, ela seja ainda pouco apropriada. Por ser mais fácil ao homem, ele adotou a bipedestação, mas essa atitude é natural a ele?

O homem, por ter mantido os hábitos nos indivíduos de sua espécie por uma longa sequência de gerações, só poderia se manter ereto ao se deslocar. No entanto, para ele, essa postura não é menos fatigante, pois, nela, ele só consegue permanecer durante um período limitado de tempo com o auxílio da contração de diversos de seus músculos.

Se a coluna vertebral do corpo humano formasse o eixo de seu corpo e sustentasse a cabeça em equilíbrio, assim como as outras partes, o homem ereto poderia nela se encontrar em repouso. Ora, e quem não sabe que isso não acontece? A cabeça não se articula no centro de gravidade. O tórax e o ventre, assim como as vísceras que se encerram nessas cavidades, pesam quase inteiramente sobre a porção anterior da coluna vertebral que repousa apenas sobre uma base oblíqua etc. Como observa o sr. Richerand, também é necessário que, na bipedestação, haja uma força de atividade constante para prevenir as quedas, nas quais o peso e a disposição das partes tendem a impulsionar o corpo.

Após ter desenvolvido as considerações relativas à bipedestação do homem, o mesmo erudito se exprime da seguinte maneira: "O peso relativo à cabeça, às vísceras torácicas e abdominais tende, portanto, a inclinar anteriormente para uma linha que recai sobre o plano que sustenta todas as partes do corpo. Essa linha deve ser perpendicular a esse plano para que a bipedestação seja perfeita. O seguinte fato vem a corroborar essa asserção: observei que as crianças, cuja cabeça é volumosa, o ventre saliente e as vísceras sobrecarregadas de gordura, dificilmente conseguem permanecer em pé. Somente após o fim do seu segundo ano é que elas ousam se abandonar nessa posição pelas próprias forças; elas estão expostas a quedas constantes e possuem uma tendência natural a retornar ao estado quadrúpede".[24]

---

24 *Physiologie*, v.II, p.628. (N. A.)

Essa disposição das partes faz que no homem a bipedestação seja um estado de ação em vez de um estado de repouso, portanto fatigante, desvelando assim sua origem análoga àquela dos outros mamíferos, se levarmos em consideração apenas a sua organização.

Para acompanhar, em todos os seus pontos, a suposição apresentada desde o início dessas observações, convém reuni-la às considerações seguintes.

Os indivíduos da raça dominante em questão, uma vez abrigados em locais confortáveis de habitação multiplicaram consideravelmente suas necessidades e, à medida que as sociedades que eles aí formaram tornaram-se mais numerosas, de maneira similar precisaram multiplicar suas ideias e comunicá-las a seus semelhantes. Concebe-se que disso resulta a necessidade de aumentar e variar, na mesma proporção, os *signos* apropriados para a comunicação de tais ideias. É evidente, portanto, que os indivíduos dessa raça realizaram contínuos esforços e empregaram todos os seus recursos para criar, multiplicar e variar suficientemente os *signos* que suas ideias e suas numerosas necessidades passaram a exigir.

Isso não ocorre aos outros animais, pois mesmo os mais aperfeiçoados, como os quadrúmanos, vivem em sua maioria em bandos. Apesar da eminente supremacia de sua raça, permaneceram sem progresso no aperfeiçoamento de suas faculdades, sendo perseguidos por toda parte e relegados a lugares selvagens, desérticos, raramente espaçosos onde, miseráveis e atormentados, são constrangidos a fugir e a se esconder. Nessas condições, esses animais não constroem novas necessidades e não adquirem ideias novas; estas são poucas e sempre as mesmas a ocupá-los, de modo que somente uma pequena parte é destinada à comunicação com outros indivíduos de sua espécie. A eles são necessários apenas poucos e diferentes *signos* utilizados para se comunicar entre seus semelhantes, bem como alguns movimentos do corpo ou apenas de certas partes deste, assobios e gritos entoados pela simples inflexão da voz já são suficientes a eles.

Ao contrário, os indivíduos da raça dominante, como mencionamos, precisaram multiplicar os *signos* para comunicar rapidamente suas ideias, que se tornaram cada vez mais numerosas e não mais condiziam com *signos* pantomímicos ou com as possíveis inflexões de voz para representar uma multidão de *signos* que se tornaram necessários e só foram alcançados através de diferentes esforços para formar *sons articulados*: no início empregaram apenas um pequeno número conjuntamente com inflexões de voz, em seguida multiplicaram, variaram e os aperfeiçoaram segundo o aumento de suas necessidades e capacidades de produzi-los. Com efeito, o exercício habitual da fonação, da língua e dos lábios para articular os sons desenvolveu essa faculdade de maneira eminente.

Daí, para essa raça particular, a origem da admirável faculdade de *falar*; e a origem das línguas diferentes em diferentes lugares decorre do fato de que a distância entre os locais em que se espalharam os indivíduos favorece a corrupção dos signos convenientes para veicular cada ideia.

Assim, desse ponto de vista, as necessidades terão realizado tudo: deram ensejo ao nascimento dos esforços e dos órgãos apropriados para as articulações dos sons que se desenvolveram pelo emprego habitual.

Essas seriam as reflexões que poderíamos fazer se considerarmos o homem enquanto raça proeminente e distinta da dos outros animais apenas pelas características de sua organização, tendo uma origem comum que não difere da dos outros.

Fim da primeira parte.

Adendos
Relativos aos capítulos VII e VIII
da primeira parte

Nos últimos dias de junho de 1809, a Coleção de Animais do Museu de História Natural recebeu uma foca, conhecida pelo nome de vitelo marinho (foca vitulina), que foi enviada viva de Boulogne e, na ocasião, tive oportunidade de observar os movimentos e os hábitos desse animal. O resultado é que passei a acreditar ainda mais vivamente que esse mamífero anfíbio encontrava-se mais próximo em suas relações dos mamíferos unguiculados do que dos outros, ainda que sejam grandes as diferenças de sua forma geral quando comparada com a forma desses mamíferos (unguiculados).

Suas patas traseiras, embora bastante curtas, assim como as patas dianteiras, são livres e bem separadas da cauda, que é pequena, mas muito distinta, capaz de se mover com facilidade e de diferentes maneiras. Com os pés conseguem até mesmo pegar os objetos como se fossem verdadeiras mãos.

Fiz notar que esse animal é capaz de unir suas patas traseiras como nós juntamos as mãos. Elas podem afastar seus dedos, que possuem membranas entre si, formando assim uma espécie de paleta bastante larga da qual se utiliza para se deslocar na água, da mesma maneira que os peixes se servem de sua nadadeira caudal.

Essa foca se arrasta com rapidez sobre a terra com o auxílio de um movimento ondulatório do corpo, porém sem nenhum auxílio de suas patas traseiras, que permanecem inativas e estendidas. Ao se arrastar assim, ela dá algumas sacudidas em suas patas dianteiras apoiando o braço sobre o punho, sem se servir particularmente da pata. Ela apanha a presa com as patas traseiras ou com a boca e, ainda que se sirva de suas patas dianteiras para lacerar a presa que possui na boca, parece-me que suas patas dianteiras são utilizadas principalmente como ferramentas natatórias para se deslocar na água. Enfim, como esse animal encontra-se frequentemente e por períodos prolongados dentro da água, onde se alimenta, notei que ela fecha completamente e com facilidade as narinas, assim como fechamos os olhos, o que a ela é muito útil, uma vez que permanece mergulhada no líquido em que habita.

Como essa foca é bastante conhecida, não farei nenhuma descrição dela. Meu objeto aqui é somente fazer notar que os mamíferos anfíbios possuem suas patas traseiras na mesma direção que o eixo de seu corpo, pois esses animais se encontram habitualmente constrangidos a empregá-las como uma nadadeira caudal. Ao reuni-las e alargá-las com o afastamento dos dedos, tem-se uma paleta resultante de sua união. Agora eles podem, com essa nadadeira artificial, mover a água para a esquerda ou para a direita, acelerar seu deslocamento e variar sua direção.

As duas patas traseiras das focas, que se encontram muito frequentemente reunidas e são empregadas para formar uma nadadeira, não teriam apenas essa direção traseira que prolonga o seu corpo, mas podem estar fundidas, como as das morsas, caso os animais de que tratamos aqui não se servissem muito frequentemente dessas patas para carregar a presa. Ora, os movimentos particulares que essas ações exigem permitem às patas traseiras das focas reunirem-se inteiramente apenas por alguns instantes.

As morsas, ao contrário, que estão habituadas a nutrir-se das ervas que brotam na costa, nunca empregam suas patas traseiras para formar uma nadadeira caudal. Essas patas, na maior parte das morsas, já se encontram fundidas, assim como a cauda, e não podem mais se separar.

Eis aqui uma nova prova do produto dos hábitos sobre a forma e o estado dos órgãos para os animais que possuem origem semelhante, prova que reúno a todas aquelas que já expus no Capítulo VII, da primeira parte desta obra.

Eu poderia acrescentar uma outra ainda mais impressionante, relativamente aos mamíferos, para quem o voo parece ser uma faculdade estrangeira, ao mostrar como, depois daqueles mamíferos que podem apenas dar grandes saltos seguidos daqueles que voam perfeitamente, a natureza produziu gradualmente extensões na pele desses animais de maneira a lhes conferir, finalmente, a faculdade de voar como as aves, sem que tenha para isso mais nenhuma relação com a sua organização.

Com efeito, os esquilos voadores (*sciurus volans, aerobates, petaurista, sagitta, volucella*), não tão antigos como aqueles que irei citar, pelo hábito de estender seus membros para saltar e por formar de seu corpo uma espécie de paraquedas, são capazes de realizar um salto bastante prolongado desde que se joguem embaixo de uma árvore ou saltem de uma árvore a outra que se encontra numa distância mediana. Ora, pelas frequentes repetições de saltos similares nos indivíduos dessas raças, a pele de seus flancos dilatou-se em cada lado, formando assim uma membrana frouxa que reúne as patas posteriores às anteriores e abraçam um grande volume de ar, impedindo-os de cair bruscamente. Esses animais não possuem membranas entre os dedos.

Os *galeopithecus* (lêmures voadores), sem dúvida, mais antigos apresentam os mesmos hábitos do que os esquilos voadores (*pteromis* de Geoffroy). Possuem a pele dos flancos mais ampla, ainda mais desenvolvida, que reúne não apenas as patas posteriores às anteriores, mas, além disso, estende-se entre os dedos bem como entre a cauda e os pés traseiros. Ora, eles executam saltos ainda maiores do que os anteriores, sendo capazes de realizar uma espécie de voo.

Por fim, os diversos morcegos são mamíferos provavelmente ainda mais antigos que os *galeopithecus* no hábito de estender os membros, ou mesmo os dedos, para abraçar um grande volume de ar e se sustentar quando se lançam à atmosfera.

Desses hábitos, que foram contraídos e conservados durante um longo tempo, o morcego obteve não apenas membranas laterais, mas também um alongamento extraordinário dos dedos de suas mãos anteriores (com exceção do polegar), dentre os quais existem membranas muito amplas que os unem, de modo que essas membranas das patas dianteiras têm continuidade com aquela dos flancos e com aquelas que unem a cauda às duas patas traseiras, constituindo assim, para esses animais, grandes asas membranosas com as quais eles voam perfeitamente, como todos já sabem.

Vê-se, portanto, o poder dos hábitos, como eles influenciam a conformação das partes e, após algum tempo, a aquisição de algumas faculdades e não de outras.

Com relação aos mamíferos anfíbios aos quais me referi há pouco, tenho o orgulho de comunicar aos meus leitores as seguintes reflexões, que todos os objetos que levei em consideração nos meus estudos fizeram nascer e parecem confirmar cada vez mais.

Não tenho a menor dúvida de que os mamíferos não são provenientes das águas e que talvez elas não sejam o berço do reino animal inteiro.

Efetivamente, vê-se ainda que os animais menos aperfeiçoados também são os mais numerosos e vivem apenas na água, de modo que é provável, como eu disse,[1] que foi somente na água, ou em lugares muito úmidos, que a natureza operou e ainda opera, em circunstâncias favoráveis, das gerações diretas ou espontâneas que promovem os animálculos mais simples em sua organização e deles seriam provenientes de maneira sucessiva todos os outros animais.

Sabe-se que os infusórios, os pólipos e os radiados vivem apenas na água e que alguns vermes vivem na água assim como outros habitam lugares muito úmidos.

Ora, com relação aos vermes, estes parecem formar um ramo inicial da escala dos animais, assim como é evidente que os infusórios formam outro ramo, e podemos pensar que, dentre eles, os que são de fato aquáticos, ou seja, que não habitam os corpos de outros animais, tal como o *gordius* ou outros que ainda não conhecemos, são, sem dúvida, muito diversificados e que, dentre os vermes aquáticos, aqueles que se habituaram a estar expostos ao ar provavelmente originaram os insetos anfíbios, tais como os *tipula*, as *efeméridas* etc. etc., os quais sucessivamente geraram todos os insetos que vivem exclusivamente em ambiente aéreo.

---

1 No Capítulo VI deste Livro I. (N. A.)

Mas, das várias raças que mudaram seus hábitos devido às circunstâncias e contraíram o hábito de viver solitariamente, retiradas ou escondidas, dentre elas encontram-se os aracnídeos, que, quase todos, vivem também no ar.

Enfim, aqueles aracnídeos que frequentaram as águas, que progressivamente acostumaram-se a viver em meio ao ambiente aquático e acabaram finalmente por não se expor mais ao ar. Isso é indicado de maneira contundente pelas relações que ligam as centopeias (*Scolopendra*) aos piolhos-de--cobra, ou esses últimos aos bichos-de-conta, e estes aos *asellus*, camarões etc., que deram origem aos crustáceos.

Os outros vermes aquáticos, que nunca se expõem ao ar, multiplicaram e diversificaram suas raças com o tempo à medida que ocorria o progresso na composição de sua organização, levaram à formação dos anelídeos, dos cirrípedes e dos moluscos, que atualmente formam uma porção sem interrupção da escala animal.

Salvo o hiato considerável que, para nós, se encontra entre os moluscos conhecidos e os peixes, há entre os moluscos cuja origem já indiquei e os peixes um intermediário que ainda nos resta conhecer e que levou à existência dos peixes, e estes, por sua vez, de maneira evidente originaram os répteis.

Ao continuar a cogitar a respeito das probabilidades sobre a origem de diferentes animais, podemos colocar em dúvida apenas que os répteis, por dois ramos distintos, levados pelas circunstâncias, originaram, por um lado a formação das aves e, por outro, a formação dos mamíferos anfíbios que, por sua vez, levaram à formação de todos os outros mamíferos.

Com efeito, os peixes que conduziram à formação dos répteis *batráquios* e estes à formação dos répteis *ofídios*, apresentam, tanto uns como os outros, o coração com apenas uma aurícula. Assim, a natureza proporcionou facilmente aurículas duplas aos outros répteis que constituem dois ramos particulares; em seguida, e com a mesma facilidade, teve a finalidade de formar, nos animais que se originaram de cada um desses ramos, um coração com dois ventrículos.

Assim, se entre os répteis cujo coração possui uma aurícula dupla, por um lado, os quelônios parecem ter originado as aves, por outro, independentemente das várias relações que não podemos ignorar, se eu colocasse a cabeça de uma tartaruga sobre o pescoço de algumas aves, não seria percebido quase nenhum disparate na fisionomia geral desse animal artificial; e, por outro, os sáurios, sobretudo os planicaudos,[2] tais como os crocodilos, parecem ter originado a existência dos mamíferos anfíbios.

Se o ramo dos quelônios deu origem às aves, pode-se ainda presumir que as aves aquáticas palmípedes, sobretudo entre as brevípenas, tais como os pinguins e os pinguins-imperadores levaram à formação dos monotremados.

Por fim, se o ramo dos sáurios deu origem aos mamíferos anfíbios, com toda a probabilidade, esse ramo originaria todos os mamíferos.

Portanto, sinto-me autorizado a pensar que os mamíferos terrestres provêm originariamente desses mamíferos aquáticos que denominamos anfíbios, pois, se aqueles se dividissem em três ramos, pela diversidade dos hábitos que obtiveram ao longo do tempo, uns resultariam na formação dos cetáceos, outro na dos mamíferos ungulados e ainda um terceiro grupo resultaria naquela dos diferentes mamíferos unguiculados conhecidos.

Por exemplo, o ramo dos anfíbios que conservaram o hábito de ocupar a região costeira se dividiu quanto à maneira de se nutrir. Alguns dentre eles adquiriram o hábito de se alimentar de plantas, tais como as morsas e os peixes-boi, o que pouco a pouco levou à formação dos mamíferos ungulados, tais como os *paquidermes*, os *ruminantes* etc.; os outros, tais como as *focas*, que contraíram o hábito de se nutrir exclusivamente de peixes e de animais marinhos, deram origem aos mamíferos unguiculados, por meio de raças que, ao se diversificarem, tornaram-se terrestres.

Mas esses mamíferos aquáticos que contraíram o hábito de jamais sair do ambiente aquático e somente vir respirar na superfície, provavelmente, originaram todos os *cetáceos* que conhecemos. Ora, a antiga e completa habitação dos cetáceos nos mares modificou completamente a organização desses animais, o que atualmente torna muito difícil reconhecer o ponto onde tiveram sua origem.

Com efeito, depois do longo tempo que esses animais viveram no mar e por nunca mais terem se utilizado de suas patas posteriores para apreender

---

2 Terminologia utilizada exclusivamente por Lamarck. (N. T.)

os objetos, esses pés que não foram empregados desapareceram, assim como os ossos e a bacia que lhes serviam de sustentação e de articulação.

A alteração que os cetáceos sofreram em seus membros pela influência do meio que habitam e dos hábitos que contraíram se mostra também em suas patas anteriores, que, inteiramente envolvidas pela pele, não apresentam mais as terminações dos dedos, de modo que oferecem, de cada lado, apenas uma nadadeira que contém o esqueleto de uma mão escondida. Seguramente, o plano da organização dos cetáceos, por serem mamíferos, compreenderia possuir quatro membros como todos os outros, e por consequência também uma bacia para a sustentação de seus membros posteriores. Mas aqui, como alhures, aquilo que lhes falta é produto de um aborto ocasionado como decorrência de muito tempo sem empregar as partes que não tinham mais nenhum uso. Consideremos que nas focas, nas quais a bacia ainda existe, esta encontra-se empobrecida, fechada e sem apresentar saliências sobre as ancas. Suponhamos que o emprego medíocre das patas posteriores desses animais tenha sido a causa e, se esse emprego cessasse inteiramente, as patas traseiras, assim como a própria bacia, poderiam por fim desaparecer.

Sem dúvida, as considerações que venho apresentando parecem apenas simples conjecturas, porque não podem ser estabelecidas com base em provas diretas e positivas. Mas se dermos alguma atenção às observações que expus nesta obra e examinarmos bem os animais que citei, assim como o produto de seus hábitos e do meio que habitam, encontraremos, por um exame mais detido, que essas conjecturas tornam-se probabilidades das mais eminentes.

O quadro seguinte poderá facilitar a compreensão do que irei expor. Veremos que, na minha opinião, a escala animal inicia-se ao menos em dois ramos particulares e que, no curso de sua extensão, alguns ramos parecem se encerrar em lugares determinados.

Mostra a origem dos diferentes animais

```
        Vermes                      Infusórios
                                    Pólipos
             .                      Radiados
                  .
                       .
                            .
                                 .  Insetos
             .                      Aracnídeos
        Anelídeos                   Crustáceos
        Cirrípedes
        Moluscos
                       .
                  .
                       Peixes
                       Répteis
                            .
                  .                   .
        Aves
             .
        Monotremado
                                 .
                                    Mamíferos anfíbios
                            .
                       .            Mamíferos cetáceos
                  .
                                    Mamíferos ungulados
             .
             .  Mamíferos unguiculados
```

Essa série de animais se inicia em dois ramos em que se encontram os mais imperfeitos; os primeiros de cada um desses ramos devem sua existência somente à geração direta ou espontânea.

Uma poderosa razão nos impede de reconhecer as mudanças sucessivamente operadas que diversificaram os animais conhecidos e os conduziram a esse estado em que os observamos: é o fato de que nunca somos testemunhas dessas mudanças. Assim, observamos as operações já feitas, mas nunca sendo executadas. Naturalmente, somos levados a crer que as coisas sempre foram tais como as vemos e não que elas tenham progressivamente sido efetuadas.

Dentre as mudanças que a natureza constantemente executa em todas as suas partes, sem exceção, permanecem sempre as mesmas, seja em seu conjunto, seja em suas leis, aquelas cujas mudanças não exigem muito mais tempo que a duração da vida humana para serem operadas são facilmente reconhecidas pelo homem que as observa, mas ele não seria capaz de perceber aquelas que são apenas executadas depois de um período de tempo considerável.

Permitam-me a seguinte suposição para tornar-me compreensível.

Se a duração da vida humana se estendesse somente durante o período de um *segundo*, e se existisse um de nossos relógios pendulares atuais, montado e em movimento, cada indivíduo de nossa espécie que considerasse apenas o ponteiro das horas desse relógio não veria jamais ele se deslocar no curso de sua vida, mesmo que esse ponteiro não fosse de fato estacionário. As observações de trinta gerações não apreenderiam nada de muito evidente sobre o deslocamento desse ponteiro, pois seu movimento ocorre apenas durante meio minuto, e seria muito pouca coisa para ser observado com precisão. Se as observações mais antigas assinalassem que esse ponteiro realmente tenha mudado de lugar, aqueles que vissem esse enunciado não acreditariam nele e suporiam que haveria algum erro, uma vez que cada um sempre viu o ponteiro sobre o mesmo ponto do mostrador.

Deixo aos meus leitores todas as consequências que podem ser extraídas dessa consideração.

A natureza, esse conjunto imenso de seres e de corpos diversos, no qual em todas as partes subsiste um círculo eterno de movimentos e de mudanças que obedecem a determinadas leis regentes conjuntamente e de maneira imutável, cuja existência tanto agrada ao seu SUBLIME AUTOR, deve ser considerada como um todo constituído por suas partes, cuja finalidade somente seu Autor conhece, e não por algumas delas exclusivamente.

Cada parte deve necessariamente se modificar e cessar de ser para constituir uma outra, destinada a um interesse contrário àquele do todo; se ela raciocinar, encontra esse todo malfeito. Na realidade, no entanto, esse todo é perfeito e preenche completamente a finalidade à qual ele foi destinado.

FIM DOS ADENDOS

Parte II
*Considerações sobre as causas físicas
da vida, as condições para que ela possa existir,
a força excitatória de seus movimentos,
as faculdades que ela confere
aos corpos que a possuem e os resultados
de sua existência nesses corpos*

Parte II

Considerações sobre a complexidade
da vida, as qualidades para que la possa existir,
a força excitatória de seus excitantes,
as faculdades que ela confere
aos corpos que a possuem e os resultados
do seu existir em seus corpos.

Erpétologie Générale ou histoire naturelle complete des reptiles (Paris: Roret, 1834-1854).
(Figura 1 – Furcifer verrucosus). André-Marie-Constant Duméril (1774-1860)
(Figura 2 – língua do camaleão senegalês: *Chamaleo senegalensis*). Gabriel Bibron (1806-1848)
Figura 3 – Cabeça do camaleão-de-dois-chifres (*Chamaeleo bifidus*).

Introdução

A *natureza*, palavra tão frequentemente pronunciada como se se tratasse de um ser particular, não deve ser, aos nossos olhos, mais do que o *conjunto de objetos* que compreende: 1) todos os corpos físicos existentes; 2) as leis gerais e particulares que regem as modificações de estado e de situação que esses corpos possam experimentar; 3) por fim, o movimento diversamente propagado entre eles, perpetuamente conservado ou renovado em sua fonte, infinitamente variado em seus produtos e do qual resulta a admirável ordem de coisas apresentada por esse conjunto.

Todos os corpos físicos, sejam eles sólidos, fluidos, líquidos ou gasosos, são dotados de qualidades e faculdades que lhes são próprias; mas, pela sequência do movimento que se propaga entre eles, estão sujeitos: a diversas relações e a mutações em seu estado e sua situação; a contrair entre si diferentes tipos de união, combinação ou agregação; a experimentar depois modificações infinitamente variadas, tais como desuniões completas ou incompletas com seus outros componentes, separação de seus agregados etc. Assim, esses corpos adquirem gradualmente outras qualidades e faculdades em relação ao estado em que se encontram.

Também por uma consequência da disposição ou situação desses mesmos corpos, de seu estado particular em cada porção de duração do tempo, das faculdades que cada um deles possui, das leis de todas as ordens que regem suas modificações e suas influências, enfim, do movimento que não lhes permite nenhum repouso absoluto, reina continuamente em tudo o que constitui *a* natureza uma atividade potente, uma sucessão de movimentos e mutações de todos os gêneros que causa alguma poderia suspender ou anular se não fosse ela que tivesse feito tudo existir.

Observar a natureza como eterna e, consequentemente, como tendo existido desde sempre é para mim uma ideia abstrata, sem base, sem limite, sem verossimilhança, e que não poderia contentar minha razão. Nada podendo saber de positivo a esse respeito, e não tendo nenhum meio para raciocinar sobre esse tema, gostaria muito mais de pensar que *toda a natureza* nada mais é do que um efeito. Desde logo, suponho, e me regozijo em admitir, uma causa primeira, em uma palavra, uma potência suprema que deu existência à natureza e que a fez inteiramente como é.

Assim, como naturalista e físico, em meus estudos da natureza devo me ocupar apenas: dos corpos que conhecemos ou que foram observados; das qualidades e propriedades desses corpos; das relações que podem ter uns com os outros em diferentes circunstâncias; enfim, das sequências de relações e movimentos diversos propalados e continuamente mantidos entre eles.

Por essa via, a única que está à nossa disposição, é possível entrever as causas dessa multidão de fenômenos que a natureza nos oferece em suas diversas partes e até mesmo conseguir perceber as dos admiráveis fenômenos que os corpos vivos nos apresentam, numa palavra, as que permitem à vida existir nos corpos que dela são dotados.

Sem dúvida, são objetos muito importantes os de investigar: em que consiste o que se denomina *a vida* em um corpo; quais são as condições essenciais da organização para que a vida possa existir; qual é a fonte dessa força singular que dá ensejo aos movimentos vitais tanto quanto o estado da organização lhe permite; enfim, como os diferentes fenômenos que resultam da presença e da duração da vida em um corpo podem se realizar e conferir a esse corpo as faculdades que nele se observam. Além disso, de todos os problemas que se possa propor, são também incontestavelmente os mais difíceis de se resolver.

Parece-me muito mais fácil determinar o curso dos astros observados no espaço e conhecer as distâncias, os tamanhos, as massas e os movimentos dos planetas que pertencem ao nosso sistema solar do que resolver o problema relativo à *fonte da vida* nos corpos que dela são dotados e, consequentemente, à origem, assim como à produção dos diferentes corpos vivos existentes.

Por mais difícil que seja esse grande tema de investigação, as dificuldades que nos apresenta não são intransponíveis, pois, nisso tudo, trata-se apenas de fenômenos puramente *físicos*. Ora, é evidente que os fenômenos de que se trata não são, por um lado, mais do que os resultados diretos das relações de diferentes corpos entre si e a sequência de uma ordem e de um estado de coisas que, em alguns deles, dão lugar a essas relações; e, por outro lado, que resultam de movimentos nas partes desses corpos excitadas por uma força cuja fonte é passível de ser discernida.

Esses primeiros resultados de nossas investigações oferecem, sem dúvida, um grande interesse e nos dão a esperança de obter outros que não serão menos importantes. Contudo, talvez qualquer fundamento que se lhes dê ficarão ainda por muito tempo sem ter a atenção que merecem, porque têm de lutar contra uma das mais antigas opiniões antecipadas, destruir preconceitos inveterados e oferecer um campo de novas considerações muito diferentes das que se consideram habitualmente.

Aparentemente, semelhantes considerações fizeram Condillac dizer que "a razão tem muito pouca força e seus progressos são muito lentos quando tem de destruir erros dos quais ninguém pôde se isentar".[1]

Por uma sequência de fatos irrecusáveis, é seguramente uma grande verdade o que o sr. Cabanis provou ao dizer que o *moral* e o *físico* têm sua fonte na mesma base; e mostrou que as operações denominadas morais resultam, como as que chamamos *físicas*, diretamente da ação, seja de alguns órgãos particulares, seja do conjunto do sistema vivo; enfim, que todos os fenômenos da inteligência e da vontade têm sua fonte no estado primitivo ou acidental da organização.

Mas, para reconhecer com mais facilidade todo o fundamento dessa grande verdade, não se deve limitar a busca das provas no exame dos fenômenos

---

[1] Condillac, *Traité des sensations*, Paris, 1756, livro I, p.108 [ed. bras.: *Tratado das sensações*, trad. Denise Bottman, Campinas: Unicamp, 1995]. (N. A.)

da organização muito complicada do homem e dos animais mais perfeitos; elas serão obtidas ainda mais facilmente ao se considerar os diversos progressos da composição da organização desde os animais mais imperfeitos até aqueles cuja organização apresenta a complicação mais considerável; pois esses progressos mostrarão sucessivamente a origem de cada faculdade animal, as causas e os desenvolvimentos dessas faculdades e, novamente, estar-se-á convencido de que essas duas grandes modificações de nossa existência, nomeadas o físico e o moral, e que oferecem duas ordens de fenômenos aparentemente tão separados, têm sua base comum na organização.

Sendo assim, devemos buscar na mais simples de todas as organizações em que consiste realmente a vida, quais são as condições essenciais à sua existência e de qual fonte ela extrai a força particular que excita os movimentos que se denominam *vitais*.

Efetivamente, é apenas após o exame da organização mais simples que se pode saber o que verdadeiramente é essencial para a existência da vida em um corpo; pois, em uma organização complicada, cada um dos principais órgãos internos se encontra ali disposto para a conservação da vida devido à sua estreita conexão com todas as outras partes do sistema e porque esse sistema é formado sobre um plano que exige esses órgãos; mas não se pode concluir que esses órgãos sejam essenciais à existência da vida em qualquer corpo vivo.

Essa consideração é muito importante quando se busca o que realmente é essencial para constituir a vida e impede que inconsideradamente se atribua a algum órgão especial uma existência indispensável para que a vida possa acontecer.

A propriedade dos *movimentos vitais* é a de se formar e se manter por excitação, não por comunicação. Os movimentos assim considerados seriam os únicos na natureza, se não fossem muito próximos aos da fermentação; todavia, diferem dela por se manterem quase os mesmos por uma duração limitada, por crescerem e depois conservarem durante algum tempo o corpo no qual se executam; ao passo que os da fermentação destroem, sem reparação, o corpo a ela submetido e aumentam até o aniquilar.

Uma vez que os movimentos vitais jamais são comunicados, mas sempre excitados, é preciso investigar qual a causa que os excita, isto é, de qual fonte os corpos vivos extraem a força particular que os anima.

Certamente, qualquer que seja o estado de organização de um corpo e de seus fluidos essenciais, a vida ativa não poderia existir nele sem uma causa particular capaz de excitar-lhe os movimentos vitais. Qualquer hipótese que se imagine a esse respeito exigiria sempre reconhecer a necessidade dessa causa particular para que a vida possa existir ativamente. Ora, não é mais possível duvidar: que essa causa que anima os corpos que gozam de vida se encontra nos meios que circundam esses corpos, variam em sua intensidade segundo os lugares, as estações e os climas da terra, e não é dependente dos corpos que vivifica; que ela precede sua existência e subsiste após sua destruição; enfim, que excita neles os movimentos da vida tanto quanto o estado das partes desses corpos lhes permite e cessa de animá-los quando esse estado se opõe à execução dos movimentos por ela excitados.

Nos animais mais perfeitos, essa causa excitatória da vida se desenvolve neles mesmos e basta, até certo ponto, para animá-los; contudo, ela ainda necessita da contribuição fornecida pelos meios circundantes. Mas, nos outros animais e em todos os vegetais, ela lhes é completamente estranha; de modo que somente o meio ambiente pode lhes proporcionar.

Quando esses interessantes objetos forem reconhecidos e determinados, examinaremos como são formados os primeiros traços da organização, como as gerações diretas podem acontecer, e em qual parte de cada série dos corpos vivos a natureza pôde operar.

Com efeito, para que os corpos que gozam de vida sejam realmente produtos da natureza, é necessário que ela tenha tido e ainda tenha a faculdade de produzir diretamente alguns deles, a fim de que, tendo-os munido da capacidade de crescimento, de se multiplicar, de tornar progressivamente mais complexa sua organização, e de se diversificar com o tempo e segundo as circunstâncias, todos os que observamos agora sejam verdadeiramente os produtos de sua potência e de seus meios.

Desse modo, após ter reconhecido a necessidade dessas criações diretas, é necessário investigar quais são os corpos vivos que a natureza pode produzir diretamente, a águia, a borboleta, o carvalho, a roseira não recebem diretamente da natureza a existência de que gozam; recebem-na, como se sabe, de indivíduos semelhantes a eles, que lhes comunicam a existência por meio da geração; e pode-se estar seguro de que, se a espécie inteira do leão ou do carvalho vier a ser destruída nas partes do globo onde os indivíduos que a compõem se encontram disseminados, por muito tempo as faculdades reunidas da natureza não teriam o poder de fazê-la existir novamente.

A esse respeito, proponho-me, pois, mostrar: qual o modo que a natureza parece empregar para formar, nos lugares e circunstâncias favoráveis, os corpos vivos organizados de modo mais simples e, consequentemente, os animais mais imperfeitos; como esses animais, tão débeis e que nada mais são do que esboços da animalidade diretamente produzidos pela natureza, desenvolveram-se, multiplicaram-se e se diversificaram; como, finalmente, após uma sequência infinita de regenerações, a organização desses corpos fez progressos em sua composição e ampliou cada vez mais as faculdades animais nas numerosas raças que dela resultaram.

Ver-se-á que cada progresso adquirido nas composições da organização e nas faculdades que delas se seguiram foi conservado e transmitido a outros indivíduos pela via da reprodução e que, por esse andamento, mantido durante uma grande quantidade de séculos, a natureza conseguiu formar sucessivamente todos os corpos vivos que existem.

Além disso, ver-se-á que todas as faculdades, sem exceção, são completamente físicas, isto é, que cada uma delas resulta essencialmente de atos da organização; de modo que será fácil mostrar como do instinto mais limitado, cuja fonte pode ser facilmente vislumbrada, a natureza conseguiu criar as faculdades da inteligência, desde as mais obscuras até as mais desenvolvidas.

Não se deve esperar encontrar aqui um tratado de Fisiologia: o público possui excelentes obras desse gênero, sobre as quais tenho apenas poucas correções a propor. Mas, a esse respeito, devo reunir fatos gerais e verdades fundamentais bem admitidas, porque noto que de sua reunião brotam raios de luz que escaparam aos que se ocuparam dos detalhes desses objetos e que esses raios nos mostram, com evidência, o que realmente são os *corpos dotados de vida*, por que e como existem, de que maneira se desenvolvem e se reproduzem, finalmente, por quais vias as faculdades neles observadas foram obtidas, transmitidas e conservadas nos indivíduos de cada espécie.

Caso se queira apreender o encadeamento das causas físicas que deram existência aos corpos vivos, tais como os vemos, é preciso ter necessariamente em consideração o princípio que exprimo na proposição a seguir.

À influência dos movimentos de diversos fluidos sobre as matérias de maior ou menor solidez de nosso globo é que se devem atribuir a formação, a conservação temporária e a reprodução de todos os corpos vivos que se observam em sua superfície, assim como todas as mutações que os restos desses corpos sofrem de modo incessante.

Se negligenciarmos essa consideração importante, tudo voltará a ser uma confusão inextricável para a inteligência humana. A causa geral dos fatos e dos objetos observados não pode mais ser notada, e, a esse respeito, permanecendo nossos conhecimentos sem valor, sem ligação e sem progresso, continuar-se-á a colocar, no lugar das verdades que se poderiam apreender, esses fantasmas de nossa imaginação e essas maravilhas que tanto agradam ao espírito humano.

Que se dê, ao contrário, a essa mesma proposição toda a atenção que sua evidência deve lhe oferecer, e ver-se-á que dela resulta naturalmente uma grande quantidade de leis subordinadas que explicam a razão de todos os fatos bem conhecidos, relativamente à existência, à natureza, às diversas faculdades; enfim, às mutações dos corpos vivos e dos outros corpos existentes compostos em maior ou menor grau.

Quanto aos movimentos constantes, embora variáveis, dos diversos fluidos a que acabo de me referir, é inteiramente evidente que são mantidos em nosso globo de modo contínuo pela influência que nele a luz do sol exerce perpetuamente; ela modifica e desloca incessantemente grandes partes de algumas regiões do globo; obriga-as a um tipo de circulação e a movimentos diversos, de tal modo que as põe na condição de produzir todos os fenômenos que se observam.

Bastar-me-á ordenar a citação dos fatos e de seu encadeamento, bem como a aplicação dessas considerações aos fenômenos observados para lançar a luz necessária sobre o fundamento disso que acabo de expor.

Primeiramente, é indispensável distinguir os fluidos visíveis contidos nos corpos vivos e que neles sofrem movimentos e modificações contínuos, de alguns outros fluidos sutis e sempre invisíveis que animam esses corpos e sem os quais a vida neles não existiria.

Em seguida, considerando o produto da ação dos fluidos invisíveis que acabo de mencionar sobre as partes sólidas, fluidas e visíveis dos corpos vivos, será fácil perceber: que, em relação à organização desses diferentes corpos e a todos os movimentos que neles se observam, enfim, em relação a todas as modificações que experimentam, tudo é inteiramente o resultado dos movimentos dos diferentes fluidos que se encontram nesses corpos; que, por seus movimentos, os fluidos em questão organizaram esses corpos; que eles os modificaram de diversas maneiras; que modificaram a si mesmos; e que, no que lhes diz respeito, pouco a pouco produziram o estado de coisas que agora se observa.

De fato, se se dá uma devida atenção aos diferentes fenômenos que a organização apresenta, e sobretudo aos que pertencem aos desenvolvimentos dessa organização, principalmente nos animais mais imperfeitos, ficar-se-á convencido de que:

1) Toda operação da natureza para formar suas criações diretas consiste em organizar em tecido celular as pequenas massas de matéria gelatinosa ou mucilaginosa que ela encontra à sua disposição e em circunstâncias favoráveis, preencher essas pequenas massas divididas em células com fluidos passíveis de contenção e, colocando em movimentos esses fluidos, vivificá-los com o auxílio dos fluidos sutis excitatórios que incessantemente a eles afluem a partir dos meios circundantes.

2) O tecido celular é a ganga na qual toda organização foi formada e em meio à qual os diferentes órgãos sucessivamente se desenvolveram pela via do movimento dos fluidos passíveis de contenção que gradualmente modificaram esse tecido celular.

3) Efetivamente, a propriedade do movimento dos fluidos nas partes moles dos corpos vivos que os contêm é a de neles abrir caminhos, lugares de depósito e de saídas; criar canais e, consequentemente, órgãos diversos; variar esses canais e órgãos em razão da diversidade, quer dos movimentos, quer da natureza dos fluidos que lhes dão ensejo e que ali se modificam; enfim, aumentar, alongar, dividir e solidificar gradualmente esses canais e órgãos pelas matérias que se formam e se separam incessantemente dos fluidos essenciais que neles estão em movimento; matérias em que uma parte se assimila e se une aos órgãos, ao passo que a outra é lançada para fora.

4) Por fim, a propriedade do movimento orgânico é não somente desenvolver a organização, aumentar as partes e promover o crescimento, mas também multiplicar os órgãos e as funções que devem ser executadas.

Após expor essas grandes considerações que a mim parecem apresentar verdades incontestáveis e que, no entanto, até hoje passaram despercebidas, examinarei quais as faculdades comuns a todos os corpos vivos e, consequentemente, a todos os animais; em seguida, irei rever as principais daquelas que são necessariamente particulares a certos animais e das quais de nenhum modo outros poderiam estar dotados.

Ouso dizer que é um abuso muito nocivo ao avanço de nossos conhecimentos fisiológicos supor, imponderadamente, que todos os animais possuem, sem exceção, os mesmos órgãos e gozam das mesmas faculdades; como se a natureza fosse forçada a empregar, por toda parte, os mesmos meios para chegar a seu fim. Por conseguinte, sem se deter na consideração dos fatos, é preciso mais do que alguns atos da imaginação para criar princípios que de imediato supõem que todos os corpos vivos possuem, em geral, os mesmos órgãos e gozam, consequentemente, das mesmas faculdades?

Nesta segunda parte da minha obra, um objeto que não poderia ser negligenciado é a consideração dos resultados imediatos da vida em um corpo. Ora, posso mostrar que esses resultados produzem combinações entre princípios que, sem essa circunstância, jamais se uniriam. Essas combinações se sobrecarregam cada vez mais à medida que a energia vital aumenta, de modo que, nos animais mais perfeitos, oferecem uma grande complexidade e uma sobrecarga considerável na combinação de seus princípios. Devido ao seu poder vital, os corpos vivos constituem, assim, o principal meio que a natureza emprega para viabilizar uma multidão de composições diferentes, que jamais se realizariam sem essa causa notável.

Em vão se pretende que os corpos vivos encontrem nas substâncias alimentares das quais se nutrem as matérias inteiramente formadas que servem para compor seus corpos, seus sólidos e seus fluidos de toda espécie; eles encontram nessas substâncias alimentares apenas os materiais apropriados para formar as combinações que acabei de citar e não essas combinações mesmas.

Sem dúvida, é porque não se examinou suficientemente o poder da vida nos corpos que dela desfrutam e não se perceberam os resultados desse poder, que se supôs que os corpos vivos encontrariam nos alimentos de que fazem uso as matérias que servem para formar seus corpos completamente preparadas e que essas matérias existiriam desde sempre na natureza.

Tais são os temas que compõem a segunda parte desta obra: sua importância mereceria, sem dúvida, desenvolvimentos mais extensos, mas me limitei a uma exposição sucinta do que é necessário para que minhas observações possam ser compreendidas.

Capítulo I
Comparação entre os corpos inorgânicos e os corpos vivos seguida de um paralelo entre os animais e os vegetais

Há muito tempo tive a ideia de comparar entre si os corpos organizados vivos e os brutos ou inorgânicos. Dei-me conta da extrema diferença encontrada entre eles e me convenci da necessidade de considerar a extensão dessa diferença e suas características. Era comum apresentar os três reinos da natureza em uma mesma linha, distinguindo-os, de algum modo, classicamente, e parecia que não se percebia a enorme diferença que há entre um corpo vivo e um bruto e sem vida.

Todavia, se se quer chegar a conhecer realmente o que constitui a *vida*, em que ela consiste, quais são as causas e as leis que dão lugar a esse admirável fenômeno da natureza, e como a própria vida pode ser a fonte dessa multidão de fenômenos admiráveis que os corpos vivos nos apresentam, é necessário, antes de tudo, considerar muito atentamente as diferenças que existem entre os corpos inorgânicos e os vivos; e, para isso, é necessário pôr em paralelo as características essenciais desses dois tipos de corpos.

Características dos corpos inorgânicos em paralelo com as dos corpos vivos

1) Todo corpo bruto ou inorgânico tem *individualidade* apenas em sua molécula integrante. Quer sólidas, fluidas ou gasosas, as massas formadas por uma reunião de moléculas integrantes não têm limites, e a extensão

dessas massas, grande ou pequena, não acrescenta nem subtrai nada que possa fazer variar a natureza do corpo de que se trata; pois essa natureza reside inteiramente naquela da molécula integrante desse corpo.

Ao contrário, todo corpo vivo possui a individualidade em sua massa e em seu volume. E essa individualidade, que em uns é simples e em outros complexa, no corpo vivo jamais está restrita à individualidade de suas moléculas componentes.

2) Um corpo inorgânico pode oferecer uma massa verdadeiramente homogênea e também constituí-la heterogeneamente; a aglomeração ou a reunião de partes semelhantes ou dessemelhantes pode ocorrer sem que esse corpo deixe de ser bruto ou inorgânico. Não há, a esse respeito, necessidade alguma de que as massas desse corpo sejam antes homogêneas do que heterogêneas, ou antes heterogêneas do que homogêneas; elas são acidentalmente tais como se as observa.

Ao contrário, todos os corpos vivos, mesmo os mais simples em organização, são necessariamente heterogêneos, isto é, compostos de partes dessemelhantes. Não têm moléculas integrantes, sendo formados de moléculas componentes de diferente natureza.

3) Um corpo inorgânico pode constituir quer uma massa sólida perfeitamente seca, quer uma massa completamente líquida, quer um fluido gasoso.

Ao contrário, no que diz respeito a qualquer corpo vivo, nenhum deles pode possuir a vida se não for formado de dois tipos de partes essencialmente coexistentes: umas sólidas, mais moles e continentes, e outras líquidas e contidas, independentemente dos fluidos invisíveis que o penetram e que se desenvolvem em seu interior.

As massas que constituem os corpos inorgânicos não têm forma que seja particular à espécie, pois, quer essas massas apresentem uma forma regular, como quando esses corpos estão cristalizados, quer sejam irregulares, sua forma não se mostra constantemente a mesma. Apenas suas moléculas integrantes têm, para cada espécie, uma forma invariável.[1]

---

[1] As moléculas integrantes que constituem a espécie de uma matéria composta resultam, todas elas, de um mesmo número de princípios, combinados entre si na mesma proporção, e de um estado de combinação perfeitamente semelhante: todas têm, pois, a mesma forma, a mesma densidade, as mesmas qualidades particulares.

Ao contrário, em sua massa, os corpos vivos oferecem, de modo aproximado, uma forma que é particular à espécie e que não pode variar sem dar lugar a uma nova raça.

4) As moléculas integrantes de um corpo inorgânico são todas independentes umas das outras, pois, estejam elas reunidas em massa sólida, líquida ou gasosa, cada uma existe por si mesma, encontra-se constituída pelo número, proporções e estado de combinação de seus princípios, e, para sua existência, nada tem ou pede emprestado das moléculas semelhantes ou dessemelhantes que se lhe avizinham.

Ao contrário, as moléculas componentes de um corpo vivo e, consequentemente, todas as partes desse corpo, são, relativamente ao seu estado, dependentes umas das outras; porque elas são todas sujeitas às influências de uma causa que as anima e as faz agir; porque essa causa faz todas elas concorrerem a um fim comum, seja em cada órgão, seja no indivíduo inteiro; e porque nelas as variações dessa mesma causa operam igualmente no estado de cada uma de suas moléculas e de suas partes.

5) Para se conservar, nenhum corpo inorgânico necessita de movimento em suas partes; ao contrário, enquanto suas partes permanecem no repouso e na inação, esse corpo se conserva sem alteração e, sob certas condições, poderia sempre existir. Mas, assim que alguma causa vem a agir sobre esse corpo e excitar movimentos e modificações em suas partes, ele perde imediatamente quer sua forma quer sua consistência, se os movimentos e as modificações excitados em suas partes ocorrerem apenas em sua massa ou em alguma parte de sua massa; ele perde até mesmo sua natureza ou é destruído se os movimentos e as modificações de que se trata penetrarem em suas moléculas integrantes.

Ao contrário, todos os corpos que possuem a vida encontram-se contínua ou temporariamente animados por uma *força particular* que excita incessantemente os movimentos em suas partes internas, produz, sem interrupção, modificações de estado nessas partes, mas que dá lugar a re-

---

Mas, quando causas quaisquer fazem variar, quer o número de princípios componentes dessas moléculas, quer as proporções de seus princípios, quer seu estado de combinação, então essas moléculas integrantes têm outra forma, outra densidade e outras qualidades particulares: elas são, portanto, de outra espécie. (N. A.)

paros, renovações, desenvolvimentos e quantidades de fenômenos que são exclusivamente próprios aos corpos vivos; de modo que, neles, os movimentos excitados em suas partes internas alteram e destroem, mas reparam e renovam, fato que estende a duração da existência do indivíduo, tanto que o equilíbrio entre esses dois efeitos opostos, os quais têm cada um sua causa, não é facilmente destruído.

6) Para todos os corpos inorgânicos, o aumento de volume e de massa é sempre acidental e sem limites, e esse aumento se executa somente por *justaposição*, isto é, pela adição de novas partes à superfície externa do corpo em questão.

O incremento, ao contrário, de todo corpo vivo é sempre necessário e limitado, e ele é executado apenas por *intussuscepção*, isto é, por penetração interior, ou pela introdução no indivíduo de matérias que, após sua assimilação, devem a ele se juntar e dele fazer parte. Ora, esse incremento é um verdadeiro desenvolvimento de partes de dentro para fora, o que é exclusivamente próprio aos corpos vivos.

7) Nenhum corpo inorgânico é obrigado a se nutrir para se conservar, pois pode não sofrer perda de partes, e, quando sofre, não tem em si meio algum para repará-las.

Todos os corpos vivos, ao contrário, experimentam necessariamente, em suas partes internas, movimentos sucessivos renovados de modo incessante, modificação no estado de suas partes, enfim, perdas contínuas de substância por separação e dissipação que essas modificações causam; nenhum desses corpos pode conservar a vida se ele não se nutrir continuamente, isto é, se não reparar incessantemente suas perdas por matérias que introduz em seu interior; numa palavra, se não tomar alimentos à medida que deles tem necessidade.

8) Os corpos inorgânicos e suas massas se formam de partes separadas que se reúnem acidentalmente; mas esses corpos não nascem e jamais são o produto de um germe ou de uma gema que, por desenvolvimento, dá existência a um indivíduo totalmente semelhante àquele ou àqueles de onde provêm.

Todos os corpos vivos, ao contrário, nascem verdadeiramente e são o produto, seja de um *germe* que a fecundação vivificou ou preparou para a vida, seja de uma *gema* que simplesmente se estende. Ambos dão lugar a indivíduos perfeitamente semelhantes àqueles que os produziram.

9) Finalmente, nenhum corpo inorgânico pode morrer, visto que nenhum desses corpos possui a vida, e a morte que resulta necessariamente da sequência da existência da vida em um corpo nada mais é do que a cessação completa dos movimentos orgânicos, depois de uma perturbação que doravante torna impossíveis esses movimentos.

Todo corpo vivo, ao contrário, está inevitavelmente sujeito à morte; pois a propriedade mesma da vida, ou dos movimentos que a constituem em um corpo, é a de que os órgãos deste cheguem, ao fim de um tempo qualquer, a um estado que torna finalmente impossível a execução de suas funções, e, por consequência, é aniquilada a faculdade de executar os movimentos orgânicos.

Entre os corpos brutos ou inorgânicos e os vivos há, pois, uma enorme diferença, um *hyatus* considerável, em uma palavra, uma separação tal que, qualquer que seja o corpo inorgânico, não poderia ser aproximado nem mesmo do mais simples dos corpos vivos. A vida e o que a constitui em um corpo fazem a diferença essencial que distingue este de todos os que dela são desprovidos.

De acordo com isso, que inconveniência da parte daqueles que quiseram encontrar uma ligação e, de algum modo, uma nuança entre alguns corpos vivos e corpos inorgânicos!

Embora em sua interessante fisiologia o sr. Richerand tenha tratado do mesmo tema que acabo de apresentar, tive de reproduzi-lo aqui com desenvolvimentos que me são próprios, porque as considerações que ele envolve são muito importantes no que se refere aos objetos que me falta expor.

Uma comparação entre os vegetais e os animais não interessa diretamente ao tema que tenho em vista nesta segunda parte; não obstante, como essa comparação contribui para o fim geral desta obra, creio dever expor aqui alguns de seus traços mais notáveis. Mas, primeiro, vejamos o que os vegetais e os animais têm realmente em comum entre si enquanto corpos vivos.

A única coisa que os vegetais têm em comum com os animais é a posse da vida; consequentemente, ambos preenchem as condições que sua existência exige e gozam das faculdades gerais que ela produz.

Assim, em ambos, seus corpos são essencialmente compostos de dois tipos de parte: uma sólida, mais flexível e continente; a outra, líquida e contida, independentemente dos fluidos invisíveis que as penetram ou que nelas se desenvolvem.

Todos esses corpos possuem a individualidade, quer simples quer complexa; têm uma forma particular à sua espécie; nascem no momento em que neles a vida começa a existir ou em que são separados do corpo de que provêm; são contínua ou temporariamente animados por uma força particular que excita seus movimentos vitais; conservam-se apenas por uma nutrição mais ou menos reparadora de suas perdas de substância; crescem durante um tempo limitado por desenvolvimentos internos; formam eles mesmos as matérias compostas que os constituem; de igual modo, eles mesmos reproduzem e multiplicam os indivíduos de suas espécies; finalmente, todos chegam a um termo em que o estado de sua organização não permite mais que a vida se conserve neles.

Tais são as faculdades comuns a ambos os corpos vivos. Comparemos agora as características gerais que os distinguem uns dos outros.

Paralelo entre as características gerais dos vegetais e os dos animais

Os vegetais são corpos vivos organizados, não irritáveis em quaisquer de suas partes, incapazes de executar movimentos súbitos repetidos seguidamente muitas vezes, e cujos movimentos vitais são executados somente por excitações exteriores, isto é, por uma causa excitatória que os meios que os rodeiam fornecem, a qual age principalmente sobre os fluidos contidos e visíveis desses corpos.

Nos animais, todas as partes, ou somente algumas delas, são essencialmente irritáveis e têm a faculdade de operar movimentos súbitos, que podem se repetir seguidamente muitas vezes. Em uns, os movimentos vitais se executam por excitações exteriores e, em outros, por uma força que se desenvolve neles. Essas excitações exteriores e essa força excitatória interna provocam a irritabilidade das partes; além disso, agem sobre os fluidos visíveis contidos e, em todos eles, ocasionam a execução dos movimentos vitais.

É certo que nenhum vegetal tem a faculdade de mover subitamente suas partes externas e de fazer que qualquer uma delas execute movimentos súbitos, repetidos seguidamente muitas vezes. Os únicos movimentos súbitos que se observam em alguns vegetais são os de distensão ou de abaixamento de partes, e algumas vezes movimentos higrométricos ou pirométricos que alguns filamentos subitamente expostos ao ar experimentam. Quanto aos outros movimentos que as partes dos vegetais executam, tais como os que os fazem se dirigir para a luz, os que ocasionam a abertura e o fechamento das flores, os que ocasionam a elevação ou o abaixamento dos estames, pedúnculos, ou ao enroscamento dos caules sarmentosos e de gavinhas, enfim, os que constituem o que se denomina o *sono* e o *despertar* das plantas, jamais são súbitos; realizam-se com uma lentidão que os torna completamente imperceptíveis, e os reconhecemos apenas por seus produtos efetuados.

Os animais, ao contrário, possuem a faculdade de executar, por meio de algumas de suas partes externas, movimentos súbitos muito aparentes e repeti-los seguidamente muitas vezes, de igual maneira ou variando-os.

Os vegetais, sobretudo os que estão em parte no ar, adotam em seus desenvolvimentos duas direções opostas e muito distintas, de maneira que oferecem uma *vegetação ascendente* e uma *vegetação descendente*. Esses dois tipos de vegetação partem de um ponto comum que denominei em outro lugar[2] o *nó vital*, porque a vida se refugia particularmente nesse ponto quando a planta perde suas partes e o vegetal não perece realmente a não ser quando a vida cessa de nele existir; e porque a organização desse nó vital, conhecido sob o nome de *colo da raiz*, é ali completamente particular etc.; ora, desse ponto ou nó vital, a vegetação ascendente produz o caule, os ramos e todas as partes da planta que estão no ar; e, do mesmo ponto, a vegetação descendente faz nascer as raízes que se fincam no solo ou na água; enfim, na germinação que dá a vida aos grãos, os primeiros desenvolvimentos do jovem vegetal têm, para se realizar, a necessidade de sucos completamente preparados que a planta ainda não pode extrair do solo nem do ar; esses sucos parecem lhe ser fornecidos pelos *cotilédones*, que estão sempre ligados ao nó vital, e bastam para começar a vegetação ascendente da plúmula e a descendente da radícula.

---

2 Lamarck, *Histoire naturelle des végétaux*, Paris, 1802, edição de Déterville, v.I, p.225. (N. A.)

Não se observa nada semelhante a isso nos animais. Seus desenvolvimentos não adotam duas direções únicas e particulares, mas se fazem de todos os lados e em todas as direções, segundo o que exige a forma de suas partes; enfim, sua vida jamais se refugia em um ponto isolado, mas na integridade de órgãos especiais essenciais, quando estes existem. Nos animais em que os órgãos especiais essenciais não existem, a vida não se refugia em parte alguma; por isso, ao se dividir seu corpo, a vida se conserva em cada uma das partes separadas.

Em geral, os vegetais crescem perpendicularmente, nem sempre ao plano do solo, mas ao do horizonte de onde estão, de tal modo que, à medida que crescem, lançam-se em direção ao céu, como uma girândola de foguetes em um fogo de artifício. Por isso, embora os galhos e os ramos que formam seu cume se desviem da direção do caule, fazem sempre um ângulo agudo com este no ponto de sua inserção. Parece que a *força excitatória* dos movimentos vitais nesses corpos se dirige principalmente de baixo para cima e de cima para baixo, e que é ela que causa, por essas duas direções opostas, a forma e a disposição particulares desses corpos vivos, em suma, que dá lugar à vegetação ascendente e à vegetação descendente. Resulta disso que os canais nos quais se movem os fluidos essenciais desses corpos são paralelos entre si, assim como ao eixo longitudinal do vegetal; pois, por toda parte, são tubos longitudinais e paralelos que se formaram no tecido celular. Esses tubos não oferecem divergência a não ser para formar as expansões achatadas das folhas e das pétalas ou quando se propagam nos frutos.

Nada disso se mostra nos animais. A direção longitudinal de seus corpos não está sujeita, como na maioria dos vegetais, a se lançar ao mesmo tempo em direção ao céu e ao centro do globo; a força que excita seus movimentos vitais não se divide em duas direções únicas; enfim, os canais internos que contêm seus fluidos visíveis são torneados de diferentes maneiras e não têm entre si paralelismo algum.

Os alimentos dos vegetais são apenas matérias líquidas ou fluidas que esses corpos vivos absorvem do meio que os circunda. Esses alimentos são a água, o ar atmosférico, o calórico, a luz e diferentes gases que os vegetais decompõem ao deles se apropriarem. Nenhum deles, consequentemente, tem de executar a digestão e, por essa razão, todos são desprovidos de órgãos digestivos. Como os corpos vivos compõem eles mesmos sua própria substância, são eles que formam as primeiras combinações não fluidas.

Ao contrário, a maioria dos animais se alimenta de matérias já compostas que introduzem em uma cavidade tubulosa, destinada a recebê-las. Têm, portanto, uma digestão que opera a dissolução completa das massas dessas matérias; modificam e transformam as combinações existentes e as sobrecarregam de princípios; de modo que são eles que formam as combinações mais complicadas.

Enfim, os resíduos finais dos vegetais destruídos são produtos muito diferentes dos que provêm dos animais; o que constata que esses dois tipos de corpos vivos são efetivamente de uma natureza completamente distinta.

Com efeito, nos vegetais, os sólidos são superiores em proporção aos fluidos, a mucilagem constitui suas partes mais tenras e, dentre seus princípios componentes, o *carbono* predomina; já nos animais, os fluidos são superiores em quantidade em relação aos sólidos, a gelatina abunda em suas partes moles e até nos ossos daqueles que os possuem, e, dentre seus componentes, é sobretudo o *azoto* que se destaca.

Além disso, nos resíduos finais dos vegetais, a terra que deles provém é principalmente *argilosa* e frequentemente apresenta *sílica*; ao passo que, nos dos animais, aquela que deles resulta é constituída de *carbonato* ou de *fosfato de cálcio*.

Traços comuns de analogia entre os animais e os vegetais

Ainda que a natureza dos vegetais seja inteiramente distinta daquela dos animais, e o corpo de um apresenta sempre faculdades e até mesmo substâncias que em vão se procuraria encontrar no do outro, como ambos são corpos vivos e a natureza seguiu evidentemente um plano de operações uniformes nos corpos em que ela instituiu a vida, nada é mais notável que a analogia que se observa entre algumas operações que ela executou nesses dois tipos de corpos.

Em um como em outro, os mais simplesmente organizados dentre eles se reproduzem apenas por brotos ou gemas, por corpúsculos reprodutivos que se assemelham a ovos ou a grãos, mas que não exigem nenhuma fecundação prévia, e que, efetivamente, não contêm um embrião encerrado nos invólucros que deve romper para poder alcançar todo o seu desenvolvimento. No entanto, em ambos, quando a composição da organização estiver bastante avançada para que os órgãos de fecundação possam ser formados, a reprodução dos indivíduos se realiza única ou principalmente pela geração sexual.

No que concerne aos animais e vegetais, outro traço de analogia muito notável das operações da natureza é o seguinte: consiste na *suspensão* de maior ou menor completude da vida ativa, isto é, dos movimentos vitais, experimentada por grande número de corpos vivos em alguns climas e estações do ano.

De fato, no inverno dos climas frios, os vegetais lenhosos e as plantas duradouras passam por uma suspensão quase completa de vegetação e, por conseguinte, dos movimentos orgânicos ou vitais; seus fluidos, então em menor quantidade, ficam inativos. Durante o curso dessas circunstâncias, nesses vegetais não se produz nem perda nem absorção alimentar, nem modificações, nem desenvolvimento algum; em uma palavra, a vida ativa está neles completamente suspensa. Esses corpos experimentam uma verdadeira hibernação; apesar disso, não estão privados da vida. Como os vegetais realmente simples não podem viver mais do que um ano, apressam-se nos climas frios para produzir seus grãos ou corpúsculos reprodutivos e perecem com a chegada da estação fria.

Os fenômenos da suspensão mais ou menos completa da vida ativa, isto é, dos movimentos orgânicos que a constituem, são observados também entre muitos animais de maneira muito notável.

No inverno dos climas frios, os animais mais imperfeitos deixam de viver; e, entre os que conservam a vida, um grande número tem uma *hibernação* mais ou menos completa; de maneira que, em uns, toda espécie de movimento interior ou vital se encontra suspenso, ao passo que, em outros, ele ainda existe, mas é executado apenas com extrema lentidão. Assim, embora quase todas as classes apresentem animais diferentemente sujeitos a essa suspensão completa da vida ativa, nota-se particularmente esse fenômeno nas formigas, abelhas e muitos outros insetos; nos anelídeos, moluscos, peixes, répteis (sobretudo nas serpentes); enfim, em muitos mamíferos, tais como o morcego, a marmota, o leirão etc.

O último traço de analogia que citarei não é menos notável; ei-lo aqui: assim como há animais simples que constituem indivíduos isolados e animais compostos, isto é, que aderem uns nos outros, comunicando-se mutuamente por sua base e participando de uma vida comum, dos quais a maior parte dos *pólipos* são exemplos, do mesmo modo, há vegetais simples que vivem individualmente e vegetais compostos, isto é, que vivem juntos e em grande número, encontrando-se como enxertados uns nos outros, e que participam de uma vida comum.

A propriedade de uma planta é viver até que tenha dado suas flores e seus frutos ou seus corpúsculos reprodutivos. A duração de sua vida raramente se estende para além de um ano. Os órgãos sexuais dessa planta, caso os possua, executam apenas uma fecundação; de modo que, tendo assegurado sua reprodução (suas sementes), em seguida perecem e se destroem completamente.

Se essa planta é um vegetal simples, ela perece após ter dado seus frutos; e sabe-se que é difícil multiplicá-la de outro modo que não por suas sementes ou gemas. Todas as plantas anuais ou bianuais se encontram, pois, nesse caso; são vegetais simples e suas raízes, seus caules, assim como seus ramos, são os produtos em vegetação desses vegetais. Todavia, esse caso está longe de ser o de todas as plantas; pois, em meio a todas as que se conhecem, a maioria é de vegetais realmente compostos.

Assim, quando vejo uma árvore, um arbusto, uma planta robusta, não tenho diante dos olhos vegetais simples; mas vejo em cada um uma multidão de vegetais vivendo mutuamente juntos e participando de uma vida comum.

Isso é tão verdadeiro que se enxerto sobre um ramo de ameixeira um broto de cerejeira, e sobre outro ramo da mesma árvore um broto de damasqueiro, essas três espécies viverão juntas e participarão de uma vida comum, sem deixarem de ser distintas.

No que diz respeito a esse vegetal, as raízes, os troncos e os ramos são compostos apenas de produtos em vegetação dessa vida comum e de plantas particulares, contudo aderentes, que existiam sobre o mesmo vegetal; assim como a massa geral de uma madrépora é o produto em animalização de numerosos pólipos que viveram juntos e se sucederam uns aos outros. Mas cada broto do vegetal é uma planta particular que participa da vida comum de todas as outras, desenvolve sua flor anualmente ou seu ramo de flores igualmente anual, produz em seguida seus frutos e, enfim, pode dar origem a um ramo que já contenha outros brotos, isto é, outras plantas particulares. Cada uma dessas plantas particulares ou frutifica, e não o faz mais do que uma vez, ou produz um ramo que dá origem a outras plantas semelhantes. Ao continuar a viver, é assim que esse vegetal composto produz um excedente de vegetação que subsiste após a destruição de todos os indivíduos que juntos contribuíram para produzi-lo, e no qual a vida se refugia.

Daí, ao se separar as partes desse vegetal que contêm um ou muitos brotos, ou que encerram os elementos não desenvolvidos, podem-se formar abundantemente tantos novos indivíduos vivos, semelhantes àqueles de onde provêm, sem o auxílio das frutas dessas plantas; e eis aí efetivamente o que os cultivadores executam ao fazerem *estacas*, *alporques* etc.

Ora, assim como a natureza produziu vegetais compostos, produziu também animais compostos; e, de fato, ela não tornou diferente, de ambos os lados, nem a natureza vegetal nem a animal. Ao se olhar os animais compostos, seria completo absurdo dizer que são *animais-plantas*, ou, ao se olhar plantas compostas, dizer que são *plantas-animais*.[3]

Que se tenha dado há um século o nome de *zoófitos* aos animais compostos das classes dos pólipos, esse erro é desculpável; o estado pouco avançado dos conhecimentos que então se tinha sobre a natureza animal rendeu essa expressão não tão ruim. Atualmente não é mais a mesma coisa e não pode ser indiferente atribuir a uma classe de animais um nome que exprime uma falsa ideia dos objetos que ela abrange.

Examinemos agora o que é a vida e quais as condições que sua existência exige em um corpo.

---

3 Quando se consideram apenas os corpos produzidos pela vegetação ou pelos animais, encontram-se em meio a eles muitos que nos causam embaraço para decidir se pertencem ao reino vegetal ou animal; e a análise química desses corpos se pronuncia algumas vezes em favor das substâncias animais, já que sua forma e organização parecem indicar que os mesmos corpos são verdadeiras plantas. Muitos gêneros relacionados aos vegetais da família das *algas* fornecem exemplos de casos embaraçosos: haveria, pois, entre as plantas e os animais pontos de uma transição quase imperceptível. Não creio nisso: estou, ao contrário, persuadido de que, caso se pudesse examinar os próprios animais que formaram os polipeiros membranosos ou filamentosos, que muito se parecem com plantas, a incerteza sobre a verdadeira natureza desses corpos seria rapidamente suprimida. (N. A.)

Capítulo II
Da vida, do que a constitui e das condições essenciais para a sua existência em um corpo

A vida, diz o sr. Richerand, é uma coleção de fenômenos que se sucedem durante um tempo limitado em um corpo organizado.[1] Foi necessário dizer que a vida é um fenômeno que ocasiona uma coleção de outros fenômenos etc.; efetivamente, não são esses outros fenômenos que constituem a vida, mas a própria vida que é a causa de sua produção.

Por conseguinte, a consideração dos fenômenos que resultam da existência da vida em um corpo não apresenta nenhuma definição e não mostra nada além dos objetos mesmos que a vida faz existir. Aquela que darei como substituta tem a vantagem de ser ao mesmo tempo mais direta e mais apropriada para lançar alguma luz sobre o importante tema de que se trata, e ela conduz, além disso, ao conhecimento da verdadeira definição de vida.

A vida, considerada em todos os corpos que a possuem, resulta unicamente das relações que existem entre os três seguintes objetos, a saber: as partes continentes e em um estado apropriado desse corpo; os fluidos contidos que estão aí em movimento; e a causa excitatória dos movimentos e das modificações que aí se operam.

Ainda que façamos esforços para pensar e meditar profundamente sobre uma determinação daquilo que denominamos a vida em um corpo, e tendo em vista aquilo que a observação pode apreender sobre esse assunto, ainda

---
[1] Richerand, *Nouveaux élémens de Phyisologie*, Paris, 1802. (N. T.)

assim será necessário retomar a consideração que já expus: a vida, certamente, não consiste em nenhuma outra coisa.

A comparação que se faz da vida com um relógio em movimento é pelo menos imperfeita; pois, no relógio, não há mais do que dois objetos principais a considerar, a saber: 1) o maquinismo ou as peças do movimento; 2) a mola que, por sua tensão e sua elasticidade, mantém o movimento enquanto a tensão subsiste.

Mas em um corpo que possui a vida, em vez de se considerarem dois objetos principais, consideram-se três, a saber: 1) os órgãos ou as partes moles continentes; 2) os fluidos essenciais contidos e em movimento; 3) finalmente, a causa excitatória dos movimentos vitais, da qual nasce a ação dos fluidos sobre os órgãos e a reação dos órgãos sobre os fluidos. É, pois, unicamente das relações existentes entre esses três objetos que resultam os movimentos, as modificações e todos os fenômenos da vida.

Ora, para acomodar e tornar menos imperfeita a comparação do relógio com o corpo vivo, é necessário comparar a *causa excitatória* dos movimentos orgânicos à mola desse relógio; e considerar, em seguida, as partes moles continentes, conjuntamente com os fluidos essenciais contidos, como as peças do movimento do instrumento em questão.

Então se perceberá, de um lado, que a *mola* (a causa excitatória) é o motor essencial, sem o qual, com efeito, tudo permanece na inação, e que suas variações de tensão devem causar as variações de energia e de rapidez dos movimentos. Por outro lado, será evidente que as peças do movimento (os órgãos e os fluidos essenciais) devem estar em um estado e uma disposição favorável para a execução dos movimentos que devem operar; de modo que os desarranjos nessas peças podem ser tais que impeçam toda eficácia na potência da mola.

Desse ponto de vista, a paridade está completa; o corpo vivo pode ser comparado ao relógio; e é-me fácil mostrar por toda parte o fundamento dessa comparação, citando as observações e os fatos comuns.

Quanto às peças do movimento, sua existência e suas faculdades são agora bem conhecidas, assim como a maioria das leis que determinam suas diversas funções.

Mas a *mola*, motor essencial e que provoca todos os movimentos e todas as ações, escapou até o presente das investigações dos observadores: não obstante, pretendo, no capítulo seguinte, pô-la em evidência de modo que não mais possamos ignorá-la. Mas, antes, continuemos o exame do que constitui essencialmente a vida.

Visto que a vida, considerada em um corpo, resulta unicamente das relações existentes entre as partes continentes e, em um estado apropriado desse corpo, os fluidos contidos que estão nele em movimento e a causa excitatória dos movimentos, das ações e das reações que nele acontecem, pode-se, pois, abarcar o que a *constitui* essencialmente com a seguinte definição:

A vida é, nas partes de um corpo que a possui, uma ordem e um estado de coisas que lhes permitem os movimentos orgânicos; e esses movimentos, que constituem a vida ativa, resultam da ação de uma causa estimulante que os excita.

Essa definição de vida, quer ativa quer suspensa, abarca tudo o que há de positivo a ser aí examinado; satisfaz todos os casos e parece-me impossível acrescentar ou suprimir uma só palavra sem destruir a integridade das ideias essenciais que ela deve apresentar; enfim, ela repousa sobre os fatos comuns e as observações que concernem a esse admirável fenômeno da natureza.

Primeiramente, na definição de que se trata, a *vida ativa* pode ser distinguida daquela que, sem cessar de existir, está *suspensa*, e parece se conservar durante um tempo limitado, sem movimentos orgânicos perceptíveis; o que, como lhes mostrarei, é conforme à observação.

Em seguida, mostra que um corpo apenas pode possuir a vida ativa quando as duas condições seguintes se encontram reunidas.

A primeira é a necessidade de uma causa estimulante, excitatória dos movimentos orgânicos.

A segunda é a que exige que um corpo, para possuir e conservar a vida, tenha em suas partes uma *ordem* e um *estado de coisas* que lhes conferem a faculdade de obedecer à ação de causas estimulantes e de produzir os movimentos orgânicos.

Nos animais cujos fluidos essenciais são muito pouco complexos, como nos pólipos e nos infusórios, se os fluidos que estão contidos em um desses animais forem subitamente retirados por uma pronta dessecação, esta pode se realizar sem alterar os órgãos ou as partes continentes desse animal, e sem lhe destruir a ordem que ali deve existir: nesse caso, a vida é completamente suspensa nesse corpo dessecado; nenhum movimento orgânico se produz nele; e ele não parece mais fazer parte dos corpos vivos. Contudo, não se pode dizer que esteja morto, pois seus órgãos ou suas partes continentes, tendo conservado sua integridade, ao se devolver a esse corpo os fluidos internos dos quais foi privado, logo a causa estimulante, auxiliada por um suave calor, excita os movimentos, as ações e as reações em suas partes, e, a partir de então, a vida lhe é devolvida.

O *rotatório* de Spallanzani,[2] muitas vezes reduzido a um estado de morte por uma pronta dessecação, e em seguida revivido ao ser de novo submerso em água suavemente aquecida, prova que a vida pode ser alternativamente suspensa e restabelecida: ela é, pois, apenas uma ordem e um estado de coisas que lhe permitem os movimentos vitais que uma causa particular é capaz de excitar.

A esse respeito, no reino vegetal, as algas e os musgos oferecem os mesmos fenômenos do rotatório de Spallanzani; e sabe-se que os musgos prontamente dessecados e conservados em um herbário, mesmo que por um século, após esse tempo poderiam reviver e vegetar novamente quando recolocados na umidade a uma temperatura suave.

A suspensão completa dos movimentos vitais, sem a alteração das partes e consequentemente com a possibilidade de retorno desses movimentos, pode também acontecer no próprio homem, mas somente por um tempo muito curto.

As observações feitas sobre os afogados nos ensinam que uma pessoa que caia na água e seja dela retirada após três quartos de hora, ou mesmo após uma hora de imersão, encontra-se asfixiada a tal ponto que nenhum movimento se executa em seus órgãos, e que, não obstante, pode ser ainda possível lhe devolver a vida ativa.

Se a pessoa é deixada nesse estado sem que lhe preste socorro algum, o *organismo* e a *irritabilidade* logo se extinguem em suas partes internas, e desde então seus fluidos essenciais e em seguida suas partes mais moles começam a se alterar, o que constitui sua morte. Mas se, imediatamente após sua ex-

---

2 Spallanzani, *Nouvelles recherches sur les corps organisés*, Paris, 1789. (N. T.)

tração da água, e antes que a irritabilidade tenha se extinguido, são-lhe administrados os auxílios conhecidos, em uma palavra, se, com a ajuda dos estímulos empregados nesse caso, consegue-se excitar a tempo algumas contrações em suas partes internas, produzir alguns movimentos em seus órgãos de circulação, logo todos os movimentos vitais retomam seu curso e a vida ativa, deixando de estar suspensa, é imediatamente devolvida a essa pessoa.

Mas, em um corpo vivo, quando as alterações e perturbações na ordem ou no estado de suas partes são tão consideráveis a ponto de não mais permitir a estas obedecer à ação da causa excitatória e produzir movimentos orgânicos, a vida se extingue imediatamente nesse corpo e desde então deixa de pertencer ao corpo vivo.

Disso que acabei de expor resulta que, se em um corpo se perturbam ou se alteram a ordem e o estado de coisas nas partes que lhe permitiriam possuir a vida ativa, e essa perturbação impede a execução dos movimentos orgânicos ou torna impossível seu restabelecimento, tão logo sejam suspensos, esse corpo perde a vida, isto é, sofre a morte.

A perturbação que produz a morte pode, pois, se dar em um corpo vivo por diferentes causas acidentais; mas a própria natureza a prepara necessariamente depois de um tempo qualquer; e, com efeito, a particularidade da vida é dispor insensivelmente os órgãos a ponto de não mais servirem para executar suas funções e com isso levar inevitavelmente à morte. Mostrarei a razão disso.

Desse modo, dizer que a vida, em todo corpo dela dotado, consiste apenas, em suas partes, em uma ordem e em um estado de coisas que permitem a essas partes obedecer à ação de uma causa estimulante e de executar os movimentos orgânicos não é exprimir uma ideia conjectural, mas indicar um fato inteiramente confirmado, para o qual se podem dar muitas provas e que jamais poderá ser solidamente contestado.

Nesse caso, em um corpo, não se trata mais de saber em que consistem a ordem e o estado de suas partes que o tornam capaz de possuir a vida ativa.

Mas como o conhecimento preciso desse objeto não pode ser adquirido diretamente, examinemos antes de mais nada quais são as condições essenciais para a existência dessa ordem e desse estado de coisas nas partes de um corpo, para que ele possa possuir a vida.

Condições essenciais para a existência da ordem e do estado das partes de um corpo para que possa gozar de vida

Primeira condição. Nenhum corpo pode possuir a vida se não for essencialmente composto de dois tipos de partes, a saber: se não oferece, em sua composição, partes moles continentes e matérias fluidas contidas.

Com efeito, nenhum corpo perfeitamente seco pode ser vivo e, igualmente, todo corpo do qual todas as partes sejam fluidas não teria meios para gozar de vida. A primeira condição essencial para que um corpo possa ser vivo é, pois, oferecer uma massa composta de dois tipos de partes, uma sólida e continente, mas mole e de maior ou menor tenacidade, e outra fluida e contida.

Segunda condição. Corpo algum pode possuir a vida se suas partes continentes não forem um tecido celular ou se não forem formadas de tecido celular.

O tecido celular, como mostrarei, é a ganga na qual todos os órgãos dos corpos vivos foram sucessivamente formados, e o movimento dos fluidos nesse tecido é o meio que a natureza emprega para criar e desenvolver pouco a pouco seus órgãos.

Assim, todo corpo vivo é essencialmente uma *massa de tecido celular*, na qual fluidos com complexidade maior ou menor se movem com maior ou menor rapidez; de modo que, se o corpo é muito simples, isto é, sem órgãos especiais, parece homogêneo e não apresenta mais do que tecido celular contendo fluidos que se movem ali com lentidão; mas se sua organização é complexa, todos esses órgãos, sem exceção, estão envoltos em tecido celular, assim como suas menores partes, e são até essencialmente dele formados.

Terceira condição. Todo corpo só pode possuir a vida ativa quando nele age uma causa excitatória de seus movimentos orgânicos. Sem a impressão dessa causa ativa e estimulante, as partes sólidas e continentes do corpo organizado seriam inertes, os fluidos por elas contidos ficariam em repouso, os movimentos orgânicos não seriam produzidos, nenhuma função vital seria executada, e, consequentemente, a vida ativa não existiria.

Agora que conhecemos as três condições essenciais para a existência da vida em um corpo, é-nos mais exequível reconhecer em que consiste principalmente a *ordem* e o *estado de coisas* necessários para que ele possa possuir a vida.

Para chegar a isso, não se devem dirigir suas investigações unicamente aos corpos vivos que têm uma organização muito complexa, pois não se saberia a qual causa atribuir a vida que neles se encontra e se correria o risco de escolher arbitrariamente algumas considerações que não teriam nenhum fundamento.

Mas se atentarmos para a extremidade do reino animal ou vegetal onde se encontram os corpos vivos de organização mais simples, observar-se-á, primeiramente, que esses corpos não oferecem, em cada indivíduo, mais do que uma massa gelatinosa ou mucilaginosa, tecido celular da mais fraca consistência, cujas células se comunicam entre si e nas quais um fluido qualquer sofre movimentos, deslocamentos, dissipações, renovações sucessivas, modificações de estado; enfim, depositam partes que aí se fixam. Em seguida, notar-se-á que uma causa excitatória, que pode variar em sua energia mas que jamais falta inteiramente, anima de modo incessante as partes continentes e muito moles desses corpos, assim como os fluidos essenciais que aí estão contidos, e que esta causa conserva todos os movimentos que constituem a vida ativa, tanto quanto as partes que devem receber esses movimentos são capazes de obedecer-lhe.

Consequência

A ordem de coisas necessária para a existência da vida em um corpo é, pois, essencialmente:

1) Um tecido celular (ou órgãos por ele formados) dotado de uma grande maleabilidade e animado pelo *orgasmo*, primeiro produto da causa excitatória.
2) Fluidos quaisquer, de maior ou menor complexidade, contidos nesse tecido celular (ou nos órgãos que dele provêm), e que sofrem, por um segundo produto da causa excitadora, movimentos, deslocamentos, modificações diversas etc.

Nos animais, a causa excitatória dos movimentos orgânicos age potentemente sobre as partes continentes e sobre os fluidos contidos; ela mantém um *orgasmo* energético nas partes continentes, coloca-as na condição de reagir aos fluidos contidos e, com isso, torna-os eminentemente *irritáveis*; quanto aos fluidos contidos, essa causa excitatória os reduz a um tipo de rarefação e de expansão que facilita seus diversos movimentos.

Nos vegetais, ao contrário, a causa excitatória em questão age potente e singularmente apenas sobre os fluidos contidos, e produz nesses fluidos os movimentos e as modificações que estão sujeitos a experimentar; contudo, sobre as partes continentes desses corpos vivos, [e] mesmo sobre as mais moles dentre elas, opera somente um *orgasmo* ou um eretismo obscuro incapaz, por sua fraqueza, de fazê-las executar qualquer movimento repentino, de fazê-las reagir aos fluidos contidos e, consequentemente, de torná-las *irritáveis*. O produto desse orgasmo foi nomeado, despropositadamente, *sensibilidade latente*; falarei dele no Capítulo IV mais à frente.

Como todos os animais têm partes irritáveis, os movimentos vitais são mantidos, em uns, unicamente pela irritabilidade das partes, e, em outros, ao mesmo tempo pela irritabilidade e pela ação muscular dos órgãos que devem agir.

Com efeito, nos animais cuja organização ainda bastante simples exige apenas movimentos muito lentos nos fluidos contidos, os movimentos vitais se executam somente pela irritabilidade das partes continentes e pela incitação nos fluidos contidos provocada pela causa excitatória. Mas como a energia vital cresce à medida que a organização se torna mais complexa, logo se alcança um limite em que unicamente a irritabilidade e a causa excitatória não podem mais ser suficientes para a aceleração tornada necessária nos movimentos dos fluidos. Então, a natureza emprega o *sistema nervoso*, que soma o produto da ação de certos músculos ao da irritabilidade das partes; e logo esse sistema permite o emprego do movimento muscular: o coração se torna um motor potente para a aceleração do movimento dos fluidos; enfim, quando a respiração pulmonar pôde ser estabelecida, o movimento muscular se torna ainda mais necessário para a execução dos movimentos vitais pelas alternâncias de dilatação e contração que provoca na cavidade que contém o órgão respiratório, e sem as quais as inspirações e expirações não poderiam acontecer.

"Sem dúvida", diz o sr. Cabanis, "não estamos mais limitados a provar que a sensibilidade física é a fonte de todas as ideias e de todos os hábitos que constituem a existência moral do homem: Locke, Bonnet, Condillac, Helvétius levaram essa verdade até o último grau da demonstração. Entre as pessoas instruídas e que fazem algum uso de sua razão, não há, neste momento, nenhuma que possa lançar a menor dúvida a esse respeito. Por outro lado, os fisiologistas provaram que *todos os movimentos vitais são o produto de impressões recebidas pelas partes sensíveis* etc."[3]

Por isso, reconheço que a sensibilidade física é a fonte de todas as ideias; mas estou muito longe de admitir que todos os movimentos vitais são o produto de impressões recebidas pelas partes sensíveis; quando muito, isso poderia estar fundado no que diz respeito aos corpos vivos que possuem um sistema nervoso; pois os movimentos vitais daqueles em que semelhante sistema não existe não poderiam ser o produto de impressões recebidas pelas partes sensíveis: nada é mais evidente.

Quando se quer determinar os verdadeiros elementos da vida, devem-se necessariamente considerar os fatos por ela apresentados em todos os corpos que dela desfrutam; ora, assim que são tomados dessa maneira, ver-se-á que o que é essencial para a existência da vida em um plano de organização não o é em outro.

Sem dúvida, a influência nervosa é necessária à conservação da vida no homem e em todos os animais que têm um sistema nervoso; mas isso não prova que os movimentos vitais, mesmo no homem e nos animais que têm nervos, se executem por impressões feitas sobre partes sensíveis: prova somente que, nos corpos dotados de vida, os movimentos vitais não podem ocorrer sem a ajuda da influência nervosa.

Pelo que acabo de expor, vê-se que, ao se considerar a vida em geral, ela pode existir em um corpo sem que nele os movimentos vitais se executem por impressões recebidas por partes sensíveis e sem que a ação muscular contribua para efetuar esses movimentos; ela pode até mesmo existir no corpo sem que este tenha partes irritáveis para ajudar seus movimentos por reação. Como se vê nos vegetais, basta que o corpo dotado de vida apresente, em seu interior, uma ordem e um estado de coisas, no que diz respeito às

---

3 Cabanis, *Rapports du physique et du moral de l'homme*, Paris, 2v., 1802, v.I, p.85-6. (N. A.)

suas partes continentes e aos seus fluidos contidos, que permitam a uma força particular excitar os movimentos e as modificações que a constituem.

Mas se se considera a vida em particular, isto é, em certos corpos determinados, ver-se-á que o que é essencial no plano da organização desses corpos tornou-se necessário à conservação da vida neles. Assim, no homem e nos animais mais perfeitos, a vida não pode se conservar sem a *irritabilidade* das partes que devem reagir; sem a ajuda da ação desses músculos que agem sem a participação da vontade, ação que conserva a rapidez do movimento dos fluidos; sem a influência nervosa que contribui, por outra via que não a do sentimento, para a execução das funções dos músculos e de outros órgãos internos; enfim, sem a influência da respiração, que repara incessantemente os fluidos essenciais alterados nesses sistemas de organização.

Ora, essa influência nervosa, aqui reconhecida como necessária, é a única que põe os músculos em ação, e não a que produz o sentimento; pois não é pela via das sensações que os músculos agem. Com efeito, o sentimento não é de modo algum afetado pela causa que produz os movimentos de sístole e diástole do coração e das artérias; e se, por vezes, os batimentos do coração se distinguem, é porque, estando mais fortes e mais rápidos do que no estado ordinário, esse músculo, principal motor da circulação, golpeia as partes vizinhas sensíveis. Enfim, quando se caminha ou se executa uma ação qualquer, ninguém sente o movimento de seus músculos, nem as impressões das causas que os fazem agir.

Assim, não é pela via do sentimento que os músculos executam suas funções, ainda que a influência nervosa lhes seja necessária. Mas, uma vez que a natureza, para aumentar o movimento dos fluidos nos animais mais perfeitos, precisou acrescentar ao produto da irritabilidade, compartilhado com os outros, o do movimento muscular do coração etc., a influência nervosa nesses animais se tornou necessária à conservação de sua vida. Entretanto, não se está autorizado a dizer que, neles, os movimentos vitais se executam apenas por impressões recebidas pelas partes sensíveis; pois, se sua irritabilidade fosse destruída, perderiam imediatamente a vida; e seu sentimento, que se supõe sempre existente, não poderia por si só conservá-la. Além disso, espero provar, no quarto capítulo desta parte, que a sensibilidade e a irritabilidade são faculdades não apenas muito distintas, mas que não têm a mesma fonte e que se devem a causas muito diferentes. Viver é sentir, diz Cabanis: sim, sem dúvida, para o homem e para os animais mais perfeitos, e provavelmente ainda para um grande número de invertebrados. Mas como a faculdade de sentir se enfraquece à medida que o sistema de órgãos que lhe dá ensejo é menos desenvolvido e concentrado na causa que torna essa faculdade vigorosa, é preciso dizer que, para esses animais sem vértebras que têm um sistema nervoso, *viver se resume a sentir*, porque esse sistema de órgãos, sobretudo nos *insetos*, não lhes dá mais do que um sentimento muito obscuro.

Quanto aos radiados, se neles o sistema em questão ainda existe, como não passa de algo muito reduzido, presta-se apenas à excitação do movimento muscular.

Por fim, quanto à grande generalidade dos *pólipos* e a todos os infusórios, como é impossível que possuam o sistema em questão, é preciso dizer que para eles, e mesmo para os radiados e os vermes, viver não é sentir; o que também se deve dizer em relação às plantas. Quando se trata da natureza, nada expõe mais ao erro do que os preceitos gerais que se formam quase sempre a partir de percepções isoladas: ela variou de tal modo seus meios que é difícil marcar limites.

À medida que a organização animal se torna mais complexa, ocorre o mesmo com a ordem de coisas essencial à vida, e a vida se particulariza em cada um dos órgãos principais. Mas cada vida orgânica particular, pela conexão íntima do órgão pelo qual ela existe com as outras partes da organização, depende da vida geral do indivíduo, assim como esta depende de cada vida particular dos órgãos principais. Assim, nesse caso, a ordem de coisas essencial à vida em cada animal é, nesse caso, determinável apenas pela notificação do que ele próprio é.

Segundo essa consideração, percebe-se claramente que nos animais mais perfeitos, como os mamíferos, a ordem de coisas essencial à vida desses animais exige um sistema de órgãos para o *sentimento*, constituído por um cérebro, uma medula espinhal e nervos; um sistema de órgãos para a *respiração pulmonar completa*; um sistema de órgãos para a *circulação*, munido de um coração bilocular e com dois ventrículos; e um sistema muscular para o movimento das partes, tanto as internas quanto as externas etc.

Cada um desses sistemas de órgãos tem, sem dúvida, sua vida particular, tal como demonstrado por Bichat: por essa razão, na morte do indivíduo, a vida se extingue sucessivamente. Apesar disso, cada um desses sistemas de órgãos não poderia conservar sua vida particular separadamente, e a vida geral do indivíduo não poderia subsistir se um dentre eles houvesse perdido a sua.

Desse estado de coisas bem conhecido relativamente aos mamíferos, não se segue que a ordem de coisas essencial à vida em todo corpo que a possui exige em sua organização um sistema de órgãos para o sentimento, outro para a respiração, outro ainda para a circulação etc. A natureza nos ensina que esses diferentes sistemas de órgãos são essenciais à vida unicamente nos animais em que o estado de sua organização o exige.

Parece-me que ali estão verdades que nenhum fato conhecido e nenhuma observação constatada poderiam contradizer.

Concluo as considerações expostas neste capítulo observando:

1) Que a vida nas partes de um corpo que a possui é um fenômeno orgânico que dá lugar a muitos outros; e que esse fenômeno resulta unicamente das relações que existem entre as partes continentes desse corpo, os fluidos contidos que aí estão em movimento e a causa excitadora dos movimentos e modificações que nele ocorrem.

2) Que, consequentemente, a vida em um corpo é uma ordem e um estado de coisas que permitem os movimentos orgânicos e que esses movimentos, que constituem a vida ativa, resultam da ação de uma causa que os excita.

3) Que sem a causa estimulante e excitadora dos movimentos vitais, a vida não poderia existir em um corpo, qualquer que fosse o estado de suas partes.

4) Que a causa excitadora dos movimentos orgânicos inutilmente continuaria a agir se o estado de coisas nas partes do corpo organizado fosse muito perturbado e essas partes não pudessem continuar a obedecer à ação dessa causa e produzir os movimentos particulares que se nomeiam *vitais*; a partir de então, a vida se extingue nesse corpo e não pode mais subsistir.

5) Que, enfim, para que as relações entre as partes continentes do corpo organizado, os fluidos aí contidos e a causa que pode lhe excitar movimentos vitais produzam e conservem nesse corpo o fenômeno da vida é necessário que as três condições citadas neste capítulo sejam completamente preenchidas. Passemos agora ao exame da causa excitadora dos movimentos orgânicos.

Capítulo III
Da causa excitatória dos movimentos orgânicos

Sendo a vida um fenômeno natural, que ele próprio produz muitos outros e que resulta das relações que existem entre as partes moles e continentes de um corpo organizado e os fluidos contidos desse corpo, como conceber a produção desse fenômeno, isto é, a existência e a conservação dos movimentos que constituem a vida ativa do corpo em questão, sem uma causa particular excitatória desses movimentos, sem uma força que anime os órgãos, regularize as ações e execute todas as funções orgânicas, em uma palavra, sem uma mola, cuja tensão sustentada, ainda que variável, seja o motor eficaz de todos os movimentos vitais?

Não se poderia duvidar que os fluidos visíveis de um corpo vivo e as partes sólidas e moles que os contêm sejam estranhos à causa que buscamos aqui. Juntas, todas essas partes compõem as peças do movimento, segundo a comparação já feita, e a particularidade delas não é constituir a força aqui em questão, isto é, a mola motora, ou a causa excitatória dos movimentos da vida.

Assim, pode-se assegurar que o sangue, nos animais que têm uma circulação, e a sânie esbranquiçada e transparente, nos que não a têm, permaneceriam em repouso e logo se decomporiam, assim como as partes que contêm esses fluidos, caso não houvesse uma causa particular que excite e conserve o *orgasmo* e a *irritabilidade* nas partes moles e continentes dos animais, e que, nos vegetais, produz somente um orgasmo obscuro e move imediatamente os fluidos contidos.

Do mesmo modo, sem essa causa excitatória dos movimentos vitais, sem essa força ou essa *mola* que faz existir em um corpo a vida ativa, a seiva e os fluidos próprios dos vegetais permaneceriam sem movimento, alterar-se-iam, exalariam, enfim, executar-se-ia a morte e o ressecamento desses corpos vivos.

Os filósofos antigos sentiram a necessidade de uma causa particular excitadora dos movimentos orgânicos; mas, não tendo estudado suficientemente a natureza, eles a encontraram fora dela: imaginaram uma *arqué-vital*, uma alma perecível dos animais; atribuíram até mesmo uma aos vegetais; e, no lugar de um conhecimento positivo que não alcançaram por falta de observação, criaram somente palavras, para as quais puderam apenas ligar ideias vagas e sem base.

Cada vez que deixamos a natureza para nos entregar aos elãs fantásticos de nossa imaginação, perdemo-nos no incerto, e os resultados de nossos esforços serão apenas erros. Os únicos conhecimentos que podemos adquirir a esse respeito são e serão sempre apenas aqueles que extraímos do estudo seguido de suas leis; fora da natureza, em uma palavra, tudo não passa de desvario e mentira: esta é minha opinião.

Se realmente fosse verdade que a determinação da causa *excitatória* dos movimentos orgânicos estivesse fora de nosso poder, ainda assim seria evidente que essa causa existe e que ela é física, já que observamos os efeitos e a natureza tem todos os meios para produzi-la. Não se sabe que ela tem os meios de difundir e manter o movimento em todos os corpos e que nenhum objeto submetido às suas leis goza realmente de uma estabilidade absoluta?

Sem querer nos elevar à consideração das causas primeiras nem à de todos os tipos de movimentos e de todas as modificações que se observam nos corpos físicos de qualquer gênero, restringimo-nos a considerar as causas imediatas e reconhecidas que podem agir sobre os corpos vivos; e veremos que elas são suficientes o bastante para manter nesses corpos os movimentos que constituem a vida enquanto *a ordem de coisas* que as permite não é destruída.

Sem dúvida, ser-nos-ia impossível reconhecer a causa excitatória dos movimentos orgânicos se os fluidos sutis, invisíveis, não passíveis de contenção e incessantemente em movimento que a constituem não se manifestassem para nós em uma multidão de circunstâncias; se não tivéssemos provas de que todos os meios nos quais habitam quaisquer corpos vivos estão perpetuamente preenchidos; enfim, se não soubéssemos positivamente que esses fluidos invisíveis penetram com maior ou menor facilidade as massas de todos esses corpos e permanecem aí por tempo maior ou menor e que alguns deles encontram-se continuamente em um estado de agitação e de expansão que lhes dá a faculdade de distender as partes nas quais se insinuam, de rarefazer os fluidos próprios dos corpos vivos que eles penetram e de comunicar às partes moles desse mesmo corpo um eretismo, uma tensão particular que elas conservam enquanto se encontram em um estado que lhes é favorável.

Mas é bem sabido que não estamos reduzidos a essa impossibilidade; pois quem não sabe que todo lugar do globo em que habitam os corpos vivos está provido de *calórico* (mesmo nas regiões mais frias), *eletricidade, fluido magnético* etc.; e que por toda parte esses fluidos, uns expansivos e outros diversamente agitados, experimentam incessantemente deslocamentos mais ou menos regulares, renovações ou reposições, e, talvez, até uma verdadeira circulação relativamente a alguns deles?

Ignoramos ainda qual é o número desses fluidos invisíveis e sutis que estão dispersos e sempre agitados nos meios circundantes; mas concebemos, de maneira mais clara, que esses fluidos invisíveis penetram, acumulam-se e se agitam incessantemente em cada corpo organizado; enfim, evadem-se sucessivamente após terem ali se mantido por tempo maior ou menor, excitado os movimentos e a vida, quando uma ordem de coisas que permite tais resultados é ali encontrada.

Relativamente aos fluidos invisíveis que compõem principalmente a *causa excitatória* que consideramos aqui, dois deles nos parecem fazer essencialmente parte dessa causa: o *calórico* e o *fluido elétrico*. Estes são os agentes diretos que produzem o orgasmo e os movimentos internos que, nos corpos organizados, constituem e mantêm a vida.

Dos dois fluidos excitatórios em questão, o *calórico* parece ser o que causa e mantém o orgasmo das partes moles do corpo vivo, e o *fluido elétrico* é provavelmente aquele que fornece a causa dos movimentos orgânicos e das ações dos animais.

O que me autoriza a essa divisão das faculdades que designo pelos dois fluidos em questão se funda nas seguintes considerações.

Nas inflamações, o orgasmo que nela alcança uma energia excessiva e até, por fim, destrutiva das partes só chega a isso evidentemente pelo extremo calor que se desenvolve nos órgãos inflamados: é, pois, particularmente ao *calórico* que se deve atribuir o orgasmo.

A rapidez dos movimentos do calórico, assim como a com que esse fluido se espalha e se distribui nos corpos que penetra, está muito longe de igualar à rapidez extraordinária dos movimentos do fluido elétrico: este último deve, pois, ser o que fornece a causa dos movimentos e das ações dos animais; deve ser mais particularmente o verdadeiro fluido excitatório.

É possível, todavia, que alguns outros fluidos invisíveis e ativos concorram também, junto com os dois que acabo de citar, para a composição da causa excitadora; mas o que me parece fora de dúvida é que o calórico e a eletricidade são os dois principais componentes dessa causa: talvez mesmo os únicos.

Nos animais de organização pouco complexa, o calórico dos meios circundantes parece bastar por si só para o orgasmo e a irritabilidade desses corpos; disso resulta que, nas grandes quedas de temperatura e durante o inverno dos climas de grande latitude, uns pereçam completamente e outros sofram uma hibernação mais ou menos completa. Nesses mesmos animais, o fluido elétrico ordinário fornecido pelos meios circundantes parece bastar para os movimentos orgânicos e para as ações.

O mesmo não acontece com os animais de organização muito complexa: neles, o calórico dos meios circundantes apenas completa, ou antes, ajuda e favorece o meio que esses corpos vivos possuem para a produção interna de um calórico continuamente renovado. É provável que esse calórico produzido interiormente tenha sofrido algumas modificações no animal que o particularizam e o tornam o único apropriado para conservar o orgasmo; pois quando, pelo estado da organização, o orgasmo e a irritabilidade se encontram muito enfraquecidos, o calórico do exterior, quer o de nossos lares, quer o de uma temperatura elevada, não poderá suprir o calórico interno.

A mesma observação parece também poder se aplicar ao fluido elétrico excitatório dos movimentos e das ações nos animais cuja organização é muito complexa. Parece efetivamente que esse fluido elétrico, introduzido pela via da respiração, ou pela dos alimentos, sofreu uma modificação qualquer ao permanecer no interior do animal e se transformou em fluido nervoso ou galvânico.

Quanto ao calórico, é tão verdadeiro que é um dos principais elementos da causa excitatória da vida e que é particularmente aquele que forma e mantém o orgasmo sem o qual a vida não poderia existir, que muito tempo antes de alcançar o frio absoluto, uma grande queda de temperatura, se fosse suficientemente considerável, poderia aniquilá-la em todos os corpos que dela estão dotados. Efetivamente, o frio de nossos invernos, sobretudo quando rigoroso, faz perecer uma grande quantidade de animais que a ele se encontram expostos. Mas sabemos que jamais, em qualquer ponto do globo e época do ano, uma ausência total de calórico pode ser encontrada.

Repito que, sem uma causa particular excitatória do orgasmo e dos movimentos vitais, sem essa força que, sozinha, é capaz de produzir esses movimentos, a vida não poderia existir em corpo algum. Ora, essa causa excitatória é inteiramente alheia às faculdades dos fluidos visíveis dos corpos vivos e, igualmente, às das partes continentes e sólidas desses corpos: eis um fato de que já não é mais possível duvidar e que todas as observações atestam.

Essa mesma causa excitatória é também a de qualquer fermentação; e é a única que executa os atos em toda matéria composta, não viva, cujo estado das partes lhe é favorável. Por isso, nas grandes quedas de temperatura, os atos da vida e da fermentação são suspensos em maior ou menor completude, conforme a intensidade do frio seja mais ou menos considerável.

Embora a vida e a fermentação sejam dois fenômenos muito diferentes, ambas extraem da mesma fonte os movimentos que as constituem; e, dos dois lados, é necessário que o estado das partes, quer do corpo organizado capaz de viver, quer do corpo inorgânico que pode fermentar, encontre-se favorável à execução desses movimentos. Mas, no corpo dotado de vida, a ordem e o estado de coisas nele existentes são tais que todas as alterações na combinação dos princípios são sucessivamente reparadas por combinações novas e mais ou menos semelhantes que os movimentos subsistentes ocasionam; ao passo que, no corpo não organizado ou desorganizado que fermenta, todas as modificações executadas em sua composição ou em suas partes não poderiam ser reparadas pela continuidade da fermentação.

Desde o instante da morte de um indivíduo, seu corpo de fato desorganizado, embora frequentemente não o aparente, entra imediatamente na classe daqueles, cujas partes podem sofrer a fermentação, sobretudo as mais moles dentre elas; e a causa excitatória que o fazia viver se torna aquela que apressa a decomposição das suas partes suscetíveis de fermentação.

Vê-se, pois, segundo as considerações que acabo de expor, que a causa excitatória dos movimentos vitais se encontra necessariamente nos fluidos invisíveis, sutis, penetrantes e sempre ativos, dos quais os meios circundantes jamais estão desprovidos; e que o principal elemento dessa causa é aquele que mantém um orgasmo essencial à existência da vida; enfim, que é verdadeiramente o calórico; isso que as observações seguintes permitirão ver melhor.

Não necessito de qualquer citação particular a esse respeito, porque o fato geral que a isso se refere é muito conhecido. Sabe-se que o calor, em certas proporções, é geralmente necessário a todos os corpos vivos, principalmente aos animais. Caso ele se enfraqueça até certo ponto, a irritabilidade dos animais perde sua intensidade, os atos de sua organização diminuem a atividade e todas as funções se extenuam ou se executam com lentidão, sobretudo nos animais em que não se opera nenhuma produção calórica interna. Quando ele se enfraquece ainda mais, os animais mais imperfeitos perecem e grande quantidade de outros caem em uma hibernação letárgica, e nada mais têm do que uma vida suspensa: eles a perderiam sucessivamente se essa diminuição do calor crescesse mais ainda nos meios circundantes; disso não se poderia duvidar.

Ao contrário, quando a temperatura se eleva, isto é, o calor cresce e se dissipa por toda parte, se esse estado de coisas se mantiver, vê-se constantemente que a vida se reanima e parece adquirir novas forças em todos os corpos vivos; que a irritabilidade das partes internas dos animais aumenta proporcionalmente em intensidade; que as funções orgânicas se executam com mais energia e prontidão; que a vida conduz mais rapidamente os diferentes estados pelos quais os indivíduos devem passar durante seu curso, e que ela mesma chega preferencialmente a seu termo; mas também que as regenerações são mais rápidas e abundantes.

Embora o calor seja em toda parte necessário para a conservação da vida, principalmente para os animais, sua intensidade não deve ultrapassar muito certos limites, pois senão sofreriam consideravelmente, e a menor causa exporia os animais cuja organização é bastante complexa a rápidas doenças que os fariam perecer prontamente.

Pode-se, pois, assegurar que não somente o calor é necessário a todos os corpos vivos, mas que, quando tem certa intensidade sem ultrapassar determinados limites, anima singularmente todos os atos da organização, favorece todas as gerações e parece propagar em toda parte a vida de uma maneira admirável.

A facilidade, prontidão e abundância com as quais a natureza produz e multiplica os animais mais simplesmente organizados nas regiões equatoriais são fatos que apoiam essa asserção. Com efeito, a multiplicação desses animais é notada singularmente no tempo e nos lugares que lhes são favoráveis, isto é, nos climas quentes e nos países de alta latitude, nas estações de calor, sobretudo quando concorrem para isso as circunstâncias que favorecem essa fecundidade.

Efetivamente, em algumas épocas e climas, a terra, em particular em sua superfície onde o calórico se acumula sempre com maior força, e o seio das águas se povoam, por assim dizer, de moléculas animadas, isto é, de animálculos extremamente variados em seus gêneros e suas espécies. Esses animálculos, assim como uma multidão de outros animais imperfeitos de diferentes classes, ali se reproduzem e se multiplicam com uma fecundidade espantosa, que é bem mais considerável do que a dos grandes animais, cuja organização é mais complicada. Parece, por assim dizer, que a matéria se animaliza por toda a parte, tão rápidos são os resultados dessa prodigiosa fecundidade. Por isso, sem o imenso consumo que se faz na natureza dos animais que compõem as primeiras ordens do reino animal, eles se acumulariam rapidamente e talvez aniquilassem, na sequência de sua enorme multiplicidade, os animais mais perfeitos que formam as últimas classes e as últimas ordens desse reino, tão grande é a diferença entre ambos nos meios e nas facilidades de se multiplicar!

O que acabo de afirmar, relativamente à necessidade, para os animais, de um calórico distribuído nos meios circundantes e que varia ali em certos limites, é perfeitamente aplicável aos vegetais; mas, com respeito a estes, o calor mantém neles a vida apenas sob certas condições essenciais.

A primeira, que é a mais importante, exige que o vegetal, no qual o calor anima a vegetação, tenha contínua e proporcionalmente umidade à disposição de suas raízes; pois, quanto mais o calor aumenta, mais água esse vegetal deve ter para o seu consumo, já que a perda de seus fluidos pela transpiração é a mais considerável; e quanto mais o calor diminui, menos umidade lhe é necessária, a qual prejudicaria sua conservação.

A segunda condição para que a vegetação possa aperfeiçoar os seus produtos exige que o vegetal, para o qual não falta calor e água, tenha também luz em abundância.

A terceira, finalmente, põe a necessidade de que tenha o ar, do qual se apropria provavelmente do oxigênio, assim como dos gases que nele se encontram, decompondo-o imediatamente para se apoderar de seus princípios.

Conforme tudo o que acabei de expor, é muito evidente que o *calórico* seja a causa primeira da vida, que forma e mantém o orgasmo, sem o qual ela não poderia existir em corpo algum, e que ele tem êxito enquanto as partes do corpo vivo não se opuserem a isso. Além disso, vê-se que esse fluido expansivo, sobretudo quando goza, por sua abundância, de alguma intensidade de ação, é o principal agente da enorme multiplicação dos corpos vivos da qual falei há pouco. Por isso, está provado que, nos climas quentes do globo, os reinos animal e vegetal oferecem uma riqueza e uma abundância extremamente notáveis; enquanto, nas regiões geladas da terra, eles apenas se apresentam no estado de maior empobrecimento.

Relativamente à quantidade de animais e de vegetais, o verão e o inverno produzem uma diferença considerável quanto a esse aspecto em nossos climas, a qual testemunha em favor do princípio que acabo de estabelecer.

Embora o calórico seja realmente a primeira causa da vida nos corpos que dele desfrutam, por si só não poderia excitar e manter os movimentos que a põem em atividade; é necessário ainda, sobretudo para os animais, a influência de um *fluido excitatório* das ações de sua irritabilidade. Ora, vimos que a eletricidade possui todas as qualidades necessárias para constituir o fluido excitatório e que é também muito comumente dissipada por toda parte, não obstante suas variações, para que os corpos vivos estejam sempre dela dotados.

É bem possível que algum outro fluido invisível se una à eletricidade para completar a causa de que é dotada a faculdade de excitar os movimentos vitais e todos os atos de organização, mas não vejo nenhuma necessidade disso.

Parece-me que o calórico e a matéria elétrica bastam perfeitamente para compor essa causa essencial da vida: um, colocando as partes e os fluidos internos em um estado próprio para a sua existência, e o outro, provocando, por seus movimentos nos corpos, as diferentes excitações que fazem executar os atos orgânicos e que constituem a atividade da vida.

Tentar explicar como esses fluidos agem e determinar positivamente o número dos que entram como elementos na composição da causa excitatória de todos os movimentos orgânicos seria abusar do poder de nossa imaginação e criar arbitrariamente explicações onde não temos os meios de estabelecer as provas.

Basta-nos ter mostrado que a causa excitatória dos movimentos que constituem a vida não reside em nenhum dos fluidos visíveis que se movem no interior dos corpos vivos; mas que ela tem sua fonte, principalmente, a saber:

1) No *calórico*, que é um fluido invisível, penetrante, expansivo, continuamente ativo, que se espalha com certa lentidão pelas partes moles que distende e torna irritáveis por esse meio, que se dissipa e se renova incessantemente e que jamais falta por completo em nenhum dos corpo que possuem a vida.

2) No *fluido elétrico*, quer ordinário para os vegetais e os animais imperfeitos, quer galvânico para aqueles cuja organização é muito complexa; fluido sutil, cujos movimentos são de uma rapidez extraordinária, e que provocam as dissipações sutis e locais do calórico que distende as partes, excita os atos de irritabilidade nos órgãos não musculares, bem como os movimentos dos músculos assim que exerce sua influência sobre essas partes.

Se os dois fluidos que acabo de citar combinam assim sua ação particular, deve resultar para os corpos organizados que experimentam essa ação uma causa ou uma força potente que age de modo eficaz, que se regulariza em seus atos pela organização, isto é, pelo efeito da forma regular e da disposição das partes, e que mantém os movimentos e a vida desde que exista nesses corpos uma ordem de coisas que permita efeitos semelhantes.

Tal é, segundo as aparências, o modo de ação da causa excitatória da vida; mas não se poderia considerá-lo como conhecido, tanto que será impossível estabelecer as provas. Talvez tal seja também, nos dois fluidos citados, a totalidade dos princípios que concorrem para a produção dessa causa; mas é ainda um conhecimento com o qual não se pode contar. O que há de muito positivo a esse respeito é que a fonte de onde a natureza toma seus meios para obter essa causa e a força que daí resulta se encontram nos fluidos invisíveis e sutis, dentre os quais os dois que acabo de indicar são incontestavelmente os principais.

Diria apenas que os fluidos ativos e expansivos que compõem a *causa excitatória* dos movimentos vitais penetram ou se desenvolvem incessantemente nos corpos por eles animados, atravessam-nos por toda parte regularizando seus movimentos, segundo a natureza, a ordem e a disposição das partes, e, em seguida, exalam-se continuamente pela transpiração insensível que ocasionam. Esse fato é incontestável e sua consideração lança grande luz sobre as causas da vida.

Agora, examinemos o fenômeno particular que nomeio *orgasmo* dos corpos vivos e, na sequência, a *irritabilidade* que ele produz nos animais em que, pela natureza de seus corpos, alcança uma grande energia.

Capítulo IV
Do orgasmo e da irritabilidade

O objetivo deste capítulo não é a afecção particular chamada de orgasmo, o estado que as partes internas moles dos animais conservam enquanto possuem a vida; estado que lhes é natural, já que é essencial à sua conservação; estado, enfim, que necessariamente não existe mais em suas partes, logo que deixarem de viver ou pouco tempo depois.

É certo que, entre as partes sólidas internas dos animais, as moles são animadas, durante a vida, por um *orgasmo* ou uma espécie de eretismo particular que as dota da faculdade de relaxar e de reagir logo que recebem alguma impressão.

Enquanto vivem, um *orgasmo* análogo existe também nas partes sólidas mais moles dos vegetais; mas é muito obscuro, e de tal modo fraco, que não dá às partes que são dotadas dele a faculdade de reagir subitamente contra as impressões que poderiam receber.

O *orgasmo* das partes moles internas dos animais concorre, em maior ou menor grau, para a produção dos fenômenos orgânicos desses corpos vivos; é mantido por um fluido (talvez muitos) invisível, expansivo e penetrante, que atravessa com alguma lentidão as partes que dele desfrutam, e produz nelas a tensão ou a espécie de eretismo que acabo de citar. O *orgasmo* nas partes que resulta desse estado de coisas se mantém ao longo da vida com uma energia tanto maior quanto as partes que a experimentam apresentam uma disposição e uma natureza mais favoráveis, e têm mais maleabilidade e estão menos dessecadas.

É esse mesmo *orgasmo* que reconhecemos como necessário para a existência da vida em um corpo e que alguns fisiologistas modernos consideraram como uma espécie de *sensibilidade*; daí, supuseram que a sensibilidade era a propriedade de todo corpo vivo; que todos são ao mesmo tempo sensíveis e irritáveis; que todos os seus órgãos estão impregnados dessas duas faculdades necessariamente coexistentes; em uma palavra, que elas são comuns a tudo o que tem vida, consequentemente, aos animais e aos vegetais. Finalmente, Cabanis, que dividia essa opinião com o sr. Richerand, e aparentemente com outros, diz, de fato, que a sensibilidade é o fato geral da natureza viva.

Não obstante, reconhecendo que a sensibilidade proporcionada pela faculdade de receber as sensações e dependente dos nervos não é a mesma coisa que essa espécie de sensibilidade mais geral para a qual o sistema nervoso não é necessário, o sr. Richerand, que desenvolveu particularmente essa mesma opinião nos prolegômenos de sua *Fisiologia*, propõe dar à primeira o nome de *perceptibilidade*, e nomeia a segunda *sensibilidade latente*.

Visto que esses dois objetos são diferentes, e tendo em vista sua fonte e seus produtos, por que dar um novo nome ao fenômeno já há muito tempo conhecido como *sensibilidade* e transferir o nome de *sensibilidade* a um fenômeno mais recentemente considerado e de natureza inteiramente particular? Com certeza, é mais conveniente dar ao fenômeno geral do qual a vida depende um nome particular; e é o que fiz ao designá-lo sob a denominação de *orgasmo*.

Provavelmente, sem o *orgasmo* (a sensibilidade latente), nenhuma função vital poderia ser executada; pois, onde quer que ele exista, não há inércia real das partes, e essas partes não são simplesmente passivas. Sentimo-lo; mas levou-se longe demais a ideia formada das faculdades das partes vivas quando se diz que elas sentem e agem cada uma a sua maneira, que reconhecem nos fluidos que as irrigam o que convém à sua nutrição e que separam as matérias que afetaram seu modo particular de sensibilidade.

Embora não se conheça positivamente o que se passa na execução de cada função vital, em vez de atribuir gratuitamente às partes um conhecimento e uma escolha dos objetos que elas têm de separar, reter, fixar ou evacuar, tem-se muito mais razão em se pensar:

1) Que os movimentos orgânicos excitados se executam simplesmente pela ação e reação das partes.
2) Que dessas ações e reações que as partes sofressem em seu estado e natureza resultariam modificações, decomposições, combinações novas etc.
3) Que, após essas modificações, produzem-se secreções que o diâmetro dos canais secretores favorece; depósitos que a conveniência dos lugares e a natureza das partes permite tanto reter em isolamento quanto fixar em suas próprias partes; enfim, evacuações diversas, absorções, reabsorções etc.

Essas operações são mecânicas, estão sujeitas às leis físicas e se executam com a ajuda da causa excitatória e do *orgasmo* que mantêm os movimentos e as ações; de modo que por esses meios, assim como pela forma, disposição e situação dos órgãos, as funções vitais são diversificadas, regularizadas e realizadas cada uma segundo seu modo particular.

O *orgasmo* de que se trata neste capítulo é um fato positivo que, qualquer nome que se lhe dê, não pode mais ser desconhecido. Veremos que é muito fraco e muito obscuro nos vegetais, nos quais tem apenas faculdades muito limitadas; e que, ao contrário, manifesta-se nos animais de maneira eminente, pois produz neles essa faculdade notável que os distingue e que se nomeia irritabilidade: consideremo-lo primeiramente nos animais.

Do orgasmo animal

Denomino *orgasmo animal* o estado singular das partes moles de um animal vivo que constitui, em todos os pontos dessas partes, uma *tensão* particular e muito ativa que as torna suscetível de *reação* súbita e instantânea contra toda impressão que elas podem experimentar, e que as faz, consequentemente, agir sobre fluidos em movimento por elas contidos.

Essa tensão, variável em sua intensidade, segundo o estado das partes a ela submetidas, constitui o que os fisiologistas nomeiam o *tom* das partes;

ela aparece, como afirmei, devido à presença de um fluido expansivo que penetra essas partes; mantém-se aí durante um tempo qualquer; mantém entre suas moléculas algum grau de separação sem destruir sua aderência ou tenacidade; e, por qualquer contato que provoque uma contração, em parte e subitamente escapa, restabelecendo-se logo depois.

Assim, no instante da dissipação do fluido expansivo que distendeu uma parte, esta contrai-se sobre si mesma pelo efeito dessa dissipação; e imediatamente se restabelece dessa primeira distensão pela chegada de novo fluido expansivo substituto. Disso resulta que o *orgasmo* dessa parte lhe dá a faculdade de reagir contra os fluidos visíveis que agiam sobre ela.

Essa tensão das partes moles dos animais vivos não chega a impedir a coesão das moléculas que formam essas partes e a destruir sua aderência, sua aglutinação e, sua tenacidade enquanto a intensidade do *orgasmo* não excede certas proporções. Mas a tensão de que se trata impede a aproximação e a retração que essas moléculas teriam caso a causa dessa tensão não existisse, já que as partes moles caem realmente em uma retração notável logo que essa causa deixa de ter influência.

De fato, sobretudo nos animais, e até nos vegetais, o aniquilamento do *orgasmo*, que se efetua apenas na morte do indivíduo, dá lugar a um relaxamento e um abaixamento das partes tenras que as torna mais moles e flácidas do que no estado vivo. Isso faz crer que essas partes flácidas, observadas nos velhos depois de sua morte, não teriam adquirido a rigidez que a duração da vida provoca gradualmente nos órgãos.

O sangue dos animais cuja organização é muito complexa goza, ele próprio, de um tipo de *orgasmo*, sobretudo o sangue arterial; pois, durante a vida, é penetrado de alguns gases que se produzem nessas partes à medida que elas sofrem modificações. Ora, esses gases concorrem talvez também para a excitação dos atos de irritabilidade dos órgãos e, consequentemente, para os movimentos vitais, quando o sangue que os contém afeta esses órgãos.

A tensão excessiva que forma o *orgasmo* em certas circunstâncias, quer em todas as partes moles do indivíduo, quer em algumas delas, e que, todavia, não chega a romper a coesão dessas partes, é conhecida pelo nome de *eretismo*, cujo máximo produz a inflamação; e a excessiva diminuição do *orgasmo*, mas que não chega a torná-lo nulo, é, em geral, designada *atonia*.

A tensão que constitui o *orgasmo* poderia variar de intensidade entre certos limites; sem destruir a coesão das partes, de um lado, e sem deixar de existir, de outro, essa variação torna possível as contrações e distensões súbitas dessas partes, quando a causa do *orgasmo* é instantaneamente suspensa e restabelecida em seus efeitos. Eis aí, como me parece, a causa primeira da irritabilidade animal.

A causa que produz o *orgasmo*, isto é, essa tensão particular das partes moles internas dos animais, faz, sem dúvida, parte do que nomeei causa excitatória dos movimentos orgânicos; ela reside principalmente no calórico, quer no que somente os meios circundantes fornecem, quer, ao mesmo tempo, neste e no calórico que é produzido incessantemente no interior de muitos animais.

De fato, emana-se continuamente um calórico expansivo do sangue arterial de muitos animais, que constitui, em suas partes moles, a principal causa de seu *orgasmo*. A emanação contínua desse calórico se torna mais notável, sobretudo, nos que têm o sangue quente. De modo contínuo, esse fluido expansivo se dissipa das partes nas quais foi vertido e que distendeu; mas é incessantemente renovado pela continuidade das novas emanações que o sangue arterial do animal não cessa de fornecer.

Um fluido expansivo semelhante àquele de que acabamos de tratar se encontra disperso nos meios circundantes e contribui incessantemente ao *orgasmo* dos animais vivos, quer completando o que falta ao calórico interno para executá-lo, quer executando-o totalmente.

Com efeito, ele auxilia em maior ou menor grau o *orgasmo* dos animais mais perfeitos, e sozinho basta para manter o dos outros; ele é sobretudo a causa do *orgasmo* de todos os animais que não têm nem artérias, nem veias, isto é, nos quais falta sistema de circulação. Por isso, todo movimento orgânico se enfraquece gradualmente nesses animais à medida que cai a temperatura dos meios circundantes; e se essa queda de temperatura aumenta sempre, seu *orgasmo* se aniquila e eles perecem. Que se recorde da hibernação que experimentam as abelhas, as formigas, as serpentes e muitos outros animais, quando a temperatura cai até certo ponto, e julgar-se-á se o que acabo de expor pode ter algum fundamento.

A queda de temperatura que causa a hibernação de muitos animais só produz esse efeito ao enfraquecer seu *orgasmo*, e, por consequência, ao retardar seus movimentos vitais. Afirmei que se essa queda de temperatura se estender excessivamente, aniquilaria o *orgasmo* de que se trata, o que faz perecer os animais que se encontram nessa situação; mas considerarei, a esse respeito, que nos efeitos de um resfriamento que chega a levar à morte de um indivíduo há uma particularidade observada quanto aos animais de sangue quente, e que se estende talvez a todos os que têm nervos.

Sabe-se que uma queda de temperatura que baste para fazer hibernar e reduzir a um estado de sono aparente alguns animais mamíferos, como as marmotas, os morcegos etc., não precisa ser muito considerável. Se o calor regressa, ele os penetra, reanima, desperta e lhes devolve sua atividade habitual; mas, ao contrário, se o frio aumenta ainda mais após esses animais entrarem em hibernação, em vez de fazê-los passar insensivelmente de seu estado de sono aparente à morte, esse aumento do frio, se for pouco forte, produz sobre os nervos uma irritação que os desperta, agita, reanima seus movimentos orgânicos e, consequentemente, seu calor interno; se esse aumento do frio subsistir, faz que logo entrem em um estado de moléstia que lhes causa a morte, a menos que o calor lhes seja prontamente devolvido.

Disso se segue que para os animais de sangue quente, e talvez para todos os que têm nervos, um simples enfraquecimento de seu *orgasmo* pode reduzi-los ao estado de hibernação; mas, então, esse *orgasmo* não é totalmente destruído, já que, se sobrevier um frio grande o suficiente para aniquilá-lo, antes de realizar esse efeito, irrita-os, os faz sofrer, agita-os e acaba por matá-los.

É provável que, no referente aos animais privados de nervos, toda queda de temperatura capaz de enfraquecer seu *orgasmo* e colocá-los em um estado de hibernação, se aumentar suficientemente, pode fazê-los passar de seu estado de sono letárgico ao da morte, sem lhes devolver antes nenhuma atividade passageira.

Tomou-se o efeito pela causa quando se supôs que o primeiro produto de certo grau de resfriamento fosse o de diminuir[1] a respiração; daí que se atribua à hibernação, pela qual são submetidos alguns animais, esse efeito quando a temperatura cai suficientemente e ocorre uma diminuição direta

---

1 Optamos por traduzir *ralentir* por "diminuir", pois, ainda que se possa pensar na desaceleração do ritmo respiratório, a diminuição dá uma ideia da totalidade do processo respiratório. (N. T.)

da respiração desses animais, já que a diminuição real dessa respiração é apenas a consequência de outro efeito produzido pelo frio, a saber: o enfraquecimento do *orgasmo* desses animais.

No que concerne aos animais que respiram por um pulmão, os que entram em hibernação quando experimentam certo grau de resfriamento sofrem, sem dúvida, uma diminuição considerável em sua respiração; mas, aqui, essa diminuição é, evidentemente, apenas o resultado de um grande enfraquecimento sobrevindo no *orgasmo* desses animais. Ora, esse enfraquecimento diminui todos os movimentos orgânicos, a execução de todas as funções, a produção calórica interna, as perdas sofridas por esses animais durante sua atividade habitual e, consequentemente, reduz a muito pouco, ou quase nada, as necessidades de reparação durante sua letargia.

Com efeito, os animais que respiram por um pulmão estão sujeitos a dilatações e contrações que se alternam da cavidade que contém seu órgão respiratório. Ora, esses movimentos são executados com maior ou menor facilidade conforme o *orgasmo* das partes moles tenha mais ou menos energia. Desse modo, muitos animais mamíferos, tais como a marmota, o leirão, e muitos répteis, como as serpentes, entram em hibernação com certo rebaixamento de temperatura porque têm seu *orgasmo* muito enfraquecido, e disso resulta, como segundo efeito, uma desaceleração em todas as suas funções orgânicas e, consequentemente, em sua respiração.

Se essa diminuição na energia de seu *orgasmo* não ocorresse, não haveria razão alguma para que o ar, embora mais frio, influenciasse a respiração desses animais. Nas *abelhas* e nas *formigas*, que respiram traqueias e cujo órgão respiratório não sofre quaisquer alternâncias nas dilatações e contrações, não se pode dizer que esses animais respiram menos quando faz frio; mas tem-se bons motivos para se estar seguro de que seu orgasmo é muito enfraquecido e que nessa circunstância ele os faz hibernar.

Finalmente, nos animais de sangue quente, sendo o calor interno quase inteiramente produzido neles, quer como consequência da decomposição do ar pela respiração, tal como o entendemos atualmente, quer porque emana incessantemente do sangue arterial pelas modificações que sofre ao passar ao estado de sangue venoso, sendo essa minha opinião particular, o *orgasmo* adquire ou perde sua energia, conforme a produção calórica interna aumenta ou diminui em quantidade.

Para a validade da explicação que dou do *orgasmo*, não faz nenhuma diferença se o calórico produzido no interior dos animais de sangue quente é o resultado da decomposição do ar da respiração ou se é uma emanação do sangue arterial à medida que se modifica em sangue venoso. Entretanto, se quiséssemos voltar ao exame desta questão, proporia as seguintes considerações.

Se bebeis um copo de licor espirituoso, certamente o calor que sentis ser produzido em vosso estômago não provém do aumento de vossa respiração. Ora, se ele é emanado do calórico desse líquido à medida que sofre modificações em vosso órgão, pode também exalar de vosso sangue, à medida que ele mesmo sofre modificações no estado de suas partes.

Se o calor interno aumenta muito na febre, observa-se então que a respiração é do mesmo modo mais frequente, e disso se conclui que o consumo de ar é maior, o que sustenta a ideia de que o calórico interno dos animais de sangue quente resulta da decomposição do ar respirado. Não conheço experiência que ensine positivamente se, durante a febre, o consumo do ar é realmente maior do que no estado de sanidade; até mesmo duvido que seja assim; pois se a respiração é mais frequente no estado de doença, pode-se compensar isso com o fato de que cada inspiração é mais curta, devido ao desconforto que as partes experimentam; mas o que sei é que, quando se experimenta uma inflamação local, como um furúnculo, ou qualquer outro tumor inflamado, do sangue das partes inflamadas emana um calórico extraordinariamente abundante; no entanto, não noto qualquer aumento da respiração que tenha dado ocasião a essa superabundância *local* de calórico; ao contrário, sinto que o sangue pressionado e acumulado na parte doente deve ter sido exposto a uma desordem e a alterações (assim como as partes moles que o contêm), que o dispõem a produzir nesse lugar o calórico observado.

Não posso admitir que em sua composição o ar atmosférico contenha um fluido que, quando liberado, seja um calórico expansivo; em outro lugar, expus meus motivos a esse respeito. Na verdade, acredito que o ar é composto de oxigênio e azoto, e sei que ele contém calórico interposto entre suas partes, porque, em nosso globo, não há frio absoluto em parte alguma. Estou até mesmo muito persuadido de que o fluido combinado e fixado que, em sua liberação, se modifica em calórico expansivo fazia antes parte constituinte de nosso sangue; de que esse fluido combinado incessantemente se libera de modo parcial e de que, por sua liberação sucessiva, produz nosso calor interno. Se percebemos que esse calor interno não vem de nossa respiração é pelo seguinte: se não repararmos continuamente as perdas de nosso sangue pelos alimentos e, consequentemente, por um quilo sempre renovado ali vertido, nossa respiração, sem esse reparo, não daria ao nosso sangue as qualidades que deve ter para a conservação de nossa existência.

Não há dúvidas do benefício que retiram os animais de sua respiração; dela, seu sangue recebe um reparo do qual não poderia prescindir sem perecer; e parece que temos boas razões para crer que é ao se apoderar do oxigênio do ar que o sangue recebe um de seus reparos indispensáveis. Mas, apesar disso tudo, não há qualquer prova de que o calórico produzido venha mais do ar e de seu oxigênio do que do próprio sangue.

Pode-se dizer a mesma coisa quanto à combustão: o ar em contato com os materiais inflamáveis pode se decompor e o oxigênio dele liberado pode se fixar nos resíduos dessa combustão; mas não há prova alguma de que o calórico então produzido venha antes do oxigênio do ar do que das matérias combustíveis, às quais penso que estava combinado. Todos os fatos conhecidos são mais bem explicados, e com mais naturalidade, por essa última opinião do que por qualquer outra.

Seja como for, o fato positivo é que, em uma grande quantidade de animais, há um calórico expansivo continuamente produzido em seu interior, e é esse fluido invisível e penetrante que neles mantém o *orgasmo* e a irritabilidade de suas partes moles; ao passo que, nos outros animais, o *orgasmo* e a irritabilidade são principalmente o resultado do calórico dos meios circundantes.

Recusar reconhecer o *orgasmo* do qual acabo de falar e considerá-lo como uma suposição, isto é, como um produto da imaginação, seria negar, nos animais, a existência do tom das partes, do qual gozam os corpos durante sua vida. Ora, somente a morte aniquila esse tom, assim como o *orgasmo* que o constituía.

Orgasmo vegetal

Nos vegetais, parece que a causa excitatória dos movimentos orgânicos age principalmente sobre os fluidos contidos e sozinha os coloca em movimento; ao passo que o tecido celular vegetal, seja ele simples ou modificado em tubos vasculiformes, não recebe dela mais do que um *orgasmo* obscuro, do qual nasce uma contratilidade geral muito lenta, que jamais age isolada, nem subitamente.

Na estação do calor, se uma planta cultivada em um vaso ou em uma jardineira necessita de rega, nota-se que suas folhas, a extremidade de seus ramos e seus jovens rebentos ficam pendentes e murchos: a vida, entretanto, ainda existe; mas o *orgasmo* das partes moles desse corpo vivo está muito enfraquecido. Caso se regue essa planta, vê-se que ela, pouco a pouco, endireita suas partes pendentes e mostra um ar de vida e de vigor, do qual estava privada enquanto lhe faltava água.

Sem dúvida, esse restabelecimento do vigor do vegetal não é unicamente produto dos fluidos contidos introduzidos de novo na planta, mas também o efeito do *orgasmo* reanimado desse vegetal, do fluido expansivo que causa esse *orgasmo*, penetrando as partes da planta com tanto mais facilidade quanto mais abundantes são seus sucos ou fluidos contidos.

Desse modo, nas partes sólidas dos vegetais vivos, sobretudo nas mais novas, seu orgasmo obscuro causa, na verdade, uma contratilidade lenta e geral, um tipo de tensão sem movimentos instantâneos, mas que diferentes fatos autorizam seu reconhecimento. Não obstante, esse *orgasmo* vegetal não dá aos órgãos a faculdade de reagir subitamente ao contato com objetos que poderiam afetá-los e, consequentemente, não tem nenhum poder de produzir a irritabilidade nas partes desses corpos vivos.

Com efeito, embora se diga o contrário,[2] não é verdade que os canais nos quais se movem os fluidos visíveis desses corpos vivos sejam sensíveis às impressões dos fluidos excitatórios e que eles se abaixam e se distendem depois de efetuar, por uma reação súbita, o transporte e a elaboração de seus fluidos visíveis; resumidamente, que tenham um verdadeiro tom.

Por fim, não é verdade que os movimentos particulares observados em algumas épocas nos órgãos de reprodução de diversas plantas, e os das folhas, dos pecíolos e até dos pequenos ramos das plantas ditas *sensitivas*, sejam produtos e provas da irritabilidade existente nessas partes. Observei

---

2 Richerand, *Nouveaux élémens de Physiologie*, op. cit., cap. I, p.32. (N. T.)

e examinei esses movimentos, e estou convencido de que sua causa nada tem de comparável com a irritabilidade animal.³

Embora, indubitavelmente, a natureza não tenha mais do que um plano único e geral para a execução de suas produções vivas, ela, contudo, variou por toda parte seus meios, ao diversificar essas produções segundo as circunstâncias e os objetos sobre os quais operou. Mas, em seu pensamento, o homem se esforça sem cessar por restringi-la aos mesmos meios, a tal ponto que a ideia que formou da natureza é ainda distante da que deve conceber.

Quantos esforços não se fizeram para encontrar por toda parte a geração sexual nos dois reinos dos corpos vivos; e, no que diz respeito aos animais, para reconhecer em todos os nervos, músculos, o sentimento, a vontade mesma que é necessariamente um ato de inteligência! Quão sem efeito não seria a natureza em relação ao que ela realmente é, caso se encontrasse limitada às faculdades que lhe atribuímos!

Acabamos de ver que o *orgasmo* se apresenta com uma intensidade muito diferente e, por consequência, com resultados inteiramente particulares segundo a natureza dos corpos vivos nos quais é produzido, e que somente nos animais dá lugar à irritabilidade. Convém, pois, examinar agora em que consiste o fenômeno singular que porta esse nome.

A irritabilidade

A *irritabilidade* é a faculdade que as partes irritáveis dos animais possuem para produzir subitamente um fenômeno local, que pode se executar em cada ponto da superfície dessas partes e se repete imediatamente tantas vezes quantas a causa provocadora desse fenômeno aja sobre os pontos capazes de ocasioná-lo.

Esse fenômeno consiste em uma contração súbita e uma reentrância do ponto irritado; reentrância acompanhada de uma depressão dos pontos que circundam as proximidades do que foi afetado, mas que é logo seguido de um movimento contrário, isto é, de uma distensão do ponto irritado e

---

3 Veja o que afirmei sobre isso no livro I, cap.4, fim. (N. A.)

das partes vizinhas; de modo que o estado natural das partes que o *orgasmo* distende se restabelece imediatamente.

No começo deste capítulo, afirmei que o *orgasmo* é formado e mantido pelo calórico, isto é, por um fluido invisível, expansivo e penetrante, que atravessa com certa lentidão as partes moles dos animais e produz ali uma tensão ou uma espécie de eretismo. Ora, se uma impressão qualquer opera sobre tais partes e provoca uma dissipação súbita do fluido invisível que a distendia, imediatamente essa parte afunda e se contrai: mas se, no mesmo instante, uma nova quantidade de fluido expansivo se desenvolve e a distende novamente, ela reage imediatamente e, desse modo, produz o fenômeno da *irritabilidade*.

Enfim, como as partes vizinhas do ponto afetado experimentam elas mesmas uma ligeira dissipação do fluido expansivo que as distendia, ao alternar deprimir-se e se restabelecer, colocam-nas em um estado de tremor muito passageiro.

Assim, uma contração súbita da parte afetada, seguida de uma distensão igualmente súbita que reconduz essa parte ao seu primeiro estado, constitui o fenômeno local da irritabilidade.

Para se produzir, o fenômeno em questão não exige a ação de qualquer órgão especial, pois o estado das partes e a causa que o provoca bastam sozinhos para sua produção; e, de fato, é observado nas organizações animais mais simples: também a impressão que dá ocasião a esse fenômeno não é transportada por nenhum órgão particular a nenhum centro de comunicação, a nenhum núcleo de ação; enfim, tudo se passa unicamente no lugar mesmo da impressão, e todos os pontos da superfície das partes irritáveis são suscetíveis de produzi-lo e de repeti-lo sempre da mesma maneira. Esse fenômeno, como se vê, é, por sua natureza, bem diferente daquele das *sensações*.

Conforme todas essas considerações, vê-se claramente que o *orgasmo* é a fonte de onde a irritabilidade tira sua origem; mas esse *orgasmo* se apresenta com uma intensidade muito diferente segundo a natureza dos corpos nos quais se produz.

Nos vegetais, onde é muito obscuro, sem energia e onde causa depressões e distensões das partes apenas com uma extrema lentidão, não há o poder de produzir a *irritabilidade*.

Ao contrário, nos animais em que, pela natureza da substância de seus corpos, o *orgasmo* é muito desenvolvido, as contrações e distensões das partes se produzem com celeridade pela provocação das causas que as excitam; neles, a irritabilidade se constitui de maneira eminente.

Cabanis, em sua obra intitulada *Rapports du physique et du moral de l'homme*, tinha o propósito de provar que a *sensibilidade* e a *irritabilidade* são fenômenos de mesma natureza e que têm uma fonte comum;[4] sem dúvida, tendo em vista concordar o que se sabe dos animais mais imperfeitos com a antiga e sempre admitida opinião de que todos os animais, sem exceção, gozam da faculdade de sentir.

As razões que esse erudito fornece para mostrar a identidade de natureza entre o sentimento e a irritabilidade não me pareceram claras, tampouco convincentes, e não anulam as considerações seguintes, que distinguem nitidamente essas duas faculdades.

A irritabilidade é um fenômeno próprio à organização animal, que não exige nenhum órgão especial para ser executada e subsiste algum tempo ainda após a morte do indivíduo. Essa faculdade, contudo, ao poder existir quer haja ou não quaisquer órgãos especiais na organização é, pois, geral para todos os animais.

A sensibilidade, ao contrário, é um fenômeno particular a alguns animais, não podendo se manifestar a não ser nos que têm um órgão especial essencialmente distinto e próprio apenas para produzi-la, e cessa de modo constante com a vida, ou mesmo um pouco antes da morte.

Pode-se estar seguro de que o sentimento não se realiza em um animal sem a existência de um órgão especial próprio que o produza, isto é, sem um *sistema nervoso*. Ora, esse órgão é sempre muito distinto; pois, ao não existir sem um *centro de comunicação* para os nervos, quando existe, não pode ser imperceptível. Sendo assim, e uma multidão de animais não apresentando qualquer *sistema nervoso*, é evidente que a sensibilidade não é uma faculdade geral para todos os animais.

Finalmente, o *sentimento*, comparado à irritabilidade, oferece, além disso, a particularidade distintiva de cessar com a vida, ou mesmo um pouco antes,

---

4 Cabanis; *Rafforts*, op. cit., v.I, p.90. (N. A.)

ao passo que a irritabilidade se conserva algum tempo ainda após a morte do indivíduo, mesmo após ter sido cortado em pedaços.

O tempo no qual a *irritabilidade* se conserva nas partes de um indivíduo após sua morte varia, sem dúvida, em razão do sistema de organização desse indivíduo; mas, provavelmente em todos os animais, a *irritabilidade* se manifesta ainda após a cessação da vida.

No homem, a *irritabilidade* das partes que a ela são suscetíveis não dura mais do que duas ou três horas após ele ter cessado de viver, e pode durar menos ainda, conforme a causa que o fez perecer. Porém, trinta horas após ter retirado o coração de uma rã, este ainda é irritável e suscetível de produzir movimentos quando irritado. Há insetos cujos movimentos se manifestam por um tempo ainda maior após ter sido esvaziado de seus órgãos internos.

Segundo o que acabou de ser exposto, vê-se que a *irritabilidade* é uma faculdade particular aos animais; que todos são eminentemente dotados dela em todas ou em algumas de suas partes, e que um *orgasmo* enérgico é a sua fonte. Vê-se, além disso, que essa faculdade é fortemente distinta da de sentir; que uma é de natureza muita diferente da outra, e que o sentimento, ao poder resultar apenas das funções de um sistema nervoso, munido, como mostrei, de seu centro de comunicação, é peculiar somente aos animais que possuem semelhante sistema de órgãos.

Examinemos agora a importância do tecido celular em toda espécie de organização.

Capítulo V
Do tecido celular considerado como a ganga em que toda organização é formada

À medida que se observam os fatos que a natureza nos apresenta em suas diversas partes, é extraordinário poder notar que as causas dos fatos observados, mesmo as mais simples, são frequentemente as que permanecem mais tempo despercebidas.

Não é de hoje que se sabe que, nos animais, qualquer órgão é envolvido por tecido celular e que suas menores partes se encontram na mesma situação.

De fato, há muito tempo se reconhece que as membranas que formam os invólucros do cérebro, dos nervos, dos vasos de todo tipo, das glândulas, das vísceras, dos músculos e de suas fibras, até mesmo a pele do corpo, são, em geral, produções do tecido celular.

Contudo, não parece que se tenha visto outra coisa nessa multidão de fatos concordantes além dos próprios fatos; e, que eu saiba, ninguém percebeu ainda que o tecido celular é a matriz geral de toda organização e que, sem ele, nenhum corpo vivo poderia existir e se formar.

Assim, quando disse[1] que o tecido celular é a ganga na qual todos os órgãos dos corpos vivos foram sucessivamente formados, e que o *movimento dos*

---

[1] Discurso de abertura do *Cours des animaux sans vertèbres*, pronunciado em Paris, 1806, p.33. São princípios que vinha expondo desde 1796 em meus cursos a esse respeito. (N. A.)

fluidos nesse tecido é o meio que a natureza emprega para criar e desenvolver, pouco a pouco, esses órgãos à custa desse mesmo tecido, não temi me ver confrontado por fatos que atestariam o contrário; pois é ao consultar os próprios fatos que se pode estar convencido de que todo órgão foi formado no tecido celular, já que em todo lugar se encontram envolvidos por ele, mesmo em suas menores partes.

Por isso, vemos que na ordem natural, quer dos animais, quer dos vegetais, aqueles corpos vivos cuja organização é a mais simples, e que, consequentemente, estão dispostos em uma das extremidades da ordem, oferecem apenas uma massa de tecido celular na qual não se percebem ainda nem vasos, nem glândulas, nem quaisquer vísceras; ao passo que, naqueles cujos corpos têm a organização mais complexa, e que, por essa razão, estão dispostos na outra extremidade da ordem, têm todos os seus órgãos de tal modo cravados no tecido celular, que este forma geralmente seus invólucros e constitui o meio comum pelo qual se comunicam e dá ocasião às súbitas metástases tão conhecidas por todos os que se ocupam da arte de curar.

Nos animais, comparai a organização muito simples dos infusórios e dos pólipos, que não oferece nesses seres imperfeitos mais do que uma massa gelatinosa formada unicamente de tecido celular, com a organização muito complexa dos mamíferos, que apresentam um tecido celular sempre existente, mas envolvendo uma multidão de órgãos diversos, e podereis julgar se as considerações que publiquei sobre esse importante tema são os resultados de um sistema imaginário.

Do mesmo modo, comparai nos vegetais a organização muito simples das algas e dos cogumelos com a mais complexa de uma grande árvore ou a de qualquer outro vegetal dicotiledôneo e podereis decidir se o plano geral da natureza não é o mesmo em toda parte, apesar das variações infinitas que suas operações particulares vos apresentam.

Efetivamente, nas algas de locais que inundam, tais como os inúmeros *fucos* que constituem uma grande família composta de diferentes gêneros, e ainda as *ulva*, as *conferva* etc., o tecido celular, pouco modificado, apresenta-se de maneira a provar que é somente ele que forma toda a substância desses vegetais; de modo que, em muitas algas, os fluidos internos, por seus movimentos nesse tecido, ainda não esboçaram qualquer órgão; em outras, não traçaram mais do que alguns raros canais que alimentarão os corpúsculos reprodutivos que os botânicos tomam por sementes, porque frequentemente encontram muitos deles envolvidos em uma vesícula capsular, como o são também os brotos de muitas *sertulárias* conhecidas.

Pode-se, pois, convencer-se pela observação de que, nos animais mais imperfeitos, tais como os infusórios e os pólipos, e nos vegetais menos perfeitos, tais como as algas e os cogumelos, ora não existe qualquer traço de vasos, ora se encontram apenas raros canais simplesmente esboçados; enfim, pode-se reconhecer que a organização muito simples desses corpos vivos oferece apenas um tecido celular, no qual os fluidos que os vivificam se movem com lentidão, e que esses corpos, desprovidos de órgãos especiais, apenas se desenvolvem, crescem e se multiplicam ou se regeneram por uma faculdade de *extensão* e de *separação* de partes reprodutivas que possuem em um grau muito eminente.

Na verdade, nos vegetais, mesmo nos mais perfeitos em organização, não há vasos comparáveis aos dos animais que têm sistema de circulação.

Assim, a organização interna dos vegetais oferece realmente apenas um tecido celular modificado em maior ou menor grau pelo movimento dos fluidos, tecido que é muito pouco modificado nas algas, nos cogumelos, e mesmo nos musgos, ao passo que é muito mais nos outros vegetais, sobretudo nos que são dicotiledôneos. Mas, em toda parte, até nos vegetais mais perfeitos, não há de fato no interior desses corpos vivos mais do que tecido celular modificado em uma multidão de tubos diversos, a maioria paralelos entre si, em consequência do movimento ascendente e descendente dos fluidos, sem que por isso os tubos sejam, em sua estrutura, comparáveis aos vasos dos animais que possuem um sistema de circulação. Esses tubos vegetais não se entrelaçam nem formam essas massas peculiares de vasos flexionados e entrelaçados de mil maneiras, que nomeamos *glândulas* conglomeradas nos animais que têm circulação. Por fim, em todos os vegetais, sem exceção, o interior dos corpos não apresenta qualquer órgão especial: tudo neles é tecido celular modificado em maior ou menor grau, tubos longitudinais para o movimento dos fluidos e fibras de maior ou menor dureza e paralelamente longitudinais para o fortalecimento do caule e dos ramos.

Se, por um lado, reconhece-se que qualquer corpo vivo é uma massa de tecido celular na qual se encontram envolvidos órgãos diversos mais ou menos numerosos segundo a organização mais ou menos complexa do corpo; e se, por outro lado, reconhece-se também que esse corpo, não importa qual seja, contém em suas partes fluidos que estão em maior ou menor movimento, conforme possua, pelo estado de sua organização, uma vida mais ou menos ativa ou enérgica; deve-se, pois, concluir que é ao movimento dos fluidos no tecido celular que se deve atribuir originalmente a formação de toda espécie de órgãos no seio desse tecido, e que, consequentemente, cada órgão deve estar por ele envolvido, quer em seu conjunto, quer em suas menores partes, o que, efetivamente, acontece.

Em relação aos animais, não necessito mostrar que, nas diversas partes de seu interior, o tecido celular, ao se encontrar cercado lateralmente pelos fluidos em movimento que abriram ali uma passagem, aluiu nessas partes; que se encontra comprimido e transformado, em torno dessas massas correntes de fluido, em membranas envolventes; e que, no exterior, esses corpos vivos, ao serem incessantemente comprimidos pela pressão dos fluidos circundantes (sejam das águas ou dos fluidos atmosféricos) e modificados por impressões externas e por acúmulos que neles se fixaram, seu tecido celular formou esse invólucro geral de todo corpo vivo que, nos animais, denomina-se *pele*, e *casca*, nas plantas.

Estava, pois, fundamentado em razões quando afirmei "que a característica do movimento dos fluidos nas partes moles dos corpos vivos que os contêm, e principalmente no tecido celular dos mais simples, é a de neles abrir caminhos, lugares de depósito e de saídas; criar canais e, consequentemente, órgãos diversos; variar esses canais e órgãos em razão da diversidade, quer dos movimentos, quer da natureza dos fluidos que ali têm lugar; enfim, aumentar, alongar, dividir e solidificar gradualmente esses canais e órgãos pelas matérias que se formam incessantemente nesses fluidos compostos, que em seguida deles se separam, e que uma parte se assimila e se une aos órgãos, ao passo que outra é lançada para fora".[2]

Do mesmo modo, estava fundamentado em razões quando afirmei "que o estado de organização em cada corpo foi obtido pouco a pouco pelos progressos da influência do movimento dos fluidos (primeiramente no tecido

---

2 Lamarck, *Recherches sur l'organisation des corps vivants*, Paris, 1802, p..8-9. (N. A.)

celular e, em seguida, nos órgãos que nele se encontram formados) e pelas modificações que esses fluidos continuamente sofreram em sua natureza e em seu estado, pela sucessão habitual de suas perdas e de sua renovação".[3]

Finalmente, estava autorizado por essas considerações quando afirmei "que cada organização e cada forma adquirida por esse estado de coisas e pelas circunstâncias que concorreram para isso foram conservadas e transmitidas pela geração, até que novas modificações dessas organizações e dessas formas fossem adquiridas pela mesma via e por novas circunstâncias".[4]

Do que acabo de expor, resulta que a particularidade do movimento dos fluidos nos corpos vivos e, consequentemente, do movimento orgânico, é não somente a de desenvolver a organização até que o movimento seja enfraquecido pelo endurecimento que a duração da vida produz nos órgãos, mas, além disso, que esse movimento tenha a faculdade de, pouco a pouco, tornar mais complexa a organização, ao multiplicar os órgãos e as funções a serem executadas, à medida que novas circunstâncias no modo de vida ou nos novos hábitos contraídos pelos indivíduos o excitam de maneira diversa, exigem novas funções e, consequentemente, novos órgãos.

Acrescento a essas considerações que quanto mais rápido é o movimento dos fluidos em um corpo vivo, mais complicada é sua organização e mais ramificado o sistema vascular.

Da concorrência ininterrupta dessas causas e do longo tempo, assim como de uma diversidade infinita de circunstâncias influentes, é que os corpos vivos de todas as ordens foram sucessivamente formados.

A organização vegetal também é formada em um tecido celular

Que se represente um tecido celular no qual, devido a algumas causas,[5] a natureza não pôde estabelecer a irritabilidade e teremos a ideia da ganga na qual toda organização vegetal foi formada.

---

[3] Ibid., p.9. (N. A.)
[4] Ibid. (N. A.)
[5] A análise química mostrou que as substâncias animais abundam em azoto (nitrogênio), ao passo que as vegetais estão desprovidas dessa matéria, ou a contêm

Caso se considere em seguida que os movimentos dos fluidos nos vegetais são excitados pelas influências externas, estar-se-á convencido de que, nesse tipo de corpo vivo, a vida não pode ter mais do que uma fraca atividade, mesmo nas estações e nos climas em que a vegetação é rápida, e, consequentemente, a composição da organização é necessariamente restringida a limites muito estreitos nesses seres.

Foi preciso um trabalho imenso para conhecer a organização dos vegetais em seus detalhes: procuraram-se neles órgãos particulares ou especiais, comparáveis, se fosse possível, a alguns dos que se conhecem nos animais; e o resultado de tantas investigações foi apenas o de nos mostrar, em suas partes continentes, um tecido celular encerrado em maior ou menor grau, cujas células de maior ou menor alongamento comunicam-se por poros e tubos vasculares de diferentes formas e tamanhos, tendo a maioria poros laterais ou, algumas vezes, fendas.

Todos os detalhes apresentados sobre esse tema fornecem poucas ideias claras e gerais e os únicos que nos parecem convenientes para se admitir como tais são:

1) Que os vegetais são corpos vivos que, na organização, são mais imperfeitos do que os animais e, nos movimentos orgânicos, são menos ativos; neles, os fluidos se movem com muita lentidão e o *orgasmo* das partes continentes existem apenas de maneira muito obscura.

2) Que são essencialmente compostos de tecido celular, já que o tecido é reconhecido em todas as suas partes e, nos mais simples deles (as algas, os cogumelos e, aparentemente, em todas as plantas *agâmicas*), é encontrado mais ou menos sozinho e tendo sofrido ainda poucas modificações.

3) Por parte dos fluidos que foram postos em movimento nesses corpos, a única modificação que o tecido celular teria experimentado nos vegetais monocotiledôneos ou dicotiledôneos consiste em que

---

apenas em proporção ínfima. Há, pois, entre a natureza das substâncias animais e vegetais uma diferença reconhecida: ora, essa diferença pode ocorrer devido ao fato que os agentes que produzem o orgasmo e a irritabilidade dos animais não tenham as mesmas faculdades nas partes dos vegetais vivos. (N. A.)

algumas partes desse *tecido* foram transformadas em *tubos vasculares*, de grandeza e forma variadas, abertas nas extremidades e tendo, a maioria, poros laterais diversos.

A tudo o que acabei de afirmar sobre esse tema, acrescentarei que, quanto ao movimento dos fluidos, que se realiza, geralmente, subindo ou descendo, pode-se perceber que seus vasos devem ser quase sempre longitudinais e aproximadamente paralelos entre si, assim como na direção do caule e dos ramos.

Enfim, a parte externa do tecido celular, que constitui a massa de cada vegetal e a matriz de sua débil organização, sendo aluída e comprimida pelas impressões que o contato lhe causa, pela pressão e pelo atrito variado dos meios circundantes, e espessada por depósitos, é transformada em um tegumento geral,[6] denominado *casca*, e que é compatível com a pele dos animais. Disso concebe-se que a superfície externa dessa casca, mais desorganizada ainda que a própria casca pelas causas que acabo de indicar, deve constituir essa película externa, denominada *epiderme*, quer nos vegetais, quer nos animais.

Assim, se se consideram os vegetais em conformidade com sua organização interna, tudo o que nos mostram de perceptível é, para os mais simples deles, um tecido celular sem vasos, mas diversamente modificado, extenso ou comprimido em suas expansões, pela forma particular do vegetal; e para os que são mais complexos, uma reunião de *células* e *tubos vasculiformes* de diferentes tamanhos, tendo, a maioria, poros laterais e *fibras* mais ou menos abundantes que resultam da compressão e do endurecimento a que uma parte dos tubos vasculares foi forçada a se submeter. Eis aí tudo o que apresenta a organização interna dos vegetais relativamente às partes continentes, não sendo nem mesmo excetuada sua *medula*.

---

6 Se os caules das palmeiras e de certos fetos parecem não ter casca, isto é porque os caules são apenas colos radicais alongados, cuja parte externa oferece uma continuidade de cicatrizes deixadas pelas antigas folhas após sua queda; o que faz que não possa existir uma casca contínua ou sem interrupção; mas não se pode negar que cada parte separada dessa parte externa não tenha sua casca particular, embora de maior ou menor percepção, devido à extensão reduzida dessas partes. (N. A.)

Mas se se consideram os vegetais em conformidade com sua organização externa, tudo o que notavelmente nos oferecem de mais geral e essencial compreende:

1) Todas as particularidades de sua forma, cor, consistência e de suas partes.
2) A casca que os recobre inteiramente e que os faz se comunicar com os meios circundantes por seus poros.
3) Os órgãos de maior ou menor composição, que nascem no exterior, desenvolvem-se no curso da vida do vegetal, servem para sua reprodução, executam suas funções uma só vez e são os mais importantes a considerar para a determinação dos caracteres e das verdadeiras relações de cada vegetal.

É, pois, na consideração das partes externas das plantas e, principalmente, na dos órgãos que são peculiares à sua reprodução que se devem procurar os meios para se caracterizar os vegetais e determinar suas relações naturais.

Segundo tudo o que acabei de expor como sendo o resultado positivo dos conhecimentos adquiridos pela observação, é evidente que, de um lado, nos *animais*, as verdadeiras relações podem ser determinadas apenas segundo sua organização interna, porque ela lhes fornece os meios e os únicos verdadeiramente importantes; e que, de outro, essas relações não podem ser igualmente determinadas nos *vegetais*, assim como os cortes que distinguem suas classes, ordens, famílias e gêneros, a não ser segundo a organização externa desses corpos vivos; pois, nas diferentes modificações que se lhes observam, sua organização interna é muito pouco complexa e bastante confusa para oferecer os meios próprios para completar semelhantes objetos.

Acabamos de ver que o tecido celular é geralmente a ganga ou a matriz na qual toda organização foi primitivamente formada e que foi pelas sequências do movimento dos fluidos internos dos corpos vivos que todos os seus órgãos foram nessa ganga e às suas expensas criados. Iremos agora examinar rapidamente se estamos realmente autorizados a atribuir à natureza a faculdade de formar *gerações diretas*.

Capítulo VI
Da geração direta ou espontânea

A organização e a vida são o produto da natureza e, ao mesmo tempo, são o resultado dos meios que ela recebeu do *Autor Supremo* de todas as coisas e das leis que a constituem: isso é o que não se pode agora duvidar. Assim, a organização e a vida são apenas fenômenos naturais, e sua destruição no indivíduo que as possui não é mais do que um fenômeno natural, consequência necessária da existência dos primeiros.

Os corpos estão incessantemente sujeitos a mutações de estado, de combinação e de natureza; em meio a isso, uns passam continuamente do estado de corpo inerte ou passivo ao que lhes permite a vida, ao passo que outros passam do estado vivo ao de corpo bruto e sem vida. Essas passagens da vida à morte e da morte à vida fazem, evidentemente, parte do ciclo imenso de todos os tipos de modificações pelas quais, durante o curso dos tempos, todos os corpos físicos estão submetidos.

Já afirmei que a própria natureza cria os primeiros traços de organização nas massas em que ela não existia; e, em seguida, a atividade e os movimentos da vida desenvolvem e compõem os órgãos.[1]

Por mais extraordinária que essa proposição possa parecer, se nos dermos ao trabalho de examinar e pesar seriamente as considerações que irei expor, não poderemos nos impedir de suspender todo julgamento que tenda a rejeitá-la.

---

1 Lamarck, *Recherches sur l'organisation des corps vivants*, op. cit., p.92. (N. A.)

Tendo observado o poder do *calor*, os filósofos antigos notaram a extrema fecundidade que dele recebe a superfície do globo em todas as partes à medida que é mais abundantemente dissipado; mas deixaram de considerar que a contribuição da *umidade* é a condição essencial que torna o calor tão fecundo e necessário à vida. Não obstante, ao se darem conta de que a vida, em todos os corpos que a possuem, extrai do calor seu suporte e sua atividade, e que sua privação conduz, em toda parte, à morte, perceberam, com razão, que não somente o calor era necessário para sustentar a vida, mas que poderia até criá-la, assim como a organização.

Reconheceram, pois, que ocorreriam *gerações diretas*, isto é, gerações que se realizariam diretamente pela natureza, não formadas por indivíduos de espécie semelhante: nomearam de maneira bastante imprópria *geração espontânea*; e como perceberam que a decomposição das matérias, quer vegetal, quer animal, forneceria à natureza circunstâncias favoráveis para a criação direta desses corpos novamente dotados de vida, supuseram, despropositadamente, que eram o produto da fermentação.

Posso mostrar que não houve erro algum da parte dos antigos quando atribuíram à natureza a faculdade de realizar gerações diretas; mas cometeram um dos mais evidentes, ao aplicar essa verdade moral à multidão de corpos vivos que não participam nem podem participar desse tipo de geração.

Com efeito, como não se havia observado suficientemente o que se passa em relação a esse tema, ignorava-se que a natureza, com o auxílio do calor e da umidade, cria diretamente apenas os primeiros esboços da organização e, particularmente, os dos corpos vivos que começam quer a escala animal, quer a vegetal, quer, talvez, algumas de suas ramificações; os antigos a que me refiro pensaram que os animais de organização pouco complexa, nomeados, por essa razão, *animais imperfeitos*, eram todos resultados dessas gerações espontâneas.

Finalmente, como nessas épocas a História Natural não havia feito quase nenhum progresso, e como não se haviam observado mais do que poucos fatos relativos aos produtos da natureza, os insetos e todos os animais que então se designava sob o nome de vermes eram vistos geralmente como animais imperfeitos que nasciam, nos períodos e lugares favoráveis, do produto do calor e da corrupção de diversas matérias.

Acreditava-se, então, que a carne podre engendraria diretamente larvas que, em seguida, se metamorfoseariam em moscas; e o suco extravasado dos vegetais que, depois de algumas picadas de insetos, originam as nozes de galha, produziriam diretamente as larvas que se transformam em *cínipes* etc. etc.; o que é inteiramente sem fundamento.

Assim, o erro dos antigos, relativo a uma falsa explicação que deram das gerações diretas da natureza, isto é, da faculdade que ela tem de criar os primeiros esboços da organização e os primeiros atos da vida, propagou-se e se transmitiu de uma época para outra, foi sustentado por fatos mal julgados que acabei de citar e se tornou, para os modernos, o motivo ou a causa de outro erro, quando reconheceram o primeiro.

De fato, à medida que se sentiu a necessidade de recolher fatos e observar, com precisão, o que verdadeiramente aconteceu a esse respeito, conseguiu-se descobrir o erro em que os antigos haviam caído: homens célebres por seu mérito e por seus talentos de observação, tais como Rhedi, Leuwenhoek etc., provaram que todos os insetos, sem exceção, são ovíparos, ou, às vezes, aparentemente vivíparos; que jamais se veem aparecer vermes sobre a carne podre a não ser quando moscas tenham ali depositado seus ovos; enfim, que todos os animais, por mais imperfeitos que sejam, têm os meios de se reproduzir e de multiplicar por si mesmos os indivíduos de sua espécie.

Mas, infelizmente para o progresso de nossas luzes, somos quase sempre extremos em nossos julgamentos, assim como em nossas ações; e é-nos muito comum destruir um erro para nos jogar, em seguida, em outro oposto. Quantos exemplos poderia citar a esse respeito, até sobre o estado atual das opiniões acreditadas, se esses detalhes não fossem alheios ao meu tema!

Assim, se fosse necessário provar que todos os animais, sem exceção, possuem os meios de se reproduzir por si próprios; se se reconhecesse que os insetos e todos os animais das classes posteriores não se reproduzem a não ser por meio de uma geração sexual; se se notasse, nos vermes e nos radiados, corpos que se parecem com ovos; enfim, se fosse constatado que os pólipos se reproduzem por gemas ou espécies de botões; concluiríamos que as gerações diretas atribuídas à natureza jamais acontecem e que todo corpo vivo provém de um indivíduo de sua espécie, por uma geração vivípara, ovípara ou mesmo gemípara.

Essa consequência é errônea por sua excessiva generalidade; pois ela exclui as gerações diretas operadas pela natureza no começo da escala vegetal ou animal e, talvez ainda, no começo de algumas ramificações dessa escala. Aliás, se os corpos em que a natureza estabeleceu diretamente a organização e a vida logo obtêm a faculdade de se reproduzir por si mesmos, segue-se necessariamente que esses corpos provêm apenas de indivíduos semelhantes a eles? Sem dúvida, não, e aí está o erro em que se caiu após ter reconhecido o dos antigos.

Não somente não se pode demonstrar que os animais mais simples em organização, tais como os infusórios, e sobretudo, dentre eles, as mônadas, nem que os vegetais mais simples, tais como, possivelmente, os bissos da primeira família de algas, provêm todos de indivíduos semelhantes que os teriam produzido; mas, além disso, há observações que tendem a provar que esses animais e vegetais extremamente pequenos, transparentes, de uma substância gelatinosa ou mucilaginosa, quase sem consistência, singularmente fugazes e tão facilmente destruíveis quanto formados, segundo as variações de circunstâncias que os fazem existir ou perecer, não podem deixar depois de si garantias inalteráveis para novas gerações. Ao contrário, é bem mais provável que suas renovações sejam produtos diretos dos meios e das faculdades da natureza que lhes concernem, e que somente eles, provavelmente, se incluem nesse caso. Por isso, veremos que a natureza participou apenas indiretamente da existência de todos os outros corpos vivos, tendo-os feito sucessivamente derivar dos primeiros, operando, pouco a pouco, depois de muito tempo, modificações e tornando sua organização cada vez mais complexa, e conservando sempre, pela via da reprodução, as modificações adquiridas e os aperfeiçoamentos obtidos.

Caso se reconheça que todos os corpos naturais são realmente produtos da natureza, deve ser inteiramente evidente que, para fazer existirem os diferentes corpos vivos, ela precisou necessariamente começar por formar os mais simples de todos, isto é, por criar os que verdadeiramente não são mais do que simples esboços de organização, e que mal ousamos ver como corpos organizados e dotados de vida. Mas, no momento em que, com a ajuda das circunstâncias e de seus meios, a natureza consegue estabelecer em um corpo os movimentos que constituem a vida, a sucessão desses movimentos desenvolve nele a organização, dá lugar à *nutrição*, primeira das faculdades da vida, e desta logo nasce a segunda das faculdades vitais, isto é, o crescimento desse corpo.

A superabundância da nutrição, ao dar lugar ao crescimento desse corpo, prepara os materiais de um novo ser que sua organização permite acumular nesse mesmo corpo e, por aí, fornecer-lhe os meios de se reproduzir, donde nasce a terceira das faculdades da vida.

Finalmente, a duração da vida nesse corpo aumenta gradualmente a consistência de suas partes continentes, assim como sua resistência aos movimentos vitais: ela enfraquece proporcionalmente a nutrição, põe termo ao crescimento e acaba por produzir a morte do indivíduo.

Desse modo, assim que a natureza consegue fazer existir a vida em um corpo, embora seja a mais simples em organização, a existência por si só da vida nesse corpo faz nascer nele as três faculdades que acabei de citar; e, em seguida à sua duração, produz-se, gradualmente, a destruição inevitável desse mesmo corpo.

Mas veremos que a vida, sobretudo quando as circunstâncias lhe são favoráveis, tende incessantemente, por sua natureza, a tornar mais complexa a organização; a criar órgãos particulares; a isolar esses órgãos e suas funções; e a dividir e multiplicar seus diversos centros de atividade. Ora, como a reprodução conserva constantemente tudo o que foi adquirido, dessa fonte fecunda saíram, com o tempo, os diferentes corpos vivos que observamos; enfim, dos resíduos que cada um desses corpos deixou após terem perdido a vida provieram os diferentes minerais que conhecemos. Eis aí como todos os corpos naturais são realmente *produtos* da natureza, embora ela tenha dado diretamente à existência apenas os corpos vivos mais simples.

A natureza cria a vida apenas nos corpos em estado gelatinoso ou mucilaginoso, e moles o suficiente em suas partes para se submeter facilmente aos movimentos que ela comunica com a ajuda da causa excitatória da qual já tratei, ou de um *estímulo* que tentarei dar a conhecer. Assim, todo germe, no momento de sua fecundação, isto é, no instante em que, por um ato orgânico, recebe o preparado que o torna apto a gozar de vida, e todo corpo que recebe diretamente da natureza os primeiros traços da organização e dos movimentos mais simples da vida encontram-se necessariamente no estado *gelatinoso* ou *mucilaginoso*, embora sejam compostos de dois tipos de partes, as continentes e as contidas, estas sendo essencialmente fluidas.

Comparação entre o ato orgânico denominado *fecundação* e o ato da natureza que dá ensejo às gerações diretas

Por mais desconhecidos que sejam para nós os dois objetos que me proponho aqui a comparar, suas relações são, contudo, mais evidentes, já que os resultados que deles provêm são quase os mesmos. Com efeito, os dois atos de que se trata permitem, de ambos os lados, que exista a vida, ou lhe permitem se estabelecer nos corpos em que antes ela não se encontrava e que não podiam possuí-la por si. Assim, sua comparação atentamente seguida apenas pode nos esclarecer, até certo ponto, sobre a verdadeira natureza desses atos.

Afirmei alhures[2] que, na geração dos mamíferos, o movimento vital no embrião parecia suceder imediatamente à fecundação que ele acabou de receber, ao passo que, nos ovíparos, há um intervalo entre o ato da fecundação do embrião e o primeiro movimento vital que a incubação lhe comunica; e sabemos que esse intervalo pode ser por vezes muito prolongado.

Ora, no curso desse intervalo, o embrião fecundado, tal como considerado, não pertence ainda aos corpos vivos; está apto, sem dúvida, a receber a vida; e, para isso, é necessário apenas um estímulo que a incubação lhe pode fornecer; mas, enquanto os movimentos orgânicos não lhe tenham sido impressos por esse estímulo, esse embrião fecundado não é mais do que um corpo preparado para possuir a vida, e não um corpo dotado dela.

Um ovo de galinha ou de qualquer outra ave fecundado que seja conservado durante algum tempo sem que seja exposto à incubação ou à elevação de temperatura que faça as vezes desta não contém um embrião vivo, assim como uma semente de planta, que é verdadeiramente um ovo vegetal, também não encerra um embrião vivo até que tenha sido exposta à germinação.

Ora, se, por circunstâncias particulares, o movimento vital que ocasiona a incubação ou a germinação não é comunicado ao embrião desse ovo ou

---

2 Lamarck, *Recherches sur l'organisation des corps vivants*, op. cit., p.46. (N. A.)

semente acontecerá que, depois de um tempo relativo à natureza de cada espécie e de algumas circunstâncias, as partes desse embrião fecundado se deteriorarão e, então, o embrião em questão, jamais tendo tido a vida propriamente dita, não sofrerá a morte; apenas deixará de estar em condição de receber a vida e acabará por se decompor.

Já apresentei em minhas *Notas de Física e de História Natural*[3] que a vida pode ser suspensa durante um tempo qualquer e, em seguida, retomada.

Aqui, considerarei que ela pode ser preparada, quer por um ato orgânico, quer diretamente pela própria natureza, sem qualquer ato daquele tipo; de modo que alguns corpos, sem possuir a vida, podem estar preparados para recebê-la, por uma impressão que, sem dúvida, *delineia nesses corpos os primeiros traços da organização*.

Com efeito, o que é a geração sexual, senão um ato que tem por meta realizar a fecundação; e, em seguida, o que é a própria fecundação, senão um ato preparatório da vida; em uma palavra, um ato que dispõe as partes de um corpo para receber a vida e gozá-la?

É sabido que em um ovo que não foi fecundado se encontra, todavia, um corpo gelatinoso que, considerado de seu exterior, aparenta perfeitamente um embrião fecundado, e que não é nada além do germe que já existe nesse ovo, embora não tenha recebido fecundação.

No entanto, o que é o germe de um ovo que não recebeu qualquer fecundação senão um corpo quase inorgânico, não preparado internamente para receber a vida e cuja mais completa incubação não poderá comunicá-la?

É um fato comumente conhecido que todo corpo que recebe a vida, ou que recebe os primeiros traços da organização que o preparam para possuir a vida, está necessariamente em um estado gelatinoso ou mucilaginoso; de modo que as partes contidas desse corpo têm a mais fraca consistência, a maior flexibilidade e estão, consequentemente, no maior estado de maleabilidade possível.

Era preciso que fosse assim: que as partes sólidas do corpo em questão estivessem, elas próprias, em um estado muito próximo ao dos fluidos, a fim de que a disposição capaz de tornar as partes internas desse corpo apro-

---

3 Lamarck, *Mémoires de Physique et d'Histoire Naturelle*, Paris, 1797, p.250. (N. A.)

priadas para gozar de vida, isto é, do movimento orgânico que a constitui, pudesse ser facilmente operada.

Ora, parece-me certo que a fecundação sexual não é outra coisa que um ato que cria uma disposição particular nas partes internas de um corpo gelatinoso que a ela se submetem; disposição que consiste em certo arranjo e distensão dessas partes, sem as quais o corpo em questão não poderia receber a vida e gozá-la.

Basta para isso que um *vapor sutil* e penetrante, que escapou da matéria que fecunda, insinue-se no corpúsculo gelatinoso suscetível de recebê-lo; que ele se distribua em suas partes; e que, ao romper por seu movimento expansivo a adesão que há entre essas mesmas partes, conclua a organização que já estava traçada e a disponha a receber a vida, isto é, os movimentos que a constituem.

Parece que há essa diferença entre o *ato da fecundação* que prepara um embrião para a posse da vida e o ato da natureza que dá ensejo às *gerações diretas*; o primeiro é realizado sobre um pequeno corpo gelatinoso ou mucilaginoso no qual a organização já estava traçada, ao passo que o segundo se executa apenas sobre um pequeno corpo gelatinoso ou mucilaginoso no qual não se encontra qualquer esboço de organização.

No primeiro, o vapor fecundante que penetra no embrião, por seu movimento expansivo, nada mais faz que desunir, no traçado da organização, as partes que não devem mais ter aderência entre elas e lhes dar uma certa disposição.

No segundo, os fluidos sutis ambientes que se introduzem na massa do pequeno corpo gelatinoso ou mucilaginoso que os recebe aumentam os interstícios de suas partes internas e os transformam em células; a partir de então, esse pequeno corpo não é mais que uma massa de tecido celular, na qual os fluidos diversos podem se introduzir e se movimentar.

Essa pequena massa gelatinosa ou mucilaginosa transformada em tecido celular pode, então, gozar de vida, embora não apresente ainda órgão algum; pois que os corpos vivos mais simples, animais ou vegetais, são realmente apenas massas de tecido celular que não têm órgãos particulares. A esse respeito, notarei que a condição indispensável para a existência da vida em um corpo é de que este seja composto de partes continentes não fluidas e de fluidos contidos que podem se mover nessas partes; um corpo que constitui um tecido celular muito mole, cujas células se comuniquem entre si por poros, pode preencher esse objeto: o próprio fato atesta que isso pode ser assim.

Se a pequena massa de que se trata é gelatinosa, será a vida animal que poderá ali se estabelecer; mas se ela é apenas mucilaginosa, somente a vida vegetal poderá ali existir.

Com relação ao ato de fecundação orgânico, se comparardes o embrião de um animal ou de um vegetal que ainda não recebeu fecundação com o mesmo embrião submetido a esse ato preparatório da vida, não observareis entre eles nenhuma diferença perceptível, porque a massa e a consistência desses embriões serão ainda as mesmas e os dois tipos de partes que os constituem se encontrarão em um ponto extremo de obscuridade.

Concebereis, então, que uma chama invisível ou um vapor sutil e expansivo (*aura vitalis*) que emana da matéria fecundante, ao penetrar um embrião gelatinoso ou mucilaginoso, isto é, ao atravessar sua massa e se difundir por suas partes moles, nada mais faz que estabelecer nessas mesmas partes uma disposição que não existia antes; que destruir a coesão daquelas partes que devem ser desunidas; que separar os sólidos dos fluidos na ordem que exige a organização já esboçada; e que dispor os dois tipos de partes desse embrião a receber o movimento orgânico.

Enfim, concebereis que o *movimento vital*, que sucede imediatamente a fecundação nos mamíferos, e que, ao contrário, nos ovíparos e nos vegetais, estabelece-se nos primeiros apenas com a ajuda de diversos tipos de incubação, e, nos segundos, com a da germinação, deve, em seguida, desenvolver pouco a pouco a organização dos indivíduos que dele são dotados.

Não podemos penetrar mais longe no mistério admirável da *fecundação*; mas a consideração que lhe concerne e que acabo de expor é incontestável; e ela repousa sobre fatos positivos que me parecem não poder ser colocados em dúvida.

Conviria, pois, notar que, em outro estado de coisas, a própria natureza imita, para suas gerações diretas, o procedimento da fecundação que emprega nas gerações sexuais; e que para isso não tem necessidade de ajuda ou dos produtos de nenhuma organização preexistente.

Mas, primeiramente, é necessário lembrar que um fluido sutil, penetrante, em um estado mais ou menos expansivo, e provavelmente de uma natureza muito análoga à do fluido que constitui os vapores fecundantes se encontra continuamente difundido em nosso globo e fornece e mantém incessantemente o *estímulo* que compõe, assim como o *orgasmo*, a base de todo movimento vital; de modo que se pode assegurar que, nos lugares e climas em que a *intensidade de ação* do fluido em questão se encontra favorável ao movimento orgânico, este só cessa de existir quando modificações sobrevindas ao estado dos órgãos de um corpo que goza da vida não permite mais a esses órgão prestar-se à continuidade desse movimento.

Desse modo, nos *climas quentes*, onde esse fluido abunda, e particularmente nos lugares onde uma umidade considerável se encontra unida a essa circunstância, a vida parece nascer e se multiplicar por toda parte; a organização, que antes não existia, forma-se diretamente nas massas apropriadas para isso; e, naquelas em que ela já existia, desenvolve-se com prontidão e percorre seus diferentes estados, em cada indivíduo, com uma celeridade singularmente notável.

Sabe-se que, efetivamente, nas épocas e nos climas mais quentes, quanto mais os animais têm sua organização tornada complexa e aperfeiçoada, mais a influência da temperatura lhes faz percorrer prontamente os diferentes estados compreendidos na duração de sua existência, essa influência aproximando, proporcionalmente, as épocas e o fim de sua vida. Muito se sabe que, nas regiões equatoriais, uma jovem está apta a se casar muito cedo e que muito cedo também ela chegará à idade da decadência ou da velhice. Enfim, é coisa conhecida que a intensidade do calor torna muito perigosas as diferentes doenças conhecidas, fazendo-as percorrer seus termos com uma rapidez incrível.

Segundo essas considerações, pode-se concluir que, quando é considerável, o calor é prejudicial em geral a todos os animais que vivem sob esses ares, porque rarefaz fortemente seus fluidos essenciais. Notou-se também que nos países quentes, principalmente nas horas do dia em que o sol está muito ardente, esses animais parecem sofrer e se escondem para evitar a enorme impressão da luz.

Ao contrário, todos os animais aquáticos recebem do calor, por maior que ele seja, somente efeitos favoráveis aos seus movimentos e aos seus desenvolvimentos orgânicos; e, dentre eles, são sobretudo os mais imperfeitos, tais como os infusórios, os pólipos e os radiados, que mais se beneficiam disso, como uma circunstância vantajosa para sua multiplicação e regeneração.

Os vegetais, que possuem apenas um *orgasmo* imperfeito e muito obscuro, estão absolutamente no mesmo caso dos animais aquáticos de que acabei de falar, pois qualquer que possa ser a intensidade do calor, se esses corpos vivos têm água suficiente à sua disposição, vegetam com mais vigor.

Acabamos de ver que o calor é indispensável aos animais mais simplesmente organizados. Examinemos agora se não é conveniente crer que ele pode formar por si mesmo, com a ajuda de circunstâncias favoráveis, os primeiros esboços da vida animal.

A natureza, com o auxílio do calor, da luz, da eletricidade e da umidade, forma gerações espontâneas ou diretas, na extremidade de cada reino dos corpos vivos onde se encontram os mais simples desses corpos.

Essa proposição está tão distante da ideia corrente que levaríamos muito tempo para tratá-la como um erro e mesmo para vê-la como um produto de nossa imaginação.

Mas como cedo ou tarde acontecerá que homens independentes dos preconceitos, mesmo dos mais comumente difundidos, e profundos observadores da natureza possam entrever as verdades que essa proposição encerra, desejo poder contribuir para lhes fazer vislumbrá-las.

Pela aproximação de fatos análogos, creio ter provado que a natureza, em certas circunstâncias, imita o que se passa na fecundação sexual e cria por si mesma a vida nas massas isoladas de matérias que se encontram em um estado apropriado para recebê-la.

Com efeito, por que o *calor* e a *eletricidade*, que em algumas regiões e estações se encontram tão abundantemente difundidos na natureza, sobretudo na superfície do globo, não realizam, em algumas matérias que se encontram em estado e circunstâncias favoráveis, isso que o *vapor sutil* das matérias fecundantes executa sobre os embriões dos corpos vivos que ele torna apropriado para gozar de vida?

Um célebre erudito afirmou,[4] com razão, que Deus, fornecendo a luz, difundiu sobre a terra o princípio da organização, do sentimento e do pensamento.

Ora, a luz, que, como se sabe, é grande geradora de calor, e este último, que consideramos justamente como a mãe de todas as gerações, propagam, ao menos sobre o nosso globo, o princípio da organização e do sentimento; e como o sentimento, por sua vez, dá lugar aos atos do pensamento em consequência das impressões multiplicadas que os objetos internos e externos exercem sobre o seu órgão por meio dos sentidos, deve-se reconhecer nessas bases a origem de toda faculdade animal.

Sendo isso assim, poder-se-ia duvidar que o calor, mãe das gerações, alma material dos corpos vivos, pudesse ser o principal meio que a natureza emprega diretamente para criar nas matérias apropriadas um esboço de organização, uma disposição conveniente das partes; em uma palavra, um ato de vitalização análogo ao da fecundação sexual?

Não só a formação direta dos corpos vivos mais simples pode se realizar, como demonstrarei, mas a seguinte consideração prova que é necessário que semelhantes formações aconteçam e se repitam continuamente, nas circunstâncias que lhes são favoráveis, sem o que a ordem das coisas que observamos não poderia existir.

Já mostrei que os animais das primeiras classes (os infusórios, os pólipos e os radiados) não se multiplicam pela geração sexual, não têm qualquer órgão particular para essa geração, a fecundação é nula para eles e, consequentemente, não produzem ovos.

Neste momento, se considerarmos os mais imperfeitos desses animais, tais como os infusórios, veremos que, quando sobrevém uma estação rigorosa, todos perecem, ou ao menos os da primeira de suas ordens. Ora, já que esses animálculos são tão efêmeros e têm uma existência tão frágil, de que modo ou como se regeneram nas estações em que os vemos reaparecer? Não se deve pensar que organizações tão simples, esboços de animais tão frágeis e de tão pouca consistência, foram nova e diretamente formados pela natu-

---

4 Lavoisier, *Traité élémentaire de Chimie*, Paris, 1789, livro I, p.202. (N. A.)

reza, em vez de terem se regenerado por si mesmos? Eis aí necessariamente a questão a que será preciso chegar tendo em vista esses seres singulares.

Não se poderá, pois, duvidar que porções de matérias inorgânicas apropriadas e que se encontram sob circunstâncias favoráveis possam, pela influência de agentes da natureza, cujos principais são o *calor* e a *umidade*, receber em suas partes essa disposição que esboça a organização celular, daí, consequentemente, passar ao estado orgânico mais simples e desde então gozar dos primeiros movimentos da vida.

Sem dúvida, jamais aconteceu que matérias não organizadas e sem vida, quaisquer que possam ser, tenham podido, por uma ocorrência qualquer de circunstâncias, formar diretamente um inseto, um peixe, uma ave etc., assim como qualquer outro animal cuja organização já é complicada e avançada em seus desenvolvimentos. Semelhantes animais seguramente apenas puderam receber a existência pela via da geração; de modo que nenhum fato de animalização pode lhes concernir.

Mas os primeiros delineamentos da organização, as primeiras aptidões para receber desenvolvimentos internos, isto é, para intussuscepção, enfim, os primeiros esboços da ordem de coisas e do movimento interno que constituem a vida se formam todos os dias sob nossos olhos, embora até o presente não se tenha prestado nenhuma atenção a isso, e dão a existência aos corpos vivos mais simples que se encontram em uma das extremidades de cada reino orgânico.

É desejável que se observe que uma das condições essenciais para a formação desses primeiros delineamentos da organização seja a presença de umidade e, sobretudo, de água em massa fluida. É tão verdadeiro que é unicamente graças à umidade que os corpos vivos mais simples podem se formar e se renovar perpetuamente, que todos os infusórios, pólipos e radiados jamais se encontram fora da água; de modo que se pode entender como uma verdade que é exclusivamente nesse fluido que o reino animal tem sua origem.

Prossigamos o exame das causas que puderam criar os primeiros traços da organização nas massas apropriadas onde ela não existia.

Se, como mostrei, a luz é geradora de calor, este é, por sua vez, o do *orgasmo vital*, que ele produz e mantém nos animais que não têm em si a sua causa; assim, pode, pois, criar os primeiros elementos nas massas apropriadas que receberam a mais simples de todas as organizações.

Caso se considere que a organização mais simples não exige qualquer órgão particular, isto é, qualquer órgão especial, distinto das outras partes do corpo do indivíduo e apropriado para uma função particular (o que a simplificação da organização observada em muitos animais existentes torna evidente), conceber-se-á que ela poderá acontecer em uma pequena massa de matérias que possua a seguinte condição:

Toda massa aparentemente homogênea, de uma consistência gelatinosa ou mucilaginosa, e cujas partes, coerentes entre si, estejam no estado mais próximo da fluidez, mas tenham apenas uma consistência suficiente para constituir partes continentes, será o corpo mais apropriado para receber os primeiros traços da organização e da vida.

Ora, os fluidos sutis e expansivos dispersos e sempre em movimento nos meios que circundam uma semelhante massa de matéria, penetrando-a incessantemente e igualmente se dissipando, regularizarão, ao atravessar essa massa, a disposição interna de suas partes; irá constituí-la num estado celular, e a tornará apropriada para *absorver* e *exalar* continuamente os outros fluidos circundantes que poderão penetrar em seu interior e estarão suscetíveis de nela estar contidos.

Devem-se, com efeito, distinguir os fluidos que penetram nos corpos vivos:

1) Em *fluidos passíveis de contenção*, tais como o ar atmosférico, diferentes gases, a água etc. A natureza desses fluidos não lhes permite atravessar as paredes das partes continentes, mas somente entrar e sair por aberturas.
2) Em *fluidos não passíveis de contenção*, tais como o calórico, a eletricidade etc. Esses fluidos sutis são capazes, por sua natureza, de atravessar as paredes das membranas envolventes, das células etc., e, por isso, não podem ser retidos ou conservados por nenhum corpo, a não ser de modo passageiro.

Segundo as considerações expostas neste capítulo, parece-me certo que a própria natureza opera gerações diretas ou espontâneas; que tem os meios para isso; que as executa na extremidade anterior de cada reino orgânico onde se encontram os corpos vivos mais imperfeitos; e que é unicamente por essa via que pôde dar existência a todos os outros.

Desse modo, é para mim uma das mais evidentes verdades que a natureza forma gerações diretas, ditas espontâneas, no começo da escala vegetal ou animal. Mas uma questão se apresenta: é certo que ela dá lugar a semelhantes gerações apenas nesse ponto de ambas as escalas? Até o presente, pensei que essa questão deveria ser resolvida pela afirmativa; porque me parecia que, para dar existência a todos os corpos vivos, bastaria à natureza ter formado diretamente os mais simples e imperfeitos dos vegetais e animais.

No entanto, há tantas observações constatadas, tantos fatos conhecidos que parecem indicar que, em algum lugar, a natureza forma ainda gerações diretas como no exato começo das cadeias animal e vegetal, e sabe-se que ela tem tantos recursos, e varia de tal modo seus meios segundo as circunstâncias, que seria possível que minha opinião, que limita a possibilidade das gerações diretas aos pontos onde se encontram os vegetais e animais mais imperfeitos, não fosse fundada.

De fato, em diferentes pontos da primeira metade da cadeia vegetal ou animal, no começo mesmo de alguns ramos separados dessas escalas, por que a natureza não poderia dar lugar a gerações diretas e, segundo as circunstâncias, estabelecer nesses diversos esboços de corpos vivos alguns sistemas particulares de organização diferentes dos que se observam nos pontos em que a escala animal e vegetal parecem começar?

Não é de se presumir, como doutos naturalistas já pensaram, que os *vermes intestinais*, que jamais são encontrados em outro lugar exceto pelo corpo de outros animais, sejam gerações diretas da natureza; que alguns parasitas que causam doenças na pele ou nela pululam quando lhes é favorável, tenham também uma origem semelhante? E entre os vegetais, por que os mofos, os diversos cogumelos, mesmo os líquens que nascem e se multiplicam tão abundantemente sobre os troncos de árvores e sobre as pedras, com a ajuda da umidade e da temperatura amena, não estariam no mesmo caso?

Sem dúvida, logo que a natureza criou diretamente um corpo vegetal ou animal, imediatamente a existência da vida nesse corpo lhe dá não somente a faculdade de crescer, mas, além disso, a de preparar cisões de suas partes; em uma palavra, de formar corpúsculos granuliformes próprios para reproduzi-lo. Segue-se que esse corpo, que acabou de obter a faculdade de multiplicar os indivíduos de sua espécie, tenha, ele mesmo, podido provir apenas de corpúsculos semelhantes àqueles que pode formar? Esta é uma questão que, acredito, muito merece ser examinada.

Se as gerações diretas, objeto deste capítulo, acontecem realmente ou não, é algo sobre o qual não pronunciei minha opinião; a verdade é que, segundo penso, a natureza as executa realmente no começo de cada reino de corpos vivos, e que sem essa via ela jamais poderia dar a existência aos vegetais e animais que habitam nosso globo.

Passemos agora ao exame dos resultados imediatos da vida num corpo.

Capítulo VII
Dos resultados imediatos da vida em um corpo

As leis que regem todas as mutações que observamos na natureza, embora sejam por toda parte as mesmas e jamais em contradição entre si, produzem nos corpos vivos resultados muito diferentes dos que ocasionam nos corpos privados da vida, e que lhes são completamente opostos.

Nos primeiros, graças à ordem e ao estado de coisas que neles se encontram, essas leis concorrem e se reúnem continuamente para: formar combinações entre princípios que, sem essa circunstância, jamais teriam operado em conjunto; complicar essas combinações e sobrecarregá-las de elementos constitutivos; de modo que a totalidade dos *corpos vivos* pode ser considerada como formando um laboratório imenso e sempre ativo do qual todos os compostos que existem tiraram originariamente sua fonte.

Nos segundos, ao contrário, isto é, nos corpos privados da vida, em que força alguma contribui, por meio de uma harmonia nos movimentos, para conservar a integridade desses corpos, essas mesmas leis tendem incessantemente a alterar as combinações existentes, a simplificá-las ou a diminuir a complicação de sua composição; de modo que, com o tempo, elas conseguem libertar quase todos os princípios que as constituem de seu estado de combinação.

Eis aqui uma ordem de considerações cujos desenvolvimentos, bem compreendidos e aplicados a todos os fatos conhecidos, só podem mostrar cada vez mais a solidez do princípio que acabo de estabelecer.

Essas considerações, contudo, são muito diferentes das que chamaram a atenção dos eruditos; pois, tendo notado que os resultados das leis da natureza nos corpos vivos eram bem diferentes dos que elas produzem nos corpos inanimados, para os primeiros, atribuíram a leis particulares os fatos singulares neles observados e que se devem apenas à diferença de circunstâncias que existe entre esses corpos e os que são privados da vida. Não viram que os corpos vivos, por sua natureza, isto é, pelo estado e pela ordem de coisas que produzem neles a vida, davam às leis que os regem uma direção, uma força e propriedades que não podem ter nos corpos inanimados; de modo que, ao negligenciarem considerar que uma mesma causa varia necessariamente em seus produtos quando age sobre objetos diferentes por sua natureza e pelas circunstâncias que lhes concernem, tomaram, para explicar os fatos observados, uma rota inteiramente oposta à que deveriam ter seguido.

De fato, foi dito que os corpos vivos tinham a faculdade de resistir às leis e às forças às quais todos os corpos não vivos ou a matéria inerte estão sujeitos e que seriam regidos por leis que lhes são particulares.

Nada é menos verossímil e, de fato, menos comprovado do que essa suposta faculdade, atribuída aos corpos vivos, de resistir às forças às quais todos os outros corpos estão submetidos.

Essa opinião, que é quase comumente aceita, visto que se encontra exposta em todas as obras modernas que tratam desse tema, parece-me ter sido imaginada, de um lado, pela dificuldade encontrada quando se quis explicar as causas dos diferentes fenômenos da vida; de outro, pela consideração, sentida internamente, da faculdade que possuem os próprios corpos vivos de formar por si mesmos sua própria substância, de reparar as alterações que sofrem as matérias que compõem suas partes; enfim, de dar lugar a combinações que jamais teriam existido sem eles. Assim, no lugar dos meios, resolveu-se a dificuldade ao supor leis particulares que se desobrigou, ao mesmo tempo, de determinar.

Para provar que os corpos que possuem a vida estão sujeitos a uma disposição de leis diferente da obedecida pelos seres inanimados, e que os primeiros gozam, consequentemente, de uma força particular, cuja principal propriedade é, afirma-se, a de subtraí-los do império das *afinidades químicas*, o sr. Richerand cita os fenômenos que a observação do corpo humano vivo apresenta; a saber: "a alteração dos alimentos pelos órgãos digestivos; a absorção que os vasos quilosos operam de sua parte nutritiva; a circulação desses sucos nutritivos no sistema sanguíneo; as modificações que experimentam ao atravessar os pulmões e as glândulas secretoras; a impressionabilidade pelos objetos externos; o poder de aproximar ou fugir destes; resumidamente, todas as funções que se exercem na economia animal". Além desses fenômenos, esse erudito cita, como provas mais diretas, a *sensibilidade* e a *contratilidade*, duas propriedades de que estão dotados os órgãos aos quais estão confiadas as funções executadas na economia animal.[1]

Embora os fenômenos orgânicos que acabam de ser citados não sejam gerais no que diz respeito aos corpos vivos, nem mesmo em relação aos animais, são, todavia, muito fundados no que diz respeito a um grande número destes últimos e ao corpo humano vivo; e provam efetivamente a existência de uma *força particular* que anima os corpos que gozam de vida; mas essa força não resulta de leis próprias a esse corpo; ela se origina na causa excitatória dos movimentos vitais. Ora, essa causa, que, nos corpos vivos, pode dar lugar à força em questão, não poderia produzi-la nos corpos brutos ou sem vida, e não poderia animar esses últimos, embora influencie ambos.

Além disso, a força em questão não subtrai totalmente as diferentes partes dos corpos vivos do império das *afinidades químicas*; e o próprio sr. Richerand admite que efeitos evidentemente químicos, físicos e mecânicos acontecem com as máquinas animadas; são justamente esses efeitos que são influenciados, modificados e alterados pelas forças da vida. Acrescentarei às reflexões do sr. Richerand sobre esse tema que as alterações e modificações que os efeitos das afinidades químicas produzem nas partes dos corpos vivos, onde tendem a destruir o estado de coisas próprio para conservar neles a vida, são incessantemente reparadas, embora de modo mais ou menos completo, pelos resultados da força vital que age nos corpos. Ora, para fazer existir essa força vital e lhe dar suas propriedades conhecidas, a natureza não tem necessidade de leis particulares; aquelas que regem geralmente todos os corpos lhe é perfeitamente suficiente para esse objetivo.

---

1 Richerand, *Élémens de Physiologie*, op. cit., v.I, v.I, p.81. (N. A.)

A natureza jamais complica seus meios sem necessidade: se ela pôde produzir todos os fenômenos da organização com a ajuda das leis e das forças às quais todos os corpos estão em geral submetidos, sem dúvida ela o fez, e, para reger uma parte de suas produções, não criou leis e forças opostas às que ela emprega para reger a outra parte.

Basta saber que a causa que produz a *força vital* nos corpos em que a organização e o estado das partes permitem a ela existir e excitar neles as funções orgânicas não poderia dar lugar a uma potência semelhante nos corpos brutos ou inorgânicos, nos quais o estado das partes não pode permitir os atos e os efeitos que são observados nos corpos vivos. No que diz respeito aos corpos brutos ou matérias inorgânicas, a mesma causa de que acabei de tratar produz apenas uma força que solicita incessantemente sua decomposição e que a opera efetiva e sucessivamente, ao se conformar às afinidades químicas, quando a intimidade de suas combinações não se lhe opõe.

Não há, pois, nenhuma diferença nas leis físicas que regem todos os corpos que existem; mas uma diferença considerável é encontrada nas circunstâncias citadas em que essas leis agem.

Afirmam-nos que a força vital sustenta uma luta perpétua contra as forças obedecidas pelos corpos inanimados; e a vida nada mais é do que esse combate prolongado entre essas duas forças diferentes.

Para mim, de ambos os lados, vejo apenas uma mesma força que é incessantemente *componente* em tal ordem de coisas e *decomponente* em outra contrária. Ora, como as circunstâncias que essas duas ordens de coisas ocasionam se encontram sempre nos corpos vivos, mas não ao mesmo tempo em suas mesmas partes, e neles são formadas, sucedendo umas às outras, pelas modificações que os movimentos vitais não cessam de realizar, existe nesses corpos, durante sua vida, uma luta perpétua entre as circunstâncias que tornam componente a força vital e aquelas, sempre renascentes, que a tornam decomponente.

Antes de desenvolver esse princípio, exponhamos algumas considerações que importa não perder de vista.

Se todos os atos da vida e todos os fenômenos orgânicos, sem exceção, são apenas o resultado das relações que existem entre as partes continentes em um estado apropriado e os fluidos contidos postos em movimento por meio de uma causa estimulante que excita os movimentos, os efeitos seguintes deverão necessariamente provir da existência, em um corpo, da ordem e do estado de coisas que acabei de anunciar.

Efetivamente, em consequência dessas relações, assim como dos movimentos, ações e reações que a causa estimulante que acabei de citar produz, operam incessantemente em todos os corpos que gozam de uma vida ativa:

1) Modificações no estado das partes continentes desse corpo (sobretudo entre as mais moles) e no de seus fluidos contidos.

2) Perdas reais nessas partes continentes e nesses fluidos contidos, ocasionadas pelas modificações operadas em seu estado ou em sua natureza; perdas que dão lugar a acúmulos, dissipações, evacuações e secreções de matérias, em que umas não podem mais ser empregadas, ao passo que outras podem sê-lo para alguns usos.

3) Necessidades, que sempre renascem, de reparação das perdas experimentadas; necessidades que exigem perpetuamente, nesses corpos, a introdução de novas matérias apropriadas para satisfazê-las e às quais satisfazem efetivamente os alimentos de que fazem uso os animais e as absorções que efetuam os vegetais.

4) Finalmente, combinações de diversos gêneros que as circunstâncias de diferentes atos da vida e os resultados desses atos põem unicamente em condição de serem efetuados, combinações que, sem esses resultados e essas circunstâncias, jamais ocorreriam.

Assim, enquanto dura a vida em um corpo, formam-se, pois, incessantemente combinações que são tanto mais sobrecarregadas de princípios quanto mais apropriada é a organização desses corpos; também se formam incessantemente entre seus compostos, alterações e, no final, destruições que dão origem perpetuamente às perdas que experimenta.

Esse é o fato positivo e principal sempre confirmado pela observação constante dos fenômenos da vida.

Retomemos aqui o exame das duas importantes considerações de que falei antes, e que nos dão, de algum modo, a chave para todos os fenômenos relativos aos corpos compostos; ei-las!

A primeira concerne a uma causa geral e continuamente ativa que destrói, embora com uma maior ou menor lentidão ou prontidão, todos os compostos que existem.

A segunda é relativa a uma potência que forma incessantemente combinações e que as complica e as sobrecarrega de princípios à medida que as circunstâncias são favoráveis a isso.

Ora, embora essas duas potências estejam em oposição, contudo, ambas têm sua origem em leis e forças que não se encontram entre elas de nenhum modo, mas que regem seus efeitos sob circunstâncias muito diferentes.

Em muitas de minhas obras,[2] já estabeleci que, por meio das leis e forças que a natureza emprega, toda combinação ou toda matéria composta tende a se destruir; e que, a esse respeito, sua tendência é de maior ou menor prontidão para efetuar, segundo a natureza, a quantidade, a proporção e a intimidade de união dos princípios que a constituem. A razão disso é que, entre os princípios combinados de que se trata, alguns deles puderam se submeter ao estado de combinação apenas pela ação de uma força que lhes é exterior e que os modifica ao fixá-los; de modo que esses princípios têm uma tendência contínua a se libertar; tendência que efetuam pela provocação de toda causa que a favorece.

Desse modo, bastará a mais leve atenção para nos convencer de que a natureza (a atividade do movimento estabelecido em todas as partes de nosso globo) trabalha continuamente para destruir todos os compostos que existem; para livrar seus princípios do estado de combinação, apresentando-lhes incessantemente causas que provocam essa liberação e para reconduzir esses princípios ao estado de liberdade que lhes devolve as faculdades que lhes são próprias e que eles tendem a sempre conservar: tal é a primeira das duas considerações há pouco enunciadas.

Mas mostrei, ao mesmo tempo, que existe também na natureza uma causa particular, potente e continuamente ativa, que tem a faculdade de formar combinações, de multiplicá-las, diversificá-las e que tende incessantemente a sobrecarregá-las de princípios. Ora, essa causa potente, que

---

2 Lamarck, *Mémoires de Physique et d'Histoire Naturelle*, op. cit., p.88; *Hydrogéologie*, Paris, 1802, p.98 ss. (N. A.)

abarca a segunda das duas considerações citadas, reside na ação orgânica dos corpos vivos, onde se formam continuamente combinações que jamais teriam existido sem ela.

Essa causa particular não se encontra em leis que sejam próprias a esses corpos vivos e que possam ser vistas como opostas àquelas que regem outros corpos; mas ela tem origem em uma ordem de coisas essencial à existência da vida e, sobretudo, em uma forma que resulta da causa excitatória dos movimentos orgânicos. Consequentemente, a causa particular que forma as matérias compostas dos corpos vivos nasce da única circunstância capaz de fazê-la existir.

Para tratar desse assunto de modo amplo, devo notar que duas hipóteses foram imaginadas, com a intenção de explicar todos os fatos relativos aos compostos existentes, às mutações por eles sofridas e às combinações pouco complicadas que nós mesmos podemos formar, destruir e, em seguida, reestabelecer.

Geralmente admitida, uma delas é a hipótese das afinidades: esta é bastante conhecida.

Outra, segundo minha opinião particular, repousa sobre a consideração de que nenhuma matéria simples tende, por si mesma, a se combinar com outra; que as afinidades entre algumas matérias não devem ser vistas como forças, mas como acordos que permitem a combinação dessas matérias; e que, enfim, nenhuma delas pode se combinar, a não ser quando uma força que lhes é estranha as constrange a isso e suas afinidades ou conveniências lhes permitem.

Segundo a hipótese admitida dessas afinidades, às quais os químicos atribuem forças ativas e particulares, tudo o que circunda os corpos vivos tende a destruí-los; de modo que, se esses corpos não possuíssem em si um princípio de reação, logo sucumbiriam por consequência das ações que as matérias que os circundam exercem sobre eles. Daí, em vez de reconhecer que uma força excitatória dos movimentos existe incessantemente nos meios que circundam todos os corpos, vivos ou inanimados, e que, nos primeiros, ela consegue produzir os fenômenos que eles apresentam, ao passo que nos segundos ela causa sucessivamente modificações permitidas pelas afinidades e acaba por destruir todas as combinações existentes, teria sido melhor supor que a vida, nos corpos que a possuem, mantém-se e desenvolve essa sequência de fenômenos que lhes são próprios apenas porque esses corpos se encontrariam sujeitos a leis que lhes eram inteiramente particulares.

Um dia, sem dúvida, reconhecer-se-á que as afinidades não são forças, mas conveniências ou espécies de relações entre algumas matérias que lhes permitem contrair entre si uma união de maior ou menor intimidade com a ajuda de uma força geral que as constrange e que se encontra fora delas. Ora, como as afinidades variam entre as diferentes matérias, as matérias que se modificam de outras já combinadas o fazem apenas porque, tendo uma afinidade maior com tal ou tal dos princípios de sua combinação, foram auxiliadas nessa ação por essa força geral, excitatória dos movimentos, e por aquela que tende a aproximar e a unir todos os corpos.

Quanto à vida, durante sua duração em um corpo, tudo o que dela provém resulta, de um lado, da tendência que os elementos constitutivos dos compostos têm de se livrar de seu estado de combinação, sobretudo os que sofreram uma coerção qualquer; e, de outro lado, dos produtos da força excitatória dos movimentos. Com efeito, é fácil perceber que, em um corpo organizado, essa força de que falo regulariza sua ação em cada um de seus órgãos; que ela põe todas as ações em harmonia, em consequência da conexão desses órgãos; que, tanto quanto eles conservam sua integridade, ela repara por toda a parte as alterações que a primeira causa produziu; que ela se serve das modificações que se executam nos fluidos compostos e em movimento para se apoderar, em meio a esses fluidos, das matérias assimiladas que ali se encontram e fixá-las onde elas devem estar; enfim, que ela tende incessantemente, por essa ordem de coisas, à conservação da vida. Essa mesma força tende também, em um corpo vivo, ao crescimento das partes; mas, logo por uma causa particular que exporei em seu lugar, esse crescimento se limita por quase toda a parte e confere a esse corpo a faculdade de se reproduzir.

Assim, repito: essa força singular, que se origina na causa excitatória dos movimentos orgânicos e que, nos corpos organizados, faz que exista a vida e produz tantos fenômenos admiráveis, não é o resultado de leis particulares, mas de circunstâncias e de uma ordem de coisas e de ações que lhe dão o poder de produzir semelhantes efeitos. Ora, entre os efeitos a que essa força dá lugar nos corpos vivos, é preciso contar o de efetuar combinações diversas, de complicá-las, de sobrecarregá-las de princípios coercíveis e de criar incessantemente matérias que, sem ela e sem a contribuição das circunstâncias nas quais ela age, jamais teriam existido na natureza.

Como a direção dos raciocínios geralmente admitidos pelos fisiologistas, físicos e químicos de nosso século é completamente diferente daquele dos princípios que acabei de expor e que já desenvolvi alhures,[3] minha meta não é, de modo algum, tentar mudar essa direção e, consequentemente, de persuadir meus contemporâneos; mas devo recordar aqui as duas considerações em questão, porque elas completam a explicação que dei dos fenômenos da vida, de cujo fundamento estou convencido e sei que sem elas estar-se-ia sempre obrigado a supor, para os corpos vivos, leis contrárias às que regem os fenômenos de outros corpos.

Parece-me sem dúvida que, se examinássemos suficientemente o que se passa no que diz respeito aos objetos em questão, estar-se-ia logo convencido de que: todos os seres dotados de vida têm a faculdade, por meio das funções de seus órgãos, de, em uns (os vegetais), formar combinações diretas, isto é, de unir simultaneamente os elementos livres após tê-los modificado e de produzir imediatamente compostos; e de, em outros (os animais), modificar esses compostos e, ao sobrecarregá-los de princípios e aumentar as proporções desses princípios de maneira notável, fazê-los mudar de natureza.

Persisto, pois, em dizer que os próprios corpos vivos formam, pela ação de seus órgãos, a substância própria de seus corpos e as matérias diversas que seus órgãos secretam; e que não tomam da natureza essa substância inteiramente formada e essas matérias que provêm unicamente deles mesmos.

É por meio dos alimentos, dos quais vegetais e animais são obrigados a se servir para conservar sua existência, que a ação dos órgãos desses corpos vivos consegue, ao modificar e transformar esses alimentos, formar matérias particulares que jamais teriam existido sem essa causa e compor, com essas matérias, por transformações e renovações perpétuas, o corpo inteiro que elas constituem, assim como os produtos desse corpo.

---

3 Lamarck, *Hydrogéologie*, op. cit., p.105. (N. A.)

Por consequência, estando todas as matérias, vegetais ou animais, sobrecarregadas de princípios em suas combinações e, sobretudo, de princípios coercíveis, o homem não tem, pois, nenhum meio para formar coisas semelhantes; ele pode apenas, por suas operações, alterá-las, modificá-las, por fim, destruí-las ou obter delas diferentes combinações particulares, sempre cada vez menos complicadas. Há apenas os movimentos da vida em cada um dos corpos dela dotados, que são os únicos que podem produzir essas matérias.

Assim, os vegetais, que não têm canal intestinal ou qualquer outro órgão para executar digestões e que empregam, consequentemente, como matérias alimentares apenas substâncias fluidas ou cujas moléculas não têm conjuntamente nenhuma agregação (tal como a água, o ar atmosférico, o calórico, a luz e os gases que eles absorvem), formam, todavia, por meio de sua ação orgânica, todos os sucos próprios que deles conhecemos e todas as matérias de que seu corpo é composto; isto é, formam eles mesmos as *mucilagens*, as *gomas*, as *resinas*, os *açúcares*, os *sais essenciais*, os *óleos fixos e voláteis*, as *féculas*, o *glúten*, a *matéria extrativa* e a *matéria lenhosa*; todas substâncias que resultam de tal modo de combinações primeiras e diretas que a arte jamais poderá formar de igual maneira.

Seguramente, os vegetais não podem tirar do solo, mediante suas raízes, as substâncias que acabo de nomear: elas não estão ali ou as que ali se encontram estão em um estado de alteração ou decomposição mais ou menos avançado; enfim, mesmo se ainda existissem em sua integridade, esses corpos vivos não poderiam fazer qualquer uso delas se não as decompusessem previamente.

Somente os vegetais formaram, pois, diretamente a matéria da qual acabo de falar; mas, fora desses vegetais, essas matérias não podem lhes ser úteis a não ser como adubo; isto é, após serem desnaturadas, consumidas e terem sofrido a soma de alterações necessárias para lhes dar essa faculdade essencial dos adubos, que consiste em conservar em volta das raízes das plantas uma umidade que lhes é favorável.

Os animais não poderiam formar combinações diretas como os vegetais: por isso, tomam como alimentos matérias compostas, têm essencialmente uma digestão a executar (ao menos quase sua totalidade) e, consequentemente, órgãos para essa função.

Mas formam eles mesmos também sua própria substância e suas matérias secretoras; ora, para isso, não são obrigados a se alimentar de uma substância semelhante a essa matéria secretora. Com o pasto ou o feno, o cavalo forma, pela ação de seus órgãos, seu sangue, seus outros humores, sua carne ou seus músculos; a substância de seu tecido celular, seus vasos, suas glândulas; seus tendões, suas cartilagens, seus ossos; enfim, a matéria córnea de seus cascos, de seu pelo e de suas crinas.

É, pois, ao formar sua própria substância e suas matérias secretoras que os animais sobrecarregam singularmente as combinações que produzem e dão a essas combinações a singular proporção ou quantidade de princípios que constituem as matérias animais.

Neste momento, consideraremos que a substância dos corpos vivos, assim como as matérias secretoras que se vê produzir por meio de sua ação orgânica, varia nas qualidades que lhe é própria:

1) Segundo a natureza do ser vivo que a forma: assim, os produtos vegetais são, em geral, diferentes dos produtos animais; e, entre esses últimos, os produtos dos animais de vértebras são, em geral, diferentes daqueles dos animais sem vértebras.

2) Segundo a natureza do órgão que os separa das outras matérias após sua formação: as matérias secretoras separadas pelo fígado não são as mesmas que as separadas pelos rins etc.

3) Segundo a força ou a fraqueza dos órgãos do ser vivo e de sua ação: as matérias secretoras de uma planta jovem não são as mesmas da mesma planta muito idosa; como as de uma criança não são as mesmas das de um homem feito.

4) Conforme a integridade das funções orgânicas seja perfeita ou se encontre mais ou menos alterada: as matérias secretoras do homem são não podem ser as mesmas que as do homem doente.

5) Enfim, conforme o calórico, que se forma continuamente na superfície do globo, embora em quantidades variáveis, seguindo a diferença dos climas, favoreça, por sua abundância, a atividade orgânica dos corpos vivos que penetra; ou que permita a essa atividade orgânica, em consequência de sua grande raridade, apenas uma ação muito en-

fraquecida: efetivamente, nos climas quentes, as matérias secretoras que formam os corpos vivos são diferentes das que eles produzem nos climas frios; e, nesses primeiros climas, as matérias secretadas por esses mesmos corpos diferem também entre si, segundo sejam formadas na estação quente ou durante os rigores do inverno.

Não insistirei em mostrar que a ação orgânica dos corpos vivos forma incessantemente combinações que jamais ocorreriam sem essa causa: mas observarei que se for verdade, como não se poderia duvidar, que todas as matérias minerais compostas, tais como as terras e as pedras, as substâncias metálicas, sulfurosas, betuminosas, salinas etc., provêm dos resíduos dos corpos vivos, resíduos que têm sofrido alterações sucessivas em sua composição, na superfície e no seio da terra e das águas, será mesmo muito verdadeiro dizer que os corpos vivos são a fonte primeira de onde todas as matérias compostas conhecidas nasceram.[4]

Por isso, tentava-se em vão fazer uma coleção rica e variada de minerais em algumas regiões do globo, tais como os vastos desertos da África, onde, há muitos séculos, não se vê mais vegetais e onde não se podem encontrar mais do que alguns animais de arribação.

Agora que mostrei que os corpos vivos formavam, eles mesmos, sua própria substância, assim como as diferentes matérias que secretam, direi uma palavra sobre a faculdade de se nutrir e de crescer de que gozam, dentro de certos limites, todos esses corpos, porque essas faculdades são ainda o resultado dos atos da vida.

---

4 Veja minha *Hydrogéologie*, op. cit., p.91 ss. (N. A.)

Capítulo VIII
Das faculdades comuns a todos os corpos vivos

É um fato certo e bem conhecido que os corpos vivos têm faculdades que lhes são comuns e que recebem, consequentemente, da vida, a qual as transmite a todos os corpos que a possuem.

Mas creio que o que não foi considerado é que as faculdades que são comuns a todos os corpos vivos não exigem órgãos particulares para produzi-las, ao passo que as faculdades que são particulares a alguns desses corpos exigem a existência de um órgão especial apropriado para lhes dar ensejo.

Sem dúvida, nenhuma faculdade vital pode existir em um corpo sem a organização, e a própria organização não é mais do que um conjunto de órgãos reunidos. Mas esses órgãos, cuja reunião é necessária para a existência da vida, não são particulares a nenhuma porção do corpo que compõem; estão, ao contrário, distribuídos nesse corpo em toda parte e em toda parte também dão lugar à vida, assim como às faculdades essenciais que dela provêm. Por conseguinte, as faculdades comuns a todos os corpos vivos são unicamente produzidas pelas próprias causas que fazem a vida existir.

O mesmo não acontece com os órgãos especiais que dão lugar a faculdades exclusivas a certos corpos vivos. A vida pode existir sem eles, mas, quando a natureza consegue criá-los, os principais dentre eles têm uma conexão tão grande com a ordem de coisas que existe nos corpos incluídos nesse caso que esses órgãos são, portanto, necessários à conservação da vida nesses corpos.

Assim, é apenas nas organizações mais simples que a vida pode existir sem órgãos especiais; e essas organizações estão limitadas a não produzir outra faculdade além daquelas comuns a todos os corpos vivos.

Logo que se propõe a investigar o que pertence essencialmente à vida, devem-se distinguir os fenômenos que são próprios a todos os corpos que a possuem dos que são particulares a alguns desses corpos. E como os fenômenos que nos oferecem os corpos vivos são os indícios do tanto de faculdades de que gozam, a distinção de que se trata separará de modo útil as faculdades que são comuns a todos os corpos dotados de vida das que são particulares a alguns deles.

As faculdades comuns a todos os corpos vivos, isto é, aquelas de que são exclusivamente dotados e que constituem fenômenos que só eles podem produzir, são:

1) A de se *nutrir* com a ajuda de matérias alimentares incorporadas; a da assimilação contínua de uma parte dessas matérias que é executada neles; enfim, a da fixação das matérias assimiladas, a qual repara as perdas de substâncias que esses corpos ocasionam durante todo o tempo de sua vida ativa, primeiramente com superabundância e, em seguida, de modo mais ou menos completo.

2) A de *compor seus corpos*, isto é, de formar eles mesmos as substâncias próprias que os constituem com materiais que contêm somente os princípios, fornecidos em particular pelas matérias alimentares.

3) A de se desenvolver e de crescer até certo ponto particular a cada um deles, sem que seu crescimento resulte na aposição ao exterior das matérias que se reúnem em seus corpos.

4) Finalmente, a de regenerar a si mesmos, isto é, de produzir outros corpos que lhes sejam inteiramente semelhantes.

Um corpo vivo, vegetal ou animal, tenha ele uma organização bastante simples ou muito composta, seja de qualquer classe, ordem etc., possui essencialmente as quatro faculdades que acabo de anunciar. Ora, como essas faculdades são exclusivamente próprias de todos os corpos vivos, pode-se dizer que elas constituem os fenômenos essenciais que esses corpos nos apresentam.

Examinemos agora o que nos é possível perceber e pensar relativamente aos meios que a natureza emprega para produzir esses fenômenos exclusivamente comuns a todos os corpos vivos.

Se a natureza cria diretamente a vida apenas nos corpos que não a possuíam; se ela cria a organização apenas em sua maior simplicidade (Capítulo VI); enfim, se ela mantém os movimentos orgânicos apenas com o auxílio de uma causa excitatória desses movimentos (Capítulo III); perguntaremos como os movimentos, mantidos nas partes de um corpo organizado, podem dar lugar à *nutrição*, ao crescimento, à reprodução desse corpo e, ao mesmo tempo, dar-lhe a faculdade de formar, ele mesmo, sua própria substância.

Sem querer dar a explicação, parte por parte, de todos os objetos que concernem a essa obra admirável da natureza, o que nos exporia a erros e poderia comprometer as principais verdades que a observação fez perceber, creio que, para responder à questão que acaba de ser enunciada, basta apresentar as seguintes observações e reflexões.

Os atos da vida ou, dito de outro modo, os movimentos orgânicos, com o auxílio das afinidades e da separação dos princípios já combinados que esses movimentos e a penetração dos fluidos sutis ocasionam, operam necessariamente modificações no estado quer das partes continentes, quer dos fluidos contidos de um corpo vivo. Ora, dessas modificações que formam combinações diversas e novas resultam diferentes tipos de matérias, entre as quais umas, pela continuidade do movimento vital, são dissipadas ou evacuadas, ao passo que outras são somente separadas das partes que ainda não mudaram de natureza. Dentre essas matérias separadas, umas são depositadas em alguns lugares do corpo, ou recuperadas pelos canais absorventes, e servem a alguns usos; tais matérias são a linfa, a bile, a saliva, a matéria prolífica etc.; mas as outras, tendo recebido algumas *assimilações*, são transportadas pela força geral que anima todos os órgãos e faz executar todas as funções e, depois, são fixadas nas partes que convêm ou semelhantes, sejam elas sólidas ou moles e continentes, cujas perdas elas reparam e, além disso, cuja extensão aumentam segundo sua abundância e a possibilidade que aí encontram.

É, pois, por via dessas últimas, isto é, das matérias *assimiladas*, ou tornadas próprias a algumas partes, que se executa a nutrição. Assim, a primeira das faculdades da vida, a nutrição, não é essencialmente mais do que uma reparação das perdas sofridas; não é mais do que um meio que restabelece o que a tendência de todas as matérias compostas à sua decomposição conseguiu efetuar com as que se encontram em circunstâncias favoráveis. Ora, esse restabelecimento se efetua com o auxílio de uma força que transporta as matérias novamente assimiladas aos lugares em que elas devem ser fixadas, e não por alguma lei particular, o que creio ter evidenciado. Com efeito, cada tipo de parte do corpo animal secreta e toma para si, por uma verdadeira afinidade, as moléculas assimiladas que podem se identificar com ela.

Mas a nutrição é mais ou menos abundante, de acordo com o estado da organização do indivíduo.

Na juventude de todo corpo organizado dotado de vida, a nutrição é de uma abundância extrema; então, ela faz mais do que reparar as perdas, pois aumenta o tamanho das partes.

De fato, em um corpo vivo, toda parte continente ainda nova é, em consequência das causas de sua formação, extremamente mole e de uma consistência fraca. A nutrição executa-se com tanta facilidade que é superabundante. Nesse caso, não somente ela repara completamente as perdas, mas, além disso, por uma fixação interna de partículas assimiladas, aumenta sucessivamente o tamanho das partes e torna-se a fonte do *crescimento* do jovem indivíduo que goza de vida.

Mas após certo ponto, que varia segundo a natureza da organização de cada raça, as partes, mesmo as mais moles desse indivíduo, perdem uma grande parte de sua qualidade de mole e de seu orgasmo vital, e sua faculdade de nutrição se encontra proporcionalmente diminuída.

A nutrição, nesse caso, encontra-se limitada à reparação das perdas; o estado do corpo vivo permanece estacionário durante certo tempo; na verdade, esse corpo goza de seu maior vigor, mas não cresce mais. Ora, o excedente das partes preparadas que não puderam ser empregadas nem na nutrição, nem no crescimento, recebe da natureza outra destinação, e se torna a fonte de onde ela extrai seus meios para reproduzir outros indivíduos semelhantes.

Assim, a *reprodução*, terceira das faculdades vitais, assim como o crescimento, tem sua origem na nutrição, ou antes, nos materiais preparados pela nutrição. Mas essa faculdade de reprodução começa a desfrutar de sua intensidade apenas quando a faculdade de crescimento começa a diminuir: sabe-se bem o quanto a observação confirma essa consideração, visto que os órgãos reprodutores (as partes sexuais), nos vegetais assim como nos animais, só começam a se desenvolver quando o crescimento do indivíduo está para terminar.

Acrescentarei que os materiais preparados pela nutrição são partículas assimiladas e de tantos tipos quantas partes diferentes existem no corpo. A reunião dessas diversas partículas que a nutrição e o crescimento não puderam empregar fornece os elementos de um corpo organizado muito pequeno perfeitamente semelhante àquele de onde provém.

Em um corpo vivo muito simples e sem órgãos especiais, ao encontrar o ponto que fixa o crescimento do indivíduo, o excedente da nutrição é empregado para formar e desenvolver uma parte que depois se separa desse corpo vivo e que, continuando a viver e crescer, constitui um novo indivíduo que se lhe assemelha. Tal é efetivamente o modo de reprodução por cisão do corpo e por brotos ou gemas, o qual se executa sem exigir qualquer órgão particular que lhe dê ensejo.

Enfim, em um ponto ainda mais distante, igualmente variável segundo as circunstâncias de seus hábitos e do clima que habitam, mesmo nos diferentes indivíduos de uma raça, as partes mais moles do corpo vivo que ali chegou adquiriram uma rigidez tal e uma tão grande diminuição em seu orgasmo que a nutrição apenas pode reparar suas perdas de modo incompleto. Então esse corpo definha progressivamente; e se algum leve acidente, alguma perturbação interna que as forças diminuídas da vida não podem vencer, não provocam o fim nesse indivíduo, sua crescente velhice é necessária e naturalmente concluída com a morte, que sobrevém na época em que o estado de coisas que nele existia deixa de permitir a execução dos movimentos orgânicos.

Negou-se essa *rigidez* das partes moles, que cresce durante a vida, porque se percebeu que após a morte, o coração e as outras partes moles de um velho sucumbiam mais fortemente e se tornavam mais flácidos do que em uma criança ou em um homem jovem que acabou de morrer. Mas não se atentou para o fato de que o orgasmo e a irritabilidade que subsistem ainda algum tempo após a morte se prolongavam por um tempo e conservavam mais intensidade nos jovens indivíduos do que nos velhos, cujas faculdades muito diminuídas se extinguem quase ao mesmo tempo que a vida e que só essa causa daria lugar aos efeitos notados.

Aqui é onde se nota que a nutrição não pode acontecer sem aumentar pouco a pouco a consistência das partes que ela repara.

Todos os corpos vivos, e principalmente aqueles em que um calor interno se desenvolve e se mantém durante o curso da vida, têm continuamente uma porção de seus humores e até mesmo do tecido de seu corpo em um verdadeiro estado de decomposição; por consequência, sofrem incessantemente perdas reais e não se pode duvidar que seja a essas alterações dos sólidos e dos fluidos dos corpos vivos que as diferentes matérias que neles se formam são devidas, das quais umas são secretadas e depositadas ou retidas, ao passo que outras são evacuadas por diversas vias.

Essas perdas conduziriam logo à deterioração dos órgãos e dos fluidos do indivíduo se a natureza não tivesse dado aos corpos vivos que deles fazem uso uma faculdade essencial a sua conservação: a de repará-los. Ora, em seguida a essas perdas e reparações perpétuas, acontece que, após um certo tempo de duração da vida, o corpo que a ela está sujeito pode não mais ter em suas partes quaisquer moléculas que originalmente o compunham.

Sabe-se que a nutrição efetua as reparações que acabei de tratar; mas ela o faz de modo mais ou menos completo, segundo a idade e o estado dos órgãos do indivíduo, como observei anteriormente.

Além dessa desigualdade conhecida na relação das perdas com as reparações segundo a idade dos indivíduos, há outra muito importante a se considerar e à qual, porém, parece que não se deu atenção. Trata-se da desigualdade constante que se dá entre as matérias assimiladas e fixadas pela nutrição e as que se libertam por causa das alterações contínuas que acabaram de ser citadas.

Mostrei em minhas *Investigações*[1] que a causa dessa desigualdade vem de que:

A assimilação (a nutrição que dela resulta) fornece sempre mais princípios ou matérias fixas do que a causa das perdas elimina ou faz dissipar.

---

[1] Lamarck, *Recherches sur l'organisation des corps vivants*, op. cit., p.202. (N. A.)

As perdas e as reparações sucessivas que incessantemente produzem as partes do corpo vivo foram há muito tempo reconhecidas; contudo, é apenas a partir de poucos anos que se começa a notar que essas perdas resultam das alterações que continuamente os fluidos e mesmo os sólidos desses corpos experimentam em seu estado e em sua natureza. Enfim, muitas pessoas ainda custam a se persuadir de que são os resultados dessas alterações e modificações ou combinações que acontecem incessantemente nos fluidos essenciais dos corpos vivos que dão lugar à formação das diferentes matérias secretoras, o que já estabeleci.[2]

Ora, se é verdade, de um lado, que as perdas levam consigo menos matérias fixas, terrosas e sempre concretas do corpo vivo do que fluidas e, sobretudo, coercíveis, e, de outro lado, que a nutrição fornece gradualmente às partes mais matérias fixas do que fluidas e substâncias coercíveis, resulta disso que os órgãos adquirirão pouco a pouco uma rigidez crescente que os tornará progressivamente menos apropriados para a execução de suas funções, o que efetivamente se realiza.

Embora tudo o que envolve os corpos vivos tenda a destruí-los, o que se repete em todas as obras fisiológicas modernas, estou convencido, ao contrário, de que eles só conservam sua existência com a ajuda de influências externas e de que a causa que provoca essencialmente a morte de todo indivíduo que possui a vida está nele mesmo e não fora dele.

Com efeito, vejo claramente que essa causa resulta da diferença que se estabelece pouco a pouco entre as matérias assimiladas e fixadas pela nutrição e as rejeitadas ou dissipadas pelas perdas contínuas que sofrem os corpos que gozam de vida, sendo as matérias coercíveis sempre as primeiras e mais fáceis de se libertar do estado de combinação que as fixou.

Em uma palavra, vejo que essa causa que conduz à velhice, à decrepitude e, finalmente, à morte, reside, em consequência do que acabo de expor, no *endurecimento* progressivo dos órgãos; endurecimento que produz pouco a pouco a rigidez das partes e que, nos animais, diminui proporcionalmente a intensidade do orgasmo e da irritabilidade, retesa e contrai os vasos, destrói

---

2 Lamarck, *Mémoires de Physique et d'Histoire Naturelle*, op. cit., p.260-3; e *Hydrogéologie*, op. cit., p.112-5. (N. A.)

imperceptivelmente a influência dos fluidos sobre os sólidos *e* vice-versa; enfim, desarranja a ordem e o estado de coisas necessários à vida e acaba por aniquilá-la inteiramente.

Creio ter provado que as faculdades comuns a todos os corpos vivos são a de se nutrir, de compor eles mesmos as diferentes substâncias que constituem as partes de seus corpos, de se desenvolver e crescer até um ponto particular a cada um deles, de se regenerar, isto é, de reproduzir outros indivíduos que se lhes assemelham, enfim, de perder a vida que possuem por uma causa que está neles mesmos.

Neste momento, irei considerar as faculdades particulares de certos corpos vivos e me limitarei, como acabo de fazer, à exposição dos fatos gerais, não querendo entrar em nenhum dos detalhes conhecidos que se encontram nos livros de Fisiologia.

Capítulo IX
Das faculdades particulares a certos corpos vivos

Assim como há faculdades que são comuns a todos os corpos que gozam de vida, o que mostrei no capítulo precedente, assim também se observam em alguns corpos vivos faculdades que lhes são particulares e que os outros não a possuem.

Apresenta-se aqui uma consideração capital, a qual importa infinitamente ter em consideração caso se queira fazer progressos ulteriores nas ciências naturais: ei-la.

Como é inteiramente evidente que a organização animal ou vegetal é, pelas consequências do poder da vida, composta e complicada gradualmente desde a que está em sua maior simplicidade até a que oferece a maior complicação, o maior número de órgãos e que dá aos corpos vivos, nesse caso, as faculdades mais numerosas, é também inteiramente evidente que todo órgão especial e a faculdade que ele enseja, tendo sido uma vez obtidos, devem em seguida existir em todos os corpos vivos que, na ordem natural, vêm após os que os possuem, a menos que algum abortamento os faça desaparecer. Mas, antes do animal ou vegetal que primeiro obteve esse órgão, seria vão procurar entre corpos vivos mais simples e mais imperfeitos quer o órgão, quer a faculdade em questão; nem esse órgão nem a faculdade que ele enseja poderão ser neles encontrados. Caso contrário, todas as faculdades conhecidas seriam comuns a todos os corpos vivos, todos os órgãos seriam encontrados em todos esses corpos e a progressão na composição da organização não ocorreria.

Ao contrário, os fatos bem demonstram que a organização oferece uma progressão evidente em sua composição e que todos os corpos vivos não possuem os mesmos órgãos. Ora, mostrarei a seguir que, por falta de considerar suficientemente a ordem da natureza em suas produções e a notável progressão que se encontra na composição da organização, os naturalistas se esforçaram muito inutilmente por encontrar em algumas classes, quer de animais, quer de vegetais, órgãos e faculdades que não poderiam neles ser encontrados.

Na ordem natural dos animais, deve-se, pois, por exemplo, nela entrar primeiramente no ponto em que tal órgão começou a existir, a fim de não mais procurá-lo em pontos muito anteriores da mesma ordem, se não se quiser retardar a ciência ao atribuir hipoteticamente às partes cuja natureza não se conhece faculdades que elas não poderiam ter.

Assim, muitos botânicos fizeram esforços inúteis para encontrar a geração sexual nas plantas agâmicas (as criptógamas de Lineu) e outros acreditaram encontrar no que se denominam traqueias dos vegetais um órgão especial para a respiração. Do mesmo modo, muitos zoólogos quiseram encontrar um *pulmão* em certos moluscos, um *esqueleto* nas astérias ou estrelas-do-mar, *brânquias* nas medusas; enfim, um corpo de eruditos acaba de propor, este ano, como objeto de prêmio, investigar se existe uma *circulação* nos radiados.

Seguramente, semelhantes tentativas provam ainda quão pouco se adentrou na ordem natural dos animais, na progressão que existe na composição da organização e nos princípios essenciais dessa ordem. Além disso, no que diz respeito à organização, e quando se trata de objetos muito pequenos e desconhecidos, *crê-se ver* tudo o que se *quer ver*; e assim encontrar-se-á tudo o que se queira, como já aconteceu, ao se atribuir arbitrariamente faculdades a partes das quais não se soube reconhecer nem a natureza nem o uso.

Consideremos agora quais faculdades principais são particulares a certos corpos dotados de vida e vejamos em qual ponto da ordem natural, animal ou vegetal, cada uma delas, assim como os órgãos que lhes dão ensejo, começaram a existir.

As faculdades particulares a alguns corpos vivos e que, consequentemente, os outros corpos dotados de vida não possuem, são principalmente as de:

1) digerir alimentos.
2) respirar por um órgão especial.
3) executar ações e locomoções por órgãos musculares.
4) sentir ou poder experimentar sensações.
5) se multiplicar por geração sexual.
6) ter seus fluidos essenciais em circulação.
7) ter, em qualquer grau que seja, inteligência.

Há muitas outras faculdades particulares cujos exemplos são encontrados entre os corpos que gozam de vida, e principalmente entre os animais; mas me limito a considerar estas, porque são as mais importantes e o que irei apresentar a seu respeito satisfaz meu objeto.

As faculdades que não são comuns a todos os corpos vivos vêm, sem exceção, de órgãos especiais que as ensejam e, consequentemente, de órgãos que nem todos os corpos dotados de vida possuem; e os atos que produzem essas faculdades são funções desses órgãos.

Consequentemente, sem examinar se as funções dos órgãos em questão se executam continuamente ou com interrupção, e segundo as circunstâncias, e sem considerar se essas funções concernem à conservação do indivíduo ou da espécie, ou se faz o indivíduo se comunicar com os corpos que lhes são estranhos e que os circundam, vou expor sumariamente minhas ideias sobre as funções orgânicas que dão lugar às sete faculdades citadas. Provarei que cada uma delas é particular a certos animais e que ela não pode ser comum a todos os indivíduos que compõem seu reino.

A digestão: é a primeira das faculdades particulares de que gozam a maioria dos animais, e é, ao mesmo tempo, uma função orgânica que se executa em uma cavidade central do indivíduo; cavidade que, embora variada em sua forma, segundo as raças, é, em geral, conformada em tubo ou em canal, tendo tanto uma só de suas extremidades aberta quanto ambas.

A função em questão, que se realiza apenas sobre matérias compostas, estranhas às partes do indivíduo e que se denominam *alimentares*, consiste primeiramente em destruir a agregação das moléculas constituintes e ordinariamente agregadas das matérias alimentares introduzidas na cavidade digestiva; e, em seguida, em mudar o estado e as qualidades dessas moléculas, de maneira que uma parte delas se torne apropriada para formar o *quilo* e para renovar ou reparar os fluidos essenciais do indivíduo.

Licores vertidos nos órgãos digestivos pelos condutos excretores de diversas glândulas dispostas na vizinhança, vertidos principalmente nos momentos em que uma digestão deve ser executada, facilitam antes de mais nada a dissolução, isto é, a destruição da agregação das moléculas das matérias alimentares e, em seguida, concorrem para realizar as modificações que essas moléculas devem sofrer. Então, dessas moléculas, as que estão suficientemente modificadas e preparadas, nadando nos licores digestivos e outros que lhes servem de veículo, penetram, por poros absorventes das paredes do tubo alimentar ou intestinal, nos vasos quilosos ou nas vias secundárias e constituem aí o fluido precioso que irá reparar o fluido essencial do indivíduo.

Todas as moléculas ou partes mais grosseiras que não puderam servir para a formação do quilo são, em seguida, rejeitadas e expelidas da cavidade alimentar.

Assim, o órgão especial da digestão é a cavidade alimentar, cuja abertura anterior, pela qual os alimentos são nela introduzidos, porta o nome de *boca*, ao passo que a extremidade posterior, quando existe, se chama *ânus*.

Segue-se dessa consideração que todos os corpos vivos em que falta a cavidade alimentar jamais têm digestão a executar; e como toda digestão se efetua sobre matérias compostas e destrói a agregação das moléculas alimentares embutidas nas massas sólidas, resulta disso que os corpos vivos que não a executam se nutrem apenas de alimentos fluidos, quer líquidos, quer gasosos.

Todos os vegetais se encontram na situação que acabo de citar; falta-lhes órgão digestivo e jamais têm efetivamente digestão a executar.

A maioria dos animais, ao contrário, têm um órgão especial para a digestão, que lhes dá a faculdade de digerir; mas essa faculdade não é, como se disse, comum a todos os animais, e não poderia ser citada como um dos caracteres da animalidade. De fato, os infusórios não a possuem e em vão se procurará uma cavidade alimentar em uma mônada, em um vólvoce, em um próteo etc.; não seriam encontrados.

A faculdade de digerir é, pois, particular apenas à maioria dos animais.

A *respiração*: é a segunda das faculdades particulares a certos animais, porque ela é menos geral que a digestão; sua função é executada em um órgão especial distinto, que é muito diversificado segundo as raças em que essa função se realiza e segundo a natureza da necessidade que elas têm.

Essa função consiste em uma reparação do fluido essencial, muito prontamente alterado do indivíduo em questão; reparação pela qual a via muito lenta do alimento não basta. Ora, a reparação de que se trata se efetua no órgão respiratório, com a ajuda do contato de um fluido particular respirado, o qual, decompondo-se, comunica ao fluido essencial do indivíduo princípios reparadores.

Nos animais cujo fluido essencial é pouco complexo e se movem apenas com lentidão, as alterações desse fluido essencial são lentas e, então, só a via dos alimentos basta para as reparações; os fluidos capazes de fornecer certos princípios reparadores necessários penetram no indivíduo por essa via ou pela da absorção e produzem suficientemente sua influência, sem exigir um órgão especial. Assim, a faculdade de respirar por um órgão particular não é necessária a esses corpos vivos. Tal é o caso de todos os vegetais e ainda de um grande número de animais, como os que compõem a classe dos infusórios e dos pólipos.

A faculdade de respirar deve, portanto, ser reconhecida como existente apenas nos corpos vivos que possuem um órgão especial para a função que a acarreta; pois, se aqueles que carecem de semelhante órgão necessitam, para seu fluido essencial, receber alguma influência análoga à da respiração, o que é muito duvidoso, recebem-na aparentemente por alguma via geral e lenta, como a dos alimentos, ou a da absorção que se executa pelos poros externos, e não por meio de um órgão particular. Desse modo, os corpos vivos em questão não respiram.

O mais importante dos princípios reparadores que o fluido respirado fornece ao fluido essencial do animal parece ser o *oxigênio*. Ele se desprende do fluido respirado, une-se ao fluido essencial do animal e devolve a este último as qualidades que havia perdido.

Sabemos que há dois fluidos respiratórios diferentes que fornecem o oxigênio no ato da respiração. Esses fluidos são a *água* e o *ar*; formam, em geral, os meios nos quais os corpos vivos se encontram imersos ou pelos quais estão envolvidos.

A água, de fato, é o fluido respiratório de muitos animais que habitam continuamente em seu seio. Crê-se que, para fornecer o oxigênio, esse fluido não se decompõe, mas que, levando sempre com ele uma certa quantidade de ar que lhe é, de algum modo, aderente, esse ar se decompõe no ato da respiração e fornece seu oxigênio ao fluido essencial do animal. É dessa maneira que os peixes e tantos animais aquáticos respiram; mas essa respiração é menos ativa e fornece mais lentamente os princípios reparadores do que a que se faz pelo ar puro.

O puro ar atmosférico é o segundo fluido respiratório e, de fato, é o respirado por um grande número de animais que vivem habitualmente em seu seio ou ao seu alcance: decompõe-se prontamente no ato da respiração e fornece imediatamente seu oxigênio ao fluido essencial do animal, cujas alterações são reparadas. Essa respiração, que é a dos animais mais perfeitos e de muitos outros, é a mais ativa e, além disso, tanto mais quanto mais a natureza do órgão em que se realiza favorece sua atividade.

Em um animal, não basta considerar a existência de um órgão especial para a respiração; é preciso ainda ter em consideração a natureza desse órgão, a fim de julgar o grau de aperfeiçoamento de sua organização, pelo renascimento, pronto ou lento, das necessidades que tem de reparar seu fluido essencial.

À medida que o fluido essencial dos animais fica mais complexo e se torna mais animalizado, as alterações que sofre durante o curso da vida são maiores e mais rápidas, e as reparações de que tem necessidade se tornam gradualmente proporcionadas às modificações que experimenta.

Nos animais mais simples e imperfeitos, tais como os infusórios e os pólipos, o fluido essencial desses animais é tão pouco complexo, tão pouco animalizado e se altera com tanta lentidão que os reparos alimentares lhe são suficientes. Mas, logo a seguir, a natureza começa a ter necessidade de um novo meio para conservar o fluido essencial dos animais em seu estado útil. É então que ela cria a respiração; mas estabelece primeiramente apenas o sistema respiratório mais fraco, menos ativo, enfim, aquele que a água fornece quando ela mesma leva para toda parte sua influência como fluido respirado.

Em seguida, ao variar o modo da respiração segundo a necessidade progressivamente aumentada do benefício que busca, a natureza torna essa função cada vez mais ativa e acaba por lhe conceder a maior energia.

Visto que a respiração aquífera é a menos ativa, consideramo-la primeiramente e veremos que os órgãos que respiram a água são de dois tipos, os quais diferem ainda entre si por sua atividade. Notaremos em seguida a mesma coisa no que diz respeito aos órgãos que respiram o ar.

Os órgãos que respiram a água devem ser distinguidos em *traqueias aquíferas* e *brânquias*; assim como os órgãos que respiram o ar devem ser divididos em *traqueias aeríferas* e *pulmões*. Com efeito, é inteiramente evidente que as traqueias aquíferas são para as brânquias o que as traqueias aeríferas são para os pulmões.[1]

As *traqueias aquíferas* consistem em certo número de vasos que se ramificam e se estendem no interior do animal e que se abrem exteriormente por uma multidão de pequenos tubos que absorvem a água: com a ajuda desse recurso, a água penetra continuamente pelos tubos que se abrem exteriormente, circula, por assim dizer, em todo o interior do animal, conduz a ele a influência respiratória e parece sair dele despejando-se na cavidade alimentar.

Essas traqueias aquíferas constituem o órgão respiratório mais imperfeito, o menos ativo, o primeiro que a natureza criou; enfim, é aquele que pertence aos animais cuja organização é tão pouco complexa que ainda não têm nenhuma circulação para seu fluido essencial. Encontram-se exemplos notáveis destes nos *radiados*, tais como os ouriços-do-mar, as astérias, as medusas etc.

As brânquias também constituem um órgão que respira a água, e que pode, além disso, acostumar-se a respirar o ar puro; mas esse órgão respiratório está sempre isolado, quer no interior, quer no exterior do animal, e

---

1 Lamarck, *Système des animaux sans vertèbres*, op. cit., p.47. (N. A.)

existe apenas nos animais cuja organização é já suficientemente complexa para ter um sistema nervoso e um sistema circulatório para seu sangue.

Querer encontrar brânquias nos radiados e nos vermes porque respiram a água é como querer encontrar um pulmão nos insetos porque respiram o ar. Por isso, as traqueias aeríferas dos insetos constituem o mais imperfeito dos órgãos que respiram o ar; elas se estendem por todas as partes do animal, e conduzem a elas a útil influência da respiração; ao passo que o pulmão, tal como as brânquias, é um órgão respiratório isolado que, quando obtém seu maior aperfeiçoamento, é o mais ativo dos órgãos respiratórios.

Para bem apreender o fundamento de tudo o que acabo de expor, importa dar alguma atenção às duas considerações seguintes.

Nos animais que não têm circulação para seu fluido essencial, a respiração se efetua com lentidão, sem movimento particular aparente e em um sistema de órgãos que se distribui aproximadamente por todo o corpo do animal. Nessa respiração, é o fluido respirado mesmo que conduz a toda parte sua influência; o fluido essencial do animal não vai em parte alguma ao encontro dele. Tal é a respiração dos radiados e dos vermes, nos quais a água é o fluido respirado, e tal é, em seguida, a respiração dos insetos e dos aracnídeos, nos quais esse fluido respirado é o ar atmosférico.

Mas a respiração dos animais que têm uma circulação geral para seu fluido essencial apresenta um modo muito diferente: ela se efetua com menos lentidão; dá lugar a movimentos particulares que, nos animais mais perfeitos, tornam-se compassados, e se executa em um órgão simples, duplo ou composto, mas que está isolado, já que não se estende a tudo. Então, o fluido essencial ou o sangue do animal vai, ele mesmo, ao encontro do fluido respirado que só penetra até o órgão respiratório: disso resulta que o sangue é obrigado a sofrer, além da circulação geral, uma circulação particular que denomino *respiratória*. Como ora apenas uma parte do sangue segue para o órgão da respiração antes de ser enviada a todas as partes do corpo do animal, ora todo o sangue passa por esse órgão antes de sua emissão para todo o corpo, a *circulação respiratória* é, pois, ora incompleta, ora completa.

Tendo mostrado que há dois modos muito diferentes para a respiração dos animais que possuem um órgão respiratório distinto, creio que se pode dar à do primeiro modo, como a dos radiados, vermes e insetos, o nome de respiração geral, e que se deve nomear *respiração local* a do segundo modo, que pertence aos animais mais perfeitos que os insetos, e à qual, talvez, deva-se acrescentar a respiração limitada dos aracnídeos.

Assim, a faculdade de respirar é particular a certos animais, e a natureza do órgão pelo qual esses animais respiram é de tal modo apropriada às suas necessidades e ao grau de aperfeiçoamento de sua organização que seria muito inconveniente querer encontrar nos animais imperfeitos o órgão respiratório de animais mais perfeitos.

O *sistema muscular*: nos animais em que ele existe, suscita a faculdade de executar ações e locomoções e dirigir esses atos, seja pelas propensões nascidas dos hábitos, seja pelo sentimento interno, seja, enfim, por operações de inteligência.

Como é reconhecido que nenhuma ação muscular pode ocorrer sem a influência nervosa, segue-se disso que o sistema muscular pode ser formado apenas após o estabelecimento do sistema nervoso, ao menos em sua simplicidade primeira ou em sua menor complicação. Ora, se é verdade que aquela das funções do sistema nervoso, que tem por objeto enviar o fluido sutil dos nervos às fibras musculares ou a seus feixes para colocá-los em ação, é muito mais simples do que aquela que é necessária para produzir o *sentimento*, o que espero provar, deve resultar disso que, assim que o sistema nervoso pôde se compor de uma massa medular na qual desembocam diferentes nervos, ou assim que pôde oferecer alguns gânglios separados, que enviam filetes nervosos a certas partes, desde então foi capaz de realizar a excitação muscular, sem poder, no entanto, produzir o fenômeno do sentimento.

Dessas considerações, julgo-me com base para concluir que a formação do sistema muscular é posterior ao do sistema nervoso considerado em sua menor composição; mas que a faculdade de executar ações e locomoções por meio dos órgãos musculares é, nos animais, anterior à de poder ter sensações.

Ora, visto que em sua primeira formação o sistema nervoso é anterior ao sistema muscular, que ele começou a existir apenas quando se encontrou composto de uma massa medular principal da qual partem diferentes filetes nervosos e que semelhante sistema de órgãos apenas pode existir nos animais de uma organização tão simples como a dos infusórios e da maioria dos pólipos, é, pois, inteiramente evidente que o sistema muscular é particular a certos animais, que nem todos o possuem e, não obstante, que a faculdade de agir e se mover por órgãos musculares existe em um maior número de animais do que a de sentir.

Para conjecturar a existência do sistema muscular nos animais em que ela parece duvidosa, é importante considerar se as partes desses animais oferecem às ligações das fibras musculares pontos de apoio de uma certa consistência ou firmeza, pois, pelo hábito de serem puxados, esses pontos se tornam progressivamente firmes.

Estamos seguros de que o sistema muscular existe nos insetos e em todos os animais das classes posteriores, mas teria a natureza estabelecido esse sistema nos animais mais imperfeitos do que os insetos? Tendo em vista os *radiados*, se ela o fez, podemos pensar que foi somente nos equinodermes e nos fistulídeos, e não nos radiados moles: talvez ela tenha delineado esse sistema nas actínias; a consistência coriácea de seus corpos autoriza a crê-lo; mas não poderíamos supor sua existência nas hidras nem na maior parte dos outros pólipos e ainda menos nos infusórios.

Quando a natureza começou o estabelecimento de um sistema qualquer de órgãos particular, é possível que ela tenha escolhido as circunstâncias favoráveis para a execução dessa criação, e que, em consequência disso, na escala que formamos dos animais, haveria na origem do estabelecimento desse sistema algumas interrupções ocasionadas pelos casos em que sua formação não pôde acontecer.

A observação bem encadeada das operações da natureza e guiada por essas considerações, sem dúvida, nos ensinará coisas que ainda ignoramos sobre esses interessantes temas; e talvez nos fará descobrir que, embora a natureza tenha podido começar o estabelecimento do sistema muscular nos radiados, os vermes que vêm em seguida não são ainda providos dele.

Se essa consideração é fundada, confirmará aquela que já apresentei a respeito dos vermes; a saber: que parecem constituir um ramo particular da cadeia animal, recomeçada por gerações diretas.[2]

---

2 Ver livro I, Capítulo VI. (N. A.)

O sistema muscular, bem acentuado e conhecido nos insetos, mostra-se em seguida sempre e em toda parte nos animais das classes seguintes.

O *sentimento*: é uma faculdade que deve ocupar o quarto lugar entre as que não são comuns a todos os corpos que possuem a vida, pois a faculdade de sentir parece ainda menos geral do que aquela do movimento muscular, de respirar e de digerir.

Ver-se-á adiante que o sentimento é apenas um efeito, isto é, que é o resultado de um ato orgânico e não de uma faculdade inerente ou própria a qualquer das matérias que compõem as partes de um corpo suscetível de experimentá-lo.

Nenhum de nossos humores, nem qualquer de nossos órgãos e mesmo nossos nervos, têm como coisa particular a faculdade de sentir. É apenas por ilusão que atribuímos o efeito singular que se nomeia *sensação* ou sentimento a uma parte afetada de nosso corpo; nenhuma das matérias que compõem essa parte afetada sente realmente e não poderia sentir. Mas o efeito muito notável ao qual damos o nome de sensação e o de dor, quando é muito intensa, é o produto da função de um sistema de órgãos muito particular, cujos atos se executam segundo as circunstâncias que os provocam.

Espero provar que esse efeito que constitui o *sentimento* ou a sensação resulta evidentemente de uma causa *afetante* que excita uma ação em todas as partes do sistema especial de órgãos que lhe é próprio, a qual, por uma repercussão mais rápida do que um raio e que se efetua em todas as partes do sistema, transporta seu efeito geral ao núcleo comum, onde se produz a sensação e daí propaga essa sensação até o ponto do corpo que foi afetado.

Tentarei desenvolver, na terceira parte desta obra, o mecanismo admirável do efeito que constitui o que se denomina *sentimento*: aqui direi apenas que o sistema particular de órgãos, que pode produzir um efeito semelhante, é conhecido sob o nome de *sistema nervoso*; e acrescentarei que o sistema de que se trata adquire a faculdade de dar ensejo ao sentimento apenas quando é bastante avançado em sua composição para oferecer numerosos nervos que seguem para um núcleo comum ou centro de comunicação.

Resulta dessas considerações que todo animal que não possui um *sistema nervoso* no referido estado não poderia experimentar o efeito notável que acabou de ser tratado e, consequentemente, não pode ter a faculdade de sentir;

pelas mais fortes razões, todo animal que não tem nervos que cheguem a uma massa medular principal deve estar privado do sentimento.

Assim, pois, a faculdade de *sentir* não pode ser comum a todos os corpos vivos, visto que é geralmente admitido que os vegetais não têm nervos, o que não lhes permite possuí-la; mas julgou-se essa faculdade comum a todos os animais, e é um erro evidente, pois todos os animais não estão e não podem estar munidos de nervos; além disso, aqueles em que os nervos começam a existir não possuem ainda um sistema nervoso provido de condições que o tornem apropriado para a produção do sentimento. Por isso, é provável que, em sua origem ou estado inicial de imperfeição, esse sistema não tenha outra faculdade que a de excitar o movimento muscular: consequentemente, a faculdade de sentir não poderia ser comum a todos os animais.

Se é verdade que toda faculdade particular a certos corpos vivos provém de um órgão especial que lhe dá ensejo, o que está provado por toda parte pelo fato mesmo, deve ser também verdade que a faculdade de sentir, evidentemente particular a certos animais, seja unicamente o produto de um órgão ou sistema de órgãos particular capaz, por seus atos, de produzir o sentimento.

Segundo essa consideração, o sistema nervoso constitui o órgão especial do sentimento quando é composto de um único centro de comunicação e de nervos que ali terminam. Ora, parece que não é somente nos *insetos* que a composição do sistema nervoso começa a ser suficientemente avançada para poder produzir neles o sentimento, embora de uma maneira ainda obscura. Essa faculdade se encontra em seguida em todos os animais das classes posteriores, com progressos proporcionados em seu aperfeiçoamento.

Mas nos animais mais imperfeitos que os insetos, tais como os vermes e os radiados, se encontrarmos alguns vestígios de nervos e de gânglios separados, temos grandes motivos para presumir que esses órgãos são apropriados apenas para a excitação do movimento muscular, a faculdade mais simples do sistema nervoso.

Finalmente, quanto aos animais ainda mais imperfeitos, tais como a maioria dos pólipos e todos os infusórios, é de todo evidente que não podem possuir um sistema nervoso capaz de lhes proporcionar a faculdade de sentir, nem mesmo a de se mover por músculos: neles, a irritabilidade as substitui sozinha.

Por conseguinte, o sentimento não é uma faculdade comum a todos os animais, como geralmente se pensou.

A *geração sexual*: nos animais, é uma faculdade particular aproximadamente tão geral quanto o sentimento; ela resulta de uma função orgânica não essencial à vida que tem por fim realizar a *fecundação* de um embrião, que com isso se torna capaz de possuir vida e, após seus desenvolvimentos, constituir um indivíduo semelhante àquele ou àqueles de que provém.

Executa-se essa função em tempos particulares, ora regulados, ora não regulados, pelo curso de dois sistemas de órgãos que se denominam *sexuais*, um constituído pelos órgãos *masculinos*, e outro, pelos que são nomeados *femininos*.

A geração sexual se observa nos animais e vegetais, mas é particular a alguns animais e plantas, e não é uma faculdade comum a uns e a outros desses corpos vivos: a natureza não poderia fazê-la de tal modo, como veremos a seguir.

Com efeito, para poder produzir os corpos vivos, vegetais ou animais, a natureza foi obrigada a criar primeiramente a mais simples organização nos corpos mais frágeis e onde lhe era impossível fazer existir qualquer órgão especial. Logo, ela teve necessidade de dar a esses corpos a faculdade de se multiplicar, sem a qual ter-lhe-ia sido necessário fazer criações em toda parte, o que de modo algum está em seu poder. Ora, não podendo dar para as suas primeiras produções a faculdade de se multiplicar por algum sistema particular de órgãos, ela conseguiu lhes dar a mesma faculdade ao lhes conferir a de *crescer*, que é comum a todos os corpos que gozam de vida; a faculdade de produzir divisões primeiramente do corpo inteiro e, em seguida, de algumas porções salientes desse corpo: daí os germes e os diferentes corpos reprodutivos, que nada mais são do que partes que se estendem, separam-se e continuam a viver após sua separação, e que, não tendo exigido qualquer fecundação, não constituindo nenhum embrião, desenvolvendo-se sem ter de romper nenhum invólucro, assemelham-se, contudo, após seu crescimento, aos indivíduos de que provém.

Tal é o meio que a natureza foi capaz de empregar para multiplicar os vegetais e animais para os quais ela não pôde dar os aparelhos complicados da geração sexual: seria inútil querer encontrar semelhantes aparelhos em algas e cogumelos, ou nos infusórios e pólipos.

Quando os órgãos *masculinos* e *femininos* se encontram reunidos sobre ou no mesmo indivíduo, diz-se que este é *hermafrodita*.

Nesse caso, será necessário distinguir o hermafroditismo perfeito, que se basta a si mesmo, do imperfeito, que não se basta. De fato, muitos vegetais são hermafroditas, de modo que o indivíduo que possui os dois sexos se basta a si mesmo para a fecundação; mas nos animais em que os dois sexos existem, não está ainda provado, pela observação, que cada indivíduo basta a si mesmo, e é sabido que muitos moluscos, realmente hermafroditas, fecundam, não obstante, uns aos outros. Na verdade, entre os moluscos hermafroditas, os que têm concha bivalve e são fixos como as ostras, parecem fecundar a si mesmos; apesar disso, é possível que se fecundem mutuamente por conta do meio no qual estão imersos. Se assim for, nos animais há apenas hermafroditas imperfeitos; e sabe-se que, nos animais vertebrados, não há mesmo nenhum indivíduo verdadeiramente hermafrodita. Por isso, os hermafroditas perfeitos se encontram unicamente entre os vegetais.

Quanto ao caráter de *hermafroditismo*, que consiste na reunião dos dois sexos no mesmo indivíduo, parece que as plantas *monoicas* são uma exceção; pois, embora um arbusto ou uma arvore monoica carregue os dois sexos, cada uma de suas flores é, contudo, unissexual.

A esse respeito, notarei que se dá erroneamente o nome de *indivíduo* a uma árvore ou a um arbusto, e até a plantas herbáceas duradouras; pois essa árvore ou arbusto etc. não é realmente mais do que uma coleção de indivíduos que vivem uns sobre os outros, comunicam-se uns com os outros e participam de uma vida comum, tal como acontece também entre os pólipos compostos de madréporas, milépuras etc., o que já provei no primeiro capítulo desta segunda parte.

A *fecundação*, resultado essencial de um ato da geração sexual, deve ser distinguida em dois graus particulares, da qual uma, superior ou mais distinta, já que pertence aos animais mais perfeitos (aos mamíferos), compreende a fecundação dos *vivíparos*, ao passo que a outra, inferior ou menos perfeita, envolve a dos *ovíparos*.

A fecundação dos vivíparos vivifica no mesmo instante o embrião que recebe a sua influência e, em seguida, esse embrião continua a viver, nutrir-se e se desenvolver à custa da mãe, com a qual está em comunicação até o seu nascimento. Não há intervalo conhecido entre o ato que a torna capaz de possuir a vida e a vida mesma que recebe por esse ato: aliás, esse embrião fecundado está encerrado em um invólucro (a placenta) que não tem para ele as provisões de alimento.

Ao contrário, a fecundação dos ovíparos nada mais faz que preparar o embrião e torná-lo capaz de receber a vida; mas ela não lha dá. Ora, esse embrião dos ovíparos fecundado está encerrado com uma provisão de alimento nos invólucros que deixam de se comunicar com a mãe antes de dela se separarem; e ele recebe a vida apenas quando o movimento vital lhe é comunicado por uma causa particular, a qual somente as circunstâncias permitem, pronta ou tardiamente, ou até mesmo aniquilam.

Essa causa particular que, posteriormente à fecundação de um embrião de ovíparo, dá a vida a esse embrião consiste, para os ovos dos animais, em uma simples elevação de temperatura, e, para as sementes das plantas, na concorrência de umidade e de um suave calor que as penetra. Por isso, para os ovos das aves, a *incubação* conduz a esse aumento de temperatura, e, para muitos outros ovos, basta um calor doce da atmosfera; por fim, as circunstâncias favoráveis à *germinação* vivificam as sementes dos vegetais.

Mas os ovos e as sementes capazes de dar a existência a animais e vegetais contêm cada um necessariamente um embrião fecundado, encerrado em invólucros, de onde apenas pode sair após tê-los rompido: eles são, pois, resultados da geração sexual, já que os corpos reprodutivos que não provêm dela não oferecem embrião encerrado em invólucros, o qual deve destruí-los para poder se desenvolver. Seguramente, os *germes* e os corpos reprodutivos mais ou menos oviformes de muitos animais e vegetais não poderiam lhes ser comparados: isso seria, pois, iludir-se, de investigar a geração sexual ali, onde a natureza não teve os meios para estabelecê-la.

Assim, a geração sexual é particular a alguns animais e vegetais: consequentemente, os corpos vivos mais simples e imperfeitos não poderiam possuir uma faculdade semelhante.

A *circulação*: é uma faculdade que existe apenas em alguns animais e que, no reino animal, é bem menos geral do que as cinco de que acabei de falar. Essa faculdade provém de uma função orgânica relativa à *aceleração* dos movimentos do fluido essencial de alguns animais, função que é executada em um sistema particular de órgãos que lhes é próprio.

Esse sistema de órgãos se compõe essencialmente de dois tipos de vasos: de *artérias* e *veias*; além disso, quase sempre conta com um músculo oco e carnudo, chamado *coração*, que ocupa aproximadamente o centro do sistema e logo se torna o seu agente principal.

A função que o sistema de órgãos em questão executa consiste em começar o movimento do fluido essencial do animal, que aqui deve levar o nome de *sangue*, de um ponto mais ou menos central onde se encontra o coração, logo que este exista, para enviá-lo dali, pelas *artérias*, a todas as partes do corpo, de onde, voltando para o mesmo ponto pelas *veias*, em seguida é novamente enviado a todas essas partes.

A esse movimento do sangue, sempre enviado a todas as partes e sempre retornando ao ponto de partida durante o curso inteiro da vida, dá-se o nome de *circulação*, que é preciso qualificar de *geral*, a fim de distingui-la da *circulação respiratória*, que é executada por um sistema particular, composto semelhantemente de artérias e veias.

Ao começar a organização nos animais mais simples e imperfeitos, a natureza pôde dar ao seu fluido essencial apenas um movimento extremamente lento. Tal é, sem dúvida, o caso do fluido essencial um tanto simples e muito pouco animalizado que se move no tecido celular dos infusórios. Mas, em seguida, animalizando e tornando gradualmente mais complexo o fluido essencial dos animais à medida que sua organização se complicava e se aperfeiçoava, ela aumentou aos poucos o movimento por diferentes meios.

Nos pólipos, o fluido essencial é ainda quase tão simples quanto nos infusórios e tem pouco mais movimento do que neles. Não obstante, a forma já regular dos pólipos e sobretudo a cavidade alimentar que possuem começam a conferir alguns meios para a natureza ativar um pouco seu fluido essencial.

Ela provavelmente se serviu disso nos radiados, ao estabelecer o centro de atividade de seu fluido essencial na cavidade alimentar desses animais. Com efeito, ao penetrarem principalmente em sua cavidade alimentar, os fluidos sutis, ambientes e expansivos que constituem a causa excitatória dos movimentos desses animais, por suas expansões incessantes renovadas, compuseram essa cavidade, moldando sua forma radiada tanto interna quanto externa; além disso, são a causa dos movimentos isócronos que se observam nos radiados moles.

Logo que a natureza conseguiu estabelecer o movimento muscular, como nos insetos, e talvez até um pouco antes, ela adquiriu um novo meio para ativar ainda mais o movimento de sua *sânie* ou fluido essencial; mas, alcançada a organização dos crustáceos, esse meio não mais lhe bastava, e foi-lhe necessário criar um sistema particular de órgãos para a aceleração do fluido essencial desses animais, isto é, de seu *sangue*. De fato, é nos crustáceos que se vê pela primeira vez a função de uma *circulação geral* completamente executada, função esta que teria recebido apenas um simples esboço nos aracnídeos.

Cada novo sistema de órgãos adquirido se conserva sempre nas organizações subsequentes, mas a natureza trabalha em seguida para cada vez mais aperfeiçoá-los.

Desse modo, no começo, em seu sistema de órgãos, a circulação geral oferece um coração de um só ventrículo, e até, nos anelídeos, o coração não é conhecido: ela não é acompanhada inicialmente por mais do que uma circulação respiratória incompleta, isto é, na qual todo o sangue não passa pelo órgão da respiração antes de ser enviado a todas as partes. Tal é o caso dos animais de brânquias não aperfeiçoadas; mas nos *peixes*, em que a respiração branquial está aperfeiçoada, a circulação geral é acompanhada de uma circulação respiratória completa.

Quando, em seguida, a natureza conseguiu criar um pulmão para respirar, como nos répteis, a circulação geral pôde ser acompanhada apenas por uma circulação respiratória incompleta; como o novo órgão respiratório era ainda muito imperfeito, a própria circulação geral tinha em seu sistema de órgãos apenas um coração ainda de um só ventrículo e o novo fluido respirado, sendo por si mesmo mais prontamente reparador do que a água, não necessitava de uma respiração completa. Mas quando a natureza conseguiu realizar o aperfeiçoamento da respiração pulmonar, como nas aves e nos mamíferos, a circulação geral foi acompanhada de uma circulação respiratória completa; o coração teve necessariamente dois ventrículos e duas aurículas; e o *sangue* obteve a maior aceleração em seu movimento, a animalização mais importante, tornou-se apropriado para elevar a temperatura interna do animal acima da do meio circundante; enfim, sujeitou-se a prontas alterações que exigiram reparações adaptativas.

A *circulação* do fluido essencial de um corpo vivo é, pois, uma função orgânica particular a certos animais: começa a se mostrar completa e geral nos crustáceos e é novamente encontrada nos animais das classes seguintes, que são gradualmente mais perfeitos; mas em vão a procuraríamos nos animais menos perfeitos das classes anteriores.

A *inteligência*: de todas as faculdades particulares a certos animais, é a que se encontra mais limitada relativamente ao número daqueles que a possuem, mesmo em sua maior imperfeição; mas é também a mais admirável, sobretudo quando está bem desenvolvida, e se pode então observá-la como a obra-prima de tudo o que a natureza pôde executar com a ajuda da organização.

Essa faculdade provém dos atos de um órgão particular que, sozinho, pode ocasioná-lo, e ele mesmo parece muito complexo logo que adquiriu todos os desenvolvimentos de que é capaz.

Como esse órgão é verdadeiramente distinto daquele que produz o sentimento, embora não possa existir sem este, resulta que a faculdade de executar atos de *inteligência* não só não é comum a todos os animais, como não o é a todos os que possuem a faculdade de sentir; pois o sentimento pode existir sem a inteligência.

O *órgão especial* em que se produzem os atos do entendimento parece ser apenas um acessório do sistema nervoso, isto é, uma parte acrescentada ao cérebro, o qual contém o núcleo ou centro de comunicação dos nervos. Por isso, o órgão particular em questão é contiguo a esse núcleo; além disso, a natureza da substância de que é composta não parece de modo algum diferir daquela que forma o sistema nervoso; contudo, somente neste se executam os atos de inteligência, e como o sistema nervoso pode existir sem ele, é, assim, um órgão especial.

Na terceira parte, encontrar-se-ão algumas apresentações gerais desse mecanismo provável das funções desse órgão que se confunde com a massa medular, conhecida sob o nome de *cérebro* nos animais vertebrados, do qual, contudo, constitui apenas os dois hemisférios dobráveis que o recobrem. Para mim, basta aqui notar que, entre os animais que têm um sistema nervoso, apenas os mais perfeitos dentre eles têm realmente seu cérebro munido dos dois hemisférios que acabo de citar; e provavelmente todos os animais sem vértebras, salvo, talvez, alguns moluscos da última ordem, estão geralmente dele desprovidos, embora um grande número dentre eles tenha um cérebro, para o qual os nervos de um ou de mais sentidos particulares se dirigem imediatamente, e esse cérebro seja, em geral, repartido em dois lobos, ou dividido por uma fenda.

De acordo com essas considerações, a faculdade de executar os atos de *inteligência* começa nos peixes, ou, quando muito, nos moluscos cefalópodes. Ela se encontra, aí, em sua máxima imperfeição; nos *répteis*, fez alguns progressos no desenvolvimento, sobretudo nos das últimas ordens; nas *aves*, os progressos foram maiores; e nos mamíferos das últimas ordens oferece todos os que ela pode ter nos animais.

A inteligência é, pois, uma faculdade particular a alguns animais que possuem a de sentir; mas não é comum a todos os que gozam de sentimento: de fato, veremos que entre esses últimos, os que não têm o órgão particular próprio para a execução dos atos da inteligência podem ter apenas simples *percepções* dos objetos que os afetam, mas não formam ideia deles, não os comparam, não os julgam e são regidos, em todas as suas ações, por suas necessidades e inclinações habituais.

Resumo da segunda parte

Ao me limitar, nos nove capítulos precedentes, somente às observações que tinha para apresentar, evitei entrar em uma multidão de detalhes, na verdade, muito interessantes, mas que se encontra em boas obras de Fisiologia acessíveis ao público: as considerações que expus me parecem suficientes para provar que:

1) A vida, em todo corpo que a possui, consiste apenas em uma ordem e em um estado de coisas que permitem às partes internas desse corpo obedecer à ação de uma causa excitatória, executar movimentos denominados *orgânicos* ou *vitais*, dos quais recebe a faculdade de produzir, segundo sua espécie, os fenômenos comuns da organização.

2) A *causa excitatória* dos movimentos vitais é alheia aos órgãos de todos os corpos vivos; embora com variações em sua abundância, os elementos dessa causa se encontram sempre em todos os lugares que

eles habitam; os meios circundantes os fornecem a eles, quer unicamente, quer em parte; e, sem essa causa mesma, nenhum desses corpos poderia gozar de vida.

3) Qualquer corpo vivo é necessariamente composto de dois tipos de partes: as continentes, constituídas por um *tecido celular* muito mole, no qual e à custa do qual toda espécie de órgão foi formada, e de fluidos visíveis contidos, suscetíveis de provar movimentos de deslocamento e modificações diversas em seu estado e sua natureza.

4) A natureza animal não é essencialmente distinta da natureza vegetal por órgãos particulares a cada um desses tipos de corpos vivos; mas o é principalmente pela natureza mesma das substâncias que entram na composição desses dois tipos de corpos: de maneira que a substância de todo corpo animal permite à causa excitatória estabelecer aí um *orgasmo* enérgico e a *irritabilidade*, ao passo que a substância de todo corpo vegetal não deixa à causa excitatória senão o poder de pôr em movimento os fluidos visíveis contidos, mas nas partes continentes, não lhe permite mais do que um *orgasmo obscuro*, incapaz de produzir a irritabilidade e fazer as partes executarem movimentos súbitos.

5) A própria natureza dá ensejo às *gerações* diretas, ditas *espontâneas*, ao criar a organização e a vida nos corpos que não as possuíam; tem necessariamente essa faculdade nos mais imperfeitos animais e vegetais que começam a cadeia quer animal, quer vegetal, e talvez ainda algumas de suas ramificações; e executa esses fenômenos admiráveis apenas nas pequenas massas de matéria, gelatinosa para a natureza animal, mucilaginosa para a natureza vegetal, transformando essas massas em tecido celular, preenchendo-os com fluidos visíveis que os compõem e estabelecendo neles movimentos, dissipações, reparações e diversas modificações, com a ajuda da causa excitatória que os meios circundantes fornecem.

6) As leis que regem todas as mutações que observamos nos corpos de qualquer natureza são, por toda parte, as mesmas; mas realizam nos corpos vivos resultados inteiramente opostos aos que executam nos corpos brutos ou inorgânicos, porque, nos primeiros, encontram uma ordem e um estado de coisas que lhes dão o poder de neles

produzir todos os fenômenos da vida, ao passo que nos últimos, encontrando um estado de coisas muito diferente, produzem neles outros efeitos: de modo que não é verdade que a natureza tenha para o corpo vivo leis particulares opostas às que regem as mutações que se observam nos corpos privados de vida.

7) Todos os corpos vivos, de qualquer que seja o reino e a classe, têm faculdades que lhes são comuns; elas caracterizam a organização geral desses corpos e da vida que eles possuem, e, consequentemente, essas faculdades comuns a tudo o que possui a vida não exigem qualquer órgão particular para existir.

8) Além das faculdades comuns a todos os corpos vivos, alguns deles, sobretudo entre os animais, têm faculdades que lhes são inteiramente particulares, isto é, que não se encontram de modo algum nos outros; mas cada uma dessas faculdades particulares, tais como as que se observa em muitos animais, são o produto de um órgão ou de um sistema de órgãos especial que neles as ocasiona; de modo que todo animal em que esse órgão ou sistema de órgãos não existe, não poderia ter a faculdade conferida àqueles que dele estão munidos.[3]

9) Finalmente, a morte de todo corpo vivo é um fenômeno natural que resulta necessariamente das sequências da existência da vida no corpo, caso alguma causa acidental não a produza antes que as causas naturais a provoquem; esse fenômeno não é outra coisa que a cessação completa dos movimentos vitais, seguido de uma modificação qualquer na ordem e no estado de coisas necessárias para a execução desses movimentos; e, nos animais de organização muito complexa,

---

3 Nessa ocasião, notarei que os vegetais não oferecem de modo geral em seu interior nenhum órgão especial para uma função particular e que cada porção de um vegetal contendo, como os outros, os órgãos essenciais à vida pode, consequentemente, viver e vegetar separadamente, ou, por um enxerto de encosto, dividir com outro vegetal uma vida que se lhes tornou comum; finalmente, que nos vegetais resulta dessa ordem de coisas que muitos indivíduos de uma mesma espécie e de um mesmo gênero possam viver uns sobre os outros e gozar de uma vida comum. Acrescentarei que as *gemas latentes* que se encontram sobre os ramos e até sobre os troncos dos vegetais lenhosos não são órgãos especiais, mas esboços de novos indivíduos que apenas esperam circunstâncias favoráveis para se desenvolver. (N. A.)

os principais sistemas de órgãos possuem, de algum modo, uma vida particular, embora estritamente ligada à vida geral do indivíduo. A morte do animal acontece gradualmente e como que por partes, de maneira que a vida se extingue sucessivamente em seus órgãos principais e constantemente em uma mesma ordem, e o instante em que o último órgão cessa de viver é aquele que completa a morte do indivíduo.

Sobre temas tão difíceis como os que acabo de abordar, tudo se reduz ao que nos é possível conhecer e se encontra restrito aos limites do que a observação pode nos ensinar. Tudo é conduzido às condições essenciais da existência da vida em um corpo; condições estabelecidas segundo os fatos mesmos que mostram sua necessidade.

Se as coisas não são realmente tais como acabo de indicar, ou se se pensa que as condições citadas e preenchidas e que os fatos reconhecidos que atestam o fundamento dessas coisas não são provas suficientes para autorizar reconhecê-los, melhor renunciar à investigação das causas físicas que ocasionam os fenômenos da organização e da vida.

Fim da segunda parte

Parte III
Considerações sobre as causas físicas do sentimento, aquelas que constituem a força produtora das ações e, por fim, aquelas que produzem os atos de inteligência observados em diferentes animais

Atlas designado para ilustrar a geografia dos céus (New York: 1835-1856).
Elijah H. Burrit (1794-1838).

Introdução

Na segunda parte desta obra tentei lançar alguma luz sobre as causas físicas da vida nos corpos que dela gozam, sobre as condições necessárias para que ela possa existir e, por fim, sobre a origem dessa força excitadora dos movimentos vitais sem a qual nenhum corpo poderia realmente possuir a vida.

Proponho agora considerar o que viria a ser o *sentimento*, como o órgão especial responsável por ele (o *sistema nervoso*) pode produzir o admirável fenômeno das sensações, como as próprias sensações podem, por meio do órgão acrescentado ao *cérebro*, produzir ideias, que, por sua vez, ocasionam, no mesmo órgão, a formação de pensamentos, juízos e raciocínios, ou, numa palavra, os atos de inteligência, que são ainda mais admiráveis que as sensações.

"Mas", dir-se-ia, "as funções do cérebro são de uma ordem diferente das funções das outras vísceras. Nestas, as causas e os efeitos são de mesma natureza (de natureza física). As funções do cérebro são de ordem completamente diferente, consistem em receber as impressões dos sentidos por meio dos nervos e em transmiti-las imediatamente ao espírito, em conservar os traços dessas impressões e em reproduzi-las com mais ou menos prontidão, nitidez e abundância, quando o espírito tem necessidade delas para suas operações ou quando as leis de associação de ideias tornam a trazê-las; enfim, em transmitir as ordens da vontade aos músculos sempre por meio dos nervos.

Ora, essas três funções supõem a influência mútua, jamais compreensível, da matéria divisível e do eu indivisível, hiato inalcançável no sistema de nossas ideias e eterna pedra no sapato de todas as filosofias. Elas oferecem outra dificuldade que não necessariamente está ligada à primeira: não apenas não compreendemos nem compreenderemos jamais como traços quaisquer impressos em nosso cérebro podem ser percebidos por nosso espírito e nele produzir imagens, mas também, por mais refinadas que sejam nossas pesquisas, esses traços não se mostram de nenhuma maneira aos nossos olhos e ignoramos inteiramente qual é sua natureza, embora o efeito da idade e das doenças na memória não nos deixem duvidar nem de sua existência nem de sua sede".[1]

A meu ver, é um pouco temerário determinar os limites das concepções que a inteligência humana pode alcançar, assim como os limites e a medida dessa inteligência. Com efeito, quem pode assegurar que o homem nunca obterá tal conhecimento nem penetrará em tais segredos da natureza? Não sabemos que ele já descobriu várias verdades importantes, dentre as quais várias pareciam estar inteiramente fora de seu alcance?

Certamente – repito – haveria mais temeridade naquele que quisesse determinar de maneira positiva o que o homem pode saber e o que está condenado a ignorar para sempre do que naquele que, estudando os fatos, examinando as consequências das relações que existem entre diferentes corpos físicos, e consultando todas as induções, empreendesse tentativas constantes para reconhecer as causas dos fenômenos da natureza, quaisquer que possam ser, quando a rudeza de seus sentidos não lhe permitisse encontrar por si mesmo as provas das *certezas morais* adquiridas.

Se estivessem em questão objetos fora da natureza, fenômenos que não fossem *físicos* ou o resultado de causas físicas, sem dúvida esses temas estariam acima da inteligência humana, pois ela não poderia ter nenhum alcance sobre o que pode ser estranho à natureza.

Ora, como nesta obra se trata particularmente de animais e como a observação nos ensina que, entre eles, há alguns que possuem a faculdade de

---

[1] *Rapport sur un mémoire de MM. Gall et Spurzheim, relatif à l'anatomie du cerveau*, Paris, 1808, p.5. (N. A.)

sentir, que formam *ideias*, que executam *julgamentos* e diferentes atos de *inteligência*, numa palavra, que possuem memória, eu perguntaria o que é esse ser particular que se denomina *espírito* na passagem citada: um ser singular que, diz-se, está relacionado com os atos do cérebro, de maneira que as funções desse órgão são de uma ordem diferente da dos outros órgãos do indivíduo.

Vejo nesse ser factício, do qual a natureza não nos oferece nenhum modelo, um meio imaginado para resolver as dificuldades que não se puderam eliminar por não se ter estudado suficientemente as leis da natureza. É mais ou menos a mesma coisa que essas catástrofes universais às quais se recorre para responder a certas questões geológicas que nos desconcertam, porque os procedimentos da natureza, nas mutações de todos os gêneros que produz incessantemente, ainda não foram identificados.

Relativamente aos *traços* que nossas ideias e pensamentos imprimem no nosso cérebro, que importa que esses traços não possam ser percebidos por nenhum de nossos sentidos se, como concordamos, há observações que não nos deixam nenhuma dúvida sobre sua existência, assim como sobre sua sede? Acaso percebemos melhor o modo de execução das funções de nossos outros órgãos? Para dar um único exemplo: não vemos como os nervos põem nossos músculos em ação, e, no entanto, não podemos duvidar que a influência nervosa é indispensável para a execução de nossos movimentos musculares.

Em relação à natureza, cujo conhecimento nos é tão caro e é o único de que dispomos, cabe dizer que, relativamente a numerosos fenômenos, só podemos adquirir *certezas morais*, e tal é a única via que me parece propícia para nos conduzir ao objetivo pretendido.

Sem nos deixarmos levar por decisões absolutas sobre esse tema, decisões que são quase sempre aventadas de maneira irrefletida, recolhamos com cuidado os fatos que podemos observar, consultemos por toda parte a experiência, sempre que possuirmos os meios para tanto e, quando essa experiência nos é interdita, reunamos as induções que a observação dos fatos análogos àqueles que nos escapam podem nos fornecer, e não nos pronunciemos de maneira definitiva. Por essa via, poderemos pouco a pouco chegar a conhecer as causas de muitos fenômenos naturais e mesmo, talvez, as dos fenômenos que nos parecem mais incompreensíveis.

Assim, como os limites de nossos conhecimentos relativamente a tudo o que a natureza nos apresenta não são fixos nem podem sê-lo, tentarei, recorrendo aos esclarecimentos adquiridos e dos fatos observados, determinar nesta terceira parte quais são as causas físicas que fornecem a certos animais a faculdade de sentir, de produzir por si mesmos os movimentos que constituem suas ações, de formar, enfim, ideias, de comparar essas ideias para obter delas os julgamentos, ou, numa palavra, a faculdade de executar diferentes atos de inteligência.

Frequentemente, as considerações que exporei a esse respeito nos darão condições de possuir convicções íntimas e morais, embora seja impossível provar em definitivo o fundamento dessas considerações. Parece que nosso destino nos permite, relativamente a muitos fenômenos naturais, adquirir apenas essa ordem de conhecimentos; no entanto, não se poderia duvidar de sua importância em inúmeras circunstâncias para as quais é necessário que nosso julgamento seja dirigido.

Se o *físico* e o *moral* possuem uma fonte comum, se as ideias, o pensamento, a própria imaginação são fenômenos da natureza e, consequentemente, verdadeiros fatos de organização, cabe principalmente ao zoólogo que se aplicou ao estudo dos fenômenos orgânicos pesquisar o que são as ideias, como elas se produzem, como se conservam; numa palavra, como a memória as renova, as evoca e as torna de novo sensíveis. A partir disso, restam poucos esforços para se perceber o que são os próprios pensamentos, que apenas podem ser produzidos pelas ideias. Enfim, seguindo a mesma via e apoiando-se sobre seus primeiros exames, ele pode descobrir como os pensamentos produzem o raciocínio, a análise, os julgamentos, a vontade de agir, e, além disso, como os atos de pensamento e de julgamentos multiplicados podem dar origem à *imaginação* — essa faculdade tão fecunda em criação de ideias que parece produzir ideias de objetos que não estão na natureza, embora necessariamente sejam derivadas dos objetos que nela se encontram.

Se todos os atos de inteligência cujas causas trato de pesquisar são fenômenos da natureza, isto é, atos de organização, não posso, ao penetrar no conhecimento dos únicos meios que os órgãos possuem para executar suas funções, esperar descobrir como os atos da inteligência podem propiciar a formação das ideias, conservar mais ou menos tempo seus traços ou marcas, enfim, ter a faculdade de executar pensamentos com o auxílio dessas ideias etc.?

Agora, não resta dúvida de que os atos de inteligência são exclusivamente fatos da organização, já que no próprio homem – que se mantém tão próximo dos animais pela sua organização – é reconhecido que os desarranjos nos órgãos que produzem esses atos acarretam o desarranjo da produção desses atos e da natureza mesma de seus resultados.

A investigação das causas, da qual já falei, pareceu-me, portanto, fundada sobre uma possibilidade evidente. Dela me ocupei e empenhei-me no exame do único meio do qual a natureza podia dispor para operar os fenômenos de que aqui se trata – e são os resultados de minhas meditações a esse respeito que vou apresentar.

O ponto essencial a considerar é que em todo sistema de organização animal a natureza tem um único meio à sua disposição para que se executem nos diferentes órgãos as funções que lhes são próprias.

Com efeito, essas funções são por toda parte o resultado das relações entre os fluidos que se movem no animal e as partes de seu corpo que contêm esses fluidos.

Em toda parte, os fluidos em movimento (uns passíveis de contenção, outros não) exercem sua influência nos órgãos, e esse movimento é modificado ao entrar em contato com as partes moles, por meio de eretismo, pois então elas reagem sobre os fluidos que as afetam, ou senão modificam o seu movimento.

Assim, quando as partes flexíveis dos órgãos são suscetíveis de serem animadas pelo organismo e de reagir sobre os fluidos contidos que os afetam, os diferentes movimentos e modificações que daí resultam produzem, seja nos fluidos, seja nos órgãos, os fenômenos da organização que são estranhos ao sentimento e à inteligência. Mas, quando as partes continentes são de uma natureza e flexibilidade que as torna passivas e incapazes de reagir, então o fluido sutil que se move nessas partes e recebe suas modificações à medida que se move produz o fenômenos do sentimento e da inteligência. É o que tentarei estabelecer nesta parte de meu livro.

Em tudo isso, trata-se apenas de relações entre as partes concretas, moles e continentes de um animal e dos fluidos em movimento (passíveis ou não de contenção) que agem sobre essas partes.

Esse fato, que é de conhecimento geral, foi, para mim, como um raio de luz; ele me serviu de guia na pesquisa que eu propunha, e logo percebi que os atos de inteligência dos animais, por serem, assim como os outros atos que se os vê produzirem, fenômenos da organização animal, também possuem origem nas relações que existem entre certos fluidos em movimento e os órgãos de produção desses atos admiráveis.

Que importa que esses fluidos – cuja extrema tenuidade nos impede de vê-los ou retê-los em algum vaso para submetê-los a nossas experiências – manifestem sua existência apenas por meio de seus efeitos? Esses efeitos apenas provam que eles podem produzi-los. De qualquer maneira, é fácil reconhecer que os *fluidos visíveis* que penetram na substância medular do cérebro e dos nervos são apenas nutritivos e aptos para produzir secreções, mas que são lentos demais em seus movimentos para poder produzir os fenômenos seja do movimento muscular, seja do sentimento, seja do pensamento.

Esclarecido por essas considerações, que mantêm a *imaginação* nos limites que não deve ultrapassar, vou primeiro mostrar como a natureza parece ter criado o órgão do sentimento e, por meio dele, a força produtora das ações. Exponho em seguida como, com o auxílio de um órgão especial para a inteligência, as ideias, os pensamentos, os julgamentos, a memória etc. podem ser produzidos nos animais que possuem esse órgão.

Capítulo I
Do sistema nervoso, da sua formação e das diferentes funções que ele pode executar

O *sistema nervoso* do homem e dos animais mais perfeitos é composto de diferentes órgãos especiais distintos e, de acordo com seu aperfeiçoamento, de diferentes sistemas de órgãos que possuem entre si uma conexão íntima e formam um conjunto extremamente complexo. Supôs-se que esse sistema seria sempre o mesmo quanto à composição, exceto pelo maior ou menor desenvolvimento de suas partes e pelas diferenças que as diversas organizações dos animais exigiram na grandeza, forma e situação dessas partes. Daí que os diferentes tipos de função que ele produz nos animais mais perfeitos tenham sido considerados característicos de sua existência na organização animal.

Mas essa maneira de considerar o sistema nervoso não nos esclarece sobre a natureza do sistema de órgãos em questão, sobre o que necessariamente se encontra em sua origem, sobre a complexidade crescente de suas partes à medida que a organização animal se complicou e se aperfeiçoou, enfim, sobre as faculdades novas que ele dá aos animais à medida que sua composição se tornou mais complexa. Ao contrário, em vez de fornecer luzes aos fisiologistas sobre esses diferentes objetos, essa consideração os levou a atribuir por toda parte ao sistema nervoso, em diferentes graus de eminência, as mesmas faculdades que dá aos animais mais perfeitos, o que não tem o menor fundamento.

Vou então tentar provar: 1) que esse sistema de órgãos não pode ser possuído por todos os animais em geral; 2) que, na sua origem e, por conseguinte, na sua maior simplicidade, ele confere aos animais que o possuem apenas a faculdade do *movimento muscular*; 3) que, a seguir, mais composto nas suas partes, ele dota os animais não apenas do gozo do movimento muscular, mas também daquele do *sentimento*; 4) que, enfim, completo em todas suas partes, ele dá aos animais que o possuem as faculdades do movimento muscular, de experimentar sensações e de formar ideias, e de, comparando-as entre si, produzir julgamentos; numa palavra, de ter *inteligência*, mais ou menos desenvolvida segundo o grau de aperfeiçoamento de sua organização.

Antes de expor as provas que fundamentam essas diversas considerações, vejamos em primeiro lugar qual ideia geral devemos formar da natureza e da disposição de diferentes partes do sistema nervoso.

Esse sistema oferece, em toda organização animal na qual se apresenta, uma *massa medular* principal, dividida em partes separadas ou reunida numa única, mas, em ambos os casos, formando uma massa à qual *fibras nervosas* vem se reunir.

Esses órgãos apresentam na sua composição três tipos de substâncias de natureza diferente:

1) Uma polpa medular muito mole, de natureza peculiar.
2) Um estojo aponeurótico que circunda a polpa medular e fornece bainhas a seus prolongamentos e fibras, mesmo aos mais delgados. A natureza e as propriedades desse estojo não são iguais às da polpa que ele envolve.
3) Um fluido invisível, muito sutil, que se move na polpa sem ter necessidade de uma cavidade aparente e que é lateralmente retido pela bainha, pela qual não poderia passar.

Esses são os três tipos de substâncias que compõem o sistema nervoso e produzem os fenômenos orgânicos mais espantosos, por meio de suas disposições e relações, e do movimentos do fluido sutil que as partes desse sistema encerram.

Sabe-se que a polpa desses órgãos é uma substância medular extremamente mole, branca no interior, acizentada na sua crosta externa, não sensitiva e aparentemente de uma natureza *albumino-gelatinosa*. Ela forma, por meio de suas bainhas aponeuróticas, fibras e cordões que vão se unir a massas maiores dessa mesma substância medular, que contém o núcleo (simples ou dividido) ou o *centro de comunicação* do sistema.

Seja para a execução do movimento muscular, seja para a das sensações, é necessário que o sistema de órgãos destinado a operar funções semelhantes tenha um *núcleo* ou um centro de comunicação para os nervos. No primeiro caso, o fluido sutil que deve agir sobre os músculos parte de um núcleo comum para se dirigir às partes que deve colocar em ação; e, no segundo, o mesmo fluido, movido pela causa afetante, deve partir da extremidade do nervo afetado para se dirigir ao centro de comunicação e nele produzir a agitação que resulta na sensação.

Portanto, é imprescindível que haja um *núcleo* ou *centro de comunicação* em que os nervos se reúnam para que esse sistema possa operar suas funções, quaisquer que sejam, e veremos que, sem ele, os atos do órgão da inteligência não poderiam se tornar sensíveis ao indivíduo. Ora, esse centro de comunicação está localizado numa parte da massa medular principal que constitui a base do sistema nervoso enquanto tal.

As fibras e cordões a que me refiro são os nervos. A massa medular principal que contém o centro de comunicação do sistema constitui em certos animais sem vértebras ou gânglios separados, ou a medula longitudinal nodosa. Por fim, nos animais com vértebras, ela forma a medula espinhal e a medula alongada que se reúne ao cérebro.

Sempre que o sistema nervoso existe, por mais simples ou imperfeito que seja, há sempre a massa medular principal da qual acabamos de falar sob uma forma qualquer porque ela constitui a base desse sistema e lhe é essencial.

Para negar essa verdade de fato se dirá em vão:

1) Que se pode extrair o cérebro de uma tartaruga, de um sapo, sem que esses animais cessem de mostrar por seus movimentos que ainda possuem sensações e uma vontade. Responderei que essa operação destrói apenas uma porção da massa medular principal, e não é aquela que contém o centro de comunicação ou *sensorium commune*, que não está contido pelos dois hemisférios que formam a massa principal do que se denomina *cérebro*.

2) "Que há insetos e vermes que, sendo cortados em dois ou mais pedaços, formam no mesmo instante dois ou mais indivíduos que possuem cada um seu sistema de sensação e sua vontade própria." Responderei que, em relação aos insetos, o fato alegado é sem fundamento: que nenhuma experiência conhecida constata que, cortando um inseto em dois pedaços, possam-se obter dois indivíduos capazes de viver cada um de seu lado; e, mesmo se isso ocorresse, cada metade do inseto cortado teria ainda na sua porção uma medula longitudinal nodosa, uma massa medular principal.

3) "Que quanto mais igualmente a massa de matéria nervosa é distribuída, menos essencial é o papel das partes centrais."[1] Responderei, enfim, que essa asserção é um erro; que ela não se apoia sobre nenhum fato, e que só se a fez por não se ter concebido a natureza das funções do sistema nervoso. A sensibilidade não é de modo algum a propriedade da matéria nervosa nem de outra matéria, e o *sistema nervoso* só pode ter existência e exercer a menor de suas funções quando se compõe de uma massa medular principal da qual partem as fibras nervosas.

Não apenas o sistema nervoso não pode existir nem executar a menor de suas funções sem ser composto de uma massa medular principal que contém um ou vários núcleos para prover excitação aos músculos e da qual partem diferentes nervos que se conduzem até as partes, mas, além disso, veremos no Capítulo III que a faculdade de *sentir* só pode se produzir em algum animal quando essa massa medular contém um núcleo único, numa palavra, um centro de comunicação ao qual os nervos do sistema sensitivo se dirigem de todas as partes.

Na verdade, como é extremamente difícil seguir esses nervos até seu centro de comunicação, vários anatomistas negam a existência desse núcleo comum essencial para a produção do *sentimento*. Consideram este último um atributo dos nervos e de suas menores partes; enfim, para apoiar suas

---

[1] Veja as *Leçons d'Anatomie Comparée* do sr. Cuvier, livro II, Paris, 1805, p.94; e as *Recherches sur le système nerveux*, dos srs. Gall e Spurzheim, Paris, 1768, p.22. (N. A.)

opiniões particulares sobre a nulidade do centro de comunicação no sistema sensitivo, eles supõem que a necessidade de localizar a *alma* em um ponto isolado fez imaginar esse núcleo comum, esse lugar circunscrito ao qual todas as sensações são conduzidas.

Basta pensar que o homem é dotado de uma *alma imortal*, sem que se deva jamais se ocupar do núcleo e dos limites dessa alma no seu corpo individual, tampouco de sua ligação com os fenômenos de sua organização. Tudo que se disser a esse respeito será sempre sem base e puramente imaginário.

Ocupamo-nos da natureza, e apenas ela deve ser o objeto de nossos estudos. E os fatos que ela nos apresenta são os únicos que devemos examinar para tentar descobrir as leis físicas que regem a produção desses fatos; enfim, jamais devemos fazer intervir nos nossos raciocínios a consideração de objetos fora da natureza e sobre os quais sempre será impossível para nós sabermos algo de positivo.

De minha parte, se examino a organização, é para conhecer as causas das diversas faculdades dos animais. Estando convencido de que muitos desses animais gozam do sentimento e que, dentre estes, se encontram alguns que possuem ideias e executam atos de inteligência, e creio dever pesquisar as causas desses fenômenos apenas naquelas que são físicas. A essa conclusão, que é para mim uma lei em minhas pesquisas, acrescentarei que, por estar persuadido de que nenhum tipo de matéria pode ter em si a faculdade de sentir, também o estou de que nos corpos vivos essa faculdade consiste apenas num efeito geral, produzido num sistema de órgãos apropriados, que só pode ser produzido quando o sistema em questão possui um *núcleo único*, ou, numa palavra, um centro de comunicação para o qual todos os nervos sensitivos se dirigem.

No caso dos animais vertebrados, o *sensorium commune*, ou centro de comunicação dos nervos que executam o fenômeno da sensibilidade, parece estar na extremidade anterior da medula espinhal, na própria medula alongada, ou talvez na sua protuberância anular; pois esses nervos parecem terminar em algum ponto da base do cérebro, ou do que se denomina assim. Se esse centro de comunicação se encontrasse bem adentrado no interior do cérebro, os acéfalos ou aqueles nos quais o cérebro se encontra destruído não possuiriam sentimento e não poderiam nem mesmo viver.

Mas não é o que acontece. Nos animais que gozam de faculdade de inteligência, o núcleo essencial para o sentimento existe exclusivamente num ponto qualquer da base do que se denomina seu cérebro, pois se dá esse nome a toda massa medular contida na cavidade do crânio. Entretanto, os dois hemisférios que são confundidos com o cérebro devem ser distinguidos dele, pois formam juntos um órgão especial acrescentado a esse cérebro, têm funções próprias e não contêm o centro de comunicação do sistema sensitivo.

Que importa que o verdadeiro cérebro, isto é, a parte medular que contém o núcleo das sensações, na qual terminam os nervos dos sentidos particulares, é difícil de reconhecer e definir, tanto no homem como em outros animais que possuem inteligência, por causa da contiguidade ou da união entre ele e os dois hemisférios que o recobrem? Nem por isso esses hemisférios deixam de constituir um órgão muito especial, relativamente às funções que executa.

Com efeito, não é no cérebro propriamente dito que se formam as ideias, os julgamentos, os pensamentos etc., mas no órgão que lhe é acrescentado. Os dois hemisférios constituem que esses atos orgânicos unicamente podem operar.

Tampouco é nesses hemisférios que as sensações se produzem; eles não possuem nenhuma participação nessa produção e o sistema sensitivo existe efetivamente nos animais cujo cérebro não é munido desses hemisférios plissados; assim, esses órgãos podem sofrer grandes alterações sem que o sentimento e a vida sofram por isso.

Isso posto, volto às considerações gerais que concernem à composição das diferentes partes do sistema nervoso.

Assim, tanto as fibras como os cordões nervosos, a medula longitudinal nodosa, a medula espinhal, a medula alongada, o cerebelo, o cérebro e seus hemisférios possuem, como disse, um estojo membranoso e aponeurótico que lhes serve de bainha e que, pela particularidade de sua natureza, retém na substância medular o fluido particular que nela se move diversamente; mas, nas extremidades das partes do corpo nas quais os nervos terminam, essas bainhas são abertas e permitem a comunicação dos fluidos nervosos com essas partes.

Tudo que concerne ao número, à forma e à situação das partes que acabo de citar pertence à *anatomia*; encontramos uma exposição exata a esse respeito nas obras que tratam dessa parte de nossos conhecimentos. Ora, como meu objeto se reduz aqui a considerar o sistema nervoso nas suas generalidades e faculdades e a pesquisar como a natureza logrou a fazê-lo existir nos animais que o possuem, não devo entrar em nenhum dos detalhes conhecidos concernentes às partes desse sistema.

Formação do sistema nervoso

Certamente não se pode determinar de maneira positiva o modo de formação que a natureza empregou para dar existência ao sistema nervoso nos animais que o possuem; mas é possível identificar as condições, isto é, as circunstâncias que foram necessárias para que esse modo de formação pudesse se executar. Sendo essas circunstâncias reconhecidas e tomadas em consideração, pode-se conceber como as partes desse sistema puderam ser formadas e como foram munidas do fluido sutil que se move em seu interior e as coloca em condição de operar as funções que lhes são próprias.

Deve-se pensar que, quando a natureza fez um progresso suficiente na organização animal para que o fluido essencial dos animais fosse suficientemente animalizado e para que a substância albumino-gelatinosa pudesse se formar, essa substância secretada do fluido principal do animal (do sangue ou do que está em seu lugar) foi depositada num lugar qualquer do corpo. Ora, a observação constata que isso ocorreu de início sob a forma de várias pequenas massas separadas e, em seguida, sob a forma de uma massa maior, que se alongou num cordão nodular e ocupou praticamente todo o comprimento do corpo do indivíduo.

O tecido celular modificado pela presença dessa massa de substância albumino-gelatinosa fornece a bainha que o envolve, assim como seus diversos prolongamentos ou fibras.

Agora, se considero os fluidos visíveis que se movem ou circulam no corpo dos animais, observo que nos animais mais simples em organização esses fluidos são bem menos complexos, bem menos sobrecarregados de princípios do que nos animais mais perfeitos. O sangue de um mamífero é um fluido mais complexo, mais animalizado do que a sânie esbranquiçada do corpo dos insetos; e essa sânie é um fluido mais complexo do que aquele quase aquoso que se move nos corpos dos pólipos e dos infusórios.

Assim sendo, estou autorizado a crer que os fluidos invisíveis e não passíveis de contenção que mantêm a irritabilidade e os movimentos da vida nos animais mais imperfeitos se encontram nos animais cuja organização já é bastante complexa e aperfeiçoada, mas adquirem uma modificação grande o suficiente para poderem ser transformados em fluidos passíveis de contenção, embora sempre invisíveis.

Parece efetivamente que um fluido especial, invisível e muito sutil, que é modificado por sua permanência no sangue dos animais, separa-se dele continuamente para se difundir nas massas medulares nervosas e repara incessantemente o fluido que se consome nos diferentes atos do sistema de órgãos no qual está contido.

Portanto, a polpa medular das partes do sistema nervoso e o fluido sutil que se move nessa polpa teriam sido formados na organização animal apenas quando sua composição pudesse produzir essas matérias.

Assim como, à medida que progrediram a composição e o aperfeiçoamento da organização, os fluidos internos dos animais foram progressivamente modificados, animalizados e tornados mais complexos, também os órgãos e as partes sólidas ou continentes do corpo animal se complexificaram e se diversificaram pouco a pouco, da mesma maneira e pela mesma causa. Ora, o fluido nervoso, que se tornou passível de contenção após a sua secreção do sangue, se difundiu na substância albumino-gelatinosa da medula nervosa, porque essa substância é de natureza condutora desse fluido, isto é, apta para recebê-lo e permitir-lhe se mover com facilidade na sua massa; e esse fluido foi nela retido pelas bainhas *aponeuróticas* que envolvem essa medula nervosa, porque a natureza dessas bainhas não deixa ao fluido a faculdade de atravessá-las.

A partir de então, o fluido nervoso é difundido nessa substância medular que, na sua origem, foi disposta em gânglios separados e, em seguida, num cordão, estendendo-se por meio de seus movimentos em porções que se alongaram em fibras. São essas fibras que constituem os nervos. Sabe-se que eles nascem de seu centro de comunicação e partem em pares, seja de uma medula longitudinal nodosa, seja de uma medula espinhal, seja da base do cérebro, e que terminam em diferentes partes do corpo.

Eis, sem dúvida, o modo que a natureza empregou para a formação do sistema nervoso: ela começou por produzir várias pequenas massas de substância medular quando a composição da organização animal lhe forneceu os meios para tanto; em seguida, ela os reuniu em uma massa principal e, nessa massa, o fluido nervoso, tendo se tornado passível de contenção, logo se difundiu e foi retido pelas bainhas nervosas; foi então que, por meio de seus movimentos, ele deu origem a essa massa medular, às fibras e aos cordões nervosos que dele partem em direção às diferentes partes do corpo.

Vê-se a partir disso que os nervos só podem existir em um animal se houver uma massa medular que contenha um núcleo ou centro de relação, e, por conseguinte, que algumas das fibras esbranquiçadas isoladas que não terminam numa massa medular mais considerável não podem ser consideradas nervos.

Cabe dizer também que, se a matéria medular foi e continua a ser secretada incessantemente pelo fluido principal do animal, deve-se crer que nos animais com sangue vermelho são as extremidades capilares de certos vasos arteriais que secretam, reparam, nutrem, enfim, essa matéria medular. E, como as extremidades desses vasos arteriais devem ser acompanhadas das extremidades de certos vasos venosos, todas essas extremidades vasculares que contêm um sangue colorido encontram-se ligeiramente enterradas na substância medular que produziram – disso deve resultar que essa substância medular aparecerá cinzenta na sua parte externa. Por vezes, em decorrência de algumas evoluções das partes que ocorreram no encéfalo à medida que se compôs, acontece de os órgãos nutritivos penetrarem tão a fundo que em certos pontos a matéria medular acinzentada se torna central, sendo recoberta, em grande medida, pela branca.

Acrescento ainda que, assim como as extremidades de certos vasos arteriais secretaram e em seguida nutriram a matéria medular do sistema nervoso, essas mesmas extremidades vasculares depositaram o fluido nervoso que se separa do sangue, vertendo-o continuamente nessa substância medular apta para recebê-lo.

Concluirei essas considerações dizendo algo a respeito do desenvolvimento da massa medular principal e das protuberâncias e desenvolvimentos de certas porções dessa massa, concomitante à formação dos sistemas particulares que compõem o sistema nervoso comum, devidamente aperfeiçoado.

Na massa medular principal de todo sistema nervoso, a porção particular que de alguma maneira foi produtora do resto dessa massa não necessariamente apresenta um volume superior ao das outras porções da mesma massa que dela se originaram, pois a espessura e o volume das outras porções da massa medular dependem do emprego que o animal faz dos nervos que dela partem. Provei suficientemente que o mesmo se dá em todos os outros órgãos: quanto mais eles são exercidos, mais se desenvolvem, mais fortes se tornam e maior o seu volume. É porque não se reconheceu essa lei da organização animal ou porque não se lhe deu nenhuma atenção que se acreditou que a porção da massa medular que produziu as outras porções dessa massa não poderia ser menos volumosa do que aquelas que se originaram dela.

Nos animais vertebrados, a massa medular principal se compõe do cérebro e seus acessórios, da medula alongada e da medula espinhal. Ora, parece que a porção dessa massa que produziu as outras é realmente a *medula alongada*; pois é dessa porção que partem os apêndices medulares (os pedículos e as pirâmides) do cerebelo e do cérebro, a medula espinhal, enfim, os nervos dos sentidos particulares. Entretanto, a medula alongada é, em geral, menos grossa ou menos espessa que o cérebro que ela produziu ou a medula espinhal que se origina dela.

Por um lado, o cérebro e seus hemisférios são empregados nos atos do sentimento e nos atos da inteligência, ao passo que a medula espinhal só serve para a excitação dos movimentos musculares[2] e para a execução de funções orgânicas. Por outro, como o emprego ou o exercício contínuo dos órgãos os desenvolvem de maneira significativa, no homem, que exerce continuamente seus sentidos e sua inteligência, o cérebro e seus hemisfé-

---

2 Relativamente à medula espinhal, que provê a influência nervosa aos órgãos do movimento, sabe-se, a partir de experiências recentes, que os venenos que agem sobre essa medula causam efetivamente convulsões e ataques de tétano, antes de produzir a morte. (N. A.)

rios podem crescer consideravelmente, ao passo que a medula espinhal, na medida em que é, em geral, pouco exercida, só pode adquirir uma grossura medíocre. Enfim, como os principais movimentos musculares do homem são as pernas e os braços que agem mais, precisou-se encontrar uma protuberância notável em sua medula espinhal nos lugares de onde partem os nervos femorais e os nervos braquiais – o que a observação efetivamente confirma.

Ao contrário, nos animais vertebrados que fazem um uso apenas medíocre de seus sentidos e, sobretudo, de sua inteligência, e que estão principalmente envolvidos com o movimento muscular, seu cérebro e especialmente seus hemisférios se desenvolveram pouco, ao passo que sua medula espinhal pôde adquirir uma grandeza assaz considerável. Assim, os peixes, que exercem apenas o movimento muscular, possuem proporcionalmente uma medula espinhal bem grossa e um cérebro bem pequeno.

Dentre os animais sem vértebra, aqueles que possuem no lugar de uma medula espinhal uma *medula longitudinal*, como os insetos, os aracnídeos, os crustáceos etc., possuem essa medula nodosa em todo o seu comprimento, porque, como esses animais exercem muito o movimento, ela obteve reforços e, por conseguinte, protuberâncias nos lugares de onde parte cada par de nervos.

Enfim, os moluscos, que possuem pontos débeis de apoio para seus músculos e que, em geral, só executam movimentos lentos, não possuem nem medula espinhal nem medula longitudinal e só possuem gânglios muito pouco numerosos de onde partem as fibras nervosas.

De acordo com o que acabo de expor, pode-se concluir que, nos animais vertebrados, os nervos e a massa medular principal não podem derivar do alto para baixo, isto é, da parte superior e terminal do cérebro, assim como o próprio cérebro não pode ser uma produção da medula espinhal, isto é, da parte inferior ou posterior do sistema nervoso, mas que essas diversas partes são provenientes originalmente de uma que as tenha produzido. É provável que seja na *medula alongada*, perto de sua protuberância anular, que se encontra a origem dos hemisférios do cérebro, dos pedículos do cerebelo, da medula espinhal e dos sentidos particulares.

Que importa que as bases medulares dos hemisférios sejam estreitas e bem menos volumosas que os próprios hemisférios e que se dê o mesmo com relação aos pedículos do cerebelo etc.? Quem não vê que o desenvolvimento gradual desses órgãos pode produzir, de acordo com seu maior emprego, um crescimento que os teria dotado de um volume bem maior do que aquele de sua raiz?

Sem dúvida, essas considerações sobre a formação do sistema nervoso são muito gerais, mas elas bastam para meu objetivo e devem ser de interesse, a meu ver, porque são exatas e concordam com os fatos observados.

Funções do sistema nervoso

O sistema nervoso nos animais mais perfeitos é, como se sabe, muito complicado nas suas partes e pode, por conseguinte, executar diferentes tipos de funções, o que confere faculdades especiais aos animais que o possuem. Ora, antes de provar que esse sistema é peculiar a certos animais e não comum a todos e antes de indicar quais são as faculdades que ele pode conferir de acordo com a composição da organização dos animais, é importante falar um pouco sobre suas funções, assim como sobre as faculdades que dele resultam e que são de quatro tipos diferentes, a saber:

1) Faculdade de provocar a ação dos músculos.
2) Faculdade de produzir o *sentimento*, isto é, as sensações que o constituem.
3) Faculdade de produzir as *emoções* do sentimento interno.
4) Faculdade de efetuar a formação das ideias, julgamentos, pensamentos, imaginação, memória etc.

Tentemos mostrar que as funções do sistema nervoso que produzem cada um desses quatro tipos de faculdades são de natureza muito diferente e que não são executadas em geral por todos os animais que possuem esse sistema.

Os atos do sistema nervoso que produzem movimento muscular são totalmente distintos e mesmo independentes daqueles que produzem as sensações. Assim, podem-se experimentar uma ou várias sensações, sem que disso se siga nenhum movimento muscular; e pode-se fazer diferentes músculos entrar em ação sem que disso resulte nenhuma sensação para o indivíduo. São fatos observáveis, e seu fundamento não pode ser contestado.

Como o movimento muscular não pode ser executado sem a influência nervosa, embora não se conheça o que se passa relativamente a essa influência, vários fatos autorizam a crer que ela se opera pela emissão do fluido nervoso, que, de um centro ou reservatório, se dirige por meio dos nervos aos músculos que devem agir. Nessa função do sistema nervoso, os movimentos do fluido sutil que fazem os músculos agir operam, portanto, a partir de um centro ou núcleo qualquer em direção às partes que devem executar alguma ação.

Não é só para colocar os músculos em ação que o fluido nervoso se move de seu núcleo ou reservatório para as partes que devem executar movimentos, mas parece que é também para contribuir para a execução das funções de diferentes órgãos nos quais o movimento muscular não ocorre de maneira distinta.

Dado que esses fatos são suficientemente conhecidos, não me deterei neles, mas concluirei a partir disso que a influência nervosa que produz a ação muscular, bem como aquela que concorre para a execução das funções de diferentes órgãos operam por uma emissão do fluido nervoso que, de um centro ou reservatório qualquer, dirige-se para as partes que devem agir.

Evocarei a respeito um fato conhecido: relativamente ao fluido nervoso que parte de seu reservatório em direção às partes do corpo, uma porção dele está à disposição do indivíduo que o coloca em movimento com o auxílio das emoções de seu sentimento interno quando uma necessidade qualquer o excita, ao passo que a outra porção se distribui regularmente, sem a participação da vontade desse indivíduo, entre as partes que, para a conservação da vida, devem ser postas em ação incessantemente.

Resultaria em grandes inconvenientes se dependesse de nós parar, a nosso critério, seja o movimento de nosso coração ou de nossas artérias, seja as funções de nossas vísceras ou órgãos secretores e excretores; mas também é importante, para que possamos satisfazer todas as nossas necessidades, que tenhamos à nossa disposição uma porção de nosso fluido nervoso para enviá-lo às partes que queremos fazer agir.

Parece que os nervos que levam continuamente a influência nervosa aos músculos independentes do indivíduo e aos órgãos vitais têm sua substância medular mais dura e mais densa que a dos outros nervos ou munida de alguma particularidade que a distingue, de maneira que não apenas o fluido nervoso se move com menos celeridade e se encontra menos livre, como também está em grande medida ao abrigo dessas agitações gerais que causam as emoções do sentimento interno. Não fosse assim, cada emoção perturbaria a influência nervosa necessária para os órgãos essenciais e movimentos vitais e exporia o indivíduo ao perecimento.

Ao contrário, os nervos que levam a influência nervosa aos músculos dependentes do indivíduo conferem ao fluido sutil que contêm toda a liberdade e celeridade de seus movimentos, de maneira que as emoções do sentimento interno possam pôr tais músculos em ação.

A observação nos autoriza a crer que os nervos que servem para a excitação do movimento muscular partem da medula espinhal nos animais vertebrados, da medula longitudinal nodosa nos animais sem vértebras que dela são munidos e de gânglios separados naqueles que não possuem nem medula espinhal nem medula longitudinal nodosa. Nos animais que gozam de sentimento, esses nervos destinados ao movimento muscular possuem apenas uma simples conexão com o sistema sensitivo e, quando são lesados, produzem contrações espasmódicas sem perturbar o sistema das sensações.

Tem-se, portanto, razão para crer que, dentre os diferentes sistemas particulares que compõem o sistema nervoso em seu aperfeiçoamento, aquele que é empregado para a excitação dos músculos é distinto daquele que serve para a produção do sentimento.

Também a função do sistema nervoso que consiste em operar a ação muscular e executar as diferentes funções vitais só pode se realizar pelo envio do fluido sutil dos nervos de seu reservatório para as diferentes partes.

Mas a função do mesmo sistema que opera o *sentimento* é muito diferente por sua natureza e pelas operações que executa daquela da qual acabo de falar, pois na produção de uma *sensação* qualquer que não pode ser produzida sem a influência nervosa, o fluido sutil dos nervos começa sempre a se mover do ponto do corpo que é afetado, propaga seu movimento até o núcleo ou centro de comunicação do sistema, excita nele uma comoção que se comunica a todos os nervos que servem para o sentimento e coloca seu fluido na condição de reagir, o que produz a sensação.

Não apenas esses dois tipos de funções do sistema nervoso diferem um do outro pelo fato de que em todo movimento muscular não há sensação produzida e que na produção de uma sensação qualquer não há necessariamente algum movimento muscular executado, mas essas funções diferem, além disso, como acabamos de ver, pelo fato de que, numa delas, o fluido nervoso é enviado de seu reservatório para as partes, ao passo que, na outra, ele é enviado das próprias partes para o núcleo ou centro de comunicação do sistema das sensações. Esses fatos são evidentes, embora não se possa perceber os movimentos que os produzem.

A função do sistema nervoso que consiste em efetuar as emoções do sentimento interno e é executada por uma agitação geral da massa livre do fluido dos nervos — agitação que se opera sem reação e, consequentemente, sem produzir nenhuma sensação distinta — é também muito peculiar e muito diferente das duas que acabo de citar. Na exposição que farei a seu respeito (Capítulo IV), ver-se-á que é uma das mais notáveis e interessantes de se estudar.

Se a função sem a qual o sistema nervoso não poderia colocar os músculos em ação nem concorrer para a execução das funções orgânicas é diferente daquela sem a qual o mesmo sistema não poderia produzir o sentimento, bem como da função que constitui as emoções do sentimento interno, devo observar que, quando o aperfeiçoamento do sistema é avançado o bastante para fazê-lo obter o órgão acessório e especial constituído pelos hemisférios plissados do cérebro, ele adquire a faculdade de exercer um quarto tipo de função, diferente dos três primeiros.

Com o auxílio desse órgão acessório, o *sistema nervoso* dá origem à formação de ideias, julgamentos, pensamentos, vontade etc., fenômenos que seguramente os três primeiros tipos de funções citados não poderiam produzir. Ora, o órgão acessório no qual se executam as funções capazes de produzir fenômenos semelhantes é um órgão passivo, por causa de sua moleza extrema, e não recebe nenhuma excitação, porque nenhuma de suas partes poderia reagir, mas conserva as impressões que recebe e essas impressões modificam os movimentos do fluido sutil que se move entre suas numerosas partes.

Uma ideia engenhosa, mas destituída de provas e de razões suficientes, foi exprimida por Cabanis,[3] quando disse que o cérebro atua sobre as impressões que os nervos lhe transmitem como o estômago sobre os alimentos nele vertidos pelo esôfago, que os digeriria à sua maneira e que, agitado pelo movimento que lhe foi comunicado, reagiria e que dessa reação nasceria a percepção, que se tornaria em seguida uma ideia.

Isso não me parece de modo nenhum repousar sobre a consideração das faculdades que a polpa cerebral pode ter; e eu não poderia me persuadir que uma substância tão mole quanto essa seja realmente ativa e que se possa dizer que, ao ser agitada pelo movimento que lhe é comunicado, essa substância reaja e produza a percepção.

O erro, quanto a esse assunto, provém, portanto, de um lado, de que o douto do qual falo, por não considerar o fluido nervoso, se viu obrigado a transportar no seu pensamento as funções desse fluido à polpa medular na qual se move; e, de outro, de que ele confundiu os atos que constituem as sensações com os atos da inteligência, sendo que esses dois tipos de fenômenos orgânicos diferem essencialmente entre si por sua natureza e exigem um sistema de órgão muito peculiar para produzi-los.

Assim, eis quatro tipos de função muito diferentes que o sistema nervoso aperfeiçoado, isto é, completamente desenvolvido e munido de seu órgão acessório, executa. Mas como os órgãos que produzem cada uma dessas funções não são os mesmos e como os diferentes órgãos especiais receberam a existência apenas sucessivamente, a natureza formou aqueles que são aptos para o movimento muscular antes daqueles que produzem as sensações e este antes de estabelecer os meios que permitem a produção das emoções do sentimento interno; enfim, ela terminou o aperfeiçoamento do sistema nervoso tornando-o capaz de produzir os fenômenos da inteligência.

Veremos agora que nem todos os animais têm e podem ter um sistema nervoso; e que, além disso, todos aqueles que possuem esse sistema de órgãos não adquirem necessariamente os quatro tipos de faculdades mencionados.

---

3 Cabanis, *Rapports du physique et du moral de l'homme*, 2v., Paris, 1802, v.I, cap.I. (N. T.)

O sistema nervoso é peculiar a certos animais

Sem dúvida o sistema nervoso só pode existir nos animais; mas, segue-se disso que todos o possuem? Há certamente uma grande quantidade de animais cujo estado de organização é tal que lhes é impossível ter esse sistema de órgãos. Pois esse sistema, composto de dois tipos de partes, a saber, de uma massa medular principal e de diferentes fibras nervosas que a ela se unem, não pode existir na organização muito simples de um grande número de animais conhecidos. De qualquer maneira, é evidente que o sistema nervoso não é essencial para a existência da vida, dado que nem todos os corpos vivos o possuem e que é inútil procurá-lo nos vegetais. Vê-se, pois, que esse sistema só se tornou necessário para aqueles animais nos quais a natureza pôde produzi-lo.

No Capítulo IX da segunda parte já mostrei que o sistema nervoso era peculiar a certos animais; aqui vou expor novas provas disso, mostrando que é impossível que todos os animais possuam um sistema de órgãos semelhante, donde resulta que aqueles que são dele desprovidos não podem gozar de nenhuma das faculdades que se vê ele produzir.

Quando se disse que nos animais que não apresentam fibras nervosas (tais quais os pólipos e os infusórios) a substância medular que produz as sensações estava difundida e fundida em todos os pontos do corpo e não reunidas em fibras, e que disso resultava que cada um dos fragmentos desses animais se tornava um indivíduo dotado de seu *eu* particular, não se deu provavelmente conta da natureza de toda função orgânica, que sempre se origina de relações entre partes continentes e fluidos contidos e de movimentos resultantes dessas relações. Especialmente não se possuía o conhecimento do que há de essencial nas funções do sistema nervoso; ignorava-se que essas funções só se operavam efetuando o movimento ou o transporte de um fluido sutil, seja do núcleo às partes, seja das partes ao próprio núcleo.

O sistema nervoso só pode, portanto, existir e exercer a menor de suas funções quando apresenta uma massa medular na qual se encontra um núcleo para os nervos e, além disso, fibras nervosas que se reúnem a esse núcleo. Aliás, nem a matéria medular nem qualquer outra substância animal podem ter como propriedade a faculdade de produzir sensações, o que pretendo provar no Capítulo III desta parte. Assim, essa substância medular, que se supõe estar fundida em todos os pontos do corpo de um animal, não produziria o sentimento.

Se o sistema nervoso é, no seu estado mais simples, necessariamente composto de dois tipos de partes, a saber, de uma massa medular principal e de fibras nervosas que a ela se reúnem, vê-se que a organização animal, que começa na *mônada*, o mais simples e imperfeito dos animais conhecidos, precisou fazer muitos progressos na sua composição antes que a natureza pudesse formar nele um sistema semelhante de órgãos, mesmo na sua maior imperfeição. Entretanto, quando esse sistema se inicia, ainda está bem longe de ter obtido, na sua composição e aperfeiçoamento, tudo o que apresenta nos animais mais perfeitos; e quando pôde começar a existir, a organização animal já havia feito muitos progressos em seus desenvolvimentos e na sua composição.

Para nos convencermos dessa verdade, examinemos os produtos do sistema nervoso em cada um de seus principais desenvolvimentos.

O sistema nervoso, no seu estado mais simples, só produz o movimento muscular

Sobre esse tema não posso, na verdade, expor nada além de uma mera opinião; mas ela se funda em considerações tão importantes, tão propícias para serem decisivas, que se pode considerá-la ao menos uma verdade moral.

Se considerarmos atentamente a marcha que a natureza seguiu, veremos por toda parte que, para criar ou fazer suas produções existirem, ela não fez nada subitamente ou de uma única vez, mas fez tudo progressivamente, isto é, por composições e desenvolvimentos graduais e insensíveis. Por conseguinte, todos os produtos e mudanças que ela produz são evidentemente sujeitos a essa lei de progressão que rege seus atos.

Seguindo-se as operações da natureza ver-se-á, com efeito, que ela criou pouco a pouco e sucessivamente todas as partes, todos os órgãos dos animais e que as completou e aperfeiçoou progressivamente; que, da mesma maneira, ela pouco a pouco modificou, animalizou e tornou cada vez mais complexos todos os fluidos internos dos animais que fez existir; de maneira que, com o tempo, tudo que observamos a seu respeito foi completamente terminado.

O sistema nervoso, em sua origem, isto é, quando começa a existir, encontra-se seguramente no seu estado mais simples e na sua menor perfeição. É uma origem comum a ele e a todos os outros órgãos especiais que, da mesma forma, começaram a existir no seu estado de maior imperfeição. Ora, não se poderia duvidar que, no seu estado mais simples, o sistema nervoso dá aos animais que o possuem faculdades menos numerosas e menos eminentes que aquelas que propicia aos animais mais perfeitos, nos quais alcançou sua maior complexidade e muniu-se de seus acessórios. Basta observar bem o que ocorre a esse respeito para reconhecer o fundamento dessa consideração.

Já provei que, quando o sistema nervoso se encontra no seu estado mais simples, apresenta partes de dois tipos: uma massa medular principal e fibras nervosas que vêm se reunir a essa massa; mas essa mesma massa medular pode inicialmente existir sem produzir nenhum sentido particular e pode ser dividida em partes separadas, a cada uma das quais as fibras nervosas se reunirão.

Parece que é isso que se produz nos animais da classe dos radiados ou ao menos nos da divisão dos equinodermes, nos quais se pretende ter descoberto o sistema nervoso. Esse sistema seria reduzido a gânglios separados que se comunicam entre si por fibras e que enviam outras para as partes.

Se as observações que afirmam esse estado do *sistema nervoso* têm fundamento, trata-se do sistema no seu estado mais simples. Ele apresentará, então, vários centros de comunicação para os nervos, isto é, tantos núcleos quanto gânglios separados; enfim, não produzirá nenhum dos sentidos particulares, nem mesmo o da vista, que se sabe sem equívoco ser o primeiro que se apresenta.

Nomeio *sentidos particulares* aqueles que resultam de órgãos especiais, tais quais a *vista*, a *audição*, o *olfato*, o *paladar*; quanto ao *tato*, é um sentido geral, um *tipo*, na verdade, de todos os outros, mas que não exige nenhum órgão especial e o qual os nervos só podem produzir quando são capazes de produzir a sensação.

Quando expusermos no Capítulo III o mecanismo das sensações, veremos que nenhum deles poderia se produzir senão quando o animal inteiro participa de um efeito geral que produz essa sensação, o que decorre da composição do sistema nervoso e da unidade do núcleo comum para os nervos. Se é assim, nos animais que possuem o sistema nervoso no seu estado mais simples e no qual esse sistema apresenta diferentes núcleos para os nervos, nenhum efeito, nenhuma agitação pode se tornar geral para o indivíduo, nenhuma sensação poderia se produzir e, efetivamente, as massas medulares separadas não produzem nenhum sentido particular. Se essas massas medulares separadas se comunicam entre si por fibras é para que a livre distribuição do fluido nervoso que elas contêm possa se efetuar incessantemente.

No entanto, uma vez que o sistema nervoso existe, por mais simples que seja, já é capaz de executar alguma função; assim, pode-se pensar que ele opera alguma efetivamente, mesmo quando não poderia ainda produzir o sentimento.

Considerando-se que para a excitação do movimento muscular – a menor das faculdades do sistema nervoso – são necessárias uma composição e uma extensão menores de suas partes do que para a produção do sentimento, pois os diferentes centros de comunicação separados não impedem que a partir de cada um desses núcleos particulares o fluido nervoso possa ser enviado aos músculos para levar sua influência, vê-se que é muito provável que os animais que possuem um sistema nervoso no seu estado mais simples obtenham dele a faculdade do movimento muscular, embora não gozem de sentimento.

Ao estabelecer o sistema nervoso, a natureza parece ter formado de início gânglios separados que se comunicam entre si por fibras, que enviam outras fibras para os órgãos musculares. Esses gânglios são as massas medulares principais; embora eles se comuniquem entre si por meio de fibras, a separação desses núcleos não permite a execução do efeito geral necessário para constituir a sensação, mas não impede a excitação do movimento muscular. Assim, os animais que possuem um sistema nervoso semelhante não gozam de nenhum sentido particular.

Acabamos de ver que o sistema nervoso em seu estado mais simples só podia produzir o movimento muscular; agora mostraremos que, ao desenvolver, complexificar e aperfeiçoar mais esse sistema, a natureza logrou conferir-lhe não apenas a faculdade de excitar a ação dos músculos, mas também a de produzir o sentimento.

O sistema nervoso de composição mais avançada produz o movimento muscular e o sentimento

O sistema nervoso é, sem dúvida, de todos os sistemas de órgãos, aquele que dá aos animais dele dotados as faculdades mais eminentes e ao mesmo tempo mais admiráveis. Mas, se o logra, é após ter adquirido a grande complexidade e os desenvolvimentos de que é capaz. Antes desse termo, ele apresenta, em todos os animais que possuem nervos e uma massa medular principal, diferentes graus, seja no número, seja no aperfeiçoamento das faculdades que propicia.

Eu disse antes que, no seu estado mais simples, o sistema nervoso parecia ter sua massa medular principal dividida em várias partes separadas, cada uma contendo um núcleo particular para os nervos que vão se unir a ele; e que, nesse estado, esse sistema não podia ser apto a produzir as sensações, mas tinha a faculdade de colocar os músculos em ação; ora, esse sistema nervoso muito imperfeito, que se pretende ter reconhecido nos radiados, existe nos vermes? Eis o que ignoro e que, não obstante, tenho razão para supor, a não ser que os vermes sejam um ramo da escala animal novamente iniciado por gerações diretas. Sei apenas que, nos animais da classe que se segue à dos vermes, o sistema nervoso é muito mais avançado na sua composição e em seus desenvolvimentos, o que se mostra sem dificuldade e sob uma forma bem pronunciada.

Com efeito, seguindo a escala animal, desde os animais mais imperfeitos até os mais perfeitos, não foi, até o presente, senão nos insetos que o sistema nervoso começou a ser devidamente identificado, porque ele é exprimido de maneira eminente em todos os animais dessa classe e apresenta uma *medula longitudinal nodosa* que, em geral, se estende por todo o comprimento do animal e se apresenta muito diversificado em sua forma, dependendo dos insetos considerados e do seu estado de larva ou de *inseto perfeito*. Essa medula longitudinal, que termina anteriormente num gânglio sub-bilobado, constitui a massa medular principal do sistema, e de cada um desses nódulos, que variam em largura e aproximação, partem fibras nervosas que se dirigem às partes dos corpos.

O nódulo ou gânglio sub-bilobado na extremidade anterior da medula longitudinal nodosa dos insetos deve ser distinguido dos outros nós dessa medula porque origina imediatamente um sentido particular: o da vista. Esse nó terminal é, portanto, realmente um pequeno *cérebro*, ainda que muito imperfeito; e contém, sem dúvida, o centro de comunicação dos nervos sensitivos, dado que o nervo ótico se une a ele. Talvez os outros nós dessa medula longitudinal sejam outros tantos núcleos particulares que servem para conferir ação aos músculos do animal. Se esses núcleos existem, eles se comunicam por meio do cordão medular que os reúne, de modo a não impedir o efeito geral que é o único a poder produzir o sentimento, como provarei.

Assim, nos insetos, o sistema nervoso começa a apresentar um cérebro e um centro de comunicação único para a execução do sentimento. Esses animais, pela composição de seu sistema nervoso, possuem, pois, duas faculdades distintas: a do movimento muscular e a de poder experimentar sensações. Essas sensações são ainda provavelmente apenas percepções simples e fugitivas dos objetos que os afetam, mas, enfim, elas bastam para constituir o sentimento, embora sejam incapazes de produzir ideias.

Esse estado do sistema nervoso que, nos insetos, produz apenas essas duas faculdades, é praticamente idêntico nos animais das cinco classes seguintes, isto é, nos aracnídeos, crustáceos, anelídeos, cirrípedes e moluscos. Não apresenta, ao que tudo indica, outras diferenças para além de aperfeiçoamentos das duas faculdades já citadas.

Não tenho observações suficientes para que possa indicar quais são, dos animais que possuem um sistema nervoso capaz de fazê-los experimentar sensações, aqueles aptos a possuir *emoções* do sentimento interno. Pode ser que, no momento em que a faculdade de sentir venha a existir, a que produz essas emoções também surja, mas é de início tão imperfeita e obscura, que creio que ela seja reconhecível apenas nos animais vertebrados. Passemos, assim, à determinação do ponto da escala animal na qual começa o quarto tipo de faculdade do sistema nervoso.

Quando a natureza logrou munir o sistema nervoso de um cérebro verdadeiro – isto é, de uma protuberância medular anterior capaz de produzir imediatamente ao menos um sentido particular, como o da vista, e de conter num único núcleo o centro de comunicação dos nervos – não havia terminado ainda o complemento das partes que esse sistema pode oferecer. Ocupou-se ainda, por um longo tempo, do desenvolvimento gradual do cérebro e chegou a esboçar o sentido da audição, cujos primeiros traços se mostram nos crustáceos e nos moluscos. Mas sempre se trata apenas de um cérebro muito simples, que parece ser a base do órgão do sentimento, dado que os nervos sensitivos e os nervos dos sentidos particulares existentes se unem a ele.

Com efeito, o gânglio terminal que constitui o cérebro dos insetos e dos animais das classes seguintes, até os moluscos inclusive, embora seja em geral dividido por um sulco e seja, em alguma medida, bilobado, não apresenta traço dos dois hemisférios plissados e aptos ao *desenvolvimento* que recobrem e envolvem pela sua base o verdadeiro cérebro dos animais mais perfeitos, isto é, a parte do encéfalo que contém o núcleo do sistema sensitivo e, por conseguinte, as funções que são próprias aos órgãos novos e acessórios que acabo de citar não poderiam ser executadas em nenhum dos animais sem vértebras.

O sistema nervoso completo produz o movimento muscular, o sentimento, as emoções internas e a inteligência

Somente nos animais vertebrados a natureza pôde completar, em todas suas partes, o sistema nervoso; e é provavelmente nos mais imperfeitos desses animais (nos peixes) que ela começou a esboçar o órgão acessório do cérebro que se compõe de dois hemisférios dobrados, opostos um ao outro, mas reunidos em sua base, com o qual o cérebro propriamente dito (ou centro sensitivo) é de alguma maneira confundido.

Esse órgão acessório, que, quando bem desenvolvido, confere aos animais que o possuem faculdades admiráveis, e que repousa sobre o cérebro, envolve-o em sua base e parece se confundir com ele, não foi distinguido dele. Pois costuma-se dar em geral o nome de *cérebro* à massa medular como um todo que se encerra na cavidade do crânio, malgrado as diferenças entre suas partes. Contudo, é necessário distinguir esse órgão acessório do cérebro propriamente dito, por mais difícil que seja essa distinção, pois esse órgão executa funções peculiares, que não são essenciais nem para a existência do cérebro, nem para a conservação da vida. Merece, portanto, um nome particular, e o chamarei de *hipocéfalo*.

O hipocéfalo é o órgão especial no qual se formam as ideias e todos os atos da inteligência. O cérebro propriamente dito – essa parte da massa medular principal que contém o centro de comunicação dos nervos e à qual os nervos dos sentidos particulares vêm se unir – não poderia por si só produzir semelhantes fenômenos.

Se considerarmos o cérebro como a massa medular que serve de ponto de reunião para os diferentes nervos e que contém seu centro de comunicação, em uma palavra, que envolve o núcleo a partir do qual o fluido nervoso é enviado às diferentes partes do corpo e para o qual retorna quando produz alguma sensação, será verdadeiro dizer então que o cérebro, mesmo nos animais mais perfeitos, é sempre muito pequeno. Mas, quando esse cérebro é munido de dois hemisférios, como estes estão na sua base, com a qual são de alguma maneira confundidos, e como esses hemisférios dobrados podem se tornar bem grandes, costuma-se dar o nome de cérebro a toda massa medular encerrada na cavidade do crânio. Resulta disso que se considera em geral que toda essa massa medular constitui um único e mesmo órgão, ao passo que, ao contrário, ela compreende dois órgãos que são essencialmente distintos pela natureza de suas funções.

Os hemisférios são órgãos especiais, acrescentados ao cérebro como acessórios e, portanto, não são de modo algum essenciais para sua existência, como não deixam dúvida vários fatos conhecidos relativos à possibilidade de sua lesão e mesmo de sua destruição. Com efeito, no que diz respeito às funções que esses hemisférios executam, percebe-se que uma emissão do fluido nervoso que se dirige para esses órgãos a partir de seu reservatório ou núcleo comum os coloca em condições de operar as funções que lhe são próprias. Assim, pode-se assegurar que não são os hemisférios que enviam ao sistema nervoso o fluido particular que o coloca em condições de agir; pois, então, o sistema inteiro seria deles dependente, o que não é o caso.

Resulta dessas considerações que nem todo animal que possui um sistema nervoso é necessariamente munido de um cérebro, já que a faculdade de dar origem imediatamente a algum sentido, ao menos o da vista, caracteriza este último; que nem todo animal que possui um cérebro o possui essencialmente acompanhado de dois hemisférios dobrados, pois a pequenez de sua massa nos animais das seis últimas classes dos invertebrados indica que ele só pode servir para a produção do movimento muscular e do sentimento e não para a produção dos atos da inteligência; enfim, que todo animal cujo cérebro é dominado por dois hemisférios dobrados goza de movimento muscular, do sentimento, da faculdade de experimentar emoções internas e, além disso, da faculdade de formar ideias, de executar comparações, julgamentos, numa palavra, de operar diferentes atos de inteligência segundo o grau de desenvolvimento de seu hipocéfalo.

Se dermos atenção a isso, veremos que, quando se pensa ou se reflete, as operações que produzem os pensamentos, meditações etc. são executadas na parte superior e anterior do cérebro, nas massas medulares reunidas que formam seus dois hemisférios dobrados, e perceberemos que essas operações não se dão na base desse órgão, e tampouco em sua parte posterior e inferior. Os dois hemisférios do cérebro, ou o que chamo de hipocéfalo, são, pois, os órgãos particulares nos quais se produzem os atos da inteligência. Assim, quando se executam pensamentos e se fixa sua atenção em seguida por bastante tempo, experimenta-se uma dor na cabeça, particularmente nas partes que acabo de mencionar.

A partir dessas diferentes considerações sobre os animais que possuem um sistema nervoso, percebe-se que:

1) Aqueles que não possuem cérebro nem, portanto, sentidos particulares e um centro de comunicação único para os nervos não gozam de sentimento, mas unicamente da faculdade de mover suas partes por meio de músculos verdadeiros.

2) Aqueles que possuem um cérebro e alguns sentidos particulares, mas cujo cérebro não possui esses hemisférios dobrados que constituem o hipocéfalo, não adquirem de seu sistema nervoso mais que duas ou três faculdades: a de executar movimentos musculares, a de experi-

mentar sensações, isto é, percepções simples e fugidias de um objeto os afeta, e talvez também a de experimentar sensações internas.

3) Enfim, aqueles que possuem um cérebro munido de hipocéfalo, seu acessório, gozam do movimento muscular e do sentimento, da faculdade de se emocionar e podem, além disso, com o auxílio de uma condição essencial (a *atenção*), formar ideias, que são imprimidas no órgão, comparar várias dessas ideias e produzir julgamentos; e, se os hemisférios acessórios de seu cérebro são desenvolvidos e aperfeiçoados, podem pensar, raciocinar, inventar e executar diferentes atos de inteligência.

É sem dúvida muito difícil conceber como se formam as impressões que as ideias gravam; e é sobretudo impossível perceber algo no órgão que indique sua existência. Mas que se pode concluir disso, senão que a causa disso são a extrema delicadeza de seus traços e as limitações de nossas faculdades? Dir-se-á que tudo o que homem não pode perceber não existe? Para nossos propósitos, basta que a *memória* seja uma garantia segura da existência dessas impressões no órgão no qual executa seus atos.

Se é verdade que a natureza nada faz de maneira súbita ou abrupta, segue-se que, para produzir as faculdades que se observam nos animais mais perfeitos, ela teve de criar sucessivamente todos os órgãos que podem produzir essas faculdades, como de fato fez, por um longo período de tempo e com o auxílio das circunstâncias favoráveis.

Essa marcha é a que ela seguiu e não se pode substituí-la por nenhuma outra sem abandonar as ideias positivas que a natureza nos fornece à medida que a observamos.

Na organização animal, o sistema nervoso foi criado como os outros sistemas particulares; e só pode ter se produzido quando a organização se encontrava bastante avançada na sua composição para que os três tipos de substâncias que compõem esse sistema pudessem ter sido formados e depostos nos órgãos que o constituem.

É, portanto, muito inconveniente querer encontrar o sistema em questão, e as faculdades que ele produz, nos animais com organização demasiado simples e ainda imperfeitos, como os infusórios e pólipos, pois é impossível que órgãos tão complexos como os desse sistema possam existir na organização de animais como esses.

Repito: da mesma maneira que os órgãos especiais que os animais possuem na sua organização foram formados sucessivamente, também cada um desses órgãos foi composto, completado e aperfeiçoado progressivamente, à medida que a organização animal se complica, de maneira que o sistema nervoso, considerado nos diferentes animais que dele são munidos se apresenta nos três estados principais seguintes.

No seu nascimento, quando se encontra no seu estado mais imperfeito, esse sistema parece consistir apenas em diversos gânglios separados que se comunicam entre si por meio de fibras e enviam outras fibras a certas partes do corpo; ele não apresenta então cérebro e não pode produzir nem a vista, nem a audição, nem talvez qualquer sensação verdadeira; mas já possui a faculdade de excitar o movimento muscular. Tal é, aparentemente, o sistema nervoso dos radiados, se as observações citadas na primeira parte desta obra[4] possuem qualquer fundamento.

Mais aperfeiçoado, o sistema nervoso apresenta uma medula longitudinal nodosa e fibras nervosas que terminam nos nós dessa medula. A partir desse ponto, o gânglio que termina numa parte anterior a esse cordão nodoso pode ser considerado um pequeno cérebro já esboçado, dado que ele dá origem ao órgão da vista e, em seguida, ao da audição; mas esse pequeno cérebro é ainda simples e privado do hipocéfalo, isto é, desses hemisférios dobrados que executam funções especiais. Tal é o sistema nervoso dos insetos, aracnídeos e crustáceos, animais que possuem olhos e dentre os quais os últimos citados já apresentam alguns vestígios da audição; tal é ainda o sistema nervoso dos anelídeos e cirrípedes, dos quais uns possuem olhos, ao passo que outros são deles privados por causas já expostas no Capítulo VII da primeira parte.

Os moluscos, embora sejam mais avançados na composição de sua organização do que esses animais, encontrando-se na passagem de uma mudança de plano da parte da natureza, não possuem nem medula longitudinal nodosa nem medula espinhal, mas apresentam um cérebro, e vários

---

4 Livro I, Capítulo VIII. (N. A.)

deles parecem possuir o mais aperfeiçoado dos cérebros simples (isto é, dos cérebros desprovidos de hipocéfalo), visto que em seu cérebro desembocam os nervos de vários sentidos particulares. Se é assim, em todos os animais, desde os insetos até os moluscos, o sistema nervoso produz o movimento muscular e o sentimento, mas não poderia permitir a formação das ideias.

Enfim, muito mais aperfeiçoado ainda, o sistema nervoso dos animais vertebrados apresenta uma medula espinhal, nervos e um cérebro cuja parte superior e anterior é munida de dois hemisférios dobrados mais ou menos desenvolvidos de acordo com o estágio de desenvolvimento do plano novo. Esse sistema produz não apenas o movimento muscular, o sentimento e a faculdade de experimentar sensações internas, mas também a formação das ideias, tanto mais nítidas e mais numerosas quanto mais desenvovidos esses hemisférios forem.

Se é assim, como supor que a natureza, que em todas suas produções procede sempre por graus progressivos, teria que, ao começar a estabelecer o sistema nervoso, conceder-lhe todas as faculdades que possui quando atinge sua completude e perfeição?

Aliás, como a faculdade de sentir não é a propriedade de nenhuma substância do corpo animal, veremos que o mecanismo necessário para a produção do sentimento é complicado demais para permitir ao sistema nervoso, quando se encontra no seu estado mais simples, ter outra faculdade além daquela de excitar o movimento muscular.

Tentarei mostrar no Capítulo IV qual é a potência que os meios de produzir e dirigir as emissões do fluido nervoso possuem, seja nos hemisférios do cérebro, seja nas outras partes do corpo. Aqui diria apenas que o envio do fluido em questão aos hemisférios do cérebro opera funções muito diferentes daquelas que o mesmo fluido enviado aos músculos e aos órgãos vitais executa.

Tal é a exposição sucinta e geral do sistema nervoso, da natureza de suas partes, das condições que foram necessárias para sua formação e dos quatro tipos de função que executa quando adquiriu seu complemento e seu aperfeiçoamento.

Sem pesquisar como a influência nervosa pode colocar os músculos em ação e levar à execução das funções de diferentes órgãos, eu diria que é provavelmente provocando a irritabilidade das partes que essa função dos sistema nervoso se executa.

Mas, quanto à função desse sistema por meio da qual o sentimento é produzido e que, com razão, se considera a mais espantosa e difícil de conceber, tentarei expor seu mecanismo no Capítulo III. Farei a seguir a mesma coisa em relação à quarta função do mesmo sistema, isto é, daquela que produz ideias, pensamentos etc. – função ainda mais espantosa que aquela que produz o sentimento.

Entretanto, como não quero apresentar nesta obra nada que não seja apoiado no que os fatos ou observações me autorizam a dizer, vou inicialmente considerar o *fluido nervoso* e mostrar que, longe de ser apenas um produto da imaginação, esse fluido se manifesta por meio de efeitos que só ele pode produzir e que não deixam a menor dúvida sobre sua existência.

Capítulo II
Do fluido nervoso

Uma matéria sutil notável pela celeridade de seus movimentos e que é negligenciada porque não está em nosso poder observá-la diretamente, nem obtê-la, nem submetê-la a nossas experiências – essa matéria, digo, é o agente mais peculiar e ao mesmo tempo o instrumento mais admirável que a natureza pode empregar para produzir o movimento muscular, o sentimento, as emoções internas, as ideias e os atos de inteligência dos quais vários animais são capazes.

Ora, como é possível para nós conhecermos essa matéria pelos efeitos que produz, é importante que a tomemos em consideração desde o início da terceira parte desta obra, pois, como o fluido que ela constitui é o único capaz de operar os fenômenos que excitam tanto nossa admiração, se nos recusarmos a reconhecer sua existência e suas faculdades, teremos de abandonar toda a pesquisa sobre as causas físicas desses fenômenos e recorrer de novo a ideias vagas e sem base para satisfazer nossa curiosidade a seu respeito.

Relativamente à necessidade de buscar o conhecimento desse fluido nos efeitos que produz, não é agora coisa reconhecida que existem na natureza diferentes tipos de matérias que escapam aos nossos sentidos, que não podemos captar, bem como reter e examinar à vontade – matérias de uma tenuidade e sutileza tão consideráveis que manifestam sua existência apenas em certas circunstâncias e por meio de alguns de seus efeitos, que conseguimos apreender apenas com muita atenção; matérias cuja natureza, numa palavra, só podemos conhecer até certo ponto e por meio de induções e determinações de analogia, o que somente a reunião de um grande número de observações pode nos propiciar? Não obstante, a existência dessas matérias é provada para nós pelos efeitos que somente elas podem produzir – efeitos que devemos considerar em diferentes fenômenos cujas causas procuramos.

Visto que possuímos meios tão exíguos para determinar a natureza e as qualidades dessas matérias com a precisão e a evidência que toda demonstração exige, dir-se-á que todo homem instruído e que só leva em conta conhecimentos *exatos* deve negligenciar sua consideração.

Pode ser que eu me engane, mas confesso que não sou dessa opinião; ao contrário, estou convencido de que a consideração dessas mesmas matérias é do maior interesse para o avanço de nossos conhecimentos a respeito desses fatos e seus fenômenos, na medida em que desempenham um papel importante na maioria dos fatos físicos que observamos e sobretudo em grande número de fenômenos orgânicos que os corpos vivos nos apresentam.

Assim, embora seja impossível conhecer diretamente todas as matérias sutis que existem na natureza, renunciar às pesquisas relativas a algumas dentre elas seria, ao que me parece, recusar o único fio que a natureza nos oferece para nos conduzir ao conhecimento de suas leis; seria renunciar aos progressos reais do conhecimento que possuímos sobre os corpos vivos, assim como sobre as causas dos fenômenos que observamos nas funções de seus órgãos; e seria renunciar, por fim, à única via que pode nos propiciar os meios para aperfeiçoar as teorias físicas e químicas que podemos construir.

Veremos em seguida que essas considerações não são estranhas ao meu assunto, mas necessárias, e aplicam-se perfeitamente ao que tenho a dizer sobre o *fluido nervoso* que tanto nos interessa.

Nossas observações estão avançadas demais para nos permitir contestar ou colocar em dúvida a existência de um fluido sutil que circula e se move na substância polposa dos nervos. Vejamos, assim, o que é possível propor de verossímil sobre esse tema delicado e difícil, de acordo com o estado atual dos conhecimentos.

Mas, antes de falar do fluido nervoso, é muito importante apresentar a proposição seguinte: todos os fluidos *visíveis* contidos no corpo de um animal – tais quais o sangue ou o que ocupa seu lugar, a linfa, os fluidos secretados etc. – movem-se com muita lentidão nos canais ou nas partes que os contêm para terem a capacidade de levar com a celeridade necessária o movimento ou a causa do movimento que produz as ações dos animais. Essas ações executam-se com uma prontidão e vivacidade surpreendentes em muitos animais, que as interrompem, as retomam e as variam com todas as nuanças de irregularidade possíveis. Um mínimo de reflexão deve ser suficiente para nos mostrar que é impossível que fluidos tão grosseiros, como esses que acabo de citar e cujos movimentos são, em geral, bastante regulares, possam ser a causa das ações diversas dos animais. Entretanto, tudo o que se observa neles resulta de relações entre seus fluidos contidos, ou dos fluidos que os penetram, e suas partes continentes, ou os órgãos afetados por esses fluidos contidos.

Seguramente, apenas um fluido quase tão veloz quanto o relâmpago em seus movimentos e deslocamentos pode operar efeitos semelhantes àqueles que acabo de indicar; ora, agora possuímos conhecimentos sobre fluidos que possuem essa faculdade.

Como toda ação é sempre o produto de um movimento qualquer, seguramente é por meio de um movimento, qualquer que seja, que os nervos agem. Richerand discutiu e refutou solidamente na sua *Physiologie*[1] a opinião daqueles que consideraram os nervos cordas vibrantes. "Essa hipótese", diz o douto, "é tão absurda que temos razão para se espantar com o longo tempo de favor de que ela gozou."

Estar-se-ia autorizado a dizer a mesma coisa a respeito da hipótese do movimento de vibração que se comunica entre moléculas tão moles e elásticas como as da polpa medular dos nervos, caso alguém a propusesse.

"É bem mais razoável", diz a seguir Richerand, "crer que os nervos agem por meio de um fluido sutil, invisível, impalpável, que os antigos denominaram *espíritos animais*."

Enfim, mais adiante, ao considerar as qualidades particulares do fluido nervoso, esse fisiologista acrescenta: "essas conjecturas não adquiriram um

---

[1] Richerand, *Nouveaux élémens de Physiologie*, Paris, 1802, livro II, p.144 ss. (N. A.)

certo grau de probabilidade depois que a analogia do galvanismo com a eletricidade, presumida de início pelo autor dessa descoberta, foi confirmada pelas experiências tão curiosas de Volta, experiências repetidas, comentadas e explicadas neste momento por todos os físicos da Europa?"[2]

Por mais evidente que seja a existência do fluido sutil por meio do qual os nervos agem, haverá por um longo tempo e talvez para sempre homens que a contestarão porque só se pode prová-la por meio dos fenômenos que apenas esse fluido pode produzir.

Entretanto, parece-me que, a partir do momento que todos os efeitos desse fluido demonstram sua existência, não é de maneira nenhuma razoável negá-la pela única razão de que é impossível para nós vê-lo. É sobretudo muito inconveniente fazê-lo na medida em que se sabe que todos os fenômenos orgânicos resultam unicamente das relações entre fluidos em movimento e os órgãos que produzem esses fenômenos. Enfim, essa inconveniência se torna ainda maior quando se está convencido de que os *fluidos visíveis* (o sangue, a linfa etc.) que chegam e penetram na substância dos nervos e do cérebro são demasiadamente grosseiros e lentos em seus movimentos para poder produzir atos tão rápidos quanto esses que constituem o movimento muscular, o sentimento, as ideias, o pensamento etc.

De acordo com essas considerações, admito que em todo animal que possui um sistema nervoso existe, nos nervos e nos núcleos medulares nos quais esses nervos terminam, um fluido invisível, muito sutil, passível de contenção e praticamente desconhecido na sua natureza porque não se tem os meios para examiná-lo diretamente. Esse fluido, que denomino fluido nervoso, move-se com uma celeridade extraordinária na substância polposa dos nervos e do cérebro e, não obstante, não forma para a execução de seus movimentos quaisquer canais perceptíveis.

É por meio desse fluido sutil que os nervos agem, que o movimento muscular é posto em ação, que o sentimento se produz e que os hemisférios do cérebro executam todos os atos de inteligência que podem produzir de acordo com seu desenvolvimento.

---

2 Ibid. (N. A.)

Embora não conheçamos bem a natureza própria do fluido nervoso, dado que só podemos apreciá-la por meio de seus efeitos, desde a descoberta do *galvanismo* tornou-se cada vez mais provável que seja análoga à do fluido elétrico. Estou convencido de que esse fluido elétrico foi modificado na economia animal, animalizando-se aí de alguma maneira pela sua estadia no sangue, e modificando-se o bastante para se tornar passível de contenção e se manter unicamente na substância medular dos nervos e do cérebro, que é incessantemente suprido com esse fluido por meio do sangue.

Para dizer que o fluido nervoso é eletricidade modificada pela sua estadia na economia animal, baseio-me no fato de que ele, embora muito semelhante por seus efeitos a vários outros fluidos que o fluido elétrico produz, distingue-se deles por algumas qualidades particulares, dentre as quais está aquela de poder ser retido em um órgão e de se mover nele seja num sentido, seja num outro, o que parece ser-lhe característico.

O fluido nervoso é, pois, distinto do fluido elétrico ordinário, visto que este atravessa sem parar e com celeridade todas as partes do nosso corpo, quando se forma a cadeia na descarga, seja de uma garrafa de Leyden, seja de um condutor elétrico.

É diferente do fluido galvânico, que é obtido e acionado pela pilha de Volta. Com efeito, este último, que não passa ainda do próprio fluido elétrico, embora agindo com menos massa, densidade e atividade que o fluido elétrico que se extrai da garrafa de Leyden ou de um condutor carregado, recebe da circunstância na qual se encontram algumas qualidades ou faculdades que o distinguem do fluido elétrico reunido e condensado por nossos meios ordinários. Assim, esse fluido galvânico exerce mais ação sobre nossos nervos e músculos que o fluido elétrico ordinário. Contudo, como esse fluido galvânico não é animalizado, isto é, como não recebeu a influência que a estadia no sangue (sobretudo no sangue dos animais de sangue quente) confere, não possui todas as qualidades do fluido nervoso.

O fluido nervoso dos animais de sangue frio, na medida em que é menos animalizado, é mais próximo do fluido elétrico ordinário e, sobretudo, do fluido galvânico. Essa é a razão pela qual nossas experiências galvânicas produzem nas partes dos animais de sangue frio, como os sapos, efeitos bem energéticos, e que em certos peixes, *como o torpedo, a enguia elétrica e o bagre-*

-elétrico, um órgão elétrico destacado gera neles uma eletricidade apropriada para as necessidades desses animais.³

A despeito das modificações que sofreu na economia animal e que o levou ao estado de fluido nervoso, o fluido elétrico conservou em grande parte sua sutileza extrema e sua aptidão para deslocamentos velozes – qualidades que o tornam apto para a execução das funções que deve exercer para satisfazer as necessidades do animal. Esse fluido elétrico, ao penetrar incessantemente no sangue, pela via da respiração ou por outra qualquer, modifica-se nele gradualmente, animaliza-se e adquire, enfim, as qualidades do fluido nervoso. Ora, parece que se podem considerar os gânglios, a medula espinhal e sobretudo o cérebro com seus acessórios como os órgãos que secretam esse fluido animal.

Com efeito, há motivo para se crer que a substância própria dos nervos – que, em decorrência de sua natureza albumino-gelatinosa, é melhor condutora do fluido nervoso do que qualquer outra substância do corpo e, sobretudo, do que as membranas *aponeuróticas* que envolvem as fibras e os cordões nervosos – extrai continuamente esse fluido sutil que o sangue preparou das últimas arteríolas sanguíneas. São sem dúvida estas últimas arteríolas e as vênulas que as acompanham que produzem a coloração cinza da parte externa e cortical da substância medular.

E assim se produz incessantemente, nos animais que possuem sistema nervoso, o fluido invisível e sutil que se move na substância de seus nervos e nos núcleos medulares nos quais esses nervos terminam.

Esse fluido nervoso age nos nervos por meio de dois tipos de movimentos opostos; e, além disso, executa nos hemisférios do cérebro muitos movimentos diversos que os atos desses órgãos tornam prováveis, mas que não poderíamos determinar.

Nos nervos destinados a operar sensações, sabe-se que esse fluido se move da circunferência, isto é, das partes externas do corpo, para o centro, ou melhor, para o núcleo que produz as sensações; e como os indivíduos que possuem um sistema nervoso podem também experimentar impressões

---

3 Veja o interessante memorando de Geoffroy sobre esses peixes nos *Annales du Muséum d'Histoire Naturelle*, Paris, 1802, v.I, p.392. (N. A.)

internas, o fluido em questão se move então nos nervos das partes internas, dirigindo-se de maneira semelhante para o núcleo das sensações.

Ao contrário, nos nervos destinados à produção do *movimento muscular*, seja do movimento que se faz sem a vontade do animal, seja daquele que essa vontade sozinha executa, o fluido nervoso se move do centro ou de seu núcleo comum para as partes que devem agir.

Nos dois casos que acabo de citar concernentes ao movimento do fluido nervoso nos nervos, bem como nos diversos movimentos que ele pode executar no cérebro, o emprego desse mesmo fluido, posto em ação, faz que se consuma uma parte sua, que então se dissipa e se encontra perdida para o animal. Essa perda requer, pois, a reparação que o sangue em bom estado faz dele continuamente.

É importante notar, para a compreensão dos fenômenos da organização, que os indivíduos que consomem o fluido nervoso apenas para a produção do movimento muscular restituem essas perdas com abundância e mesmo com proveito para o crescimento de suas forças, posto que esse movimento muscular acelera a circulação e os outros movimentos orgânicos e que as secreções reparadoras do fluido consumido são velozes e abundantes nas épocas de repouso.

Ao contrário, os indivíduos que consomem o fluido nervoso apenas para a produção dos atos que dependem do hipocéfalo, tais quais os pensamentos contínuos, as meditações profundas, as agitações do espírito produzidas pelas paixões etc., reparam essas perdas lentamente, e não raro de maneira incompleta, pois, como os movimentos musculares permanecem quase inativos, os movimentos orgânicos se enfraquecem, as faculdades dos órgãos perdem sua energia e as secreções que reparam o fluido nervoso consumido tornam-se menos abundantes, o que dificulta o repouso do espírito.

O fluido nervoso, no cérebro, não se limita a transmitir do núcleo de sensações as próprias sensações e a introduzir nelas movimentos diversos, mas também produz nele impressões que se gravam no órgão e que nele subsistem mais ou menos por um longo tempo de acordo com sua profundidade.

Essa asserção não é uma cria monstruosa da imaginação. Ao examinar rapidamente os principais atos da inteligência, tentarei provar que ela é muito fundamentada e que se será forçado a reconhecê-la como uma dessas verdades que apenas se alcança por induções incontestáveis.

Terminarei o que tenho a dizer sobre esse fluido singular com algumas considerações que podem jogar muita luz sobre as diversas funções orgânicas que se executam com o auxílio desse fluido.

Todas as partes do fluido nervoso se comunicam no sistema de órgãos que as contém, de maneira que, de acordo com as causas que o excitam, esse fluido se move às vezes apenas em certas porções isoladas de sua massa e às vezes quase em toda sua massa ou ao menos naquela que está livre.

Assim, pois, o fluido em questão se move em certas porções e mesmo nas pequenas porções de sua massa:

1) quando serve à excitação muscular, seja a que é independente do indivíduo, seja a que dele é dependente;
2) quando executa algum ato de inteligência.

O mesmo fluido, ao contrário, se move em todas as partes de sua massa livre:

1) quando, ao sofrer um movimento geral de reação, produz uma sensação qualquer;
2) todas as vezes que, experimentando uma agitação geral sem formar nenhuma reação, causa as emoções do sentimento interno.

Essas distinções relativas aos movimentos que o *fluido nervoso* pode sofrer no sistema de órgãos que o contém não poderiam ser provadas por experimentos particulares; eu, ao menos, não percebo quais meios serviriam para isso, mas provavelmente se achará que elas são fundadas ao se levar bastante em consideração as observações que exponho na terceira parte de minha *Filosofia Zoológica* sobre as diferentes funções do sistema nervoso.

Para se convencer do fundamento dessas distinções deve se considerar sobretudo:

1) que a influência nervosa que coloca os músculos em ação exige apenas uma simples emissão de uma porção do fluido nervoso sobre os músculos que devem agir e que aqui o fluido sutil em questão age apenas como excitador;

2) que, nos atos da inteligência, as partes do órgão do entendimento são apenas passivas; que não poderiam reagir por causa de sua moleza extrema; que não recebem excitação da parte do fluido nervoso, mas apenas das impressões cujos traços conservam, na medida em que uma porção desse fluido, que se agita nas diversas partes desse órgão, é modificado nos seus movimentos pela influência dos traços que se encontram gravados e traça nele outros; de maneira que o órgão do entendimento, que possui uma comunicação apenas estreita com o resto do sistema nervoso, emprega nos seus atos apenas uma porção do fluido de todo o sistema. Enfim, que da estreita comunicação citada decorre que essa porção do fluido nervoso contida no órgão da inteligência só está exposta a compartilhar da agitação geral que se executa nas emoções do sentimento interno e na formação das sensações quando essa agitação é extremamente intensa, o que perturba quase todas as funções e as faculdades do sistema.

É verossímil, de acordo com tudo que acabo de expor, que a totalidade do fluido nervoso secretado e contido no sistema não está à disposição do sentimento interno do indivíduo e parte dele é, de alguma maneira, reservada para servir à execução das funções vitais. Dessa maneira, assim como há músculos independentes da vontade, ao passo que outros só entram em ação quando o sentimento interno movido pela vontade ou por qualquer outra causa os excita, do mesmo modo, sem dúvida, uma parte do fluido nervoso se encontra menos à disposição do indivíduo que a outra, a fim de não ser exposta ao esgotamento e poder servir incessantemente às funções vitais.

Na medida em que o fluido nervoso não é jamais empregado sem que seja consumido de maneira proporcional ao seu emprego, seria necessário que o indivíduo só pudesse consumir de acordo com sua vontade a porção da qual pode dispor. Grandes inconvenientes surgem quando essa porção exaurida, pois então uma parte da reserva se torna disponível e suas funções vitais sofrem na mesma proporção.

Terei mais adiante a oportunidade para desenvolver e esclarecer essas diversas considerações relativas ao fluido nervoso. Examinemos antes qual seria o mecanismo das sensações, e vejamos como a admirável faculdade de sentir é produzida.

Capítulo III
Da sensibilidade física e do mecanismo das sensações

Como conceber que uma parte qualquer de um corpo vivo tenha em si mesma a faculdade de sentir quando toda matéria, seja qual for, não dispõe nem poderia dispor de uma faculdade parecida?

Certamente seria cometer um grande erro supor que os animais, mesmo os mais perfeitos, teriam certas partes dotadas de sentimento. Sem dúvida, nenhum dos diversos humores ou fluidos dos corpos vivos, não mais que suas partes sólidas, quaisquer que possam ser, possuem a faculdade de sentir.

É graças a uma ilusão que cada parte de nosso corpo, considerada isoladamente, nos parece sensível; pois é nosso ser por inteiro que sente, ou melhor, que sofre um efeito geral pela excitação de toda causa *afetante*. E, como esse efeito se relaciona sempre com a parte que foi afetada, recebemos dela no mesmo instante a percepção, à qual damos o nome de *sensação*; e é graças a uma ilusão que supomos ser essa parte de nosso corpo que sente a impressão recebida, pois é a emoção do sistema inteiro da sensibilidade que relaciona o efeito geral a essa parte.

Essas considerações poderão parecer estranhas e mesmo paradoxais, de tão distantes do que se pensou a respeito. Entretanto, caso se suspendesse o juízo que se possui em geral acerca desses objetos para dar alguma atenção às razões sobre as quais fundamento a opinião que desenvolverei, chegar-se-ia sem dúvida à ideia de não atribuir a faculdade de sentir a nenhuma parte de um corpo vivo. Mas, antes de apresentar a opinião em questão, é necessário determinar quais são os animais que usufruem da faculdade de sentir e quais não podem possuir uma semelhante faculdade.

Estabelecerei de início esse princípio: toda faculdade que os animais possuem é necessariamente o produto de um ato orgânico e, por conseguinte, de um movimento que o produz. Se essa faculdade é especial, ela resulta da função de um órgão ou de um sistema de órgãos que então é especial; mas nenhuma parte do corpo animal, permanecendo na inação, poderia ocasionar o menor fenômeno orgânico, tampouco produzir a menor faculdade. Assim, o *sentimento*, que é uma faculdade, não é propriedade de nenhuma parte, mas o resultado da função orgânica que o produz.

Concluo a partir do princípio que acabo de comunicar que toda faculdade, sendo proveniente das funções de um órgão especial que somente este pode executar, apenas existe nos animais que possuem esse órgão. Assim, do mesmo modo que nenhum animal que não possui olhos poderia ver, nenhum animal que não possui sistema nervoso poderia sentir.

Em vão se objetaria que a luz produz impressões notáveis sobre certos corpos vivos que não possuem olhos e que, não obstante, os afeta: será sempre verdadeiro que os vegetais e vários animais, tais quais os pólipos e muitos outros, não veem, embora eles se dirijam para o lado de onde a luz vem; e que nem todos os animais são dotados de sentimento, embora executem movimentos quando alguma causa os irrita ou irrita algumas de suas partes.

É impossível, portanto, atribuir com fundamento algum tipo de *sensibilidade* (percipiente ou latente) aos animais que não possuem sistema nervoso alegando como razão que esses animais possuem partes irritáveis. E já provei no Capítulo 4 da Parte II que o *sentimento* e a *irritabilidade* são fenômenos orgânicos de natureza muito distinta e que possuem origem em causas que não se assemelham de modo nenhum. Efetivamente, as condições que a produção do *sentimento* exige são de natureza completamente distinta daquelas que são necessárias para a existência da irritabilidade. As primeiras necessitam da presença de um órgão especial, sempre distinto, complicado e estendido por todo o corpo do animal, ao passo que as segundas não exigem nenhum órgão especial e produzem apenas um fenômeno sempre isolado e local.

Mas os animais que possuem um sistema nervoso suficientemente desenvolvido gozam tanto da irritabilidade que é própria de sua natureza como da faculdade de *sentir*. Eles possuem, sem poder notá-lo, o sentimento íntimo de sua existência; e embora sejam ainda sujeitos às excitações do exterior, agem por uma potência interna que exporemos em breve.

Em alguns, essa potência interna é dirigida em seus diferentes atos pelo *instinto*, isto é, pelas emoções internas que as necessidades produzem e pelas propensões que dão origem aos hábitos; e, em outros, ela o é por uma vontade mais ou menos livre.

Assim, a faculdade de sentir é propriedade unicamente dos animais que possuem um sistema nervoso *sensitivo*. E, como ela produz o sentimento íntimo de existência, veremos que esse sentimento propicia a esses animais a faculdade de agir por meio das emoções que lhes causam excitações internas e os coloca em condições de produzir por si mesmos os movimentos e as ações para atender a suas necessidades.

Mas o que é a *sensibilidade física* ou a faculdade de sentir? Que é, ademais, o sentimento interno de existência? Quais são as causas desses fenômenos admiráveis? Enfim, como o sentimento de existência ou o sentimento interno geral pode produzir uma força que faz agir?

Depois de ter considerado bastante o estado de coisas a esse respeito e os prodígios que ele produz, eis a minha opinião sobre o primeiro desses interessantes temas.

A faculdade de receber *sensações* constitui o que denomino a *sensibilidade física* ou o sentimento propriamente dito. Essa sensibilidade deve ser distinguida da *sensibilidade moral* — que é completamente outra coisa, como mostrarei, e que só é excitada por emoções que produzem nossos pensamentos.

As sensações se originam, por um lado, das impressões que os objetos exteriores ou fora de nós fazem sobre nossos sentidos e, por outro, das impressões que os movimentos interiores e desordenados fazem sobre nossos órgãos operando ações nocivas — daí provêm as dores internas. Ora, essas sensações exercem nossa *sensibilidade física* ou nossa faculdade de sentir, fazem que nos comuniquemos com o que está fora de nós e nos advertem, ao menos obscuramente, do que se passa no nosso ser.

Desenvolvamos agora o *mecanismo das sensações*, mostrando, em primeiro lugar, a harmonia em todas as partes do sistema nervoso que lhe concernem e, depois, o produto de toda impressão formada sobre qualquer uma de suas partes sobre o sistema inteiro.

Mecanismo das sensações

As *sensações*, que por ilusão atribuímos aos lugares nos quais se produzem as impressões que as causam, executam-se num sistema de órgãos especiais que sempre faz parte do sistema nervoso e que denomino *sistema das sensações* ou de sensibilidade.

O sistema das sensações se compõe de duas partes distintas e essenciais, a saber:

1) de um núcleo particular que denomino *núcleo das sensações*, que é preciso considerar como um centro de comunicação para o qual efetivamente todas as impressões que agem sobre nós convergem;
2) de um grande número de nervos simples que partem de todas as partes sensíveis do corpo e que se reúnem e terminam no núcleo das sensações.

É com um semelhante sistema de órgãos, cuja harmonia é tal que todas as partes do corpo ou praticamente todas participam igualmente de cada impressão feita sobre alguma parte, que a natureza logrou dar a todo animal que possui um sistema nervoso a faculdade de sentir seja do que o afeta internamente, seja das impressões que os objetos exteriores causam sobre os sentidos dos quais é dotado.

Talvez o núcleo das sensações seja dividido e multiplicado nos animais que possuem uma *medula longitudinal nodosa*; entretanto, pode-se suspeitar que o gânglio na extremidade anterior dessa medula seja um pequeno *cérebro* esboçado, dado que ele dá origem imediatamente ao sentido da vista. Mas, quanto aos animais que possuem uma *medula espinhal*, não se poderia duvidar que o núcleo das sensações seja neles simples e única; e é verossímil que esse núcleo esteja situado na extremidade anterior dessa medula espinhal, na base mesma do que se nomeia o cérebro e, portanto, sob os hemisférios.

Chegando de todas as partes e convergindo num centro de comunicação ou em vários desses núcleos que se comunicam entre si, os nervos sensitivos constituem a *harmonia* do sistema das sensações, na medida em que fazem todas as partes desse sistema participar das impressões, tanto isoladas como comuns, que o indivíduo pode experimentar.

Mas, para conceber bem o mecanismo admirável desse sistema sensitivo, é necessário evocar o que eu já disse, a saber: que um fluido extremamente sutil, cujos movimentos, sejam de translação, sejam de oscilação, quase tão rápidos quanto os do raio, encontra-se contido nos nervos e seu núcleo, e que é unicamente nessas partes que esse fluido se move livremente.

Em seguida, que se considere que dessa harmonia do sistema das sensações, que faz que todas as partes desse sistema correspondam entre si, bem como todas as partes do indivíduo, resulta que toda impressão, tanto interna quanto externa, que esse indivíduo recebe produz imediatamente uma agitação em todo o sistema, isto é, no fluido sutil que nele está contido, e, por conseguinte, em todo seu ser, embora ele não possa perceber isso. Ora, essa agitação sofrida produz imediatamente uma *reação* que, conduzida de todas as partes ao núcleo comum, ocasiona um efeito singular, numa palavra, uma agitação cujo produto se propaga em seguida por meio do único nervo não reagente sobre o ponto mesmo do corpo que foi inicialmente afetado.

O homem, que possui a faculdade de formar ideias do que experimenta, ao formar uma ideia desse efeito singular que se produz no núcleo das sensações e se propaga até o ponto afetado, deu-lhe o nome de *sensação* e supôs que toda parte que recebe uma impressão teria nela própria a faculdade de sentir. Mas o sentimento não está em outra parte além da ideia real ou na percepção que o constitui, dado que não é uma faculdade de nenhuma das partes de nosso corpo, tampouco de nenhum de nossos nervos, tampouco mesmo do núcleo das sensações, mas unicamente o resultado de uma emoção de todo o sistema da sensibilidade que se torna perceptível num ponto qualquer de nosso corpo. Examinemos com mais detalhe o mecanismo desse efeito singular do *sistema de sensibilidade*.

No caso dos animais que possuem uma medula espinhal, partem de todas as partes de seu corpo, tanto daquelas que são as mais interiores, como daquelas que mais se avizinham de sua superfície, fibras nervosas de extrema finura extrema que, sem se dividir nem anastomosar, unem-se ao núcleo das sensações. Ora, em sua rota, apesar de se unirem a outras, essas fibras se propagam sem descontinuidade até esse núcleo, conservando sempre sua bainha particular. Isso não impede que os cordões nervosos que se originam da união de várias dessas fibras tenham também uma bainha própria, o que se aplica também às junções desses cordões que se compõem da união de vários deles.

Cada fibra nervosa poderia, pois, ser identificada pelo nome da parte de onde advém, pois transmite apenas as impressões feitas nessa parte.

Trata-se aqui apenas dos nervos que servem para as sensações; aqueles que são destinados ao movimento muscular aparentemente partem de um outro núcleo, qualquer que seja, e constituem no sistema nervoso um sistema especial, distinto daquele das sensações, assim como este último é distinto do sistema que serve para a formação das ideias e dos atos do entendimento.

É verdade que, em decorrência da estreita conexão que existe entre o sistema das *sensações* e o sistema do movimento muscular, nas paralisias ordinariamente são extinguidos nas partes afetadas tanto o sentimento como o movimento; não obstante, observou-se a sensibilidade completamente extinta em certas partes do corpo que gozam ainda, a despeito disso, da liberdade dos movimentos[1] – o que prova que o sistema das *sensações* e o sistema dos movimentos são realmente distintos.

---

1 M. Hébréard relata no *Journal de Médecine, de Chirurgie et de Pharmacie* que um homem de 50 anos possui o braço direito afetado de uma insensibilidade absoluta desde os 14 anos aproximadamente. Não obstante, esse membro conservou sua agilidade, seu volume e suas força ordinárias. Ele foi acometido por um flegmão, que causou calor, tumor e vermelhidão, mas nenhuma dor, mesmo se o comprimia... Ao trabalhar, esse homem fraturou os ossos do antebraço, em seu terço inferior. Como de início apenas ouviu um rugido, acreditou que tinha quebrado a pá que ele tinha na mão, mas ela estava intacta e ele só se apercebeu de seu acidente porque não conseguiu continuar seu trabalho. No dia seguinte, o lugar da fratura estava inchado; o calor tinha aumentado no antebraço e na mão; não obstante, o doente não sentia nenhuma dor, mesmo durante as extensões necessárias para reduzir a fratura etc. O autor conclui desse fato e de experiências semelhantes feitas por outros médicos que a sensibilidade é completamente distinta e independente da contratilidade etc. *Journal de Médecine Pratique*, Paris, 15 jun. 1808, p.540. (N. A.)

O mecanismo particular que constitui o ato orgânico de onde nasce o *sentimento* consiste, pois, nisto: quando a extremidade de um nervo recebe uma impressão, o movimento que o fluido sutil desse nervo logo adquire é transmitido ao núcleo das sensações e, de lá, a todos os nervos do sistema sensitivo. Mas, no mesmo instante, o fluido nervoso, reagindo por meio de todos os nervos de uma só vez, conduz esse movimento geral ao núcleo comum, no qual o único nervo que não produz nenhuma reação recebe o produto inteiro de todos os outros e o transmite ao ponto do corpo que foi afetado.

Apliquemos os detalhes desse mecanismo a um exemplo particular a fim de que se possa apreender melhor o conjunto.

Se sou picado no dedo mindinho de uma de minhas mãos, o nervo da parte afetada que, munido de sua bainha particular, continua sem comunicação com outros até o núcleo comum, leva a esse núcleo a agitação que recebeu e essa agitação é imediatamente comunicada ao fluido de todos os outros nervos do sistema sensitivo. Então, por uma verdadeira reação ou repercussão, essa mesma agitação reflui de todos os pontos até o núcleo comum, produzindo no núcleo um espasmo, uma compressão do fluido agitado por todas as colunas, menos uma, cujo efeito total produz uma *percepção* e cujo resultado é reconduzido para o único nervo que não reage.

Efetivamente, o nervo que conduziu a impressão recebida, e, dessa maneira, forneceu a causa da agitação do fluido de todos os outros, é o único que não transporta nenhuma reação, pois ele é o único ativo, ao passo que os outros são passivos. Todo efeito do espasmo produzido no núcleo comum e nos nervos passivos, assim como a percepção que dele resulta, devem, pois, se referir a esse nervo ativo.

Um efeito semelhante resultante de um movimento geral executado em todo o indivíduo o adverte necessariamente de um evento que se passa nele, e esse indivíduo, embora não possa distinguir nenhum dos detalhes, experimenta uma percepção à qual se deu o nome de *sensação*.

Vê-se que essa sensação deve ser fraca ou forte segundo a intensidade da impressão; que ela deve ter tal ou tal caráter segundo a natureza mesma da impressão recebida; e que, enfim, ela parece se produzir na própria parte que foi afetada apenas porque o nervo dessa parte é o único que sofre o efeito geral ocasionado por uma impressão qualquer.

Assim, toda agitação que se produz no núcleo ou centro de comunicação dos nervos e que procede de uma impressão recebida faz-se geralmente sentir em todo nosso ser e parece sempre se efetuar na própria parte que recebeu a impressão.

Há necessariamente um intervalo entre o instante no qual essa impressão se efetua e aquele no qual a sensação se produz; mas, como esse intervalo é muito curto por causa da velocidade dos movimentos, é impossível para nós percebê-lo.

Tal é, na minha opinião, a mecânica admirável e a fonte da sensibilidade física. Repito: aqui não é a matéria que sente. Ela não possui essa faculdade, nem tampouco qualquer parte do corpo do indivíduo, pois a *sensação* que ele experimenta nessa parte não passa de uma ilusão da qual certos fatos bem constatados forneceram provas, mas é um efeito geral produzido em todo seu ser que se relaciona por inteiro com o próprio nervo que foi sua primeira causa e que o indivíduo deve necessariamente sentir na extremidade desse nervo no qual uma impressão se efetuou.

Que não nos apercebemos de nada que não esteja em nós mesmos é uma verdade que admitida por todos. Para que uma sensação possa ser produzida, é absolutamente necessário que a impressão recebida pela parte afetada seja transmitida ao núcleo do sistema das sensações, mas, se toda a ação terminasse aí, não haveria efeito geral e nenhuma reação seria reportada ao ponto que recebeu a impressão. Quanto à transmissão do primeiro movimento impresso, vê-se que ela se opera por meio do nervo que foi afetado e do fluido nervoso que se move na sua substância. Sabe-se que, ao se interceptar por uma ligadura ou uma compressão forte do nervo a comunicação entre a porção que termina na parte afetada e aquela que se une ao núcleo das sensações, nenhuma comunicação pode se efetuar.

A ligadura ou a forte compressão, ao interromper nesse ponto a continuidade da polpa mole do nervo por meio da aproximação das paredes de seu envoltório, basta para interceptar a passagem do fluido nervoso em movimento. Mas, assim que se suspende a ligadura, a moleza da medula nervosa permite o reestabelecimento de sua continuidade no nervo e imediatamente a sensação pode se produzir de novo.

Assim, embora seja verdadeiro que apenas sentimos em nós mesmos, a percepção dos objetos que nos afetam não se executa no núcleo das sensações, como tínhamos pensado, mas na extremidade mesma do nervo que recebeu a impressão. Toda sensação é, pois, realmente sentida apenas na parte afetada porque é nela que termina o nervo dessa parte.

Mas, se essa parte não existe mais e o nervo que nela termina continua a existir, embora reduzido, se esse nervo recebe uma impressão, experimentamos uma sensação que, por ilusão, parece se manifestar na parte que não se possui mais.

Observou-se que pessoas cuja perna havia sido amputada e cujo toco estava bem cicatrizado sentiam nas épocas de mudança de tempo dores no pé ou na perna que elas não possuíam mais. É evidente que nesses indivíduos se operava um erro de julgamento em relação ao lugar onde a sensação que experimentavam realmente se executava; mas esse erro era proveniente do fato de que os nervos afetados eram precisamente aqueles que originariamente se distribuíam no pé ou na perna desses indivíduos. Ora, essa sensação se produzia realmente na extremidade desses nervos reduzidos.

O núcleo das sensações serve apenas para a produção da comoção geral excitada pelo nervo que recebeu a impressão e para conduzir a esse nervo a reação de todos os outros; donde resulta na extremidade do nervo afetado um efeito para o qual participam todas as partes do corpo.

Cabanis parece ter entrevisto o mecanismo das sensações, pois, embora ele não desenvolva claramente os princípios e exponha um mecanismo análogo à maneira pela qual os nervos excitam a ação muscular (o que não ocorre), vê-se que ele teve o conhecimento geral do que se passa realmente na produção das sensações. Eis como se exprime a esse respeito: "Pode-se, pois, considerar que as operações da sensibilidade se fazem em dois tempos. Primeiro, as extremidades dos nervos recebem e transmitem a primeira advertência a todo o órgão sensitivo ou somente, como se verá posteriormente, a um de seus sistemas isolados; em seguida, o órgão sensitivo reage sobre elas para colocá-las em condições de receber toda a impressão, de maneira que a sensibilidade que, no primeiro tempo, parece ter refluído da circunferência para o centro, retorna, no segundo, do centro à circunferência e que, para dizer tudo em uma palavra, os nervos exercem sobre si mesmos uma verdadeira *reação* para a produção do sentimento, do mesmo modo que exercem uma reação sobre as partes musculares para a produção do movimento".[2]

Falta apenas, à exposição do douto que cito, indicar que o nervo que na sua extremidade recebe e transmite a primeira advertência a todo o sistema sensitivo é o único que em seguida não reage e que disso resulta que a reação geral dos outros nervos do sistema, ao chegar ao núcleo comum, se transmite necessariamente no único nervo que se encontra então num estado passivo, e conduz até o ponto que foi afetado primeiro o efeito geral do sistema, isto é, a *sensação*.

Quanto ao que Cabanis diz de uma reação semelhante que os nervos exerceriam sobre as partes musculares para colocá-las em movimento, creio que essa comparação de dois atos tão diferentes do sistema nervoso não possui fundamento e que uma simples emissão do fluido dos nervos que é enviado de seu reservatório aos músculos que devem agir é suficiente: não há aí nenhuma necessidade de reação nervosa.

Terminarei minhas observações sobre as causas físicas do sentimento com as seguintes reflexões, cujo objetivo é mostrar que se comete um erro seja ao se confundir a percepção de um objeto com a ideia que a sensação do mesmo objeto pode originar, seja ao se persuadir de que toda sensação produz sempre uma ideia.

Experimentar uma sensação ou distingui-la são coisas muito diferentes: a primeira sem a segunda constitui apenas uma simples percepção; ao contrário, somente a segunda, que sempre está unida à primeira, produz a ideia.

Quando experimentamos uma sensação de um objeto que nos é estranho e distinguimos essa sensação, embora sintamos apenas em nós próprios e necessitemos fazer uma ou várias comparações para separar o objeto em questão da nossa própria existência e ter uma ideia dele, executamos quase simultaneamente, por meio de nossos órgãos, dois tipos de atos essencialmente diferentes: um que nos faz sentir e outro que nos faz pensar. Jamais conseguiremos destrinchar as causas desses fenômenos orgânicos enquanto confundirmos os fatos tão distintos que os constituem e não reconhecermos que a fonte de um não pode ser a mesma que a do outro.

---

2 Cabanis, *Rapports du physique et du moral*, op. cit., v.I, p.143. (N. A.)

Seguramente é preciso um sistema especial de órgãos para executar o fenômeno do sentimento; pois *sentir* é uma faculdade peculiar a certos animais e não geral a todos. É preciso igualmente um sistema especial de órgãos para operar os atos do entendimento; pois pensar, comparar, julgar, raciocinar são atos orgânicos de uma natureza muito diferente dos que o sentimento produz. Assim, quando se pensa, não se experimenta nenhuma sensação, embora os pensamentos se tornem sensíveis ao sentimento interno, a esse eu do qual se tem consciência. Ora, como toda sensação é proveniente de um sentido particular afetado, a consciência que se possui do pensamento não é uma sensação, difere efetivamente dela e, por conseguinte, deve ser distinguida dela. Da mesma maneira, quando se experimenta a sensação simples que constitui a *percepção*, isto é, aquela que não se nota, não se forma nenhuma ideia dela, não se produz nenhum pensamento sobre ela, e, a esse respeito, o sistema sensitivo é o único em ação. Pode-se, pois, pensar sem sentir e pode-se sentir sem pensar. Assim, possui-se para cada uma dessas faculdades um sistema de órgãos que pode exercê-la, assim como se possui um sistema especial de órgãos para os movimentos que é independente dos dois que acabo de citar, embora um ou outro seja a causa não imediata que coloca este último em ação.

Assim, foi erroneamente que se confundiu o sistema das sensações com o sistema que produz os atos do entendimento e que se supôs que os dois tipos de fenômenos orgânicos que deles se originam eram o resultado de um único sistema de órgãos capaz de os produzir. Isso levou homens do maior mérito e também muito instruídos a se enganar em seus raciocínios sobre os objetos dessa natureza. "Um ser (diz Richerand) inteiramente privado de órgãos sensitivos teria apenas uma existência vegetativa. Se ele adquirisse um sentido, não teria entendimento, já que, como Condillac prova, as impressões produzidas sobre esse sentido único não poderiam ser comparadas; tudo se limitaria a um sentimento interno que o advertiria de sua existência e ele acreditaria que todas as coisas que o afetam fazem parte de seu ser".[3]

Vê-se, a partir dessa citação, que os sentidos são aqui considerados não apenas como órgãos sensitivos, mas também como órgãos que produzem

---

3 Richerand, *Nouveaux élémens de physiologie*, op. cit., livro II, p.154. (N. A.)

os atos do entendimento; dado que, se, no lugar de um único sentido, o ser citado possuísse vários, então, segundo a opinião admitida, a mera existência desses sentidos faria o indivíduo gozar de faculdades intelectuais.

Há uma contradição na passagem que acabo de citar, pois nela é dito que um ser que possuísse apenas um sentido não gozaria ainda de entendimento; e mais adiante se diz que, com relação às impressões que se experimentaria, tudo se limitaria a um sentimento interno que o advertiria de sua existência, e que ele acreditaria que todas as coisas que o afetam fazem parte de seu ser. Como esse ser que ainda não goza de entendimento poderia pensar e julgar? Pois *crer* que tal coisa é de tal maneira é formar um juízo.

Enquanto não distinguirmos os fatos ligados ao *sentimento* daqueles que são produtos da *inteligência*, estaremos frequentemente expostos a fazer confusões semelhantes.

É uma coisa reconhecida que não há *ideias inatas* e que toda ideia simples provém unicamente de uma sensação. Mas espero mostrar que toda sensação não produz uma ideia, que ela causa necessariamente apenas uma percepção, e que, para a produção de uma ideia impressa e durável, é necessário um órgão especial, assim como a existência de uma condição que o órgão das sensações não poderia por si só oferecer.

Há uma grande distância entre uma simples percepção e uma ideia impressa e durável. Com efeito, toda sensação que causa apenas uma simples percepção não imprime nada no órgão, nem exige a condição essencial da *atenção*, e só poderia excitar o sentimento interno do indivíduo e lhe dar a percepção fugitiva dos objetos sem produzir nenhum pensamento nesse indivíduo. Além disso, a memória, que só pode ter sua sede no órgão no qual as ideias são traçadas, não está nunca na condição de evocar uma percepção que não chegou a esse órgão e que, consequentemente, não imprimiu nada nele.

Considero as percepções ideias imperfeitas, sempre simples, não gravadas no órgão e que não necessitam de condição para se executar, o que é muito diferente das ideias verdadeiras e subsistentes. Ora, essas percepções, por meio de repetições habituais que abrem certas passagens particulares no fluido nervoso, podem produzir ações que se assemelham aos atos da memória. A observação dos costumes e hábitos dos *insetos* nos fornece exemplos disso.

Terei a ocasião de retornar a esses objetos; mas seria importante que eu indicasse aqui a necessidade de distinguir a *percepção* que resulta de toda sensação não notada da *ideia* que, para sua formação, exige um órgão especial, o que espero provar.

De acordo com o que foi exposto neste capítulo, creio poder concluir:

1) que o fenômeno do sentimento não apresenta uma maravilha estranha às maravilhas que estão na natureza, isto é, que as causas físicas podem produzir;
2) que não é verdadeiro que alguma parte de um corpo vivo ou matéria que a compõe possui como propriedade a faculdade de sentir;
3) que o sentimento é o produto de uma ação e de uma reação que se operam e se tornam gerais no sistema sensitivo e se executam com rapidez por um mecanismo simples, muito fácil de conceber;
4) que o efeito geral dessa ação e reação é necessariamente sentido pelo *eu* indivisível do indivíduo e não por alguma parte de seu corpo tomada separadamente; de maneira que é apenas por ilusão que ele acredita que o efeito inteiro se passou no ponto que recebeu a impressão que o afetou;
5) que todo indivíduo que nota uma sensação, que a julga, que distingue o ponto de seu corpo no qual ela é produzida e que possui dela uma ideia, pensou nela, executou um ato de inteligência a seu respeito e, portanto, possui o órgão especial que pode produzi-lo;
6) que, enfim, na medida em que o sistema das sensações pode existir sem o do entendimento, o indivíduo que se encontra nessa situação não executa nenhum ato de inteligência, não possui ideias e recebe da parte dos seus sentidos afetados percepções simples que ele não nota, mas que podem mover seu sentimento interno e levá-lo a agir.

Tentemos agora formar uma ideia clara, na medida do possível, das emoções do sentimento interno dos indivíduos que gozam da sensibilidade física e verificar a potência que esses indivíduos obtêm dela para a execução de suas ações.

Capítulo IV
Do sentimento interno, das emoções que se pode experimentar e da potência que se adquire a partir das emoções para a produção das ações

Meu objetivo neste capítulo é tratar de uma das faculdades mais notáveis que o sistema nervoso em seu maior desenvolvimento confere aos animais que o possuem: quero falar dessa faculdade singular da qual certos animais e o próprio homem são dotados e que consiste em poder experimentar *emoções internas* que as necessidades e as diferentes causas exteriores ou interiores provocam e das quais surge a potência para executar diversas ações.

Ninguém ainda, creio eu, tomou em consideração o objeto interessante do qual vou me ocupar; contudo, enquanto não se lhe dá atenção, será sempre impossível dar a razão dos numerosos fenômenos que a organização animal nos apresenta e que possuem como fonte a faculdade que acabo de mencionar.

Viu-se que o sistema nervoso se compunha de diferentes órgãos que se comunicam; por conseguinte, todas as porções do fluido sutil contido nas diferentes partes desse sistema se comunicam também entre si e, portanto, são suscetíveis de experimentar uma *agitação geral* quando certas causas capazes de excitar essa agitação agem. Esta é uma consideração essencial que é importante não perdermos de vista nas pesquisas que nos ocupam e de cujo fundamento não poderíamos duvidar, dado que os fatos observados nos fornecem provas disso.

Entretanto, a totalidade do fluido nervoso não está sempre livre o bastante para poder experimentar a agitação em questão; pois, nos casos ordinários, há somente uma porção desse fluido, embora considerável, que é suscetível de sentir essa agitação quando certas emoções o excitam.

É certo que, em diversas circunstâncias, o fluido nervoso sofre movimentos nas porções de algum modo isoladas de sua massa. Assim, porções desse fluido são enviadas às diferentes partes para a ação muscular e para a vivificação dos órgãos sem que sua massa inteira se coloque em movimento. Da mesma maneira, as porções desse fluido podem ser agitadas nos hemisférios do cérebro sem que a totalidade desse fluido sofra essa agitação: tratam-se de verdades das quais não se poderia discordar. Mas se é evidente que o fluido nervoso pode receber movimentos em certas porções de sua massa, também deve ser evidente que a massa quase inteira desse fluido pode ser agitada e colocada em movimento por causas particulares, dado que todas suas porções se comunicam entre si. Digo a massa quase inteira porque, nas emoções internas ordinárias, a porção do fluido nervoso que serve para a excitação dos músculos independentes do indivíduo e, frequentemente, a porção que se encontra nos hemisférios do cérebro estão ao abrigo das agitações que constituem essas emoções.

O fluido nervoso pode, pois, experimentar movimentos em certas partes de sua massa e pode também sofrê-lo em todas de uma só vez; ora, são esses últimos movimentos que constituem as agitações gerais desse fluido e que vamos considerar.

As agitações gerais do fluido nervoso são de dois tipos, a saber:

1) As agitações parciais, as quais se tornam em seguida gerais e terminam em uma reação – são as agitações desse tipo que produzem o sentimento. Tratamos delas no terceiro capítulo.
2) As agitações que são gerais desde que começam e não formam nenhuma reação: são essas que constituem as emoções internas e é delas unicamente que nos ocuparemos.

Mas antes é necessário dizer algo acerca do *sentimento de existência*, porque esse sentimento é a fonte a partir da qual as emoções internas nascem.

Do sentimento de existência

O sentimento de existência – que denominarei *sentimento interno* a fim de não lhe dar a generalidade que não pode ter, visto que não é comum a todos os corpos vivos e que não é o mesmo para todos os animais – é um sentimento muito obscuro do qual são dotados os animais que possuem um sistema nervoso desenvolvido o bastante para lhes dar a faculdade de sentir.

Esse sentimento, por mais obscuro que seja, é, não obstante, muito potente, por ser a fonte das emoções internas que os indivíduos que os possuem experimentam e, por conseguinte, dessa força singular que possibilita a esses indivíduos produzir por si mesmos os movimentos e as ações que suas necessidades exigem. Ora, esse sentimento, considerado um *motor* muito ativo, age meramente enviando aos músculos que devem operar esses movimentos e essas ações, o fluido nervoso que é seu excitador.

Esse sentimento, que é agora bem reconhecido, resulta do conjunto confuso de *sensações internas* que são constantemente produzidas durante a duração da existência do animal por meio de impressões contínuas que os movimentos da vida executam sobre suas partes internas e sensíveis.

Com efeito, em decorrência dos movimentos orgânicos ou vitais que se operam em todo animal, aquele que possui um sistema nervoso suficientemente desenvolvido goza de sensibilidade física e recebe incessantemente, em cada uma de suas partes internas e sensíveis, impressões que o afetam continuamente e que ele sente simultaneamente, sem poder distingui-las entre si.

Na verdade, todas essas impressões são muito fracas e, embora variem em intensidade segundo o estado de saúde ou doença do indivíduo, podem ser distinguidas em geral apenas com muita dificuldade porque não são suscetíveis de interrupção nem de retomada súbitas. Não obstante, o conjunto dessas impressões e sensações confusas disso resultante constitui em todo animal sujeito a elas um *sentimento interno* muito obscuro, mas real, que se denominou o *sentimento de existência*.

Esse sentimento íntimo e contínuo, que não se nota porque é experimentado sem que seja observado, é geral, visto que todas as partes sensíveis do corpo participam dele. Ele constitui esse *eu* do qual todos os animais que são meramente sensíveis são imbuídos sem se aperceber, mas que pode ser notado por aqueles que possuem o órgão da inteligência, dado que possuem a faculdade de pensar e de dar atenção. Enfim, ele é em uns e outros a fonte de uma potência que as necessidades podem evocar, fonte que age efetivamente apenas por meio da emoção e da qual os movimentos e as ações extraem a força que os produz.

O sentimento interno pode ser considerado sob duas relações muito distintas, a saber:

1) como o resultado das sensações obscuras que se executam sem descontinuidade em todas as partes sensíveis do corpo: sob essa consideração, eu o denomino simplesmente *sentimento interno*;
2) nas suas faculdades: pois, por meio da agitação geral do qual é suscetível o fluido sutil que o ocasiona, ele possui a faculdade de constituir uma potência que dá aos animais que a possuem o poder de produzir por si mesmos movimentos e ações.

Com efeito, esse sentimento, que forma um todo muito simples, é, devido a sua generalidade, suscetível de ser atiçado por diferentes causas. Ora, como esse sentimento, nas suas emoções, pode excitar movimentos nas porções livres do fluido nervoso, dirigir esses movimentos e enviar esse fluido excitador a tal ou tal músculo ou a tal parte dos hemisférios do cérebro, ele se torna uma potência que faz agir ou que excita pensamentos. Assim, sob essa segunda relação, pode-se considerar o sentimento interno como a fonte da qual a força produtora das ações extrai seus meios.

Era necessário, para o entendimento dos fenômenos que produz, considerar esse sentimento sob as duas relações que acabo de citar. Pois, por sua natureza, isto é, como sentimento de existência, está sempre em ação durante a vigília; e, por meio de suas faculdades, dá origem de maneira passageira a uma força que faz agir.

Enfim, o sentimento interno só manifesta sua potência e consegue produzir ações quando existe um sistema para o movimento muscular, o qual é sempre dependente do sistema nervoso e não poderia ser produzido sem ele. Assim, seria uma inconsequência se esforçar em encontrar músculos nos animais nos quais o sistema nervoso evidentemente faltasse.

Tentemos agora desenvolver as principais considerações relativas às emoções do sentimento interno.

Das emoções do sentimento interno

Trata-se aqui do exame de um dos mais importantes fenômenos da organização animal: das *emoções* do sentimento interno que fazem os animais e o próprio homem agir, algumas vezes sem nenhuma participação de sua vontade e outras a partir de uma vontade que as produz – emoções reconhecidas há muito tempo, mas a cuja origem e causas parece não se ter dado atenção.

A partir do que se observa a esse respeito não se poderia duvidar que o sentimento interno e geral que os animais que possuem um sistema nervoso apropriado para o sentimento experimentam seja suscetível de ser excitado pelas causas que o afetam; ora, essas causas são sempre a necessidade, seja de saciar a fome, seja de fugir de perigos, de evitar a dor, de procurar o prazer ou o que é agradável ao indivíduo etc.

As *emoções* do sentimento interno só podem ser conhecidas pelo homem, único capaz de notá-las e de lhes dar atenção. Mas ele só se apercebe das fortes, que agitam todo seu ser, e precisa de muita atenção e reflexão para reconhecer que as experimenta em todos os graus de intensidade, pois é o sentimento interno que, em diversas circunstâncias, gera nele essas emoções internas que o levam a agir.

Foi dito no início deste capítulo que as *emoções internas* de um animal sensível consistem em certas agitações gerais de todas as porções livres de seu fluido nervoso e que essas agitações não eram seguidas de nenhuma reação – razão pela qual elas não produzem nenhuma sensação distinta. Ora, é fácil conceber que, quando essas emoções são fracas ou medíocres, o indivíduo pode dominá-las e dirigir seus movimentos; mas, quando elas são súbitas e muito grandes, então ele próprio é dominado – essa consideração é muito importante.

O fato positivo da existência dessas emoções não pode ser uma suposição. Quem não notou que um grande barulho inesperado nos causa um sobressalto, nos faz saltar de alguma maneira e executar, segundo a natureza, movimentos que nossa vontade não tinha determinado?

Há algum tempo que, ao caminhar na rua e cobrir meu olho esquerdo com meu lenço porque estava doendo e a luz do sol me incomodava, a queda precipitada de um cavalo montado que eu não via ocorreu muito perto de mim e à minha esquerda: ora, nesse instante mesmo, por um movimento e um ímpeto, nos quais minha vontade não poderia ter a menor parte, encontrava-me a dois passos para minha direita antes de ter a ideia do que se passava perto de mim.

Todo mundo conhece esses tipos de movimentos involuntários por ter experimentado algo semelhante. E eles são notados apenas porque são extremos e súbitos. Mas não se presta atenção para o fato de que tudo o que nos afeta nos excita proporcionalmente, isto é, excita mais ou menos nosso sentimento interno.

Somos movidos à vista de um precipício, de uma cena trágica, seja real, seja representada em um teatro, seja mesmo numa tela etc. etc. E no que consiste o poder de uma bela peça de música bem executada, senão em produzir emoções no nosso sentimento interno? E o que é a alegria ou a tristeza que sentimos subitamente ao saber de uma novidade boa ou má a respeito do que nos interessa, se não a *emoção* desse sentimento interno, que, de início, não conseguimos identificar?

Vi várias peças de música serem executadas no piano por uma jovem senhorita que era surda e muda; sem ser brilhante, sua execução era, não obstante, razoável. Ela tinha bom compasso e percebi que toda sua pessoa estava excitada pelos movimentos mesurados de seu sentimento interno.

Esse fato me fez perceber que o sentimento interno compensava nessa jovem o órgão da audição que não a podia guiar. Assim, ao ser informado pelo seu mestre de música que ele a tinha exercitado para a mesura a partir de signos mesurados, fui logo convencido de que esses signos tinham provocado nela o sentimento em questão. E, a partir disso, presumi que o que atribuímos inteiramente ao ouvido muito exercitado e delicado dos bons músicos pertence antes a seu sentimento interno, que desde o primeiro compasso se encontra ativado por um gênero de movimento necessário para a execução de uma peça.

Nossos hábitos, nosso temperamento, a própria educação modificam essa faculdade de se emocionar que nosso sentimento interno possui; de maneira que ela se encontra muito enfraquecida em certos indivíduos e é extrema em outros.

Devem-se distinguir as emoções que a sensação dos objetos exteriores nos fazem experimentar daquelas que nos advêm das ideias, dos pensamentos, numa palavra, dos atos de nossa inteligência; as primeiras constituem a sensibilidade *física*, ao passo que as segundas, pela sua suscetibilidade maior ou menor, caracterizam a sensibilidade *moral* que vamos considerar.

Sensibilidade moral

A *sensibilidade moral*, à qual ordinariamente damos o nome geral de sensibilidade, é muito diferente da sensibilidade física que já mencionei. A primeira é excitada apenas por ideias e pensamentos que movem nosso sentimento interno, e a segunda manifesta-se apenas a partir das impressões que se produzem em nossos sentidos e que podem igualmente excitar o sentimento interno do qual somos dotados.

Assim, a sensibilidade moral, cuja sede se supôs erroneamente estar no coração, porque os diferentes atos dessa sensibilidade afetam mais ou menos as funções dessa víscera, é a suscetibilidade requintada de se emocionar que o sentimento interno de certos indivíduos possui diante da manifestação súbita de ideias e de pensamentos. Diz-se, então, que esses indivíduos são muito *sensíveis*.

Essa sensibilidade, quando atinge os desenvolvimentos que uma inteligência aperfeiçoada pode fazê-la adquirir e não sofre alterações, parece um produto e mesmo uma benfeitoria da natureza. Ela forma então uma das mais belas qualidades do homem, pois é a fonte da humanidade, da bondade, da amizade, da honra etc. Algumas vezes, entretanto, certas circunstâncias tornam essa qualidade quase funesta para nós, assim como ela pode nos ser vantajosa em outras. Ora, para retirar as vantagens que se podem obter dela e prevenir os inconvenientes que dela resultam, deve-se apenas moderar os ímpetos por métodos que apenas os princípios de uma boa educação podem orientar.

Com efeito, esses princípios nos mostram a necessidade de em diversas circunstâncias reprimir nossa sensibilidade até um certo ponto a fim de não faltar com o respeito que o homem em sociedade deve aos seus semelhantes, assim como em relação à idade, ao sexo e à posição das pessoas com as quais se encontra. Disso resulta esse decoro, essa amenidade nos discursos e nas expressões empregadas, numa palavra, essa justa contenção nas ideias emitidas, que agradam sem jamais magoar e que formam uma qualidade que distingue eminentemente aqueles que a possuem.

Até aí nossas conquistas, a esse respeito, só podem se voltar para a vantagem geral. Mas algumas vezes ultrapassam-se os limites: abusa-se do poder que a natureza nos deu de sufocar de alguma maneira a mais bela das faculdades que obtemos dela.

Efetivamente, como certas propensões às quais muitos homens se entregam fazem-nos sentir a necessidade de empregar constantemente a *dissimulação*, tornou-se-lhes necessário constranger habitualmente as emoções do sentimento interno e esconder cuidadosamente seus pensamentos, assim como das suas ações que podem conduzir ao fim ao qual se propõem. Ora, como toda faculdade não exercida se altera pouco a pouco e acaba por se aniquilar quase inteiramente, a sensibilidade moral que consideramos aqui é praticamente nula nos homens, e eles não a estimam nas pessoas que a tenham pouco desenvolvida.

Assim como a sensibilidade física só se exerce por meio das sensações (sensações que, quando fazem surgir alguma necessidade, produzem imediatamente uma emoção no sentimento interno, o qual envia, no mesmo instante, o fluido nervoso aos músculos que devem agir), a sensibilidade moral só se exerce por meio das emoções que o pensamento produz nesse sentimento interno. E quando a vontade, que é um ato de inteligência, determina uma ação, esse sentimento, movido por esse ato, dirige o fluido nervoso aos músculos que devem agir.

Assim, o sentimento interno recebe, por meio de uma ou outra das duas vias muito diferentes, todas as emoções que podem agitá-lo, a saber, por meio da via do pensamento e por meio da via do sentimento físico ou das sensações. Poder-se-ia, pois, distinguir as emoções do sentimento interno:

1) em *emoções morais*, como aquelas que podem ser produzidas pelos pensamentos;
2) em *emoções físicas*, como aquelas que resultam de certas sensações.

Entretanto, como os resultados do primeiro tipo de emoção pertencem à sensibilidade moral, ao passo que aqueles do segundo tipo dependem da sensibilidade física, basta se ater à primeira distinção já feita.

Farei, não obstante, neste momento, as observações seguintes, que não me parecem sem interesse.

Uma *emoção moral*, quando é muito forte, pode aniquilar momentaneamente ou temporariamente o sentimento físico, ocasionar desordens nas ideias, nos pensamentos e alterar mais ou menos as funções de vários órgãos essenciais à vida.

Sabe-se que uma novidade aflitiva e inesperada como aquela que causa uma alegria extrema produzem emoções cujas consequências podem ser dessa natureza. Sabe-se também que os menores efeitos dessas emoções atrapalham a digestão ou a tornam penosa, e que, em relação às pessoas idosas, quando as emoções são um pouco fortes, são perigosas e às vezes funestas.

Enfim, a potência das emoções morais é tão grande que frequentemente ela consegue dominar o sentimento físico. Com efeito, viram-se fanáticos, isto é, indivíduos cujo sentimento moral estava muito exaltado, que conseguiram sobrepô-lo às impressões das torturas sofridas.

Embora em geral as emoções morais se sobreponham em potência às emoções físicas, estas, não obstante, quando são muito fortes, transtornam também as faculdades intelectuais, podendo causar delírio e perturbar as funções orgânicas.

Terminarei essas observações com uma reflexão que creio ser fundamentada: que o sentimento moral exerce com o tempo uma influência sobre o estado da organização ainda maior que o sentimento físico é capaz de operar.

Efetivamente, que desordem nas funções orgânicas e, principalmente, no estado das vísceras abdominais, não é produzida por uma tristeza profunda e muito prolongada?

A esse respeito, Cabanis, ao considerar que indivíduos que estavam continuamente tristes e melancólicos, frequentemente sem motivo real, apresentavam no estado das vísceras um gênero de alteração que se mostrava sempre praticamente o mesmo; concluiu disso que se devia atribuir a melancolia desses indivíduos a esse gênero de alteração e que essas vísceras concorriam para a formação do pensamento.

Parece-me que esse cientista levou demasiadamente longe as conclusões que tirou das observações feitas a esse respeito.

Sem dúvida, o estado de alteração dos órgãos, e em especial das vísceras abdominais, frequentemente corresponde às alterações das faculdades morais e chega a contribuir para elas. Mas esse estado, a meu ver, nem por isso concorre para a formação do pensamento; ele influencia apenas ao dar ao indivíduo uma inclinação que o leva a se comprazer numa tal ordem de pensamentos mais do que em outra.

Ora, visto que o sentimento moral age fortemente sobre o estado dos órgãos quando essas afecções se prolongam em tal ou tal sentido, do que não se poderia duvidar, parece-me que, num tal indivíduo, tristezas contínuas e fundadas terão, na origem, causado as alterações dessas vísceras abdominais e que essas alterações, uma vez formadas, terão, por seu turno, perpetuado nesse indivíduo uma tendência à melancolia, mesmo sem que haja então algum motivo.

Na verdade, a reprodução pode transmitir uma disposição dos órgãos, numa palavra, um estado das vísceras apropriado para produzir tal temperamento, tal inclinação, enfim, tal caráter; mas é preciso em seguida que as circunstâncias favoreçam o desenvolvimento dessa disposição no novo indivíduo, sem o que esse indivíduo poderia adquirir um outro temperamento, outras inclinações, enfim, um outro caráter. Não é senão nos animais, sobretudo naqueles que possuem pouca inteligência, que a reprodução transmite, quase sem variação, a organização, as propensões, os hábitos, enfim, tudo o que é próprio de cada raça.

Eu me afastaria muito do que tenho em vista se me estendesse mais sobre essas considerações; por isso, retorno ao meu assunto.

Assim, resumo minhas observações sobre o sentimento interno dizendo que esse sentimento é, nos seres que dele são dotados, a fonte dos movimentos e ações, seja quando as sensações que geram as necessidades causam-lhe emoções quaisquer, seja quando o pensamento que também gera uma necessidade, ou mostra um perigo etc., move-o mais ou menos fortemente. Essas emoções, de qualquer parte que venham, agitam imediatamente o fluido nervoso disponível e, como toda necessidade sentida dirige o resultado da emoção que o excita em direção às partes que devem agir, os movimentos se executam invariavelmente por essa via e estão sempre relacionados com o que as necessidades exigem.

Enfim, como essas emoções internas são muito obscuras, o indivíduo no qual elas se exercem não as percebe; elas são, não obstante, reais. E se o homem, cuja inteligência é muito aperfeiçoada, lhe desse alguma atenção, ele reconheceria logo que não age senão a partir das emoções de seu sentimento interno, das quais algumas, que são provocadas por ideias, pensamentos e julgamentos que o fazem sentir necessidades, excitam sua vontade de agir, ao passo que outras, por resultarem imediatamente das necessidades prementes e súbitas, fazem-no executar ações das quais sua vontade não participa.

Acrescento que, visto que o sentimento interno pode ocasionar as agitações em questão, percebe-se que, se o indivíduo domina as emoções que seu sentimento íntimo recebe, ele pode então reprimi-las, moderá-las e mesmo deter seus efeitos. Eis como o sentimento interno de todo indivíduo que dele goza constitui uma potência que o faz agir segundo suas necessidades e propensões habituais.

Mas, quando as emoções em questão são muito fortes a ponto de causar no fluido nervoso uma agitação considerável o suficiente para interromper e perturbar nas suas operações o movimento do fluido dos hemisférios do cérebro, no mesmo instante esse indivíduo perde a consciência, experimenta a *síncope* e seus órgãos vitais são mais ou menos perturbados em suas funções.

Trata-se provavelmente de uma dessas grandes verdades que os filósofos não puderam descobrir porque não tinham observado suficientemente a natureza e que os zoologistas não tinham percebido porque se ocuparam demasiadamente com distinções e detalhes. Pode-se ao menos dizer que as causas físicas que acabam de ser indicadas são capazes de operar os fenômenos de organização que são o tema de nossas pesquisas aqui.

A ordem que é por toda parte necessária na exposição das ideias exige que eu estabeleça aqui uma distinção muito fundamentada e de primeira importância; ei-la: já disse que o sentimento interno obtém as emoções por meio de dois tipos de causas bem diferentes, a saber:

1) Como resultado de alguma operação da inteligência que termina num ato da vontade de agir.
2) De alguma sensação ou impressão que faz sentir uma necessidade ou provoca o exercício de uma inclinação sem a participação da vontade.

Esses dois tipos de causas que movem o sentimento interno do indivíduo mostram que há realmente uma distinção a se fazer entre aquelas que dirigem os movimentos do fluido nervoso na produção das ações.

No primeiro caso, com efeito, a emoção do sentimento interno proveniente de um ato da inteligência, isto é, de um julgamento que determina a vontade de agir, dirige os movimentos do fluido nervoso disponível no sentido que a vontade lhe imprime.

No segundo caso, ao contrário, como a inteligência não possui nenhuma participação na emoção do sentimento interno, essa emoção dirige os movimentos do fluido nervoso no sentido das propensões adquiridas e que as necessidades suscitadas pelas sensações exigem.

Há uma outra consideração que não é menos importante de observar do que estas que acabam de ser mencionadas: ela consiste em que o sentimento interno é suscetível de ser inteiramente suspenso e de sê-lo algumas vezes apenas imperfeitamente.

Durante o sono, por exemplo, esse sentimento é suspenso ou é praticamente nulo. A porção livre do fluido nervoso está numa espécie de repouso, não sofre mais a agitação geral e o indivíduo não goza mais de seu sentimento de existência. Assim, o sistema das sensações não é exercido e nenhuma das ações dependentes do indivíduo se executam, já que os músculos necessários para produzi-las não estão mais excitados e se encontram numa espécie de relaxamento.

Se o sono é imperfeito e se existe alguma causa de irritação que agita a porção livre do fluido nervoso, sobretudo aquela que se encontra nos hemisférios do cérebro, o sentimento interno, encontrando-se suspenso nas suas funções, não dirige mais os movimentos do fluido dos nervos e o indivíduo se encontra então entregue aos sonhos, isto é, a retornos involuntários de suas ideias, que ele experimenta e que se apresentam em desordem e nas sequências caracterizadas pela sua confusão.

No estado de vigília, o sentimento interno pode ser fortemente perturbado nas suas funções, às vezes por uma emoção demasiadamente forte, que interrompe a emissão do fluido nervoso aos músculos independentes da vontade, e às vezes por alguma irritação considerável que agita principalmente o fluido do cérebro. Nesse mesmo instante, ele cessa de dirigir o fluido nervoso aos seus movimentos; experimenta-se ou a *síncope*, se essa desordem é o produto de uma grande emoção, ou o *delírio*, se é uma grande irritação que o ocasiona, ou algum ato de *loucura* etc.

De acordo com o que acabo de expor, parece-me evidente que o sentimento interno é a única causa produtora das ações do homem e dos animais que o possuem; que esse sentimento só age quando as emoções das quais é suscetível o possibilitam; que ele é movido às vezes por atos de inteligência e às vezes por alguma necessidade ou alguma sensação que age imediata e subitamente nele; que pode ser dominado nas suas emoções fracas pelos homens cuja inteligência é muito desenvolvida, ao passo que só o é muito dificilmente em certos animais e que não o é jamais naqueles que não possuem inteligência; que é suspenso nas suas funções durante o sono e que então não dirige mais os movimentos que a porção livre do fluido nervoso pode sofrer; que pode ser também interrompido e perturbado nas suas funções durante o estado de vigília; enfim, que é o produto, por um lado, do sentimento de existência do indivíduo e, por outro, da harmonia que existe nas partes do sistema nervoso, o que é causa de que as porções livres do fluido sutil dos nervos se comuniquem entre si e sejam suscetíveis de sofrer uma agitação geral.

Parece-me também muito evidente, de acordo com a mesma exposição, que a sensibilidade moral não se diferencie da sensibilidade física a não ser pelo fato de que a primeira resulta unicamente das emoções provocadas pelos atos da inteligência, ao passo que a segunda é produzida apenas pelas emoções que as sensações e as necessidades ocasionam.

Essas considerações, se são fundamentadas, parecem estabelecer verdades que seriam para nós do maior interesse reconhecer; pois, além de propiciar a retificação de nossos erros relativos aos fenômenos da vida e da organização, assim como às faculdades originadas por esses fenômenos, elas colocariam um termo às maravilhas criadas por nossa imaginação e nos dariam uma ideia maior e mais justa do *supremo Autor* de tudo que existe, ao nos mostrar a via simples que ele tomou para operar todos os prodígios dos quais somos testemunhas.

Assim, o sentimento íntimo de existência que experimentam os animais que gozam da faculdade de sentir, mas que não são dotados de nenhuma inteligência, propicia-lhes ao mesmo tempo uma potência interna que age apenas por meio de emoções que a harmonia do sistema nervoso possibilita experimentar e que os faz executar ações sem o concurso de nenhuma vontade. Mas aqueles animais que unem à faculdade de sentir aquela de poder executar atos de inteligência possuem a seguinte vantagem sobre os primeiros: que sua potência interna, fonte de suas ações, é suscetível de receber as emoções que a fazem agir tanto pelas sensações produzidas pelas impressões internas e necessidades sentidas quanto por meio de uma *vontade* que, embora mais ou menos dependente, é sempre o resultado de algum ato da inteligência.

Consideraremos agora mais particularmente ainda essa potência interna e singular que dá aos animais que a possuem a faculdade de agir. O capítulo seguinte, que disso se ocupa, pode ser considerado um complemento deste.

Capítulo V
Da força produtora das ações dos animais e de alguns fatos peculiares decorrentes do seu emprego

Os animais, independentemente de seus movimentos orgânicos e das funções essenciais à vida que seus órgãos executam, realizam ainda movimentos e ações cuja causa importa extremamente determinar.

Sabe-se que os vegetais podem satisfazer às suas necessidades sem se deslocar e sem executar nenhum movimento repentino. A razão disso é que todo vegetal convenientemente situado encontra no seu entorno as matérias das quais possui necessidade para se alimentar, de maneira que ele não precisa senão absorvê-las e obter as influências de algumas dentre elas.

Não se dá o mesmo para os animais, pois, excetuando-se os mais imperfeitos, que iniciam a cadeia animal, os alimentos que servem para sua subsistência não se encontram sempre a seu alcance e eles são obrigados, para providenciá-los, a executar movimentos e ações. Ademais, a maioria deles possui, além disso, outras necessidades para satisfazer que exigem também de sua parte outros movimentos e outras ações.

Ora, tratava-se de reconhecer a fonte da qual os animais extraem essa faculdade de mover mais ou menos subitamente suas partes; numa palavra, de executar as ações diversas por meio das quais satisfazem suas necessidades.

Observei de início que toda ação era um movimento e que todo movimento que começava resultava necessariamente de uma causa que tinha o poder de produzi-lo. O objeto pesquisado se limitava, pois, a determinar a natureza e a origem dessa causa.

Ao considerar, então, que os movimentos dos animais que executam alguma ação não são de modo algum comunicados ou transmitidos, mas são simplesmente excitados, sua causa pareceu se desvelar da maneira mais clara e evidente, e fui convencido de que eles eram realmente, em todos os casos, o produto de uma potência qualquer que os excitava.

De fato, em certos animais, a ação muscular é uma força suficiente para produzir movimentos semelhantes e a influência nervosa basta também completamente para excitar essa ação. Ora, ao reconhecer que nos animais que gozam de sensibilidade física as emoções do sentimento interno constituíam a potência que envia o fluido excitador aos músculos, o problema, com relação a esses animais, me pareceu resolvido. E, quanto aos animais tão imperfeitos a ponto de não gozarem da sensibilidade física, como eles são irritáveis nas suas partes, tanto, senão mais que os outros, as excitações que lhes chegam do exterior bastam evidentemente para a execução dos movimentos que os vemos produzindo.

Eis, na minha opinião, o esclarecimento de um mistério que parecia ser tão difícil de penetrar; e esse esclarecimento não me parece repousar em simples hipóteses, pois, relativamente aos animais sensíveis, a potência muscular e a necessidade da influência nervosa para excitar essa potência não são objetos hipotéticos; e as emoções do sentimento interno, que considerei serem causas capazes de enviar aos músculos que dependem do indivíduo o fluido apropriado para excitar sua ação, parecem-me evidentes demais para que seja possível considerá-las conjecturais.

Agora se considerarmos atentamente todos os animais que existem, assim como o estado de sua organização, a consistência de suas partes e as diferentes circunstâncias nas quais se encontram, será difícil não reconhecer que, relativamente aos mais imperfeitos dentre eles, que não podem ter sistema nervoso e, portanto, não podem se utilizar da ação muscular para seus movimentos e suas ações, aqueles movimentos que se os vê produzir se originam de uma força que lhes é exterior, isto é, uma força que esses animais não possuem e que não está de modo algum à sua disposição.

É verdade que é no interior desses corpos delicados que os fluidos sutis, que lhes chegam do exterior, produzem as agitações que suas partes recebem; mas não é menos impossível a esses seres frágeis, em razão de sua fraca consistência e da extrema moleza de suas partes, possuir em si próprios alguma potência capaz de produzir os movimentos que eles executam. Não é senão por um efeito de sua organização que esses animais imperfeitos regularizam as agitações que recebem, agitações que não poderiam produzir.

Como a natureza realizou pouco a pouco e gradualmente suas diversas produções e criou sucessivamente os diferentes órgãos dos animais, variando a conformação e a situação desses órgãos segundo as circunstâncias e aperfeiçoando progressivamente suas faculdades, vê-se que ela deve ter começado emprestando do exterior, isto é, do meio circundante, a *força produtora* seja dos movimentos orgânicos, seja dos movimentos das partes externas; que, em seguida, ela transferiu essa força para o próprio animal e enfim, nos animais mais perfeitos, ela logrou colocar uma grande parte dessa força interna à disposição deles – o que logo mostrarei.

Se não se observar essa ordem gradual que a natureza seguiu na criação das diferentes faculdades animais, creio que será difícil explicar como ela pôde originar o sentimento e será ainda mais difícil conceber como simples relações entre diferentes matérias podem produzir o pensamento.

Acabamos de ver que os animais que ainda não possuem sistema nervoso não poderiam ter em si mesmos a força produtora de seus movimentos e essa força exterior a eles. Ora, como o *sentimento íntimo* da existência é, nesses animais, completamente nulo, e esse sentimento é a fonte dessa potência interna, sem a qual os movimentos e as ações daqueles que a possuem não poderiam se produzir, sua privação e, por conseguinte, a privação da potência dela resultante faz que seja necessária para esses animais uma força excitadora dos movimentos proveniente exclusivamente de causas exteriores.

Assim, nos animais imperfeitos, a força que produz, sejam os movimentos vitais, sejam os movimentos do corpo ou de suas diferentes partes, é inteiramente exterior a esses animais; eles nem mesmo a controlam, mas regulam mais ou menos, como eu disse antes, os movimentos que ela lhes imprime por meio da disposição interna de suas partes.

Essa força é o resultado dos fluidos sutis (tais quais a *calórica*, a *eletricidade* e talvez outras mais) que incessantemente penetram nesses animais a partir do meio circundante, colocam em movimento os fluidos visíveis e contidos desses corpos e excitam a irritabilidade de suas partes continentes, originando então os diversos movimentos de contração que se os vê produzir.

Ora, esses fluidos sutis, ao penetrar e se mover incessantemente no interior desses corpos, abrem rapidamente vias particulares que seguem sempre até que novas vias lhes sejam abertas. Nisto repousa a origem dos mesmos tipos de movimentos que se observam nesses animais, cujo motor é constituído por esses fluidos. E disso resulta ainda a aparência de uma inclinação irresistível que os constrange a executar esses movimentos que, por sua continuidade ou suas repetições, produzem os hábitos.

Como a simples exposição dos princípios não basta, ensaiemos esclarecer as considerações que os estabelecem.

Os animais mais imperfeitos, tais quais os infusórios e sobretudo as mônadas, se alimentam apenas por meio de absorções que se executam por meio dos poros de sua pele e por meio de uma embebição interna das matérias absorvidas. Eles não possuem a faculdade de poder buscar seu alimento; não possuem nem mesmo a faculdade de aproveitá-lo, mas o absorvem porque o alimento se encontra em contato com todos os pontos de seu indivíduo e a água na qual vivem lhos fornece suficientemente.

Esses animais frágeis, para os quais os fluidos sutis do meio circundante constituem a causa estimulante do orgasmo, da irritabilidade e dos movimentos orgânicos, executam assim, como já o disse, movimentos de contração que, provocados e variados incessantemente por essa causa estimulante, facilitam e aceleram essas absorções. Ora, nesses animais, nos quais os movimentos dos fluidos visíveis e contidos são ainda muito lentos, as matérias absorvidas reparam as perdas que eles sofrem em decorrência da vida e servem, além disso, para o crescimento do indivíduo.

Eu disse que os fluidos sutis, que penetram e se movem no interior desses corpos vivos, ao abrir vias particulares que eles continuam a seguir, começam a estabelecer movimentos do mesmo tipo, os quais produzem, consequentemente, hábitos. Se refletirmos que a organização se desenvolve com a continuidade da vida, conceberemos que novas vias devem ter sido abertas, multiplicadas e diversificadas progressivamente para facilitar a execução dos movimentos de contração, e que os hábitos produzidos por esses movimentos, ao se tornarem influentes e irresistíveis, devem igualmente se diversificar.

Tal é, na minha opinião, a causa dos movimentos dos animais mais imperfeitos; movimentos que somos levados a lhes atribuir e a observar como o resultado das faculdades que possuem, porque em outros animais percebemos que a fonte do movimento está neles mesmos; movimentos, numa palavra, que se executam sem vontade e sem nenhuma participação do indivíduo e que, no entanto, de muito irregulares que são nos mais imperfeitos desses corpos vivos tornam-se progressivamente regulares e constantes nos animais da mesma espécie.

Enfim, a reprodução, ao transmitir aos indivíduos as formas adquiridas, tanto internas como externas, transmite, ao mesmo tempo, a aptidão exclusiva para os mesmos tipos de movimentos e, por conseguinte, para os mesmos hábitos.

Da transferência da força produtora dos movimentos para o interior dos animais

Se a natureza se mantivesse no emprego de seu primeiro meio, isto é, de uma força inteiramente exterior e estranha ao animal, sua obra teria permanecido muito imperfeita. Os animais não teriam passado de máquinas totalmente passivas e ela não teria jamais produzido em nenhum desses corpos vivos os fenômenos admiráveis da sensibilidade, do sentimento íntimo da existência que dela resulta, da potência de agir, enfim, das ideias por meio das quais ela pôde criar o mais admirável de todos: o fenômeno do pensamento, numa palavra, a inteligência.

Mas, querendo alcançar esses grandes resultados, ela imperceptivelmente preparou os meios para tanto, dotando gradualmente as partes internas dos animais de consistência, diversificando seus órgãos, multiplicando e compondo ainda mais os fluidos contidos etc. A partir de então, ela pôde transferir para o interior desses animais essa força produtora dos movimentos e das ações, a qual, na verdade, eles não dominavam de início, mas que a natureza logrou colocar em grande parte à sua disposição quando sua organização tornou-se bastante aperfeiçoada.

De fato, assim que a organização animal se tornou suficientemente avançada na sua composição a ponto de possuir um sistema nervoso já um pouco desenvolvido, como nos insetos, os animais munidos dessa organização foram dotados do sentimento íntimo de sua existência; consequentemente, a *força produtora* dos movimentos foi transferida para o interior mesmo do animal.

Já mostrei efetivamente que essa força interna que produz os movimentos e as ações tinha sua origem no sentimento íntimo de existência que os animais dotados de um sistema nervoso possuem e que esse sentimento, solicitado ou afetado pelas necessidades, colocava então em movimento o fluido sutil contido nos nervos e o enviava aos músculos que deviam agir – o que produz as ações que as necessidades exigem.

Ora, toda necessidade sentida produz uma emoção no sentimento interno do indivíduo que a experimenta. E dessa emoção do sentimento em questão nasce a força que produz o movimento das partes que devem ser postas em ação – o que coloquei em evidência quando mostrei a comunicação e a harmonia que existem em todas as partes do sistema nervoso e como o sentimento interno podia excitar a ação muscular quando fosse afetado.

Assim, nos animais que possuem em si mesmos a potência de agir, isto é, a força produtora dos movimentos e das ações, o sentimento interno, que dá origem a essa força, ao ser excitado por uma necessidade qualquer, coloca essa potência ou força em ação; excita movimentos de deslocamento no fluido sutil dos nervos (que os antigos denominavam *espíritos animais*); dirige esse fluido em direção aos órgãos que alguma necessidade obriga a agir; enfim, faz esse mesmo fluido refluir para os seus reservatórios habituais, quando as necessidades não exigem mais que o órgão aja.

O sentimento interno detém então o lugar da *vontade*; pois importa agora considerar que todo animal que não possui o órgão especial no qual ou por meio do qual se executam os pensamentos, os julgamentos etc., não possui realmente vontade, não escolhe e, por conseguinte, não pode dominar os movimentos que seu sentimento íntimo excita. O *instinto* dirige esses movimentos, e veremos que essa direção resulta sempre das emoções do sentimento interno – das quais a inteligência não participa – e da própria organização que os hábitos modificaram. Disso decorre que, como as necessidades dos animais que se encontram nessa condição são necessariamente limitadas e sempre as mesmas nas mesmas espécies, o sentimento íntimo e, consequentemente, a potência de agir produzem sempre as mesmas ações.

Não se dá o mesmo nos animais nos quais a natureza logrou acrescentar ao sistema nervoso um órgão especial (dois hemisférios plissados coroando o cérebro) para a execução dos atos da inteligência e que, em decorrência disso, executam comparações, julgamentos, pensamentos etc. Esses mesmos animais dominam mais ou menos sua potência de agir segundo o aperfeiçoamento de seu órgão de inteligência e, embora estejam ainda muito sujeitos aos produtos de seus hábitos que modificaram sua organização, gozam de uma vontade mais ou menos livre, podem escolher e possuem a faculdade de variar suas ações ou, ao menos, várias dentre elas.

Agora falaremos algo a respeito do consumo que se faz do fluido nervoso à medida que esse fluido concorre para a produção das ações animais.

Do consumo e do esgotamento do fluido nervoso na produção das ações animais

O fluido nervoso, posto em movimento pelo sentimento interno do animal, por ser o instrumento produtor das ações desse corpo vivo, consome-se à medida que age e acabaria se esgotando e estando na impossibilidade de produzir a ação para qual serve se a vontade do indivíduo exigisse que ele continuasse a produzi-la.

Ora, todo fluido nervoso que se forma incessantemente durante a vida de um animal que possui um sistema de organização apropriado se consome continuamente pelo emprego que o indivíduo dele faz.

Uma parte desse fluido é constantemente empregada sem a participação da vontade do animal, para a manutenção de seus movimentos vitais e das funções dos órgãos que são essenciais à sua vida.

A outra parte do mesmo fluido, da qual o indivíduo pode dispor, serve seja para a produção de suas ações ou de seus movimentos, seja para a execução de seus diferentes atos de inteligência.

Assim, no emprego do fluido invisível em questão, o indivíduo consome-o proporcionalmente à duração da ação que produz ou ao esforço que essa ação exige; e ele esgotaria a porção da qual pode dispor se continuasse por um tempo demasiadamente longo as ações que o consomem muito.

Disso decorre a necessidade que a natureza faz nascer no indivíduo de se entregar ao repouso depois de um certo tempo de ação. Ele cai, então, no sono e, como o fluido esgotado é reparado durante esse repouso, esse indivíduo reencontra forças ao despertar.

O consumo das forças e, consequentemente, do fluido nervoso que é sua fonte, se torna, pois, evidente em todas as ações muito prolongadas ou naquelas que são penosas e que, por isso, são denominadas *fatigantes*.

Se caminhardes seguidamente por um tempo demasiadamente longo vos fatigareis ao termo de um tempo relativo ao estado de vossas forças; se correrdes, vos fatigareis muito antes, porque dissipais então mais pronta e abundantemente o princípio de vossas forças; enfim, se segurardes um peso de 15 ou 20 libras com o braço estendido na horizontal e o sustentardes nessa situação, no primeiro instante dessa ação encontrareis bastante facilidade porque possuireis a força para mantê-la; mas, ao consumir rapidamente o princípio que vos faz agir, logo esse peso vos parecerá pesado e mais difícil de sustentar e em pouco tempo estareis sem condições de continuar essa ação.

A vossa organização permanecerá, não obstante, sempre a mesma; pois, caso se a examinasse, não se encontraria nenhuma diferença entre o vosso estado no primeiro instante da ação e o estado que ela apresentaria no momento em que cessardes de poder sustentar o peso em questão.

Quem não vê que nesse estado a diferença que existe realmente entre os dois instantes (o primeiro e o último) da ação citada consiste apenas na dissipação de um fluido invisível que não se poderia perceber devido aos meios limitados que estão à nossa disposição?

Certamente, o consumo e, ao fim, o esgotamento do fluido sutil dos nervos nas ações muito prolongadas ou muito penosas não serão jamais solidamente contestadas porque a razão e os fenômenos orgânicos apresentam a maior evidência a seu favor.

Embora seja verdadeiro que uma parte do fluido nervoso de um animal é constantemente empregada sem sua participação na manutenção de seus movimentos vitais e das funções dos órgãos que são essenciais à sua existência, quando o indivíduo consome abundantemente a porção desse fluido de que dispunha para suas ações, ele prejudica a integridade das funções de seus órgãos vitais. Com efeito, nessa circunstância, a porção não disponível do fluido nervoso propicia a reparação do fluido disponível que foi dissipado. Ora, essa porção, estando muito diminuída por causa disso, aprovisiona apenas de maneira incompleta as operações dos órgãos vitais e, consequentemente, as funções desse órgãos definham de alguma maneira e são executadas apenas imperfeitamente.

O homem, que pertence aos animais pela sua organização, está especialmente sujeito a deteriorar suas forças físicas dessa maneira; pois, de todas as suas ações, aquelas que mais consomem seu fluido nervoso são os atos demasiadamente prolongados de seu entendimento, seus pensamentos, suas meditações, numa palavra, os trabalhos constantes de sua inteligência. Suas digestões então definham, se tornam mais imperfeitas e suas forças físicas se deterioram proporcionalmente.

O consumo do fluido nervoso nos movimentos e ações dos animais é demasiadamente bem conhecido para que seja necessário me estender mais sobre esse tema; mas diria que sua consideração bastaria por si mesma para convencer-nos da existência desse fluido nos animais mais perfeitos, se muitas outras considerações não concorressem também para colocá-la em evidência.

Da origem da propensão para as mesmas ações e do instinto dos animais

Certamente merece ser pesquisada a causa do conhecido fenômeno que constrange quase todos os animais a executar sempre as mesmas ações e que faz surgir no próprio homem uma *propensão* a repetir toda ação tornada habitual.

Se os princípios expostos nesta obra são realmente bem fundados, então as causas em questão são deduzidas a partir deles de maneira fácil e até muito simples, de modo que os fenômenos que se apresentassem a nós como sendo tão misteriosos cessariam de nos admirar quando tivéssemos reconhecido a simplicidade daqueles que os produziram.

Vejamos, pois, de acordo com os princípios que enunciamos antes, o que pode ocorrer em relação aos fenômenos aqui em questão.

Em toda ação, o fluido dos nervos que a provoca sofre um movimento de deslocamento que a produz. Ora, quando essa ação foi repetida muitas vezes, não se deve duvidar que o fluido que a executou tenha aberto uma rota que se lhe torna então tanto mais fácil de percorrer quanto mais frequentemente a trilhou, e que ele próprio tenha uma aptidão maior para seguir essa rota aberta do que aquelas que são menos trilhadas.

Quanto esse princípio simples e fecundo não nos esclarece sobre o poder bem conhecido dos hábitos, poder do qual o próprio homem não pode se subtrair senão com muito esforço e com o auxílio do aperfeiçoamento de sua inteligência!

Quem não vê então que o poder dos hábitos sobre as ações deve ser tanto maior quanto menos o indivíduo considerado é dotado de inteligência e possui, portanto, menos faculdade de pensar, de refletir, de combinar suas ideias, numa palavra, de variar suas ações?

Os animais que são apenas sensíveis, isto é, que não possuem ainda o órgão no qual se produzem as comparações entre as ideias, assim como os pensamentos, os raciocínios e os diferentes atos que constituem a inteligência, possuem frequentemente apenas percepções muito confusas, não raciocinam e quase não podem variar suas ações. Eles estão, portanto, constantemente sujeitos ao poder dos hábitos.

Assim, os insetos, que possuem o sistema nervoso menos aperfeiçoado dentre todos os animais que possuem o sentimento, experimentam as percepções dos objetos que os afetam e parecem possuir a memória em decorrência da repetição dessas percepções. No entanto, eles não poderiam variar suas ações nem mudar seus hábitos, porque não possuem o órgão cujas funções poderiam dotá-los dos meios para tanto.

Do instinto dos animais

Denominou-se *instinto* o conjunto das determinações dos animais nas suas ações; e muitas pessoas pensaram que essas determinações eram o produto de uma escolha racional e, por conseguinte, do fruto da experiência. Outros, como Cabanis diz, podem pensar, junto com os observadores de todos os séculos, que várias dessas determinações não poderiam ser referidas a nenhum tipo de raciocínio e que, embora tenham sua fonte na sensibilidade física, formam-se na maior parte das vezes sem que a vontade dos indivíduos possa participar senão dirigindo melhor sua execução. Seria preciso dizer: "sem que a vontade possa ter participação"; pois, como ela não as produz, não poderia nem mesmo dirigir sua execução.

Se tivesse sido levado em consideração que o sentimento interno de todos os animais que gozam da faculdade de sentir é suscetível de ser movido por suas necessidades e que os movimentos de seu fluido nervoso, que resultam dessas emoções, são constantemente dirigidos por esse sentimento interno e pelos hábitos, então se teria visto que, em todos os animais que são privados da faculdade da inteligência, todas as determinações da ação não poderiam jamais ser o produto de uma escolha racional, de um julgamento qualquer, da experiência aproveitada, numa palavra, de uma vontade, e sim que elas estavam sujeitas a necessidades que certas sensações excitam e que despertam propensões irresistíveis.

Mesmo nos animais que gozam da faculdade de executar alguns atos de inteligência é ainda o sentimento interno e as propensões originadas dos hábitos que, na maior parte das vezes, decidem independentemente dos animais as ações que estes executam.

Enfim, embora a potência executora dos movimentos e das ações, assim como a causa que os dirige, sejam exclusivamente internas, não se deve, como se fez,[1] limitar a causa primeira ou provocadora desses atos às impressões internas, na intenção de atribuir os atos da inteligência a impressões externas. Pois, por pouco que se consultem os fatos concernentes a essas considerações, há motivo para se convencer de que, de uma parte e de outra, as causas que estimulam e provocam as ações são às vezes internas e às vezes externas e que, não obstante, essas mesmas causas produzem realmente impressões que agem apenas internamente.

De acordo com a ideia comum e praticamente geral que se associa à palavra *instinto*, considera-se a faculdade que essa palavra exprime uma tocha que

---

[1] Richerand, *Nouveaux élémens de Physiologie*, op. cit., livro II, p.151. (N. A.)

esclarece e guia os animais nas suas ações e que é, em relação a eles, o que a razão é para nós. Ninguém mostrou que o instinto pode ser uma força que faz agir e que essa força o faz efetivamente sem nenhuma participação da vontade e que é constantemente dirigida pelas propensões adquiridas.

A opinião de Cabanis de que o instinto nasce das impressões internas, ao passo que o raciocínio é o produto das sensações externas, não poderia ter fundamento. É em nós próprios que sentimos; nossas impressões só podem ser internas e as sensações que nossos sentidos particulares nos fazem experimentar dos objetos exteriores só podem produzir em nós impressões internas.

Quando em seu passeio meu cachorro percebe de longe um outro animal de sua espécie, ele certamente experimenta uma sensação que esse objeto externo lhe propicia por intermédio do sentido da vista. Imediatamente seu sentimento interno, afetado pela impressão que recebe, dirige seu fluido nervoso na direção de uma propensão adquirida em todos os indivíduos de sua raça. Então, por uma espécie de impulso involuntário, seu primeiro movimento o leva a avançar em direção ao cachorro que ele percebe. Eis um ato de instinto excitado por um objeto externo e mil outros de mesma natureza podem se executar de maneira semelhante.

Relativamente a esses fenômenos, dos quais a organização animal nos oferece tantos exemplos, parece-me que não se formará uma ideia justa e clara de sua causa a não ser quando se tiver reconhecido: 1) que o sentimento interno é um sentimento geral muito potente que possui a faculdade de excitar e dirigir os movimentos da porção livre do fluido nervoso e de fazer o animal executar diferentes ações; 2) que esse sentimento interno é suscetível de ser afetado às vezes por atos de inteligência que culminam numa *vontade* de agir, e às vezes por sensações que ocasionam necessidades que o excitam imediatamente e lhe possibilitam dirigir a força produtora das ações na direção de tal propensão adquirida, sem o concurso de nenhum ato da vontade.

Há, pois, dois tipos de causas que podem afetar o sentimento interno: as que dependem das operações da inteligência e as que, não se originando destas, o excitam imediatamente e o forçam a dirigir sua potência de agir no sentido das propensões adquiridas.

São unicamente as causas desta última espécie que constituem todos os atos do *instinto*. E como esses atos não são o produto de uma deliberação, de uma escolha, de um julgamento qualquer, as ações que deles se originam satisfazem sempre seguramente e sem erro as necessidades sentidas e as propensões nascidas dos hábitos.

Assim, o instinto nos animais é uma propensão coagente que as sensações provocam ao dar origem às necessidades, e que faz as ações serem executadas sem a participação de nenhum pensamento nem de qualquer ato da vontade.

Essa propensão depende da organização que os hábitos modificaram em seu favor, e é excitada por impressões e necessidades que afetam o sentimento interno do indivíduo e o colocam em condições de enviar o fluido nervoso aos músculos que devem agir na direção que a propensão em atividade exige.

Eu já disse que o hábito de utilizar tal órgão ou tal parte do corpo para satisfazer as necessidades recorrentes dá ao fluido sutil que se desloca uma facilidade tão grande para se dirigir a esse órgão no qual foi tão frequentemente empregado que esse hábito se torna de alguma maneira inerente à natureza do indivíduo, que não poderia ser livre para modificá-lo.

Ora, as necessidades dos animais que possuem um sistema nervoso variam de acordo com a organização de cada um desses corpos vivos:

1) de ingerir um determinado tipo de alimento;
2) de se entregar à fecundação sexual que certas sensações lhes solicitam;
3) de fugir da dor;
4) de procurar o prazer ou o bem-estar.

Para satisfazer essas necessidades, eles contraem diversos tipos de hábitos que se transformam neles em várias propensões, às quais não podem resistir e que não podem mudar em si mesmos. Nisto reside a origem de suas ações habituais e de suas propensões particulares, às quais se deu o nome de *instinto*.[2]

---

2 Assim como nem todos os animais gozam da faculdade de executar os atos de vontade, o instinto não é propriedade de todos os animais que existem; pois aqueles que carecem de sistema nervoso carecem também de sentimento interno e não poderiam ter nenhum instinto para as suas ações. Esses animais imperfeitos são

Sendo uma vez adquirida essa propensão dos animais à conservação dos hábitos e à repetição das ações resultantes, ela se propaga em seguida nos indivíduos pela via da reprodução ou da geração, que conserva a organização e a disposição das partes no estado obtido; de maneira que essa propensão já existe nos novos indivíduos antes mesmo que eles a tenham exercido.

É assim que os mesmos hábitos e o mesmo instinto se perpetuam de geração em geração nas diferentes espécies ou raças de animais sem apresentar variações notáveis, desde que não sobrevenha mutação nas circunstâncias essenciais no modo de vida.

Da indústria de certos animais

Nos animais que não possuem órgão especial para a inteligência, o que denominamos *indústria* a respeito de certas ações suas não poderia merecer um nome semelhante, pois é só por ilusão que lhes atribuímos uma faculdade que eles não possuem.

As propensões transmitidas e recebidas pela geração, os hábitos de executar ações complicadas e que resultam dessas propensões adquiridas, enfim, as dificuldades diferentes vencidas progressiva e habitualmente por várias emoções do sentimento interno, constituem o conjunto das ações que são sempre as mesmas nos indivíduos da mesma raça, ao qual damos inadvertidamente o nome de *indústria*.

O instinto dos animais se compõe do hábito de satisfazer aos quatro tipos de necessidades mencionados e resulta das propensões adquiridas há um longo tempo que os levam a agir de uma maneira determinada para cada espécie. Disso decorreu que, em vários animais, uma complicação nas ações requeridas para satisfazer a esses quatro tipos de necessidades ou a algumas dentre elas e, sobretudo, as dificuldades diversas que foi necessário vencer

---

completamente passivos, não operam nada por si mesmos, não sentem nenhuma necessidade e a natureza, a seu respeito, provê tudo, assim como faz com relação aos vegetais. Ora, como eles são irritáveis nas suas partes, os meios que a natureza emprega para os fazer subsistir os faz executar movimentos que denominamos ações. (N. A.)

forçaram pouco a pouco o animal a desenvolver e complexificar seus meios e os conduziram a executar tais e tais ações sem escolha nem qualquer ato de inteligência, mas exclusivamente pelas emoções do sentimento interno.

Nisto reside a origem de diversas ações complicadas em certos animais que se qualificou de indústria e que não se deixou de admirar com entusiasmo porque se supôs sempre, ao menos tacitamente, que essas ações eram combinadas e refletidas, o que é um erro evidente. Elas são simplesmente o fruto de uma necessidade que desenvolveu e dirigiu os hábitos dos animais e que tornam os animais tais quais os observamos.

O que acabo de dizer é sobretudo fundado para os animais sem vértebras, nos quais nenhum ato de inteligência pode se executar. Nenhum desses animais poderia, com efeito, variar livremente suas ações; nenhum deles tem o poder de abandonar o que denominamos sua indústria para fazer uso de um outro meio.

Não há, pois, mais maravilha na pretendida *indústria* da formiga-leão (*myrmeleon formica leo*) – que, tendo preparado um cone de areia móvel, espera que uma presa aprisionada no fundo desse funil pelo desmoronamento da areia se torne sua vítima – do que na manobra da ostra que, para satisfazer a todas as suas necessidades, não faz senão abrir e fechar sua concha. Contanto que sua organização não se modifique, elas farão sempre o que as vemos fazer e não o farão nem pela vontade nem pelo raciocínio.

Não é senão nos animais vertebrados e, dentre eles, sobretudo as aves e os mamíferos que se podem observar, em relação às suas ações, traços de uma indústria verdadeira, porque, a despeito de sua propensão para os hábitos, sua inteligência pode auxiliá-los a variar suas ações nos casos difíceis. Esses traços, não obstante, não são comuns e é apenas em certas raças que são mais exercitadas nisso que se tem a ocasião frequente de observá-los.

Examinemos agora o que constitui esse ato que determina a agir e ao qual se deu o nome de *vontade*; e vejamos se ele é efetivamente o princípio de todas as ações dos animais, como se pensou.

Capítulo VI
Da vontade

Proponho provar neste capítulo que a vontade, que foi considerada a fonte de toda ação nos animais, só pode existir naqueles que gozam de um órgão especial para a inteligência e que, além disso, mesmo em relação a estes e ao próprio homem, ela não é sempre o princípio das ações que executam.

Se considerarmos isso com alguma atenção, reconheceremos efetivamente que a vontade é o resultado imediato de um ato da inteligência, pois ela é sempre o efeito de um julgamento e, consequentemente, de uma ideia, de um pensamento, de uma comparação ou de uma escolha que esse julgamento determina. Enfim, veremos que a faculdade de querer não é senão a faculdade de se determinar pelo pensamento, isto é, por uma operação do órgão do entendimento, uma ação qualquer e de poder excitar uma emoção do sentimento interno capaz de produzir essa ação.

Assim, a vontade é uma determinação a uma ação operada pela inteligência do indivíduo: ela resulta sempre de um julgamento e esse julgamento provém necessariamente de uma ideia, de um pensamento ou de alguma impressão que produz a ideia ou o pensamento em questão, de maneira que é unicamente por meio de um ato da inteligência que a vontade, que determina um indivíduo a uma ação, pode se formar.

Mas se a vontade não é senão uma determinação que se opera como consequência de um julgamento e, por conseguinte, não é senão o resultado de um ato intelectual, torna-se então evidente que os animais que não possuem um órgão para a inteligência não poderiam executar os atos da vontade. Não obstante, esses animais agem, isto é, executam movimentos em geral, que constituem suas ações. Há, portanto, diferentes fontes das quais as ações dos animais extraem seus meios.

Ora, dado que os movimentos de todos os animais são excitados e não comunicados, as causas excitadoras desses movimentos devem se diferenciar entre si. Com efeito, viu-se que em certos animais essas causas provinham exclusivamente do exterior, isto é, dos meios circundantes, ao passo que, em outros, o sentimento interno era um motor suficiente para produzir os movimentos que devem ser executados.

Mas o sentimento interno, que só se torna uma potência quando foi afetado por uma causa física, obtém suas emoções por duas vias diferentes: nos animais que carecem do órgão necessário para a formação dos atos da vontade, o sentimento interno só pode ser movido pela via das sensações, ao passo que, naqueles que possuem um órgão para a inteligência, as emoções desse sentimento são por vezes o resultado exclusivo das sensações e, por vezes, o resultado de uma vontade originada por uma operação do entendimento.

Ora, eis três fontes distintas para as ações dos animais: 1) as causas exteriores que excitam a irritabilidade desses seres; 2) o sentimento interno movido pelas sensações; 3) enfim, o mesmo sentimento obtendo suas emoções da vontade.

As ações ou os movimentos que se originam da primeira dessas três fontes se operam sem o intermédio dos músculos, pois o sistema muscular não existe nesses animais. E, quando ele começa a se formar, as excitações do exterior compensam novamente o sentimento interno que não existe; mas as ações ou os movimentos que se originam das emoções do sentimento interno do indivíduo se executam sempre por intermédio dos músculos que o fluido nervoso excita.

Assim, quando a vontade determina um indivíduo a uma ação qualquer, o sentimento interno recebe dela imediatamente uma emoção, e os movimentos que disso resultam são dirigidos de tal maneira que, no mesmo instante, o fluido nervoso é enviado aos músculos requeridos.

Quanto aos animais que são dotados de sensibilidade física, mas não possuem órgão para a inteligência e que, por conseguinte, não podem executar nenhum ato de vontade, cada uma de suas necessidades resulta sempre de uma sensação qualquer, isto é, de uma percepção, e não de uma ideia nem de um julgamento. E essa necessidade ou percepção estimula imediatamente o sentimento interno do indivíduo. Segue-se disso que esses animais não deliberam, não julgam, nem tampouco possuem qualquer determinação prévia para executar antes de agir. Seu sentimento interno, diretamente estimulado pela necessidade e, em seguida, dirigido nos seus movimentos pela natureza mesma dessa necessidade, coloca imediatamente em ação as partes que devem se mover. Portanto, as ações que se originam dessa fonte não são precedidas por uma vontade real.

Mas o que é aqui uma necessidade para esses animais ocorre também frequentemente naqueles que são dotados das faculdades da inteligência, pois quase todas as necessidades destes últimos, por serem provenientes de sensações que despertam certos hábitos, estimulam imediatamente o sentimento interno e colocam esses animais em condições de agir antes de terem pensado a respeito. O próprio homem também executa ações que possuem uma origem semelhante quando as necessidades que as provocam são prementes. Por exemplo, se por distração tomardes para algum uso um pedaço de ferro que, contrariando vossa expectativa, esteja muito quente, a dor sofrida devido ao calor desse ferro estimula imediatamente vosso sentimento interno e, antes de ter podido pensar no que deveis fazer, a ação dos músculos que faz largardes esse ferro quente já é executada.

Segue-se das considerações que acabo de expor que as ações que se executam como consequência das necessidades provocadas pelas sensações que afetam imediatamente o sentimento interno do indivíduo não são de modo nenhum o resultado de algum pensamento, julgamento e, portanto, de algum ato da vontade; ao passo que as ações decorrentes das necessidades provocadas pelas ideias ou pensamentos são exclusivamente o resultado desses atos de inteligência que afetam também imediatamente o sentimento interno e colocam o indivíduo em condições de agir por uma *vontade* manifesta.

Essa distinção entre as ações cuja causa imediatamente determinante tem sua origem em alguma sensação e as ações que resultam de uma determinação executada por um julgamento, numa palavra, por um ato de inteligência, é de grande importância para evitar a confusão e o erro quando consideramos esses admiráveis fenômenos da organização. É por não ter feito isso que correntemente se atribuiu aos animais uma vontade para a execução de suas ações; de maneira que, baseando-se, na definição que se deu dos animais em geral, no que é relativo ao homem e aos animais mais perfeitos, supôs-se que todos eles possuíam a faculdade de se mover voluntariamente, o que não se dá nem mesmo para aqueles que possuem um sistema nervoso, tampouco, com mais forte razão, para aqueles que são desprovidos dele.

Seguramente, os animais que não possuem sistema nervoso não poderiam gozar da faculdade de querer, isto é, não poderiam executar nenhuma determinação, nenhum ato de vontade; muito longe disso, eles não podem nem mesmo ter o sentimento de sua existência – os infusórios e os pólipos se encontram nesse caso.

Aqueles que possuem um sistema nervoso capaz de dotar da faculdade de sentir, mas que carecem de um hipocéfalo, isto é, do órgão especial para a inteligência, gozam, na verdade, de um sentimento interno, fonte de suas ações, e se formam neles percepções confusas dos objetos que os afetam, mas eles não possuem ideias, não pensam, não comparam, não julgam e, consequentemente, não executam nenhum ato de vontade. Há razão para acreditar que os insetos, os aracnídeos, os crustáceos, os anelídeos, os cirrípedes e até os moluscos se encontram nesse segundo caso.

O sentimento interno, sendo afetado por alguma necessidade, é a fonte de todas as ações desses animais. Eles agem sem deliberação, sem determinação prévia e sempre na direção única que a necessidade lhes imprime. E quando, ao agir, um obstáculo qualquer os detém, se eles o evitam se desviando e parecendo escolher, é que então uma nova necessidade afeta seu sentimento interno. Assim, sua nova ação não resulta nem da combinação de ideias, nem da comparação entre os objetos, nem de um julgamento que os determina, dado que esses animais não poderiam formar nenhuma das operações da inteligência, por não possuir o órgão que pode efetuá-los. Enfim, essa nova ação é a consequência de alguma emoção de seu sentimento interno.

Apenas os animais que, além do sistema nervoso, possuem também o órgão especial no qual se executam as ideias complexas, pensamentos, comparações, julgamentos etc., gozam da faculdade de querer e podem executar atos de vontade. É aparentemente o caso dos *animais com vértebras*. E, dado que o cérebro dos peixes e dos répteis é imperfeito a ponto de não preencher inteiramente a cavidade do crânio, o que indica que seus atos de inteligência são extremamente limitados, é no mínimo nas aves e nos mamíferos que se deve reconhecer a faculdade de querer, assim como o gozo de uma vontade determinadora de várias das ações desses animais, pois eles evidentemente executam diferentes atos de inteligência e possuem efetivamente o órgão especial que os torna capazes de produzi-los.

Mas já mostrei que nos animais que possuem um órgão especial para a inteligência nem todas as ações resultam exclusivamente de uma vontade, isto é, de uma determinação intelectual e prévia que excita a força que as produz. Algumas dentre suas ações são, é verdade, o produto da faculdade de querer, mas muitas outras se originam exclusivamente da emoção direta do sentimento interno, que é excitado pelas necessidade súbitas e que faz que se executem nesses animais ações que não são precedidas de modo nenhum por alguma determinação do pensamento.

Quantas ações não são no próprio homem provocadas e imediatamente executadas pela simples emoção do sentimento interno sem a participação da vontade? Enfim, não devem várias dessas ações sua origem aos primeiros movimentos não controlados? E que são esses movimentos primeiros senão os resultados do sentimento interno?

Se não há, como eu disse antes, vontade real nos animais que possuem um sistema nervoso mas que são desprovidos de um órgão para a inteligência (razão pela qual esses animais agem exclusivamente pelas emoções que as sensações produzem neles), há muito menos ainda naqueles que são privados de nervos. Assim, parece que estes se movem exclusivamente por meio de uma irritabilidade excitada e pelo efeito imediato das excitações exteriores.

Concebe-se, a partir do que acabo de expor, que, depois que a natureza logrou transferir para o interior dos animais a potência de agir, isto é, depois de criar por meio do sistema nervoso o sentimento interno, fonte da força de produção das ações, ela aperfeiçoa sua obra criando uma segunda potência interna, a da vontade, que nasce dos atos da inteligência e é a única que pode fazer as ações habituais variarem.

A natureza não precisou para isso senão acrescentar ao sistema nervoso um órgão novo, aquele no qual os atos da inteligência se executam, e separar o órgão no qual se formam as ideias, as comparações, os julgamentos, os raciocínios, numa palavra, os pensamentos, do núcleo das sensações ou percepções.

Assim, nos animais mais perfeitos, a medula espinhal provê o movimento muscular das partes do corpo e a manutenção das funções vitais, ao passo que o *núcleo das sensações*, em vez de ser localizado na extensão ou em algum ponto isolado dessa medula espinhal, encontra-se evidentemente concentrado na sua extremidade superior ou anterior, na parte inferior do cérebro. Esse núcleo das sensações está, portanto, muito próximo do órgão no qual os diferentes atos da inteligência se executam, sem, no entanto, se confundir com ele.

Quando a organização animal chega ao termo de aperfeiçoamento que faz que exista um órgão para os atos de inteligência, os indivíduos que possuem essa organização possuem ideias simples e podem formar ideias complexas; eles gozam de uma vontade, livre em aparência, que determina algumas de suas ações; possuem paixões, isto é, propensões exaltadas que os conduzem a certas ordens de ideias e de ações que não controlam; enfim, são dotados de memória e possuem a faculdade de tornar presentes as ideias já traçadas no seu órgão, o que se executa por meio do fluido nervoso que repassa e se agita sobre as impressões ou os traços subsistentes dessas ideias.

Vê-se que as agitações desordenadas do fluido nervoso sobre esses traços são as causas dos sonhos que os animais capazes de ter ideias frequentemente possuem durante seu sono.

Os animais que possuem inteligência executam, não obstante, a maior parte de suas ações pelo instinto e pelo hábito e, a esse respeito, nunca se enganam. E quando agem pela vontade, isto é, em decorrência de um julgamento, tampouco se enganam, ou, pelo menos, muito raramente, porque os elementos que entram nos seus julgamentos são em pequeno número e são, em geral, fornecidos pelas sensações; e sobretudo porque numa mesma raça não há desigualdade de inteligência e ideias nos indivíduos. Segue-se disso que seus atos de vontade são determinações que os levam sempre a satisfazer sem erro as necessidades que os afetam. Por isso se tem dito que o instinto é para os animais uma tocha que os esclarece mais que nossa razão.

A verdade é que os animais, sendo menos livres do que nós para variar suas ações e sendo mais sujeitos a seus hábitos, não encontram em seu instinto senão uma necessidade que os conduz e nos seus atos de vontade senão uma causa cujos elementos são invariáveis, inalteráveis, muito pouco complicados e sempre os mesmos em todos os indivíduos de uma mesma raça; de modo que esses atos possuem em todos uma potência e uma extensão igual nos mesmos casos. Enfim, como não se encontra entre os indivíduos da mesma espécie *nenhuma desigualdade* nas suas faculdades intelectuais, seus julgamentos sobre os mesmos objetos e sua vontade de agir resultante desses julgamentos são causas que os fazem executar praticamente as mesmas ações nas mesmas circunstâncias.

Terminarei essas observações sobre as fontes e os resultados da vontade com algumas considerações relativas à mesma faculdade no homem. E veremos que as coisas são bem diferentes a seu respeito em comparação com aquelas que acabamos de examinar nos animais; pois, embora o homem pareça muito mais livre do que os animais nos seus atos de vontade, ele não o é efetivamente e, não obstante, devido a uma causa que procurarei mostrar, os indivíduos de sua espécie agem de maneira muito diferente uns dos outros em circunstâncias semelhantes.

Dado que a vontade depende sempre de um julgamento qualquer, ela não é nunca verdadeiramente livre; pois o julgamento que a produz é, tal como o quociente de uma operação aritmética, um resultado necessário do conjunto dos elementos que o formaram. Mas o produto do próprio ato que constitui um julgamento deve variar nos indivíduos porque os elementos que entram na formação desse julgamento são muito diferentes em cada indivíduo.

Com efeito, em geral entram muitos elementos diversos na formação de nossos julgamentos; encontram-se neles muitos que são estranhos àqueles que se deveria empregar; e dentre esses (dos quais se deveria fazer uso) há tantos que são despercebidos ou rejeitados por prevenção ou, enfim, que são alterados — pela nossa disposição, saúde, idade, sexo, hábitos, propensões, estado de nossas luzes etc. —, que esses elementos tornam o julgamento que se faz sobre um mesmo objeto muito diferente segundo os indivíduos. Por dependerem de tantas particularidades inapreciáveis e muito difíceis de reconhecer, nossos julgamentos nos fizeram crer que éramos livres nas nossas determinações, embora não sejamos realmente, visto que os próprios julgamentos que os produzem não o são.

A diversidade de nossos julgamentos é tão notável que frequentemente ocorre que um objeto considerado produza tantos julgamentos diferentes quantas são as pessoas que se incubem de se pronunciar a seu respeito. Essa variação foi tomada por uma liberdade na determinação e cometeu-se um engano. Ela não é senão o resultado dos elementos diversos que, para cada pessoa, entram no julgamento executado.

Há, entretanto, objetos tão simples nas suas qualidades e que apresentam tão poucas faces diferentes a se considerar que em geral se está praticamente de acordo sobre seu julgamento. Mas esses objetos se reduzem quase unicamente àqueles que estão fora de nós e que nos são conhecidos por meio das sensações que excitam ou excitaram nossos sentidos. Nossos julgamentos a seu respeito não possuem outros elementos para empregar senão aqueles que as sensações nos fornecem e as comparações que fazemos com os outros corpos que nos são conhecidos. Enfim, para os julgamentos em questão, nosso entendimento possui apenas poucas operações para executar.

Do enorme número de causas diversas que modificam os elementos que entram na formação de nossos julgamentos — sobretudo daqueles que exigem diferentes operações da inteligência — decorre que, na maior parte das vezes, esses julgamentos são incorretos e carecem de exatidão, e que, devido à desigualdade que se encontra entre as faculdades intelectuais dos indivíduos, esses julgamentos são, em geral, tão variados quanto as pessoas que os formam, sendo que os elementos que cada um introduz no julgamento não são os mesmos. Disso resulta, além disso, que as desordens desses atos de inteligência acarretam necessariamente nas desordens de nossas vontades e, por conseguinte, de nossas ações.

Se o objeto que tenho em vista nesta obra não me retivesse em limites que não pretendo ultrapassar, poderia expor numerosos exemplos que fundamentariam ainda melhor essas considerações; eu teria observações a fazer que não seriam sem interesse.

Por exemplo, poderia mostrar que, embora o homem extraia de suas faculdades intelectuais bem desenvolvidas vantagens muito grandes, a espécie humana, considerada em geral, experimenta ao mesmo tempo consideráveis inconvenientes delas provenientes. Pois, como essas faculdades concedem tanta facilidade e meios para executar tanto o mal como para fazer o bem, seu resultado geral se dá sempre para a desvantagem dos indivíduos que exercem menos sua inteligência, o que é necessariamente o caso do maior número. Ver-se-ia então que o mal, a esse respeito, reside principalmente na extrema *desigualdade* dos indivíduos, desigualdade que é impossível destruir inteiramente. Não obstante, reconhecer-se-ia ainda mais que o que mais importa para o aperfeiçoamento e a felicidade do homem é diminuir o máximo possível essa desigualdade enorme porque ela é a fonte da maior parte dos males aos quais é exposto.

Agora tentaremos identificar as causas físicas dos atos do entendimento: trataremos ao menos de determinar as condições necessárias da organização para que esses admiráveis fenômenos possam se produzir.

Capítulo VII
Do entendimento, de sua origem e da origem das ideias

Eis o objeto mais curioso, interessante e ao mesmo tempo difícil do qual o homem pode se ocupar nos seus estudos da natureza e do qual mais lhe importaria ter conhecimentos positivos, mas que lhe oferece, contudo, menos meios para adquiri-los.

Trata-se de saber como causas puramente físicas, isto é, simples relações entre diferentes tipos de matérias, podem produzir o que denominamos *ideias*; como essas relações podem formar ideias complexas a partir de ideias simples ou diretas; numa palavra, como essas mesmas relações podem a partir de ideias de qualquer gênero que seja dar origem a faculdades tão admiráveis como as de pensar, julgar, analisar e raciocinar.

Parece que é preciso ser mais do que temerário para empreender uma semelhante pesquisa e se vangloriar por ter encontrado a fonte dessas maravilhas nos meios que estão à disposição da natureza.

Certamente não tenho a presunção de acreditar ter descoberto as causas desses prodígios; mas, persuadido de que todos os atos de inteligência são fenômenos naturais, e, por conseguinte, que esses atos se originam de causas puramente físicas, dado que os animais mais perfeitos gozam da faculdade de produzi-los, acreditei que, por meio de muitas observações, atenção e paciência, poder-se-ia, sobretudo pela via da indução, conseguir formar ideias de um grande peso sobre esse objeto importante. Eis as minhas ideias a esse respeito.

Sob a denominação de *entendimento* ou de *inteligência* compreendo todas as faculdades intelectuais conhecidas, tais quais a de poder formar ideias de diferentes ordens, comparar, julgar, pensar, analisar, raciocinar, enfim, rememorar as ideias adquiridas, assim como pensamentos e raciocínios já executados, o que constitui a memória.

Todas as faculdades que acabo de indicar resultam indubitavelmente de atos particulares do órgão da inteligência; e cada um desses atos é necessariamente o produto das relações que ocorrem entre esse órgão e o fluido nervoso que nele se move.

O órgão especial em questão, ao qual dei o nome de hipocéfalo, consiste de dois hemisférios plissados e polposos que envolvem ou recobrem essa parte medular que denomino estritamente cérebro, o qual contém o núcleo ou centro de comunicação do sistema sensitivo e dá origem aos nervos dos sentidos particulares; o cerebelo não passa de uma dependência sua.

Assim, essa parte (o cérebro propriamente dito, ao qual o cerebelo pertence) e o hipocéfalo são órgãos muito distintos, sobretudo pela natureza de suas funções, embora se tenha o costume de confundi-los sob o nome comum de cérebro ou encéfalo. Ora, é exclusivamente nas funções do hipocéfalo que procurarei as causas físicas das diferentes faculdades da inteligência, porque esse órgão é o único que tem o poder de produzi-las.

A diversidade real, embora difícil de reconhecer, das partes desse órgão e dos movimentos do fluido sutil que contêm são, pois, a fonte única da qual os diferentes atos intelectuais citados extraem seus meios de execução. Tal é a ideia geral que proponho desenvolver sucintamente.

Antes de tudo e para colocar ordem nas considerações que concernem a esse tema, é necessário estabelecer ou relembrar os dois princípios seguintes porque constituem o fundamento de toda opinião admissível a esse respeito.

Primeiro princípio: todos os atos intelectuais se originam nas ideias, seja naquelas que se adquirem no próprio instante, seja naquelas já adquiridas, pois esses atos consistem sempre nas ideias ou relações entre ideias ou operação sobre as ideias.

Segundo princípio: toda ideia de qualquer tipo é originária de uma sensação, isto é, origina-se dela direta ou indiretamente.

Desses dois princípios, o primeiro se encontra plenamente confirmado pelo exame do que os diferentes atos do entendimento realmente são. Com efeito, as ideias são sempre os objetos ou os materiais das operações de todos esses atos.

O segundo desses princípios fora reconhecido pelos antigos e está perfeitamente contido nesse axioma, cujo fundamento foi exposto posteriormente por Locke: *não há nada no entendimento que não tenha estado anteriormente na sensação*.

Segue-se disso que toda ideia deve se resolver em última análise numa representação sensível e que, dado que tudo o que está no nosso entendimento adveio pela via da sensação, tudo o que resulta dele e não pode ser vinculado a um objeto sensível é quimérico. Tal é a consequência evidente que Naigeon deduziu do axioma de Aristóteles.

Entretanto, esse axioma não foi ainda admitido em geral, pois várias pessoas, ao considerar certos fatos cujas causas não perceberam, acreditaram que realmente havia *ideias inatas*. Elas se persuadiram de terem encontrado as provas disso na consideração da criança que logo depois de seu nascimento quer mamar e parece procurar o seio de sua mãe, do qual, contudo, ela não poderia ter ainda nenhum conhecimento por meio de ideias recém-adquiridas. Não citarei nesta ocasião o suposto caso de um cabrito que, tirado do seio de sua mãe, escolhe o laburno dentre vários vegetais que lhe foram apresentados. Sabe-se suficientemente que foi apenas uma suposição que não podia ter fundamento.

Quando se reconhecer que os hábitos são a fonte das propensões, que o exercício constante dessas propensões modifica a organização em seu favor e que elas são então transmitidas aos novos indivíduos por meio da geração, ver-se-á que a criança que acaba de nascer pode pouco tempo depois querer mamar devido apenas ao instinto e tomar o seio que se lhe apresenta sem ter disso a menor ideia e sem executar por isso nenhum pensamento, nem julgamento, tampouco qualquer ato de vontade, que só pode se produzir como consequência destes. E se perceberá que essa criança executa essa ação exclusivamente pela frágil emoção que a necessidade gera em seu sentimento interno, de modo a fazê-la agir na direção de uma propensão adquirida, embora ainda não exercida. Ver-se-á que o pequeno pato que sai de seu ovo, caso se encontre próximo à água, corre imediatamente para ela e nada na sua superfície sem possuir nenhuma ideia a esse respeito e sem conhecê-la. Esse animal não executa essa ação a partir de alguma deliberação intelectual, mas por uma propensão que lhe foi transmitida e que seu sentimento interno o faz exercer, sem que sua inteligência tenha nisso a menor participação.

Reconheço, pois, como um princípio fundamental, como uma verdade incontestável, que não há ideias inatas e que toda ideia é proveniente de sensações experimentadas e notadas, seja direta, seja indiretamente.

Resulta desse princípio que o órgão da inteligência, por ser o último aperfeiçoamento que a natureza concedeu aos animais, não pode existir senão naqueles que já possuem a faculdade de sentir. Assim, o órgão especial nos quais as ideias, os julgamentos, os pensamentos etc. operam só começa a se formar nos animais com um sistema das sensações muito desenvolvido.

Todos os atos intelectuais que se executam num indivíduo são, portanto, o produto da combinação das seguintes causas:

1) da faculdade de sentir;
2) da posse de um órgão particular para a inteligência;
3) das relações que se dão entre esse órgão e o fluido nervoso que nele se move de maneiras diversas;
4) enfim, do fato que os resultados dessas relações são sempre transmitidos ao núcleo das sensações e, por conseguinte, ao sentimento interno do indivíduo.

Eis a cadeia que se encontra em harmonia por toda parte e que constitui a causa física e composta dos fenômenos mais admiráveis da natureza.

Para rejeitar a partir de motivos razoáveis o fundamento do que acabo de expor é preciso poder mostrar que a harmonia que existe em todas as partes do sistema nervoso não é capaz de produzir sensações e o sentimento interno do indivíduo; que os atos de inteligência, tais quais os pensamentos, os julgamentos etc., não são atos físicos e não resultam imediatamente de relações entre um fluido sutil agitado e o órgão especial que contém esse fluido; enfim, que os resultados dessas relações não são transmitidos ao sentimento interno do indivíduo. Ora, como as causas físicas que acabam de ser citadas são as únicas que podem produzir os fenômenos da inteligência, caso se negue a existência dessas causas e, por conseguinte, que os fenômenos que delas resultam sejam naturais, será necessário procurar fora da natureza uma outra origem para os fenômenos em questão. Seria preciso substituir as causas físicas rejeitadas pelas ideias fantásticas de nossa imaginação, ideias sempre sem base, dado que é completamente evidente que não podemos ter nenhum outro conhecimento positivo além daquele que extraímos dos próprios objetos que a natureza apresenta aos nossos sentidos.

Como as maravilhas que examinamos e cujas causas pesquisamos possuem como base as ideias, e que em todos os atos de inteligência não se trata senão de ideias e de operações sobre essas ideias, exponhamos, antes de examinar o que as próprias ideias são, a formação gradual dos órgãos que produzem inicialmente as sensações, o sentimento interno, em seguida, as ideias e, enfim, as operações que se executam sobre elas.

Os animais muito imperfeitos das primeiras classes, por não possuírem sistema nervoso, são meramente irritáveis, possuem apenas hábitos, não experimentam sensações e não formam ideias. Mas os animais menos imperfeitos, que possuem um sistema nervoso sem possuir, contudo, o órgão da inteligência, possuem instinto, hábitos e propensões, experimentam sensações e, não obstante, não formam ideias. Ouso dizer que, onde não há órgão para uma faculdade, essa faculdade não pode existir.

Ora, se é agora reconhecido que toda ideia é originalmente proveniente de uma sensação, o que, com efeito, não se poderia solidamente contestar, espero mostrar que nem por isso toda sensação produz necessariamente uma ideia. É preciso que a organização tenha chegado a um estado apropriado para favorecer a formação da ideia e que, além disso, a sensação seja acompanhada de um esforço particular do indivíduo, numa palavra, de um ato preparatório que torna o órgão especial da inteligência capaz de receber a ideia, isto é, as impressões que conserva.

Com efeito, se é verdade que, ao criar a organização, a natureza a forma necessariamente na sua maior simplicidade, e que nesse momento ela não pôde ter em vista dar aos corpos vivos outras faculdades além das de se alimentar e se reproduzir, esses corpos que receberam dela a organização e a vida só podiam ter os órgãos que são necessários para a vida. Isso é confirmado pela observação dos animais mais imperfeitos, tais quais os infusórios e os pólipos.

Mas, ao em seguida complicar a organização desses primeiros animais e criar, com o auxílio de muito tempo e de uma diversidade infinita de circunstâncias, a multidão de formas diferentes que caracterizam aqueles que lhes são posteriores, a natureza formou sucessivamente os diversos órgãos que os animais possuem e as diferentes faculdades que são produzidas por esses órgãos. Ela os produziu numa ordem que determinei (primeira parte, Capítulo VIII), e se pode ver a partir dessa ordem que o hipocéfalo, que é constituído pelos dois hemisférios plissados que envolvem ou recobrem o cérebro, é o último órgão que ela trouxe à existência.

Muito tempo antes de ter criado o hipocéfalo, esse órgão especial para a formação das ideias e de todas as operações que se executam com elas, a natureza estabelecera num grande número de animais um sistema nervoso que os dota da faculdade de excitar a ação dos músculos e, em seguida, a de sentir e de agir a partir das emoções de seu sentimento interno. Ora, para chegar a isso, embora tenha multiplicado e dispersado os núcleos para os movimentos musculares, seja estabelecendo gânglios separados, seja difundindo esses núcleos na extensão de uma medula longitudinal nodosa, ou de uma medula espinhal, ela concentrou num lugar particular o núcleo das sensações e o transferiu para uma pequena massa medular que imediatamente dá origem aos nervos de alguns sentidos particulares e à qual se deu o nome de cérebro.

Foi somente depois de ter realizado esses diversos aperfeiçoamentos do sistema nervoso que a natureza logrou colocar a última mão na sua obra, ao criar bem próximo ao núcleo das sensações o hipocéfalo, esse órgão particular e tão interessante, no qual as ideias se gravam e onde se executam todas as operações que constituem a inteligência.

São exclusivamente essas operações que examinaremos, empenhando-nos em determinar suas causas físicas mais prováveis, por meio de induções a respeito das partes agentes e do conhecimento das condições requeridas para as funções dessas partes.

Examinemos agora como uma ideia pode se formar e sob quais condições uma sensação pode produzi-la; examinemos, ao menos em geral, de que maneira os atos de inteligência se executam no hipocéfalo.

Uma peculiaridade muito singular, da qual não posso contudo duvidar, é que esse órgão especial nunca exerce por si próprio qualquer ação em todos os atos ou fenômenos que produz e que apenas recebe e conserva mais ou menos por um longo tempo as imagens que lhe chegam e todas as impressões que as gravam. Esse órgão difere, assim como o cérebro e os nervos, de todos os outros órgãos do corpo animal na medida em que não age e apenas fornece ao fluido nervoso nele contido os meios para executar os diferentes fenômenos de que é capaz.

Com efeito, quando considero a extrema moleza da polpa medular que constitui os nervos, o cérebro e seu hipocéfalo, não posso crer que, nas relações do fluido nervoso com as partes medulares nas quais se move, estas últimas sejam capazes de exercer a mais leve ação. Essas partes são sem dúvida exclusivamente passivas e não possuem condição de reagir a tudo que pode afetá-las. Disso resulta que as partes medulares que compõem o hipocéfalo recebem e conservam os traços de todas as impressões que o fluido nervoso em seus movimentos vem lhe imprimir, de maneira que o único corpo que age nas funções que o hipocéfalo executa é o próprio fluido nervoso. Ou, para me exprimir com mais exatidão, o órgão em questão não executa nenhuma função: o fluido nervoso sozinho as opera. Mas esse fluido não poderia de modo algum produzi-los sem a existência desse órgão.

Aqui me será perguntado como é possível que um fluido, por mais sutil e variado que seja, pode sozinho produzir essa quantidade espantosa de atos e fenômenos diferentes que constituem a imensa extensão das faculdades da inteligência. A isso responderei que a maravilha considerada reside inteiramente na própria composição do hipocéfalo.

Essa massa medular que constitui o hipocéfalo, isto é, os dois hemisférios plissados que envolvem ou recobrem o cérebro, que parece não ser senão uma polpa cujas partes são contínuas e coerentes em todos seus pontos, consiste, ao contrário, em um número inconcebível de partes distintas e separadas, do que resulta uma quantidade inumerável de cavidades infinitamente diversificadas entre si pela sua forma e grandeza e que parecem ser distinguidas por regiões que se apresentam em número igual ao das faculdades intelectuais do indivíduo; enfim, de qualquer modo, a composição desse órgão é diferente em cada região, pois é em cada uma delas que se efetuam os atos de uma faculdade particular da inteligência.

O exame da parte branca e medular do hipocéfalo revelou numerosas fibras nela: ora, é provável que essas fibras não sejam, como alhures, órgãos de movimento – sua consistência não o permite. Há mais razão para se crer que se trata de canais particulares que terminam numa cavidade que seria em forma de um beco sem saída – a menos que essas cavidades se comuniquem entre si por meio de vias laterais. Essas cavidades, que são imperceptíveis para nós, são inumeráveis, assim como o são os filamentos tubulares que conduzem a elas; e se pode presumir que é nas suas paredes internas que as impressões conduzidas pelo fluido nervoso se gravam. Talvez haja também pequenas lâminas ou folhas medulares dispostas para o mesmo uso.

Como não podemos saber positivamente o que se passa a esse respeito, creio ter atingido meu objetivo ao mostrar o que é possível ou mesmo verossímil: é o que me basta.

A admirável composição do hipocéfalo, seja do conjunto desse órgão, seja de cada uma de suas regiões, que são duplas, uma semelhante à outra em cada hemisfério, não poderia ser uma suposição sem fundamento, embora careçamos de meios para o perceber e nos assegurar disso. Os fenômenos orgânicos que constituem a inteligência e o fato de que cada um desses fenômenos requer um lugar particular no órgão e, por assim dizer, um órgão especial para a sua produção, devem nos dar a convicção moral de que, quanto à composição do hipocéfalo, as coisas são tais como acabo de apresentar.

Certamente, os indivíduos não nascem com todas as faculdades intelectuais que podem possuir, pois o órgão no qual os atos de inteligência se executam é, como todos os outros, tanto mais capaz de se desenvolver quanto mais é exercido. Ocorre o mesmo em cada tipo especial de faculdade intelectual: as necessidades sentidas a fazem surgir na região do hipocéfalo que pode produzir seus atos. E, à medida que esses atos são reproduzidos com mais frequência, o órgão especial adaptado para tanto se desenvolve mais e estende proporcionalmente sua faculdade.

Não é, portanto, verdadeiro que cada uma de nossas faculdades intelectuais seja inata; e isso se aplica também para as propensões que dependem de nossa faculdade de pensar. Essas faculdades e essas propensões crescem e se fortalecem à medida que exercemos mais os órgãos que produzem seus atos. Apenas podemos receber mais ou menos disposições do estado de organização que obtemos daqueles que nos geraram. Mas, se não exercemos por nós mesmos essas faculdades e essas propensões, perderíamos pouco a pouco a aptidão para elas.

O doutor Gall, ao observar que dentre os diferentes indivíduos que observava alguns tinham uma determinada faculdade mais desenvolvida e mais eminente que os outros, teve a ideia de inquirir se alguma parte de seu corpo não apresentava alguns signos exteriores que permitissem reconhecer essa faculdade.

Parece que ele não examinou as faculdades que não são relativas à inteligência, pois elas lhe teriam fornecido muitas provas de que, quando uma parte fortemente exercida adquire uma faculdade muito eminente, ela sempre apresenta signos evidentes de sua forma, dimensões e vigor. Não se podem observar as extremidades posteriores e a calda de um canguru sem reconhecer ao mesmo tempo que essas partes muito empregadas gozam de uma grande força de ação, e sem reconhecer a mesma coisa no que diz respeito às patas posteriores dos grilos etc. Igualmente, não se pode considerar o grande crescimento do nariz do elefante, transformado numa tromba enorme, sem reconhecer que esse órgão, continuamente exercido e servindo de mão ao animal, recebeu desse emprego habitual as dimensões, a forma e a flexibilidade admirável que se conhece etc.

Mas Gall parece estar particularmente interessado na inquirição dos signos exteriores que poderiam indicar a eminência das faculdades da inteligência em certos indivíduos. Ora, ao reconhecer que todas essas faculdades são o produto das funções do órgão cerebral, ele dirigiu suas inquisições para o conhecimento do encéfalo. E, depois de vários anos de pesquisa, acabou se persuadindo de que as funções de nossas faculdades intelectuais que são muito desenvolvidas e adquiriram um grande grau de aperfeiçoamento são reconhecidas por meio de signos exteriores que consistem em protuberâncias peculiares da caixa craniana.

Certamente Gall partia de um princípio que, em si mesmo, é muito bem fundamentado; pois se é verdadeiro para as partes do corpo que todas que são fortes e constantemente empregadas adquirem desenvolvimentos e uma energia de faculdade que as distinguem (o que provei suficientemente no Capítulo VII da Parte I), a mesma coisa deve ocorrer para o órgão do entendimento em geral e para cada um dos órgãos especiais que o compõem – isso é certo e fácil de se demonstrar a partir de vários fatos conhecidos.

Assim, o princípio do qual Gall partia é sem dúvida muito sólido. Mas a partir de tudo que foi publicado sobre a doutrina ensinada por esse cientista, há razão para acreditar que ele abusou na maior parte das consequências que extraiu dela.

Com efeito, relativamente aos órgãos particulares que entram na composição dos dois hemisférios do cérebro e que produzem cada gênero de faculdade intelectual, as implicações do princípio que acabo de citar me parecem ter muito menos extensão do que o senhor Gall supõe, de maneira que apenas num número muito pequeno de casos extremos certas faculdades que adquiriram um grau extraordinário de eminência podem apresentar signos exteriores inequívocos de sua existência. Não ficaria nesse caso surpreso que se tenham descoberto alguns desses signos, dado que sua causa se encontra realmente na natureza. Mas, quanto às nossas faculdades intelectuais, sair dos gêneros que são bem distintos para entrar numa multidão de detalhes e abarcar as nuances que ligam essas faculdades a seu gênero próprio é, na minha opinião, aniquilar por um abuso muito ordinário da imaginação o valor de nossas descobertas no estudo da natureza. Assim, porque Gall quis provar demais, o público, por um desconhecimento oposto, rejeitou tudo. Eis a marcha mais ordinária do espírito humano em seus diferentes atos: excessos e abusos arruínam na maior parte das vezes o que se soube produzir de bom. As exceções a esse respeito são o apanágio de apenas um pequeno número de pessoas que, com o auxílio de uma razão forte, sabem limitar a imaginação que tende a conduzi-los.

Considerar inatas certas propensões nos indivíduos da espécie humana que se tornaram completamente dominantes não é apenas uma opinião perigosa, mas também, além disso, um verdadeiro erro. Sem dúvida, podemos, ao nascer, trazer certas disposições para propensões que os pais transmitiram pela organização. Mas, certamente, se não se tivesse exercido forte e habitualmente as faculdades que essas disposições favorecem, o órgão particular que executa seus atos não seria desenvolvido.

Na verdade, cada indivíduo, desde o instante de seu nascimento, encontra-se inserido num conjunto de circunstâncias que lhe são totalmente peculiares e que contribuem em grade parte a torná-lo o que é nas diferentes épocas de sua vida e o colocam em condições de exercer ou não determinadas faculdades e disposições que ele trouxe consigo ao nascer. De maneira que se pode dizer em geral que possuímos uma parte apenas bem medíocre no estado no qual nos encontramos no curso de nossa existência e que devemos nossos gostos, propensões, hábitos, paixões, faculdades e conhecimentos às circunstâncias infinitamente diversificadas, mas particulares, nas quais cada um de nós se encontrou.

Desde a nossa mais tenra infância, aqueles que nos educam nos deixam por vezes inteiramente à mercê das circunstâncias que nos cercam, ou eles próprios criam circunstâncias muito desvantajosas para nós em decorrência de seu modo de existir, de ver e de sentir; e, por vezes, por uma fraqueza irrefletida, nos arruínam e nos deixam adquirir um grande número de defeitos e hábitos perniciosos cujas consequências não previam. Eles riem do que chamam nossas travessuras e gracejam acerca de nossas bobagens supondo que mais tarde modificarão facilmente nossas inclinações viciosas e corrigirão nossos defeitos.

Não se poderia imaginar quão grandes são as influências de nossos primeiros hábitos e inclinações nas propensões que podem um dia nos dominar e no caráter que se tornará próprio a nós. A organização, muito tenra na nossa primeira idade, dobra-se e se acomoda aos movimentos habituais que nosso fluido nervoso faz nesta ou naquela direção particular, dependendo da direção que nossas inclinações e hábitos exercem. Ora, essa organização adquire a partir disso uma modificação que pode crescer por meio de circunstâncias favoráveis que não são jamais apagadas por circunstâncias que se lhe tornam contrárias.

É em vão que depois da nossa infância se fazem esforços para dirigir por meio da educação nossas inclinações e ações em direção a tudo o que pode nos ser útil, em uma palavra, para nos dar princípios, formar nossa razão, nossa maneira de julgar etc. Há tantas circunstâncias tão difíceis de controlar que cada um de nós se vê de algum modo compelido por elas e adquire imperceptivelmente uma maneira de ser, que foi adquirida a partir de si mesmo, apenas em uma pequena porção.

Não devo entrar aqui nos numerosos detalhes das circunstâncias que formam para cada indivíduo um conjunto muito peculiar de causas influentes;

mas devo dizer – porque estou disso convencido – que tudo o que influencia para tornar habitual essas nossas ações modifica nossa organização interna em favor dessa ação, de maneira que a execução dessa mesma ação se torna para nós uma espécie de necessidade.

De todas as partes de nossa organização, aquela que sofre primeiro as modificações dos hábitos que possuímos de exercer um determinado gênero de pensamentos ou de ideias e das ações às quais conduzem é o nosso órgão de inteligência. Ora, a região que sofre as modificações é necessariamente aquela na qual se executam as ideias ou pensamentos que nos ocupam habitualmente. Portanto, repito-o mais uma vez: essa região de nosso órgão intelectual, ao ser forte e continuamente exercida, adquire desenvolvimentos que podem, por fim, se tornar notáveis por alguns signos exteriores.

Acabamos de examinar o órgão que produz a inteligência em suas generalidades principais; passaremos agora ao exame da formação das ideias.

Formação das ideias

Meu objetivo aqui não é empreender a análise das ideias, tampouco mostrar como essas ideias se compõem e se desenvolvem, numa palavra, como ou por qual via o entendimento se aperfeiçoa. Muitos homens célebres desde Bacon, Locke e Condillac trataram desses assuntos e jogaram muita luz sobre eles. Assim, não me ocuparei deles.

Meu objetivo é apenas indicar a partir de quais causas físicas as ideias podem se formar e mostrar que as comparações, os julgamentos, os pensamentos e todas as operações do entendimento são também atos físicos que resultam das relações que ocorrem entre certos tipos de matérias em ação e se executam num órgão particular que adquiriu gradualmente a faculdades de produzi-los.

Tudo que exporei sobre esse importante tema se reduz inteiramente ao que é verossímil. Tudo é produto da imaginação, mas limitado pela necessidade de admitir exclusivamente causas físicas compatíveis com as propriedades conhecidas das matérias consideradas, numa palavra, causas que possivelmente e até presumivelmente existem. Enfim, como nenhum dos atos físicos que tentarei analisar pode ser percebido, nenhum pode, por conseguinte, ser provado.

Devo advertir que possuímos realmente dois tipos de ideias: as ideias simples ou diretas e as complexas ou indiretas.

Denomino *ideias simples* aquelas que resultam direta e unicamente das sensações notadas que os objetos, seja fora de nós, seja em nós próprios, podem nos fazer experimentar.

Denomino *ideias complexas* aquelas que se formam em nós como consequência de alguma operação de nosso entendimento sobre várias ideias já adquiridas e que, portanto, não exigem nenhuma sensação direta para se formar.

As ideias, quaisquer que sejam, são o resultado das imagens ou dos traços particulares dos objetos que nos afetaram; e essas imagens ou esses traços não se tornam ideias para nós a não ser quando, tendo sido marcados em alguma parte de nosso órgão, o fluido nervoso agitado passa sobre eles e conduz seu produto ao nosso sentimento interno, que nos dá a consciência delas.

Além de haver realmente dois tipos de ideias, deve-se ainda distinguir aquelas que nos tornam sensíveis ao mesmo tempo que são acompanhadas da sensação que as produziu e aquelas que, sendo igualmente apresentadas à nossa consciência, não são mais acompanhadas de uma sensação.

Denomino as primeiras *ideias físico-morais* e as segundas, simplesmente *ideias morais*.

As ideias *físico-morais* são claras, vívidas, nitidamente exprimidas e são sentidas com a força que a sensação que as acompanha lhes comunica. Assim, a visão de um edifício ou de qualquer outro objeto que se encontra ante meus olhos e ao qual dou atenção faz nascer em mim uma ideia ou várias que me atingem vivamente.

Ao contrário, as ideias *morais*, sejam simples ou complexas, das quais só temos consciência a partir de uma operação de nosso entendimento excitado pelo nosso sentimento interno, são muito obscuras, fracamente exprimidas e sem nenhuma vivacidade na maneira de nos afetar, embora nos excitem algumas vezes. Assim, quando rememoro um objeto que vi e notei, um juízo que tive, um raciocínio que fiz etc., a ideia se torna sensível para mim apenas de uma maneira fraca e obscura.

Deve-se evitar confundir o que experimentamos quando temos a consciência de uma ideia qualquer com o que sentimos quando uma sensação nos afeta e lhe damos atenção.

Tudo aquilo de que temos consciência nos alcança exclusivamente por meio do órgão da inteligência e tudo o que nos causa a sensação opera inicialmente pelo órgão sensitivo que possuímos e, em seguida, pela ideia que recebemos dele se nossa atenção nos faz notá-la.

Assim, é essencial distinguir o sentimento moral do sentimento físico, porque a experiência do passado nos ensina que foi por não ter feito essa distinção que homens do maior mérito, ao confundir os dois sentimentos em questão, estabeleceram raciocínios que é preciso agora destruir.

Sem dúvida tanto um sentimento como o outro são físicos, mas a diferença das expressões que emprego para distingui-los basta para o objetivo que tenho em vista. De toda maneira, são as expressões em uso.

Denomino *sentimento moral* o que sentimos quando uma ideia ou um pensamento ou, enfim, um ato qualquer de nosso entendimento é transmitido ao nosso sentimento interno, de modo a termos consciência dele.

Denomino *sentimento físico* o que experimentamos quando, em decorrência de uma impressão em um de nossos sentidos, sentimos uma sensação qualquer e a notamos.

Essas definições simples e claras devem mostrar que os dois objetos em questão são muito diferentes um do outro, tanto pela natureza de sua fonte como pela natureza dos efeitos que produzem em nós.

Não obstante, é por tê-los confundidos, como Condillac já havia feito, que Tracy disse: "Pensar não é senão sentir e sentir é, para nós, a mesma coisa que existir; pois as sensações nos advertem de nossa existência. As ideias ou percepções são sensações propriamente ditas, ou lembranças, ou relações que percebemos ou bem, enfim, o desejo que experimentamos devido a essas relações: a faculdade de pensar se subdivide, pois, em sensibilidade propriamente dita, em memória, em julgamento e em vontade".[1]

Vê-se que há em tudo isso uma confusão evidente das sensações propriamente ditas com a consciência de nossas ideias, pensamentos, julgamentos etc. É uma semelhante confusão do sentimento moral com o sentimento físico que suscitou a crença de que todo ser que possui a faculdade de

---

[1] Destutt de Tracy, *Élémens d'idéologie*, Paris, 1801, livro I, cap.I. Ver também Condillac, *Lógica*, Paris, 1780, livro II. (Ed. bras.: *Lógica e outros escritos*. Trad. Fernão de Oliveira Salles. São Paulo: Editora Unesp, 2016). (N. T.)

sentir possui também a faculdade de executar atos de inteligência, o que, certamente, não poderia ter fundamento.

Sem dúvida, as sensações nos advertem de nossa existência, mas isso se dá apenas quando as notamos. É preciso, pois, poder notá-las, isto é, pensar nelas e lhes dar atenção – e isso são os atos de inteligência.

Assim, as sensações notadas advertem o homem e os animais mais perfeitos de sua existência e fornecem as ideias; mas, relativamente aos animais mais imperfeitos, tais quais, por exemplo, os insetos, nos quais não reconheço nenhum órgão para a inteligência, as sensações não poderiam ser notadas nem tampouco fornecer ideias, mas apenas formar percepções simples dos objetos que afetam o indivíduo.

O inseto goza, contudo, de um sentimento interno suscetível de emoções que o faz agir; mas como nenhuma ideia pode lhe ser atribuída, ele não pode notar sua existência, numa palavra, ele não experimenta jamais o sentimento moral.

Portanto, relativamente a todo ser dotado de inteligência, deve-se dizer que pensar é sentir moralmente, é ter a consciência de suas ideias, seus pensamentos e também de sua existência; mas não é experimentar o sentimento físico, que é algo completamente diferente, já que este é um produto do sistema das sensações e o primeiro, produto do sistema orgânico da inteligência.

Das ideias simples

Uma ideia simples que resulte de uma sensação que se experimenta de algum objeto que afeta um de nossos sentidos só pode se formar quando essa sensação é notada e seu resultado é transmitido ao órgão da inteligência e traçado ou gravado sobre alguma parte desse órgão. Esse resultado se torna sensível ao indivíduo porque é no mesmo instante transmitido ao seu sentimento interno.

Com efeito, todo indivíduo que, gozando da faculdade de sentir, possui um órgão para a inteligência, recebe imediatamente nesse órgão a imagem ou os traços que a sensação de um objeto ocasiona se esse órgão estiver preparado para tanto pela atenção. Ora, esses traços ou essa imagem do objeto que o afetou chega ao seu hipocéfalo por meio de uma segunda reação do fluido nervoso que, após ter produzido a sensação, leva ao órgão intelectual a agitação particular que recebeu dessa sensação, imprime sobre alguma parte os traços característicos de seu movimento e, enfim, os torna sensíveis ao indivíduo ao conduzir seu produto a seu sentimento interno.

As ideias que se formam ao se ver, pela primeira vez, um foguete, ao se ouvir o rugido de um leão e ao tocar a ponta de uma agulha são ideias simples.

Ora, as impressões que esses objetos fazem sobre nossos sentidos excitam imediatamente no fluido dos nervos correspondentes uma agitação que é peculiar a cada uma delas. O movimento se propaga até o núcleo das sensações e todo o sistema participa dele imediatamente; e a sensação é produzida pelo mecanismo que já expus.

Assim, no mesmo instante, se nossa atenção preparou as vias, o fluido nervoso transmite a imagem do objeto ou alguns de seus traços ao nosso órgão de inteligência, imprime essa imagem ou esses traços sobre alguma parte desse órgão, e a ideia que ele acaba de marcar é imediatamente transmitida a nosso sentimento interno.

Da mesma maneira que o fluido nervoso é, por seus movimentos, o agente que leva ao núcleo das sensações as impressões dos objetos exteriores que afetam nossos sentidos, ele é também o agente que transporta o produto de cada sensação executada do núcleo das sensações ao órgão da inteligência, traça as marcas ou as imprime por meio de suas agitações, se a *atenção* preparou esse órgão para tanto, e transmite em seguida o resultado ao sentimento interno do indivíduo.

Assim, para que os traços ou a imagem do objeto que causou a sensação possam chegar ao órgão do entendimento e ser impressos em alguma parte desse órgão, é preciso, primeiramente, que o ato que se denomina atenção prepare o órgão para receber a impressão ou que esse mesmo ato abra a via que pode fazer que o produto dessa sensação chegue ao órgão e que os traços do objeto que a produziu possam se imprimir. E, para que uma ideia qualquer possa chegar ou ser chamada à consciência, é preciso, com o auxílio ainda da atenção, que o fluido nervoso transmita os seus traços ao sentimento interno do indivíduo; é isso que torna então essa ideia presente ou sensível[2] e suscetível de ser repetida de acordo com a vontade desse indivíduo durante um tempo mais ou menos longo.

A impressão que forma a ideia é traçada e gravada, pois, realmente no órgão, visto que a memória pode evocá-la de acordo com a vontade do indivíduo e torná-la novamente sensível.

Eis, na minha opinião, o mecanismo provável da formação das ideias, mecanismo pelo qual as tornamos presentes para nós à vontade até que o tempo, tendo apagado ou enfraquecido muito seus traços, nos deixe sem condições de poder lembrar delas.

Tentar determinar como as agitações do fluido nervoso traçam ou gravam uma ideia no órgão do entendimento seria se expor a cometer um dos numeroso abusos que a imaginação produz; o que se pode assegurar é somente que o fluido em questão é o verdadeiro agente que traça e imprime a ideia; que cada tipo de sensação dá a esse fluido uma agitação peculiar e o coloca em condições, portanto, de imprimir no órgão traços igualmente peculiares; e que, enfim, o fluido em questão age sobre um órgão tão delicado e de uma moleza tão considerável, e se encontra em interstícios tão estreitos e cavidades tão pequenas, que pode imprimir sobre suas paredes delicadas traços mais ou menos profundos de cada tipo de movimento pelo qual pode ser agitado.

Não se sabe que, na velhice de um indivíduo, como o órgão da inteligência perdeu uma parte de sua delicadeza e de sua moleza, as ideias se gravam com mais dificuldade e menos profundamente; que a memória se perde cada vez mais, evoca então apenas as ideias gravadas há muito tempo sobre o órgão, porque elas foram mais fáceis de imprimir e mais profundas naquela época?

Além disso, não se trata unicamente, em relação ao fenômeno orgânico das ideias, de relações entre fluidos em movimento e o órgão especial que contém esses fluidos? Ora, para operações tão velozes como as ideias e

---

2 *Sensível* é uma palavra usual que possui duas acepções muito diferentes ou que designa fatos de dois gêneros bem distintos. Em uma dessas acepções, ela exprime o efeito de uma sensação e concerne apenas ao sentimento físico; na outra, ao contrário, designa o efeito de uma impressão sobre o sentimento interno que se origina de um ato de inteligência e pertence exclusivamente ao sentimento moral. (N. A.)

todos os atos de inteligência, qual outro fluido poderia produzi-las senão o fluido sutil e invisível dos nervos, fluido tão análogo à eletricidade? E qual outro órgão seria mais apropriado para essas operações delicadas do que o cérebro?

Assim, uma ideia simples ou direta se forma quando o fluido dos nervos, agitado por alguma impressão exterior ou mesmo por alguma dor interna, conduz ao núcleo das sensações a agitação que recebeu e, encontrando a via aberta e o órgão da inteligência preparado pela atenção, transmite essa mesma agitação ao órgão da inteligência.

Assim que essas condições são preenchidas, a impressão se traça imediatamente no órgão, a ideia passa a existir e se torna sensível no mesmo instante, porque o sentimento interno do indivíduo é afetado por ela. Enfim, a ideia em questão pode ser novamente tornada sensível pela memória, mas de uma maneira obscura todas as vezes que o indivíduo, por um ato de sua potência de agir, dirige o fluido nervoso sobre os traços subsistentes dessa ideia.

Toda ideia evocada pela memória é, pois, muito mais obscura do que o era quando foi formada, porque então o ato que a torna sensível ao indivíduo não resulta mais de uma sensação presente.

Das ideias complexas

Denomino ideia complexa ou indireta aquela que não resulta imediatamente da sensação de um objeto qualquer, mas é o resultado de um ato de inteligência que opera sobre as ideias já adquiridas.

O ato de entendimento que origina a produção de uma ideia complexa é sempre um julgamento; e esse julgamento é ele próprio uma consequência ou determinação de uma relação. Ora, esse ato parece-me resultar de um movimento médio que o fluido nervoso adquire quando, ao ser dirigido pelo sentimento interno, se divide em várias massas que atravessam os traços de certas ideias já impressas, o que faz que sofram muitas modificações particulares em sua agitação. Em seguida, essas várias massas se reúnem, combinando então os movimentos particulares de cada uma delas em um movimento médio.

É então por meio desse movimento citado do fluido nervoso, o qual é realmente o resultado de ideias comparadas ou das relações buscadas entre elas, que esse fluido imprime seus traços no órgão e no mesmo instante transmite seu produto ao sentimento interno do indivíduo.

Tal é, ao que me parece, a causa física e o mecanismo particular que produz a formação das ideias complexas de todos os gêneros. Essas ideias complexas são muito distintas das ideias simples, posto que não resultam de uma sensação produzida imediatamente, isto é, de uma impressão realizada em algum dos nossos sentidos, mas possuem origem em várias ideias já traçadas e, enfim, são exclusivamente o produto de um ato do entendimento, sendo que o sistema sensitivo não participa dele.

Há essa diferença entre o ato do entendimento que forma um julgamento, de onde resulta uma ideia complexa, e aquele que se denomina lembrança ou ato de memória, que consiste exclusivamente em tornar presentes as ideias ao sentimento interno do indivíduo: que, no primeiro, as ideias empregadas servem para uma operação que leva a um resultado, isto é, a uma ideia nova, ao passo que, no segundo, as ideias empregadas não servem para nenhuma operação particular, não produzem nenhuma ideia nova, mas são simplesmente tornadas sensíveis ao indivíduo.

Se é verdade que as emoções de nosso sentimento interno nos dão a faculdade e a potência de agir e nos permitem colocar em movimento nosso fluido nervoso e dirigi-lo para os traços de diferentes ideias que são impressas sobre as diversas partes do órgão que os recebeu, é evidente que esse fluido sutil, ao passar sobre os traços de tal ideia, sofre uma modificação particular na natureza de sua agitação. A partir disso supõe-se que, se o fluido nervoso simplesmente conduz essa modificação particular de sua agitação ao sentimento interno do indivíduo, ele apenas torna sensível ou presente a ideia para a consciência desse indivíduo. Mas, se o fluido em questão, em vez de passar apenas pelos traços ou a imagem de uma única ideia, se divide em várias massas que se dirigem cada uma sobre uma ideia particular, e que, em seguida, essas massas se reúnem, o movimento médio resultante imprimirá no órgão uma ideia nova e *complexa* e, em seguida, conduzirá seu produto à consciência do indivíduo.

Se formarmos ideias complexas com as ideias simples já existentes, teremos, assim que forem impressas em nosso órgão, ideias complexas de primeira ordem; ora, é evidente que se compararmos várias ideias complexas de primeira ordem por meio dos mesmos meios orgânicos com os quais comparamos várias ideias simples, obteremos um resultado, isto é, um julgamento a partir do qual formaremos uma nova ideia, e esta será uma ideia complexa de segunda ordem, dado que resultará de várias ideias complexas de primeira ordem já adquiridas. Vê-se que, por essa via, ideias complexas de diferentes ordens podem se multiplicar quase ao infinito, sendo que a maior parte de nossos raciocínios nos oferecem exemplos disso.

Assim se formam no órgão da inteligência diferentes atos físicos que produzem os fenômenos das comparações, dos julgamentos particulares, das análises de ideias, enfim, dos raciocínios; e esses diferentes atos não são senão operações sobre ideias já traçadas, que se executam por meio dos movimentos médios que o fluido nervoso adquire ao se deparar com os traços ou as imagens na sua agitação. E, como essas operações sobre as ideias já traçadas e sobre séries de ideias comparadas – tanto sucessivamente como em conjunto – são apenas relações buscadas pelo pensamento com o auxílio do sentimento interno entre as ideias de alguma ordem qualquer, essas mesmas operações culminam em resultados que denominamos julgamentos, inferências, conclusões etc.

Da mesma maneira, nos animais mais perfeitos, os fenômenos de inteligência se produzem fisicamente. Trata-se de fenômenos de uma ordem bem inferior, sem dúvida, mas que são completamente análogos aos que acabo de citar, pois esses animais recebem ideias e possuem a faculdade de compará-las e derivar julgamentos delas. Suas ideias são, portanto, realmente traçadas e impressas no órgão onde elas se formam, dado que evidentemente possuem memória e frequentemente são vistos sonhando durante seu sono, isto é, experimentando retornos involuntários dessas ideias.

No que diz respeito aos *signos*, que são tão necessários para a comunicação das ideias e servem especialmente para aumentar seu número, encontro-me forçado a me limitar a uma simples explicação concernindo o duplo serviço que nos oferecem.

"Condillac", diz Richerand, "adquiriu uma glória imortal ao ser o primeiro a descobrir e provar de maneira irrefutável que os signos são tão necessários para a formação como para a expressão das ideias."[3]

Lamento que os limites desta obra não me permitem entrar aqui em detalhes suficientes para mostrar que há um erro evidente na expressão empregada, que dá a entender que o signo é necessário para a formação direta da ideia, o que não pode ter o menor fundamento.

Não sou menos admirador que o senhor Richerand do gênio, dos pensamentos profundos e das descobertas de Condillac, mas estou bem persuadido de que os signos, dos quais não se pode prescindir para comunicar as ideias, só são necessários para a formação da maior parte das ideias que logramos adquirir apenas porque fornecem um meio indispensável para estender seu número, e não porque concorrem para sua formação.

Sem dúvida, uma língua não é menos útil para pensar do que para falar; e é preciso vincular signos de convenção às noções adquiridas, a fim de que essas noções não fiquem isoladas e possamos associá-las, compará-las e nos pronunciar acerca de suas relações. Mas esses signos são auxílios, meios, numa palavra, uma arte infinitamente útil para nos auxiliar a pensar, e não causas imediatas da formação de ideias.

Os signos, quaisquer que sejam, não fazem senão auxiliar nossa memória a evocar noções adquiridas, tanto antigas como recentes, nos dotar de meios para torná-las presentes sucessiva ou simultaneamente e, desse modo, facilitar a formação de ideias novas.

Do que foi muito bem demonstrado por Condillac – que sem os signos o homem não teria jamais podido estender suas ideias como fez e não poderia continuar a fazê-lo como ainda faz – não se segue que os signos sejam em si mesmos elementos das ideias.

Certamente lamento não poder tratar da importante discussão que esse assunto exige, mas provavelmente alguém perceberá o erro que apenas indico e realizará uma demonstração completa a seu respeito. Então, reconhecendo

---

[3] Richerand, *Nouveaux éléments de Physiologie*, op. cit.; Condillac, *La logique*, op. cit., Paris, 1780 Trad. Fernão de Oliveira Salles. São Paulo: Unesp, 2016. (N. T.)

tudo que devemos à arte dos signos, será ao mesmo tempo reconhecido que é apenas uma arte e que é, por conseguinte, estranha à natureza.

Concluo as observações e considerações expostas neste capítulo:

1) que os diferentes atos do entendimento exigem um órgão especial ou um sistema de órgãos particular para poder se executar, tal como é necessário um órgão para operar o sentimento, um outro para o movimento das partes, um outro para a respiração etc.;

2) que, na execução dos atos da inteligência, o fluido nervoso é a única causa agente por meio de seus movimentos, sendo que o próprio órgão é apenas passivo, mas contribui para a diversidade das operações pela diversidade de suas partes e dos traços impressos conservados – diversidade realmente incalculável, visto que cresce ao infinito, se o órgão estiver mais exercitado;

3) que as ideias adquiridas são os materiais de todas as operações do entendimento; que com esses materiais o indivíduo que exerce habitualmente sua inteligência pode continuamente formar novas ideias; e que o meio que ele pode empregar para desenvolver assim suas ideias reside unicamente na arte dos signos que alivia sua memória – arte que apenas o homem sabe desenvolver, que aperfeiçoa todos os dias e sem a qual suas ideias permaneceriam necessariamente muito limitadas.

Agora, para jogar mais luz sobre os temas que acabo de tratar, passarei ao exame dos principais atos do entendimento, isto é, daqueles de primeira ordem dos quais todos os outros derivam.

Capítulo VIII
Dos principais atos do entendimento ou dos atos de primeira ordem dos quais todos os outros derivam

Os assuntos que proponho tratar neste capítulo são vastos demais para que me seja possível, nos limites que me impus, esgotar todas as considerações e pontos de interesse que apresentam. Limitar-me-ei, pois, ao projeto de mostrar como cada um desses atos do entendimento, assim como cada um dos fenômenos que deles resultam, originam-se das causas físicas que foram expostas por mim no capítulo precedente.

O órgão especial que produz os fenômenos admiráveis da inteligência não se limita a executar uma única função, mas opera evidentemente quatro funções essenciais. E, dependendo do grau de desenvolvimento, cada uma dessas funções principais ou bem se torna mais extensa e adquire mais energia, ou se subdivide em várias outras. De maneira que, nos indivíduos nos quais esse órgão é bem desenvolvido, as faculdades intelectuais são numerosas e várias dentre elas adquirem uma extensão quase infinita.

Assim, o homem – que é o único que pode fornecer exemplos deste último caso – é da mesma maneira o único que, pela eminência de suas faculdades intelectuais, pode se entregar ao estudo da natureza, reconhecendo-a e admirando sua ordem constante, e chegar a descobrir algumas de suas leis para, por fim, remontar com o pensamento até ao supremo Autor de todas as coisas. As principais funções que se executam no órgão da inteligência, sendo no número de quatro, produzem consequentemente quatro tipos de atos muito diferentes, a saber:

1) o ato que constitui a *atenção*;
2) o ato que produz o *pensamento*, do qual nascem as ideias complexas de todas as ordens;
3) o ato que rememora as ideias adquiridas e que se denomina *lembrança* ou *memória*;
4) enfim, o ato que constitui os *julgamentos*.

Inquiriremos, pois, o que são realmente os atos do entendimento que constituem a atenção, o pensamento, a memória e os julgamentos. Veremos que esses quatro tipos de atos são evidentemente os principais, isto é, o tipo ou a fonte de todos os outros atos intelectuais, e que não é conveniente alocar nessa primeira classe a vontade, que não é senão um resultado de certos julgamentos, o desejo, que não é senão uma necessidade moral sentida, e as sensações, que não têm nada a ver com a inteligência.

Digo que o desejo não passa de uma necessidade ou de uma consequência de uma necessidade sentida e me baseio no fato de que as necessidades devem ser distinguidas em necessidade físicas e necessidades morais.

As *necessidades físicas* são aquelas que nascem em decorrência de alguma sensação, tais quais a de escapar da dor e do mal-estar, de satisfazer à fome e à sede etc.

As *necessidades morais* são aquelas que nascem dos pensamentos e das quais as sensações não participam, tais como as de procurar o prazer e o bem-estar, de fugir de um perigo etc. – o desejo é dessa ordem.

Esses dois tipos de necessidade afetam o sentimento interno do indivíduo à medida que ele as sente e esse sentimento coloca imediatamente em movimento o fluido nervoso que pode produzir as ações tanto físicas como morais que são apropriadas para satisfazê-las.

Examinemos agora cada uma das faculdades de primeira ordem, cujo conjunto constitui o entendimento ou a inteligência.

Da atenção
(primeira das principais faculdades da inteligência)

Eis uma das mais importantes considerações para compreender como as ideias e todos os atos da inteligência podem se formar e como resultam de causas puramente físicas: trata-se da *atenção*.

Vejamos, pois, o que é a atenção e se os fatos conhecidos confirmam a definição que lhe darei.

A atenção é um ato particular do sentimento interno que se opera no órgão da inteligência e coloca esse órgão em condições de executar cada uma de suas funções, que não poderiam se produzir sem esse ato. Assim, a atenção não é em si mesma uma operação da inteligência, mas uma operação do sentimento interno que prepara o órgão do pensamento ou tal parte desse órgão a executar seus atos.

Pode-se dizer que se trata de um esforço do sentimento interno de um indivíduo que é provocado por vezes por uma necessidade que nasce em decorrência de uma sensação experimentada e por vezes por um desejo suscitado por uma ideia ou um pensamento evocado pela memória. Esse esforço, que transporta e dirige a porção disponível do fluido nervoso para o órgão da inteligência, prepara uma determinada parte desse órgão e a coloca em condição seja de tornar sensíveis certas ideias que já estão nela traçadas, seja de receber a impressão de ideias novas que o indivíduo tem a ocasião de formar.

É evidente para mim que a atenção não é uma sensação, como o senador Garat[1] disse, que tampouco é uma ideia ou uma operação qualquer sobre as ideias; por conseguinte, que tampouco é um ato de vontade, visto que esta é sempre a consequência de um julgamento; mas é um ato do sentimento interno do indivíduo, que prepara uma parte do órgão do entendimento para alguma operação da inteligência e a torna então apta para receber impressões de ideias novas ou tornar sensíveis e presentes ao indivíduo as ideias que já estavam traçadas.

Com efeito, posso provar que, quando o órgão do entendimento não está preparado por esse esforço do sentimento interno que se denomina atenção, nenhuma sensação pode atingi-lo ou, se alguma o atinge, não imprime nele nenhum traço, mas apenas toca o órgão sem produzir qualquer ideia e tornar sensível alguma das ideias previamente traçadas.

Eu estava apoiado em razões quando disse que, embora toda ideia resulte, ao menos originalmente, de uma sensação, nem toda sensação produz

---

[1] Garat, *Programme des leçons sur l'analyse de l'entendement, pour l'École Normale*, Paris, 1795, p.145. (N. A.)

necessariamente uma ideia. A citação de alguns fatos muito conhecidos bastará para fundamentar o que acabo de expor.

Quando refletis ou quando vosso pensamento está ocupado com alguma coisa, embora vossos olhos estejam abertos e os objetos exteriores que estão diante de vós atinjam continuamente vossa vista pela luz que enviam, não vedes nenhum desses objetos ou, antes, não os distinguis; porque o esforço que constitui vossa atenção dirige então a porção disponível de vosso fluido nervoso para os traços das ideias que vos ocupam, e a parte do vosso órgão de inteligência que é apta a receber a impressão das sensações desses objetos exteriores não está nesse momento preparada para receber essas sensações. Assim, os objetos exteriores que atingem de todas as partes vossos sentidos não produzem nenhuma ideia em vós.

Com efeito, vossa atenção, estando então dirigida a outros pontos de seu órgão nos quais se encontram traçadas as ideias que vos ocupam, e onde, talvez, traçais também ideias novas e complexas a partir de vossas reflexões, coloca esses outros pontos no estado de tensão ou de preparação necessária para que vossos pensamentos possam operar sobre eles. Assim, nessa circunstância, embora vossos olhos estejam abertos e recebam a impressão dos objetos exteriores que os afetam, não formais nenhuma ideia deles porque as sensações que deles provêm não podem chegar a vosso órgão de inteligência, que não está preparado para recebê-las. Do mesmo modo, não ouvis ou, antes, não distinguis nesse momento os barulhos que atingem vossa orelha.

Enfim, se alguém fala convosco, mesmo que distintamente e com voz alta, em um momento no qual vosso pensamento está muito ocupado com algum objeto particular, escutais tudo e, no entanto, não captais nada e ignorais completamente o que se vos disse, porque vosso órgão não estava preparado pela atenção para receber as ideias que se vos comunicava.

Quantas vezes não ficastes surpreso ao ler uma página inteira de uma obra pensando em algum objeto estranho ao que líeis, e não tendo apercebido nada do que tínheis lido?

Numa circunstância semelhante dá-se a esse estado de preocupação da inteligência o nome de *distração*.

Mas se vosso sentimento interno, movido por uma necessidade ou um interesse qualquer, vem de repente dirigir vosso fluido nervoso para o ponto do órgão de inteligência ao qual se reporta a sensação de um determinado objeto que tendes diante dos olhos ou de um determinado barulho que atinge vossa orelha ou de um determinado corpo que tocais, então vossa atenção, ao preparar esse ponto de vosso órgão para receber a sensação do objeto que vos afeta, dota-vos imediatamente de uma ideia qualquer desse objeto e obtendes todas as ideias que sua forma, suas dimensões e suas outras qualidades podem imprimir em vós por meio de diferentes sensações, se lhes derdes atenção suficiente.

Apenas as *sensações notadas*, isto é, aquelas nas quais a atenção se detém, originam as ideias. Assim, toda ideia, qualquer que seja, é o produto real de uma sensação notada, numa palavra, de um ato que prepara o órgão da inteligência para receber os traços característicos dessa ideia. E toda sensação que não é notada, isto é, que não encontra o órgão da inteligência preparado pela atenção para receber sua impressão, não poderia formar nenhuma ideia.

Os animais mamíferos possuem os mesmos sentidos que o homem e recebem, como ele, as sensações de tudo que os afeta. Mas, como esses animais não se detêm na maioria dessas sensações, nem fixam sua atenção nelas e notam apenas aquelas que são imediatamente relativas às suas necessidades habituais, só possuem um pequeno número de ideias que são praticamente sempre as mesmas, de maneira que suas ações não variam ou quase não variam.

Assim, com exceção dos objetos que podem satisfazer às suas necessidades e que originam neles ideias, porque eles as notam, todo o resto é como que nulo para esses animais.

A natureza não oferece aos olhos seja do cachorro ou do gato, seja do cavalo ou do urso etc., nenhum maravilhamento ou objeto de curiosidade, numa palavra, nada que os interesse, se não serve diretamente às suas necessidades ou ao seu bem-estar; esses animais veem todas as outras coisas sem as notar, isto é, sem fixar sua atenção nelas e, por conseguinte, não podem obter nenhuma ideia a seu respeito. Isso não poderia ser de outra maneira enquanto as circunstâncias não forçarem o animal a variar os atos de sua inteligência, a avançar o desenvolvimento do órgão que os produz e a adquirir, por necessidade, ideias estranhas àquelas que suas necessidades ordinárias produzem nele. A esse respeito, conhecem-se suficientemente os resultados da educação forçada dada a certos animais.

Tenho, portanto, razões para dizer que os animais em questão não distinguem quase nada de tudo que percebem e que tudo que não notam é como que nulo ou sem existência para eles, embora a maioria dos objetos que os cercam aja sobre seus sentidos.

Que raio de luz essa consideração das faculdades e do emprego da atenção não joga sobre a causa de que os animais que possuem os mesmos sentidos que o homem tenham, não obstante, apenas um pequeno número de ideias, pensem tão pouco e estejam sempre sujeitos aos mesmos hábitos!

Eu diria que há também homens para os quais quase tudo o que natureza apresenta a seus sentidos é quase nulo ou sem existência, porque, tal como os animais, não dão atenção a esses objetos! Ora, em decorrência dessa maneira de empregar suas faculdades e limitar sua atenção a um pequeno número de objetos que os interessam, esses homens exercem apenas muito pouco de sua inteligência, quase não variam os objetos de seus pensamentos, não possuem, assim como os animais dos quais acabamos de falar, senão um número muito pequeno de ideias e estão muito sujeitos ao poder do hábito.

Efetivamente, no caso do homem que não teve oportunamente uma educação que o forçou a exercer sua inteligência, suas necessidades abarcam apenas o que lhes parece necessário à sua conservação e ao seu bem-estar físico, mas são extremamente limitadas quanto ao seu bem-estar moral. As ideias que se formam nele se reduzem a umas poucas ideias de interesse, de propriedade e a alguns estados de gozo físico, sendo sua atenção absorvida pelo pequeno número de objetos que as originam e conservam. Deve-se, pois, perceber que tudo o que é estranho às necessidades físicas desse homem, às suas ideias de interesse e de um gozo físico e moral limitado, é como que nulo ou sem existência para ele, porque ele não o nota jamais e não o poderia notar, já que, não tendo o hábito de variar seus pensamentos, nada de estranho aos objetos que acabo de indicar poderia afetá-lo.

Enfim, a educação, que desenvolve a inteligência do homem de uma maneira tão admirável, só logra isso porque habitua aquele que a recebeu a exercer sua faculdade de pensar, a fixar sua atenção sobre os objetos tão variados e tão numerosos que podem afetar seus sentidos, sobretudo o que pode aumentar o bem-estar físico e moral e, por conseguinte, sobre seus verdadeiros interesses nas suas relações com os outros homens.

Ao fixar sua atenção nos diferentes objetos que podem afetar seus sentidos, o homem consegue distinguir uns objetos dos outros e determinar suas diferenças, suas relações e as qualidades particulares de cada um deles – nisso reside a fonte das ciências físicas e naturais.

Do mesmo modo, ao fixar sua atenção nos seus interesses, nas suas relações com os outros homens, e no que pode perceber de instrutivo para eles, o homem forma ideias morais, seja de todas as conveniências relativas a situações de sua vida social, seja do que pode aumentar os conhecimento úteis – nisso reside a fonte das ciências políticas e morais.

Assim, o hábito obtido por meio da educação de exercer sua inteligência e de variar seus pensamentos estende no homem a faculdade de dar atenção a vários objetos diferentes, de formar comparações particulares e gerais, de executar julgamentos num alto grau de retidão e de multiplicar suas ideias de todo gênero, sobretudo suas ideias complexas. Enfim, esse hábito de exercer sua inteligência, se as diversas circunstâncias de sua vida o favorecem, habilitam-no a estender seus conhecimentos, aumentar e dirigir seu gênio; numa palavra, a ver de maneira mais ampla, abarcar um número quase infinito de objetos pelo seu pensamento e alcançar pela sua inteligência as alegrias mais sólidas e satisfatórias.

Terminarei esse assunto observando que, embora os atos da atenção só possam ser produzidos pelo sentimento interno do indivíduo afetado por uma necessidade que é, na maior parte das vezes, moral, a atenção é, não obstante, uma das faculdades essenciais da inteligência e se opera apenas no órgão que produz essas faculdades. A partir disso se está autorizado a pensar que todo ser privado desse órgão não poderia executar nenhum de seus atos, isto é, não poderia dar atenção a nenhum objeto.

Este artigo sobre a atenção mereceria ser estendido um pouco mais, pois me pareceu muito importante esclarecer o assunto. Estou fortemente persuadido de que, sem o conhecimento da condição necessária para que uma sensação possa produzir uma ideia, jamais se poderia compreender o que é relativo à formação das ideias, dos pensamentos, dos julgamentos etc., tampouco a causa que constrange a maior parte dos animais que possuem os mesmos sentidos que o homem a formar apenas poucas ideias, a variá-las apenas com muita dificuldade e a permanecer submissos às influências dos hábitos.

A partir do que expus, há, pois, razões para se convencer de que nenhuma das operações do órgão do entendimento pode se formar se esse órgão não está preparado pela atenção; e que nossas ideias, pensamentos, julgamentos e raciocínios só se executam enquanto o órgão no qual se efetuam estiver continuamente mantido num estado apropriado para produzi-los.

Como a atenção é uma ação cujo instrumento principal é o fluido nervoso, ela consome uma certa quantidade desse fluido enquanto subsistir. Ora, quando sua duração é demasiadamente longa, essa ação fatiga e esgota de tal modo o indivíduo que as outras funções de seus órgãos sofrem de maneira proporcional. Assim, os homens que pensam muito, que meditam continuamente e que possuem um hábito de exercer, quase sem descontinuidade, sua atenção sobre os objetos que os interessam, ficam com suas faculdades digestivas e suas forças musculares muito enfraquecidas.

Passemos agora ao exame do pensamento, a segunda das principais faculdades da inteligência, mas que constitui a primeira e a mais geral de suas operações.

Do pensamento
(segunda das principais faculdades da inteligência)

O pensamento é o mais geral dos atos da inteligência, pois, excluindo a atenção, que possibilita a operação do próprio pensamento e dos outros atos do entendimento, o ato em questão abarca verdadeiramente todos os outros e, não obstante, merece uma distinção particular.

Deve-se considerar o pensamento uma ação que se executa no órgão da inteligência por meio de movimentos do fluido nervoso e opera sobre as ideias já adquiridas, seja simplesmente tornando-as sensíveis ao indivíduo, sem qualquer alteração, como nos atos de *memória*; seja comparando diversas dessas ideias para obter julgamentos ou encontrar suas relações, que são também julgamentos, como nos *raciocínios*; seja dividindo-as metodicamente e decompondo-as, como nas *análises*; seja, enfim, criando a partir dessas ideias, que servem de modelos ou de contrastes, outras ideias, e, a partir dessas, outras ainda, como nas operações da *imaginação*.

Seria todo pensamento um ato de memória ou um julgamento? Eu assim havia suposto inicialmente. Nesse caso, o pensamento não seria uma faculdade particular da inteligência, distinta das lembranças e dos julgamentos. Creio, entretanto, que é preciso classificar esse ato do entendimento como uma das faculdades particulares e principais, pois o pensamento que constitui a *reflexão*, isto é, que consiste na consideração ou no exame de um objeto, é mais do que um ato de memória, mas não é ainda julgamento. Efetivamente, as comparações e as investigações das relações entre as ideias não são simplesmente lembranças e tampouco são julgamentos, mas quase sempre esses pensamentos culminam em um ou vários julgamentos.

Embora todos os atos do entendimento sejam pensamentos, pode-se, pois, considerar o próprio pensamento como o resultado de uma faculdade particular da inteligência, dado que alguns desses atos não são simplesmente da memória, nem positivamente julgamentos.

Se é verdadeiro que todas as operações da inteligência são pensamentos, também é verdadeiro que as ideias constituem os materiais dessas operações e que o fluido nervoso é o único agente que as produz imediatamente – o que já expliquei no capítulo precedente.

O pensamento, sendo uma operação do entendimento que se executa sobre as ideias já adquiridas, é o único que pode produzir julgamentos, raciocínios, enfim, os atos da imaginação. Em tudo isso, as ideias são sempre os materiais da operação e o sentimento interno é igualmente sempre a causa que excita e dirige sua execução, ao colocar o fluido nervoso em movimento no hipocéfalo.

Esse ato do entendimento se produz algumas vezes em decorrência de alguma sensação que produziu uma ideia, e esta, um desejo. Mas, na maior parte das vezes, ele se executa sem que nenhuma sensação o tenha imediatamente precedido, pois a lembrança de uma ideia que origina uma necessidade moral basta para afetar o sentimento interno e o colocar em condições de estimular a execução desse ato.

Assim, por vezes, o órgão da inteligência executa alguma de suas funções em decorrência de uma causa externa que conduz a alguma ideia, que afeta por sua vez o sentimento interno do indivíduo; e, por vezes, esse órgão entra por si mesmo em atividade, como quando alguma ideia evocada pela memória dá origem a um desejo, isto é, a uma necessidade moral, e, por conseguinte, uma emoção do sentimento interno que o leva a produzir algum ato de inteligência ou vários desses atos sucessivamente.

Como em toda ação do corpo, todo pensamento executa-se apenas por meio da excitação do sentimento interno, de maneira que, com exceção dos movimentos orgânicos essenciais para a conservação da vida, os atos da inteligência e do sistema muscular são sempre excitados pelo sentimento interno do indivíduo e devem ser realmente considerados o produto desse sentimento.

Resulta dessas considerações que o pensamento, sendo uma ação, só pode se executar quando o sentimento interno excita o fluido nervoso do hipocéfalo para produzi-lo e que, dado o estado necessariamente passivo da polpa cerebral, esse fluido, cujas partes se põem em movimento, deve ser o único corpo ativo na execução dessa ação.

Com efeito, um ser dotado de um órgão para a inteligência, tendo a faculdade de colocar seu fluido nervoso em movimento por meio de uma emoção de seu sentimento interno e de dirigir esse fluido sobre os traços impressos de tal ideia já adquirida, imediatamente torna sensível essa ideia particular quando excita essa ação. Ora, esse ato é um pensamento, embora seja muito simples, e é ao mesmo tempo um ato de memória. Mas se, em vez de tornar sensível uma única ideia, o indivíduo faz a mesma coisa em relação a várias e executa operações sobre essas ideias, então ele forma pensamentos menos simples e mais prolongados e pode assim realizar diferentes atos de inteligência, enfim, uma longa sequência desses atos.

O pensamento é, pois, uma ação que pode se complicar por um grande número de outras ações semelhantes executadas sucessivamente e algumas vezes quase simultaneamente, e abarcar um número considerável de ideias de todas as ordens.

Não apenas o pensamento abarca nas suas operações ideias existentes, isto é, já traçadas no órgão, mas, além disso, pode produzir ideias que não existiam. Os resultados das comparações, as relações encontradas entre diferentes ideias, enfim, os produtos da imaginação são ideias novas para o indivíduo, ideias que seu pensamento pode produzir, imprimir no seu órgão e conduzir em seguida a seu sentimento interno.

Os *julgamentos*, por exemplo, que se denominam também inferências, porque são os resultados das comparações executadas ou de cálculos terminados, são ao mesmo tempo pensamentos e atos subsequentes de pensamentos.

A mesma coisa ocorre com relação aos *raciocínios*, pois sabe-se que vários julgamentos que se deduzem sucessivamente a partir de ideias comparadas constituem o que se denomina um raciocínio; ora, como os raciocínios não são senão séries de inferências, são ainda pensamentos e atos subsequentes de pensamentos.

Disso tudo resulta que nenhum ser destituído de ideia poderia executar qualquer pensamento, julgamento e menos ainda um raciocínio qualquer.

Meditar é executar uma sequência de pensamentos; é aprofundar, por meio de pensamentos ininterruptos, seja relações entre vários objetos considerados, seja ideias diferentes que se podem obter de um único objeto.

Efetivamente, um único objeto pode oferecer a um ser inteligente uma sequência de ideias diferentes, a saber, ideias de sua massa, grandeza, cor, consistência etc.

Se o indivíduo torna diferentes ideias desse tipo sensíveis quando o objeto não está presente, diz-se que ele pensa nesse objeto – e, de fato, ele executa a seu respeito um ou vários pensamentos imediatamente. Mas, se o objeto está presente, diz-se então que ele o observa e examina para formar dele todas as ideias que seu método de observação e sua capacidade de atenção podem lhe permitir.

Assim como se exerce sobre ideias diretas, isto é, obtidas por meio das sensações notadas, o pensamento se exerce sobre ideias complexas que o indivíduo possui e pode tornar sensíveis.

Assim, o objeto de um pensamento ou uma sequência de pensamentos pode ser material ou abarcar diferentes objetos materiais, mas pode também ser constituído por uma ideia complexa ou se compor de várias ideias dessa natureza. Ora, com o auxílio do pensamento, o indivíduo pode obter ambos os tipos de ideias, várias outras ainda, e isso ao infinito. Disso resulta a *imaginação*, que se origina do hábito de pensar e formar ideias complexas e que logra criar, por semelhança ou analogia, ideias particulares cujos modelos são as ideias resultantes das sensações.

Detenho-me aqui, não propondo realizar a análise das ideias, que homens mais capazes e pensadores mais profundos já fizeram. E atingi meu objetivo se mostrei o verdadeiro mecanismo pelo qual as ideias e os pensamentos se formam no órgão da inteligência diante das excitações do sentimento interno do indivíduo.

Acrescentarei apenas que a atenção é sempre companheira do pensamento, de maneira que, quando a primeira não se dá, o segundo cessa imediatamente de existir.

Acrescentarei ainda que, como o pensamento é uma ação, ele consome fluido nervoso e que, portanto, quando é mantido por um tempo demasiadamente longo, fatiga, esgota e prejudica todas as outras funções orgânicas, sobretudo a digestão.

Enfim, terminarei com essa observação que creio ser bem fundamentada: que a porção disponível de nosso fluido nervoso aumenta ou diminui de acordo com certas circunstâncias, de maneira que, por vezes, ela é abundante e mais que suficiente para a produção de uma longa sequência de atenção e pensamentos, ao passo que, por vezes, é insuficiente e não poderia prover a execução de uma sequência de atos de inteligência senão em detrimento das funções dos outros órgãos do corpo.

Disso decorrem essas oscilações na atividade e na duração do pensamento que Cabanis citou; disso decorre essa facilidade durante um determinado tempo e essa dificuldade em outros que se experimenta para manter sua atenção e executar uma sequência de pensamentos.

Quando se está enfraquecido em decorrência de uma doença ou da idade, as funções do estômago se executam com dificuldade; elas exigem para operar o emprego de uma grande porção do fluido nervoso disponível. Ora, se durante esse trabalho do estômago desviais o fluido nervoso que auxiliará a digestão fazendo-o refluir para o hipocéfalo, isto é, ao se entregar a uma forte aplicação e a uma sequência de pensamentos que exigem uma atenção profunda e contínua, prejudicais a digestão e expondes vossa saúde.

À noite, como se está de algum modo esgotado pelas diversas fadigas do dia, sobretudo quando se está no maior vigor da juventude, a porção disponível do fluido nervoso é, em geral, menos abundante e está menos em condição de prover os trabalhos contínuos do pensamento. Pela manhã, ao contrário, depois das reparações que um bom sono propicia, a porção disponível do fluido nervoso é bem abundante; ela pode prover vantajosamente e por um tempo suficientemente longo o consumo das operações da inteligência ou aquele dos exercícios do corpo. Enfim, quanto mais consumis vosso fluido nervoso disponível para as operações da inteligência, tanto menos faculdade então tereis para os trabalhos ou os exercícios do corpo e vice-versa.

Em decorrência dessas causas e de muitas outras, há, portanto, oscilações notáveis na nossa faculdade, que são maiores ou menores, para executar uma sequência de pensamentos, meditar, raciocinar e sobretudo exercer nossa imaginação. Dentre essas causas, as variações de nosso estado físico e as influências que esse estado sofre das alterações que se operam na atmosfera não são menos potentes.

Como os atos da imaginação são ainda pensamentos, aqui é o lugar de dizer algo a seu respeito.

A imaginação

A imaginação é essa faculdade criadora de ideias novas que o órgão da inteligência, quando contém muitas ideias e está habitualmente exercitado a formar ideias complexas, logra adquirir com o auxílio dos pensamentos.

As operações da inteligência que produzem os atos da imaginação são excitadas pelo sentimento interno do indivíduo, executadas pelos movimentos de seu fluido nervoso, como os outros atos do pensamento, e dirigidos pelos julgamentos.

Os atos da imaginação consistem em formar ideias novas a partir de comparações e julgamentos das ideias adquiridas, que são tomadas como modelos ou como contrastes. De maneira que, com esses materiais e por meio dessas operações, o indivíduo pode formar um grande número de ideias novas que se imprimem em seu órgão e, a partir destas, muitas outras ainda, não havendo outros limites a essa criação infinita senão o que o seu grau de razão pode lhe sugerir.

Acabo de dizer que as ideias adquiridas, que são os materiais dos atos da imaginação, são empregadas nesses atos, seja como modelos, seja como contrastes.

Efetivamente, que se considerem todas as ideias produzidas pela imaginação do homem: ver-se-á que algumas (a maioria) encontram seus modelos nas ideias simples produzidas a partir das sensações experimentadas ou nas ideias complexas produzidas a partir dessas ideias simples, e que as outras possuem origem no contraste ou oposição das ideias simples e das ideias complexas adquiridas.

Como o homem só pode formar ideias sólidas de objetos ou a partir de objetos que estão na natureza, sua inteligência teria sido limitada à efetuação desse único gênero de ideias se não tivesse a faculdade de tomar essas ideias por modelo ou contraste para formar ideias de um outro gênero.

É assim que o homem, a partir do contraste ou o oposto de suas ideias simples adquiridas pela via das sensações ou de suas ideias complexas, imaginou o infinito ao ter produzido a ideia do finito; imaginou a eternidade ou uma duração sem limites, ao ter concebido a ideia de uma duração limitada; imaginou o espírito ou um ser imaterial, ao ter formado a ideia de um corpo ou da matéria etc.

Não é necessário mostrar que todo produto da imaginação que não apresenta um contraste com alguma ideia simples ou complexa adquirida, ao menos originalmente, pela via das sensações encontra necessariamente seu modelo em alguma ideia assim adquirida. Quantos exemplos não poderia apresentar dos produtos da imaginação do homem se quisesse mostrar que sempre que ele quis criar ideias seus materiais foram os modelos das ideias já adquiridas ou os contrastes dessas ideias!

Uma verdade bem constatada pela observação e experiência é que ocorre com o órgão de inteligência o mesmo que com todos os outros órgãos do corpo: quanto mais ele é exercido, mais se desenvolve e mais suas faculdades se estendem.

Os animais que são dotados de um órgão para a inteligência carecem, não obstante, de imaginação, porque possuem poucas necessidades, variam pouco suas ações, adquirem, por conseguinte, apenas poucas ideias e, sobretudo, formam apenas raramente ideias complexas e formam exclusivamente ideias da primeira ordem.

Mas o homem, que vive em sociedade, multiplicou tanto suas necessidades que necessariamente multiplicou suas ideias nas mesmas proporções, de maneira que ele é, dentre todos os seres pensantes, aquele que pode exercer sua inteligência mais comodamente, variar mais seus pensamentos, enfim, formar mais ideias complexas; assim, há razões para crer que ele é o único ser que pode ter imaginação.

Se a imaginação só pode existir em um órgão que já contém muitas ideias e não tem sua origem senão no hábito de formar ideias complexas, e se é verdadeiro que quanto mais o órgão da inteligência é exercido, mais esse órgão se desenvolve e mais suas faculdades se estendem e se multiplicam, ver-se-á que, embora todos os homens tenham condições de possuir essa bela faculdade que se denomina imaginação, não há, contudo, senão um número muito reduzido que pode ter essa faculdade num grau eminente.

Quantos homens, mesmo excetuando aqueles que não puderam receber nenhuma educação, são forçados pelas circunstâncias de sua condição e estado a se ocupar todos os dias, durante a principal porção de sua vida, dos mesmos tipos de ideias, a executar os mesmos trabalhos e que, em decorrência das circunstâncias, quase não estão em condições de variar seus pensamentos! Suas ideias habituais giram num pequeno círculo que é praticamente sempre o mesmo e eles fazem apenas poucos esforços para estendê-lo porque possuem apenas um interesse distante em fazê-lo.

A imaginação é uma das mais belas faculdades do homem: ela enobrece e eleva todos seus pensamentos, impede-o de se arrastar na consideração de pequenas coisas, de pequenos detalhes e, quando atinge um grau eminente, faz dele um ser superior em relação à grande generalidade dos outros.

Ora, o *gênio* num indivíduo não é senão uma grande imaginação dirigida por um gosto requintado e por um julgamento muito reto, nutrido e esclarecido por uma vasta extensão de conhecimentos, enfim, contido nos seus atos por um alto grau de razão.

Que seria a literatura sem a imaginação? Em vão o escritor domina perfeitamente a língua utilizada e apresenta nos seus escritos ou discursos uma dicção apurada, um estilo irrepreensível, se não possui imaginação, se é frio, vazio de pensamentos e de imagens; ele não emociona, não suscita interesse e todos seus esforços erram o alvo.

Como a poesia, esse belo ramo da literatura, e a própria eloquência poderiam dispensar a imaginação?

Para mim, a literatura, esse belo resultado da inteligência humana, é a nobre e sublime arte de tocar, afetar nossas paixões, elevar e engrandecer nossos pensamentos e, enfim, de transportá-los para fora de sua esfera comum. Essa arte tem suas regras e preceitos; mas a *imaginação* e o *gosto* são a única fonte da qual extrai seus belos produtos.

Visto que a literatura emociona, anima, agrada e faz a felicidade de todo homem em condições de apreciar seu charme, a ciência, a esse respeito, lhe cede o passo, pois instrui friamente e com rigidez; mas a ciência supera a literatura pelo fato de que não apenas serve essencialmente a todas as artes e nos dá os melhores meios para suprir todas nossas necessidade físicas, mas, além disso, pelo fato de que engrandece solidamente todos nossos pensamentos ao nos mostrar em toda coisa o que ela realmente é e não o que preferiríamos que fosse.

O objeto da literatura é uma arte amável; o da ciência é a coleção de todos os conhecimentos positivos que podemos adquirir.

As coisas sendo assim, tanto mais a imaginação é útil, mesmo indispensável em literatura, tanto mais ela é de se temer nas ciências, pois, enquanto seus desvios na primeira não passam de falta de gosto e de razão, os desvios que faz nas últimas são erros, de maneira que é quase sempre a imaginação que os produz, quando a instrução e a razão não a guiam e limitam; e, se esses erros seduzem, fazem à ciência um mal que é na maior parte das vezes muito difícil de reparar.

Contudo, sem a imaginação não há gênio; e sem gênio não há nenhuma possibilidade de fazer outras descobertas senão aquelas dos fatos, mas sempre sem conclusões satisfatórias. Ora, como toda ciência não é senão um corpo de princípios e conclusões convenientemente deduzidas dos fatos observados, o gênio é a condição para estabelecer esses princípios e extrair suas conclusões, mas desde que dirigido por um julgamento sólido e contido nos limites que apenas luzes do mais elevado grau poderiam lhe impor.

Assim, embora seja verdadeiro que a imaginação é temerária nas ciências, ela só o é quando uma razão eminente e bem esclarecida não a domina; ao passo que, no caso contrário, ela constitui um dos fatores essenciais do progresso das ciências.

Ora, o único meio de limitar nossa imaginação a fim de que seus desvios não prejudiquem o avanço de nossos conhecimentos é o de restringir seu exercício aos objetos tomados da natureza, dado que esses objetos são os únicos que podemos conhecer positivamente. Seus diferentes atos serão então tanto mais sólidos quanto mais resultarem da consideração do maior número de fatos relativos ao objeto considerado e da maior retitude nos nossos julgamentos.

Terminarei este artigo observando que, se é verdadeiro que tomamos todas nossas ideias da natureza e que não possuímos nenhuma que não provenha dela originariamente, também é verdadeiro que a partir dessas ideias podemos, com o auxílio de nossa imaginação e modificando-as diversamente, criar outras que estejam inteiramente fora da natureza; mas estas últimas são sempre ou contrastes de ideias adquiridas ou imagens mais ou menos desfiguradas de objetos cujo conhecimento extraímos exclusivamente da natureza.

Efetivamente, se as ideias mais exageradas e extraordinárias do homem são consideradas com atenção, é impossível não reconhecer a fonte da qual ele as extraiu.

Da memória
(terceira das principais faculdades da inteligência)

A memória é uma faculdade dos órgãos da inteligência. A lembrança de um objeto ou de um pensamento qualquer é um ato dessa faculdade, e o órgão do entendimento é a sede na qual esse ato admirável se executa, sendo que o fluido nervoso é, por meio de seus movimentos nesse órgão, o único agente de sua execução – eis o que proponho provar. Mas antes consideremos a importância da faculdade em questão.

Pode-se dizer que a memória é a mais importante e necessária das faculdades intelectuais. Pois que poderíamos fazer sem a memória? Como prover as nossas diversas necessidades se não podemos evocar os diferentes objetos que logramos conhecer ou nos preparar para satisfazê-las?

Sem a memória o homem não teria nenhum gênero de conhecimento; todas as ciências seriam nulas para ele; ele não poderia cultivar nenhuma arte, tampouco possuir alguma língua para comunicar suas ideias. E como para pensar, e mesmo para imaginar, é preciso, por um lado, que o homem tenha previamente ideias e, por outro, que execute comparações entre essas ideias diversas, ele seria totalmente privado da faculdade de pensar e inteiramente desprovido de imaginação se não tivesse memória. Assim, ao dizer que as musas eram filhas da memória, os antigos provaram que possuíam noção da importância dessa faculdade da inteligência.

Vimos no capítulo precedente que as ideias eram provenientes das sensações que havíamos experimentado e notado e que com as ideias que essas sensações notadas imprimiram no nosso órgão podíamos formar outras ideias, que são indiretas e complexas. Toda ideia é, pois, originariamente proveniente de uma sensação e não pode haver nenhuma que tenha outra origem, o que é bem reconhecido desde Locke.

Agora veremos que a memória só pode ter existência depois que as ideias forem adquiridas e, por conseguinte, que nenhum indivíduo poderia produzir nenhum ato de memória se não possuísse ideias impressas no órgão que é sua sede.

Se é assim, a natureza não pode dar aos animais mais perfeitos e ao próprio homem senão a memória, e não a presciência, isto é, o conhecimento dos eventos futuros.[2]

O homem seria sem dúvida muito infeliz se soubesse de maneira positiva o que deve lhe ocorrer, se conhecesse o momento preciso do fim de sua vida

---

[2] No que diz respeito aos eventos futuros, aqueles que se devem a causas simples ou praticamente simples e a leis que o homem, ao estudar a natureza, logrou conhecer, podem ser previstos por ele e, até certo ponto, ser determinados com antecedência para momentos mais ou menos precisos. Assim, os astrônomos podem indicar o momento futuro de um eclipse e o momento no qual tal astro se encontrará em tal posição; mas esse conhecimento de certos fatos esperados é reduzido a um número muito pequeno de objetos. Contudo, muitos outros fatos futuros e de uma outra ordem são também conhecidos por ele, pois sabe que ocorrerão, mas não poderá determinar com precisão seus momentos. (N. A.)

etc. Mas a verdadeira razão de ele não possuir esse conhecimento é que a natureza não pôde lho dar – isso lhe era impossível. Visto que a memória não é senão a lembrança dos fatos que existiram e dos quais pudemos formar ideias, e visto que o futuro, ao contrário, deve produzir fatos que não possuem existência ainda, não podemos ter nenhuma ideia sua com exceção daquelas ideias que dependem de alguma parte conhecida da ordem que a natureza segue em seus atos.

Vejamos agora qual pode ser o mecanismo dessa admirável faculdade e tentemos provar que a operação do fluido nervoso que produz um ato de memória consiste em assumir um determinado movimento relativo a uma ideia adquirida (na medida em que passa pelos traços impressos dessa ideia) e em conduzir seu produto ao sentimento interno do indivíduo.

Como as ideias constituem os materiais de todos os atos da inteligência, a memória já supõe ideias adquiridas; e é evidente que um indivíduo que não possuísse ainda nenhuma ideia não poderia executar nenhum ato de memória. A faculdade que se denomina memória não pode, pois, começar a existir senão num indivíduo que possui ideias.

A memória esclarece o que as ideias podem ser e nos permitem discernir o que realmente são.

Ora, as ideias que formamos pela via das sensações e aquelas que adquirimos em seguida pelos atos de nossos pensamentos são imagens ou traços característicos gravados, isto é, estão impressas em alguma parte de nosso órgão da inteligência mais ou menos profundamente. Elas são evocadas pela memória cada vez que nosso fluido nervoso, sendo afetado por nosso sentimento interno, encontra nas suas agitações essas imagens ou traços. O fluido nervoso conduz então o efeito a nosso sentimento interno e imediatamente essas ideias se tornam sensíveis a nós – é assim que os atos de memória se executam.

Vê-se bem que o sentimento interno, ao dirigir o movimento do fluido nervoso, pode dirigi-lo separadamente sobre uma única ideia dentre aquelas já traçadas, como também sobre várias delas, e que assim a memória pode evocar de acordo com a vontade do indivíduo uma determinada ideia separadamente ou sucessivamente várias delas.

É evidente, de acordo com o que acabo de dizer, que nossas ideias, tanto simples como complexas, se não fossem traçadas e impressas mais ou menos profundamente no nosso órgão de inteligência, não poderiam ser evocadas e, por conseguinte, a memória não teria existência.

Um objeto causou em nós uma forte impressão: trata-se, suponho, de um belo edifício tomado e consumido pelas chamas diante de nossos olhos. Ora, algum tempo depois podemos evocar perfeitamente esse objeto sem vê-lo; basta para tanto um ato de nosso pensamento.

Que se passa em nós nesse ato senão que nosso sentimento interno, ao colocar nosso fluido nervoso em movimento, dirige-o para nosso órgão de inteligência sobre os traços que a sensação do incêndio imprimiu e que a modificação do movimento que nosso fluido nervoso adquire ao passar por esses traços particulares são imediatamente conduzidos a nosso sentimento interno, imediatamente tornando a ideia que procuramos evocar perfeitamente sensível a nós, embora essa ideia seja expressa dessa feita mais fracamente do que quando o incêndio se efetuava diante de nossos olhos?

Evocamos assim uma pessoa ou um objeto qualquer que já vimos e notamos; e evocamos do mesmo modo as ideias complexas que adquirimos.

É tão verdadeiro que nossas ideias são imagens ou traços característicos impressos em alguma parte de nosso órgão de inteligência e que essas ideias só se tornam sensíveis para nós quando nosso fluido nervoso, sendo posto em movimento, conduz ao nosso sentimento interno a modificação de movimento que adquiriu ao passar por esses traços, que, se durante o sono nosso estômago estiver congestionado ou experimentarmos alguma irritação interna, nosso fluido nervoso adquire nessa circunstância uma agitação que se propaga até o nosso cérebro. É fácil conceber que esse fluido, se não é mais dirigido nos seus movimentos por nosso sentimento interno, passa sem ordem pelos traços de diferentes ideias que se encontram impressas e torna sensível a nós todas essas ideias, mas, na maior desordem, desnaturando-as na maioria das vezes pela sua mistura e por julgamentos alterados e bizarros.

Durante o sono perfeito, o sentimento interno, na medida em que não recebe mais emoções, deixa, de alguma maneira, de existir e, por conseguinte, não dirige mais os movimentos da porção disponível do fluido nervoso.

Assim, é como se o indivíduo bem adormecido não existisse. Ele não mais goza do sentimento, embora conserve sua faculdade; ele não pensa mais, embora tenha sempre o poder de pensar; a porção disponível de seu fluido nervoso está num estado de repouso e, como a causa produtora das ações (o sentimento interno) não possui mais nenhuma atividade, esse indivíduo não poderia executar nenhuma ação.

Mas se o sono é imperfeito por causa de alguma irritação interna que excita a agitação na porção livre do fluido nervoso, o sentimento interno não dirige mais os movimentos desse fluido sutil, de modo que as agitações do fluido que se executam nos hemisférios do cérebro ocasionam nestes ideias sem ordem, assim como pensamentos desordenados e bizarros pela mistura de ideias que não têm relação entre si. Assim se formam os sonhos diversos que produzimos quando não gozamos de um sonho perfeito.

Esses sonhos, ou as ideias e os pensamentos desordenados que os constituem, não são senão os atos de memória que se executam com confusão e sem ordem. Eles são os movimentos irregulares do fluido nervoso no cérebro; enfim, uma decorrência de o sentimento interno não exercer mais suas funções durante o sono e não dirigir mais os movimentos do fluido dos nervos, de modo que as agitações desse fluido tornam sensíveis para o indivíduo as ideias desprovidas de conexão e, na maior parte das vezes, de relações entre si.

É assim que se executam os sonhos que produzimos ao dormir, seja quando nossa digestão está muito trabalhosa, seja quando, tendo sido fortemente agitados no estado de vigília por algum grande interesse ou por objetos que nos afetaram, experimentamos durante o sono uma grande agitação nos espíritos, isto é, no nosso fluido nervoso.

Ora, esses atos desordenados se efetuam sempre em nossas ideias ou conforme as ideias já adquiridas e necessariamente impressas no órgão da inteligência. E jamais um indivíduo, ao sonhar, poderia tornar sensível uma ideia que não tivera, numa palavra, um objeto do qual não tivesse nenhum conhecimento.

Uma pessoa que se encontrasse desde sua infância fechada num quarto que não recebesse a luz senão do alto e à qual se fornecesse o que lhe era necessário sem se comunicar com ela, certamente nunca veria nos seus sonhos nenhum dos objetos que afetam tanto os homens na sociedade.

Assim, os sonhos nos mostram o mecanismo da memória, assim como esta nos faz conhecer o mecanismo das ideias. E, quando vejo meu cão sonhar, latir ao dormir e apresentar signos inequívocos dos pensamentos que o agitam, fico convencido de que ele também tem ideias, por mais limitadas que possam ser.

Não é apenas durante o sono que o sentimento interno pode se encontrar suspendido ou perturbado nas suas funções. Durante a vigília, logo que uma emoção forte e súbita suspende inteiramente as funções desse sentimento e os movimentos da porção livre do fluido nervoso, experimenta-se a síncope, isto é, perde-se toda a consciência e a faculdade de agir. E logo que uma irritação considerável ou geral, como aquela que ocorre em certas febres, suspende também as funções do sentimento interno e, contudo, agita toda a porção livre do fluido nervoso de maneira a produzir as ideias e os pensamentos desordenados que se sente e a executar ações semelhantemente desordenadas, experimenta-se o que se denomina *delírio*.

O delírio assemelha-se, pois, aos sonhos pela desordem das ideias, dos pensamentos e dos julgamentos; e é evidente que essa desordem resulta, nos dois casos que acabo de citar, de que o sentimento interno, encontrando-se suspendido nas suas funções, não dirige mais os movimentos do fluido nervoso.[3]

Mas a violência da agitação nervosa que ocasiona o delírio mostra que esse fenômeno não é apenas o produto de uma grande irritação, mas por vezes também de uma afecção moral muito forte, de maneira que os indivíduos que o experimentam dispõem apenas muito imperfeitamente de sua consciência, pois, estando seu sentimento interno perturbado e não executando mais suas funções, não dirige mais o fluido nervoso para a retidão das ideias.

Por exemplo, quando a *sensibilidade moral* é muito grande, as emoções produzidas por certas ideias ou pensamentos no sentimento interno são

---

3 O delírio vago, ou as espécies de vertigens que se experimentam ordinariamente quando se começa a adormecer, ocorre principalmente devido ao fato de que o sentimento interno, cessando então de dirigir os movimentos do fluido nervoso ainda agitado, retoma e abandona sucessivamente essa função com algumas oscilações, até que o sonho venha completamente. (N. A.)

algumas vezes tão consideráveis que perturbam esse sentimento nas suas funções e o impedem de dirigir o fluido nervoso para a execução de novos pensamentos que devem ser produzidos; as faculdades intelectuais ficam então suspensas ou em desordem.

Ver-se-á que a *loucura* tem sua origem numa causa muito semelhante, isto é, naquela que não permite mais ao sentimento interno dirigir os movimentos do fluido nervoso para o hipocéfalo.

De fato, quando uma lesão acidental causou algum desarranjo no órgão da inteligência ou uma grande emoção do sentimento interno deixou traços muito profundos de seus efeitos no órgão em questão por ter operado nele alguma alteração, o sentimento interno não controla mais os movimentos do fluido nervoso nesse órgão e as ideias que as agitações desse fluido tornam sensíveis ao indivíduo se apresentam em desordem e sem ligação com sua consciência. Ele as exprime tais quais se lhe apresentam e suas ações lhes correspondem. Mas se vê pelos atos desse indivíduo que são sempre as ideias adquiridas e posteriormente apresentadas à sua consciência que o agitam. Efetivamente, a memória, os sonhos, o delírio, os atos de loucura não mostram jamais outras ideias além daquelas que o indivíduo já possuía.

Há atos de loucura que se devem a um desarranjo de certos órgãos particulares do hipocéfalo, tendo os outros conservado sua integridade. Então é apenas nesses órgãos particulares que o sentimento interno não controla e não dirige mais os movimentos do fluido nervoso. As pessoas que estão nessa condição executam atos de loucura apenas relativamente a certos objetos e sempre os mesmos; elas parecem gozar de sua razão em relação a tudo o que é estranho a esses objetos.

Eu me afastaria de meu assunto se tentasse rastrear todas as nuances que se observam na desordem das ideias e investigar suas causas. Basta ter mostrado que os sonhos, o delírio e, em geral, a loucura são apenas atos desordenados da memória, que se executam sempre sobre ideias adquiridas e impressas no órgão, mas que se operam sem a direção do sentimento interno do indivíduo, porque essa potência está então suspensa ou perturbada em suas funções ou o estado do hipocéfalo não lhe permite mais executá-las.

Cabanis não teve ideia do poder do nosso sentimento interno e não percebeu que esse sentimento constitui em nós uma potência que a necessidade, que o menor desejo, numa palavra, que um pensamento excitam e podem afetar, e que possui, então, a faculdade de colocar a porção livre de nosso fluido nervoso em ação e de dirigir seus movimentos, seja no nosso órgão de inteligência, seja no envio que faz aos músculos que devem agir. Não obstante, Cabanis foi forçado a reconhecer que o sistema nervoso entra frequentemente por si mesmo em atividade sem que seja levado por impressões estranhas, e que pode se afastar dessas impressões e se esquivar de sua influência, dado que uma atenção forte, uma meditação profunda suspende a ação dos órgãos externos da sensação.

"É assim", diz esse cientista, "que se executam as operações da imaginação e da memória. As noções dos objetos que se evocam e que se representam foram fornecidas no mais das vezes, é verdade, pelas impressões recebidas nos diversos órgãos, mas o ato que desperta seus traços, que as apresenta ao cérebro em suas imagens apropriadas, que coloca esse órgão em condições de formar uma série de combinações novas não depende na maior parte das vezes de maneira nenhuma de causas situadas fora do órgão sensitivo."[4]

Isso me parece muito verdadeiro, pois tudo aqui é o resultado do poder do sentimento interno do indivíduo, esse sentimento podendo ser afetado por uma simples ideia que faz nascer essa necessidade moral que se denomina *desejo*; e sabe-se que o desejo abarca e leva à execução seja das ações que exigem o movimento muscular, seja daquelas que produzem nossos pensamentos, julgamentos, raciocínios, análises filosóficas, enfim, as operações de nossa imaginação.

O desejo cria a vontade de agir de uma ou de outra dessas duas maneiras; ora, esse desejo, assim como a vontade que o produz, ao afetar nosso sentimento interno, colocam-no em condições de enviar o fluido nervoso seja a tal parte do sistema muscular, seja a tal região do órgão que produz os atos da inteligência.

Se Cabanis, cuja obra *Rapports du physique et du moral* é uma fonte inesgotável de observações e considerações interessantes, tivesse reconhecido a potência do sentimento interno, se tivesse entrevisto o mecanismo das sensações, não teria tomado a sensibilidade física pela causa das operações da inteligência.

---

[4] Cabanis, Histoire physiologique des sensations, em *Rapports du physique et du morale de l'homme*, op. cit, mémoire II, p.168. (N. A.)

Se ele tivesse reconhecido que as sensações não produzem necessariamente ideias, mas simples percepções, o que é bem diferente; enfim, se tivesse distinguido o que pertence à irritabilidade das partes do que é o produto da sensação, quantos esclarecimentos sua interessante obra não nos teria propiciado! Contudo, é dessa obra que se extrairão os melhores meios para avançar essa parte dos conhecimentos humanos em questão devido ao grande número de fatos e observações que encerra. Mas estou convencido de que esses meios só serão empregados de maneira frutífera quando tivermos estabelecido nossas ideias sobre as distinções essenciais apresentadas seja neste capítulo, seja nos outros que compõem esta *Filosofia Zoológica*.

Se tomarmos em consideração o que foi exposto neste artigo, nos convenceremos provavelmente de que:

1) a memória tem como sede o próprio órgão da inteligência e não apresenta nas suas operações senão atos que evocam ideias já adquiridas, tornando-as sensíveis para nós;
2) os traços ou as imagens que pertencem a essas ideias já estão necessariamente gravadas em alguma parte do órgão do entendimento;
3) o sentimento interno, afetado por uma causa qualquer, envia nosso fluido nervoso disponível para esses traços impressos que a emoção (que ele obteve ou de uma necessidade, ou de uma propensão, ou de uma ideia que desperta uma necessidade ou uma propensão) o faz escolher; e ele nos torna imediatamente sensíveis ao conduzir ao núcleo sensitivo as modificações de movimento que esses traços fizeram o fluido nervoso sofrer;
4) quando nosso sentimento interno é suspendido ou perturbado em suas funções, ele não dirige mais os movimentos que podem agitar também nosso fluido nervoso; de maneira que, se alguma causa agita esse fluido no nosso órgão intelectual, seus movimentos conduzem ao núcleo sensitivo as ideias desordenadas, misturadas de maneira bizarra, sem conexão e sequência; daí os sonhos, os delírios etc.

Vê-se, portanto, que por toda parte os fenômenos em questão resultam de atos físicos que dependem da organização e de seu estado, das circunstâncias nas quais o indivíduo se encontra, enfim, da diversidade das causas, semelhantemente físicas, que produzem esses atos orgânicos.

Passemos ao exame da quarta e última espécie de operações principais da inteligência, isto é, das operações que constituem os julgamentos.

Do juízo
(quarta das faculdades principais da inteligência)

As operações da inteligência que constituem o juízo são para o indivíduo as mais importantes que seu entendimento pode executar. São, de fato, as operações que ele menos pode dispensar e que possui mais ocasiões de usar.

É nos resultados dessa faculdade de julgar que as determinações que constituem a vontade de agir possuem sua origem; é também dos atos dessa faculdade que nascem as necessidades morais, tais quais os desejos, as esperanças, as inquietudes, os temores etc. Enfim, é sempre em decorrência de nossos julgamentos que se seguem as ações nas quais o entendimento teve alguma participação.

Não se pode executar nenhuma série de pensamentos sem formar julgamentos: nossos raciocínios, nossas análises, não são senão o resultado de julgamentos. A própria imaginação só tem poder por meio dos julgamentos, relativamente aos modelos ou aos contrastes que emprega para criar ideias. Enfim, todo pensamento que não é um julgamento ou não é acompanhado de um não passa de um ato de memória, ou um exame, ou uma comparação sem resultado.

Quão importante não é, pois, para todo ser dotado de um órgão para a inteligência, habituar-se a exercer seu julgamento e esforçar-se a retificá-lo gradualmente com o auxílio da observação e da experiência? Pois, então, ele exerce ao mesmo tempo seu entendimento e aumenta proporcionalmente suas faculdades.

Contudo, quando se considera a grande generalidade dos homens, vê-se que os indivíduos que a compõem, quando não se trata de uma necessidade ou de um perigo premente, raramente julgam por si mesmos, mas se fiam no julgamento dos outros.

Esse obstáculo aos progressos da inteligência individual não é apenas o produto da preguiça, do descuido ou da falta de meios. É, além disso, o produto do hábito contraído pelos indivíduos desde sua infância e juventude de acreditar na palavra e submeter sempre seu julgamento a uma autoridade qualquer.

Tendo em poucas palavras mostrado a importância do julgamento e sobretudo a importância de formá-lo pelo exercício e de retificá-lo mais e mais pela experiência, examinemos agora o que é o julgamento em si mesmo e por qual mecanismo essa operação da inteligência pode se executar.

Todo julgamento é um ato muito peculiar que o fluido nervoso executa no órgão da inteligência, traçando em seguida seu resultado nesse mesmo órgão e transmitindo-o imediatamente ao sentimento interno, isto é, à consciência do indivíduo. Ora, esse ato resulta sempre de uma comparação executada ou de relações procuradas entre ideias adquiridas.

Eis o mecanismo provável desse ato físico – pois é o único que me parece capaz de produzi-lo e está em conformidade com os produtos conhecidos da lei dos movimentos reunidos ou combinados.

As ideias gravadas ocupam sem dúvida um lugar particular no órgão; ora, quando o fluido nervoso agitado passa simultaneamente por traços de duas ideias diferentes, o que ocorre na comparação dessas duas ideias, ele é então dividido necessariamente em duas massas separadas, das quais uma chega à primeira dessas duas ideias, ao passo que a outra massa encontra a segunda. De um lado e de outro, essas duas massas de fluido nervoso recebem da parte dos traços pelos quais passam uma modificação em seu movimento, que é peculiar à ideia em questão. A partir disso se concebe que, se essas duas massas se reúnirem em uma única em seguida, elas combinarão imediatamente seus movimentos e a massa comum terá um movimento composto, que será o meio-termo entre os dois tipos de movimento que serão combinados.

Assim, o ato físico que produz o julgamento é provavelmente constituído por uma operação do fluido nervoso que, nos seus movimentos, se espalha sobre os traços impressos das ideias comparadas. E ele parece consistir em tantos movimentos particulares desse fluido quantas ideias comparadas e porções desse fluido que passam sobre os traços dessas ideias há. Ora, essas porções separadas do mesmo fluido, cada uma possuindo um movimento particular, ao se reunirem formam uma massa cujo movimento é composto de todos os movimentos particulares citados e esse movimento composto imprime então no órgão novos traços, isto é, uma ideia nova que é o julgamento em questão.

Essa ideia nova é imediatamente reconduzida ao sentimento interno do indivíduo e ele obtém o sentimento moral que lhe diz respeito; e, se ela despertar nele uma necessidade igualmente moral, produz a vontade de agir para satisfazê-la.

Independentemente da inexperiência e das consequências do hábito de julgar quase sempre de acordo com os outros, numerosas e diferentes causas concorrem para alterar os julgamentos, isto é, a torná-los menos perfeitos.

Uma dessas causas extrai sua origem da própria imperfeição das comparações executadas e da preferência que se dá a tal ideia sobre outra segundo o gosto particular e o estado individual, de maneira que os verdadeiros elementos que entram na formação desses julgamentos são incompletos. Em todos os tempos, há apenas um pequeno número de homens que, sendo capazes de uma atenção profunda e tendo se exercitado a pensar e aproveitado a experiência, podem escapar dessas causas de alteração nos seus julgamentos.

As outras causas, das quais é difícil escapar, têm sua origem: 1) no próprio estado de nossa organização, que altera as sensações a partir das quais formamos as ideias; 2) no erro ao qual frequentemente algumas de nossas sensações nos levam; 3) nas influências que nossas propensões e paixões exercem sobre nosso sentimento interno, levando-o a dar aos movimentos que imprime em nosso fluido nervoso direções diferentes daquelas que teria lhe dado sem essas influências etc.

Uma vez que já tratei do julgamento no Capítulo VI desta parte, eu extrapolaria o plano que tracei e os limites que exige se adentrasse e desenvolvesse os detalhes das numerosas causas que contribuem para alterar o julgamento. Para o objetivo que tenho em vista, basta indicar que várias causas prejudicam em geral a retidão dos julgamentos que executamos, e que, a esse respeito, há tanta diversidade nos julgamentos dos homens quanto há no estado físico, circunstâncias, propensões, discernimento, sexo, idade etc. dos indivíduos.

Não nos admiremos, pois, da discordância constante, mas não geral, que se observa nos julgamentos sobre um pensamento, um raciocínio, uma obra, enfim, um assunto qualquer nos quais cada um só pode ver o que ele próprio julgou e o que pode conceber em virtude da natureza e extensão de seus conhecimentos; numa palavra, o que pode apreender segundo o grau de atenção que pode dar aos objetos que se oferecem a seu pensamento. Quantas pessoas, aliás, se habituaram a não julgar quase nada por si mesmas e, consequentemente, a quase sempre se fiar principalmente no julgamento dos outros!

Essas considerações, que me parecem provar que os julgamentos são sujeitos a diferentes graus de retidão e que essa retidão só atinge o grau que é relativo às circunstâncias que concernem a cada indivíduo, me conduzem naturalmente a discorrer um pouco sobre a *razão*, a examinar o que ela pode ser e a compará-la com o *instinto*.

Da razão, e de sua comparação com o instinto

A razão não é uma faculdade, muito menos uma tocha, um ser qualquer; mas é um estado particular das faculdades intelectuais do indivíduo que é alterado e gradualmente melhorado pela experiência e que retifica os julgamentos dependendo se o indivíduo exerce sua inteligência.

Assim, a razão é uma qualidade suscetível de ser possuída em diferentes graus e essa qualidade só pode ser reconhecida num ser que goza de algumas faculdades intelectuais.

Em última análise, pode-se dizer que, para todo indivíduo dotado de alguma inteligência, *a razão não é senão um grau adquirido na retidão dos julgamentos*.

Mal nascemos e já experimentamos sensações, sobretudo da parte dos objetos exteriores que afetam nossos sentidos; bem cedo adquirimos ideias que se formam em nós em decorrência das sensações notadas e muito cedo também comparamos quase maquinalmente os objetos notados e formamos julgamentos.

Mas, então, sendo novatos em meio a tudo que nos cerca, estando desprovidos de experiência e sendo enganados por vários de nossos sentidos, julgamos mal. Enganamo-nos sobre as distâncias, as formas, as cores e a consistência dos objetos que observamos e não apreendemos as relações que possuem entre si. É preciso que vários dos nossos sentidos concorram sucessivamente para destruir pouco a pouco nossos erros e para retificar os julgamentos que formamos; enfim, é apenas com o auxílio do tempo, da experiência e da atenção dada aos objetos que nos afetam que a retidão de nossos julgamentos é gradualmente obtida.

A mesma coisa ocorre com relação a nossas ideias complexas, a verdades úteis e a regras ou preceitos comunicados a nós. É apenas por meio de muita experiência e de memória para reunir todos os elementos de uma inferência, numa palavra, por meio de um exercício maior de nosso entendimento, que nossos julgamentos com relação a esses objetos se retifica gradualmente.

Disso decorre a diferença considerável que existe entre os julgamentos da infância e os da juventude; disso decorre também a diferença que se dá entre os julgamentos de um homem jovem de vinte anos e os de um homem de quarenta ou mais, quando a inteligência foi sempre igualmente exercida.

Como a maior ou menor retidão nos nossos julgamentos sobre toda coisa e, particularmente, sobre os objetos ordinários da vida e nossas relações com nossos semelhantes constitui a maior ou menor razão que possuímos, essa qualidade não é, pois, senão um grau qualquer adquirido na retidão dos julgamentos. E como as circunstâncias nas quais cada um se encontra, os hábitos, o temperamento etc. levam a uma grande diversidade no exercício do entendimento, isto é, na maneira de pensar, de examinar e de julgar, há diferenças reais entre os julgamentos que são formados.

Assim, a razão não é um objeto particular, um ser qualquer que se possa possuir ou não, mas é um estado do órgão do entendimento, do qual resulta um grau maior ou menor na retidão dos julgamentos do indivíduo, de maneira que todo ser que possui um órgão para o entendimento, que possui ideias e que executa julgamentos, possui necessariamente um grau qualquer de razão, segundo sua espécie, sua idade, seus hábitos e segundo as diferentes circunstâncias que concorrem para retardar, avançar ou tornar estacionários os progressos na retidão de seus julgamentos.

Como é apenas pela atenção aos objetos que produzem em nós sensações que estas podem produzir em nós ideias, é evidente, em decorrência do exercício dessa faculdade, que quanto mais nos tornamos capazes de atenção, e sobretudo de uma atenção constante e profunda, mais nossas ideias se tornam claras, são justamente delimitadas, e mais os julgamentos que formamos com ideias semelhantes possuem retidão.

Segue-se disso que o grau de razão mais elevado é o que resulta de uma grande clareza nas ideias e de uma retidão quase geral nos julgamentos.

O homem, sendo muito mais capaz do que qualquer outro ser inteligente dessa atenção profunda e constante e podendo fixá-la em um grande número de objetos diferentes, é o único que pode ter um número quase infinito de ideias claras e que forma, por conseguinte, julgamentos dotados da retidão mais geral. Mas é preciso, para isso, que ele exerça bastante e habitualmente sua inteligência e que as circunstâncias que podem ser favoráveis para isso concorram.

De acordo com o que acaba de ser exposto segue-se que, visto que a razão é apenas um grau na retidão dos julgamentos e que todo ser dotado de inteligência pode executar julgamentos, aqueles que se encontram nessa condição gozam de algum grau de razão.

Com efeito, se se comparam as ideias e os julgamentos do animal inteligente que é ainda jovem e inexperiente com as ideias e julgamentos do mesmo animal chegado à idade da experiência adquirida, ver-se-á que a diferença que se encontra entre essas ideias e esses julgamentos se mostra nesse animal tão claramente quanto no homem. Uma retificação gradual nos julgamentos e uma clareza crescente nas ideias preenchem num e noutro o intervalo que separa o tempo de sua infância e de sua idade madura. A idade da experiência e de todos os desenvolvimentos terminados se distingue eminentemente daquela da inexperiência e do pouco desenvolvimento das faculdades nesse animal, do mesmo modo que no homem. De um lado e de outro se reconhecem os mesmos caracteres e a mesma analogia nos progressos que podem adquirir; não há senão o mais e o menos dependendo das espécies.

Há, pois, também nos animais que possuem um órgão especial para a inteligência, diferentes graus na retidão dos julgamentos e, por conseguinte, diferentes graus de razão.

Sem dúvida, o grau mais elevado da razão dá ao homem, que é dele dotado, a percepção da conveniência ou inconveniência, seja de suas próprias ideias ou das opiniões dos outros. Mas essa percepção, que é um julgamento, não é propriedade de todos os homens. Em lugar dessa percepção justa, que resulta de uma inteligência muito exercida, aqueles que não a possuem substituem-na por uma falsa. E como esta é o resultado dos meios que possuem, elas a creem justa. Disso decorre essa diversidade de opiniões e de julgamentos nos indivíduos da espécie humana, que sempre constituirá um obstáculo para um acordo real entre as ideias e os julgamentos desses indivíduos, devido ao fato de que os homens, por se encontrarem em circunstâncias muito diferentes, não podem chegar ao mesmo grau de razão.

Agora, se compararmos a *razão* com o *instinto*, veremos que a primeira, num grau qualquer, produz determinações de agir que se originam nos atos de inteligência, isto é, nas ideias, nos pensamentos e nos julgamentos; e que o *instinto*, por sua vez, é uma força que incita uma ação, sem determinação prévia e sem que nenhum ato de inteligência tenha nele qualquer participação.

Ora, como a razão não é senão um *grau adquirido na retidão dos julgamentos*, as determinações da ação que resultam dela podem ser más ou inconvenientes quando os julgamentos que as produzem são errôneos ou falsos no todo ou em qualquer parte.

Mas o instinto, que é apenas uma força incitante e o produto do sentimento interno afetado por alguma necessidade, não se engana em relação à ação a executar, pois ele não escolhe, não resulta de nenhum julgamento e, realmente, não possui graus. Toda ação causada pelo instinto é, portanto, sempre o resultado da espécie de excitação produzida pelo sentimento interno do indivíduo, assim como todo movimento comunicado a um corpo é, na sua direção e força, sempre o produto da potência que o comunicou.

Não há nada que seja claro e verdadeiramente exato na ideia que Cabanis teve de atribuir o raciocínio a sensações externas e o instinto, a impressões internas. Todas nossas impressões são sempre internas, embora os objetos que os causem sejam por vezes exteriores e por vezes interiores.

A observação do que se passa a esse respeito deve nos mostrar que é mais justo dizer que os raciocínios e determinações decorrentes de julgamentos se originam nas operações da inteligência, ao passo que o instinto que provoca alguma ação tem a sua origem nas necessidades e propensões que afetam imediatamente o sentimento interno do indivíduo e o fazem agir sem escolha nem deliberação; numa palavra, sem que a inteligência tenha qualquer participação.

As ações de certos animais são, portanto, algumas vezes o produto de determinações racionais e, no mais das vezes, o produto de uma força instintiva.

Se dermos alguma atenção aos fatos e às considerações apresentadas no curso desta obra, perceberemos que há necessariamente animais que não possuem razão nem instinto, a saber, aqueles que são desprovidos da faculdade de sentir; que há outros que possuem instinto, mas que não possuem nenhum grau de razão, a saber, aqueles que possuem um sistema sensitivo e que carecem do órgão para a inteligência; enfim, que há outros, ainda, que possuem instinto mais algum grau de razão, a saber, aqueles que possuem um sistema para as sensações e um outro para os atos do entendimento. O instinto destes é a fonte de quase todas as suas ações e raramente eles usam o grau de razão que possuem. O homem, que vem em seguida, possui também instinto, que o faz agir em determinadas circunstâncias; mas ele é capaz de adquirir muita razão e de empregá-la para dirigir a maior parte das ações que executa.

Além da *razão individual* da qual acabo de falar, estabeleceu-se em cada país e em cada região do globo, de acordo com as luzes dos homens que os habitam e algumas outras causas influentes, uma *razão pública* ou mais ou menos geral que se mantém até que causas novas e suficientes a modifiquem. Ora, de uma parte e de outra, a razão individual e a razão pública são sempre constituídas por algum grau na retidão dos julgamentos.

Há, com efeito, um assentimento geral numa sociedade ou numa nação para um erro, para uma opinião falsa, assim como para uma verdade reconhecida; de maneira que erros, prejuízos e verdades diversas constituem os produtos do estado de retidão dos julgamentos, seja nos indivíduos, seja nas opiniões admitidas nas sociedades, nos grupos, nas nações, de acordo com os séculos ou as épocas consideradas.

Deve-se, pois, reconhecer os progressos maiores ou menores da razão num povo, numa sociedade, do mesmo modo que num indivíduo.

Os homens que se esforçam por meio de seus trabalhos para ampliar as fronteiras dos conhecimentos humanos sabem suficientemente que não lhes basta descobrir e mostrar uma verdade útil que se ignora, mas que é preciso ainda poder divulgá-la e fazer com que seja reconhecida. Ora, a razão individual e a razão pública, quando se encontram expostas a alguma mudança, normalmente colocam um obstáculo tão grande a ela que é frequentemente mais difícil de fazer que uma verdade seja reconhecida do que a descobrir. Deixo esse assunto sem desenvolvimento porque sei que os meus leitores o suprirão suficientemente por menor que seja a sua experiência na observação das causas que determinam as ações dos homens.

Ao terminar este capítulo sobre os principais atos do entendimento, encerro ao mesmo tempo o que propusera apresentar aos meus leitores nesta obra.

A despeito dos erros pelos quais posso ter deixado me levar ao compô-la, é possível que contenha ideias e considerações que sejam úteis de alguma maneira para o avanço de nossos conhecimentos, até que os grandes temas que ousei abordar sejam tratados novamente por homens capazes de lançar mais luzes sobre eles.

Fim da terceira parte

Apêndice
História natural dos animais sem vértebras

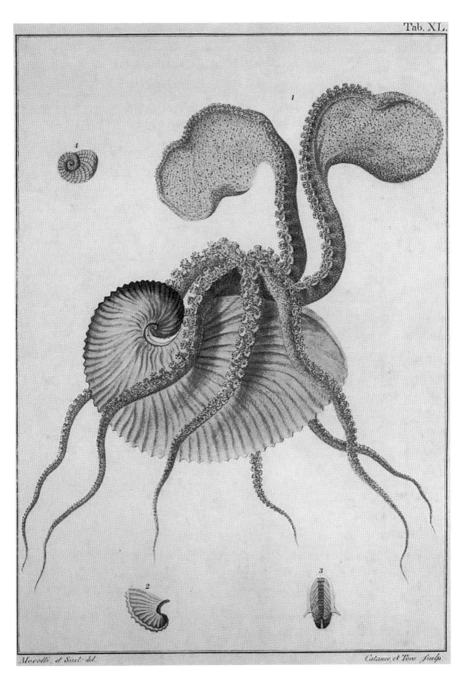

Testacea Utriusque Siciliae eorumque historia et anatome. Giuseppe Saverio Poli (1746-1825).

História natural dos animais sem vértebras[1]

Os animais são seres tão impressionantes, tão curiosos e tão singulares, pela diversidade de sua organização e por suas faculdades – sobretudo os que me interessam aqui –, que não devemos negligenciar nenhum meio que possa nos oferecer uma ideia justa ou nos esclarecer a seu respeito.

Ouso dizer, porém, que a trilha até aqui percorrida no estudo desses seres admiráveis está longe de ter passado por todas as considerações que podem nos mostrar o que mais importa ver a seu respeito.

Se o estudo da Zoologia se resumisse à observação das diferenças de forma que distinguem os diversos animais e à determinação de suas numerosas raças, agrupando-os em pequenos agregados e formando os gêneros, em suma, se ela se resumisse a classificá-los de uma maneira qualquer, estabelecendo assim, metodicamente, uma enorme lista das espécies até aqui observadas, não teríamos quase o que acrescentar a esse estudo. Bastaria aperfeiçoar o que foi feito, coletando e determinando o que até aqui tenha escapado à observação.

Mas a verdade é que existem muitas outras coisas a serem vistas nos animais, para além daquelas até aqui buscadas, e há muitos preconceitos a superar e erros a corrigir.

---

[1] *Histoire naturelle des animaux sans vertèbres*, Paris, 1815. Lamarck antepôs ao tratado uma longa introdução teórica dividida em numerosas seções. Traduzimos aqui a primeira parte e o capítulo 4 do livro I dessa introdução. (N. T.)

Não surpreende, portanto, que aquilo que eu mesmo solidamente estabeleci em meus escritos não tenha produzido frutos e talvez leve tempo para produzi-los; pois, tão arraigados são os preconceitos, que nem mesmo a razão tem força para combater as ideias mais comuns a esse respeito.

Há muitos anos, quando fui encarregado de ministrar o curso anual de Zoologia, no Museu Nacional de História Natural, em particular sobre os *animais sem vértebras*, ou seja, os que não são nem mamíferos, nem pássaros, nem répteis, nem peixes, pareceu-me necessário apresentá-los não apenas quanto à sua forma geral e a seus caracteres distintivos externos, mas também quanto aos de sua organização, de suas faculdades e hábitos, tentando oferecer aos meus ouvintes ideias precisas a seu respeito em cada uma dessas relações, na medida em que meus conhecimentos permitissem fazê-lo.

Mas, quando me pus a organizar o curso, constatei que seria extremamente difícil realizar essa tarefa, pois teria de me ocupar da parcela mais extensa do reino animal, a mais variada quanto à organização, formada pelo maior número de raças e a mais diversificada quanto à presença de faculdades — e que, no entanto, fora até então a que menor interesse despertara, permanecendo negligenciada. Os fatos coletados a seu respeito se restringiam, no mais das vezes, à forma externa dos animais que ela abarcava.

Há muito tempo que a premência de se conhecer a organização do homem a fim de remediar as perturbações nela introduzidas pelas doenças têm conduzido a que se estude com afinco o aspecto físico da mais complexa das organizações. Essa observação mostrou que essa complexa organização se avizinha consideravelmente, por suas relações, daquelas de certos animais, notadamente os mamíferos. Mas, em vez de se perceber que as conclusões razoadas a partir dessas observações se aplicavam, no mais das vezes, a essa organização e a nenhuma outra, deduziram-se a partir dela os princípios gerais de toda fisiologia, estendendo a todos os animais, indistintamente, numerosas consequências relativas às faculdades daqueles de primeira ordem.

Desconsiderou-se, com isso, que, como toda faculdade depende essencialmente da organização em que está inserida, grandes diferenças entre as organizações comparadas teriam de levar, necessariamente, a grandes diferenças entre suas respectivas faculdades; sem mencionar os casos em que mostram a supressão de faculdades que, para serem produzidas, exigem uma ordem de coisas que nem sempre se verifica.

As consequências de que falo, aplicadas indiscriminadamente a todos os animais, foram tomadas como verdades positivas que constituem a base de uma teoria que desde então dirigiu e continua a dirigir os estudos zoológicos.

Tal era o estado da Zoologia quando meu dever de professor me obrigou a expor, na demonstração dos animais sem vértebras, tudo o que importa conhecer a seu respeito e a indicar o que a observação nos ensina sobre a diversidade de suas raças, formas e caracteres, de sua organização e de suas faculdades, ou, numa palavra, a mostrar como os princípios admitidos se aplicam aos fatos de observação oferecidos por inúmeros espécimes.

As únicas dificuldades com que então me deparei, relativamente à arte das distinções, foram facilmente resolvidas pelo estudo e pela observação dos objetos.

Mas, quando passei à aplicação dos princípios admitidos na teoria geral e tentei reconhecer, nas faculdades reais desses animais, aquelas que lhes eram atribuídas por tais princípios, isto é, quando tentei encontrar nelas as relações perfeitas que costumam existir entre os órgãos e as faculdades que eles produzem, as dificuldades se mostraram insolúveis.

Quanto mais eu estudo os animais e considero os fatos de organização que eles nos oferecem, seja no curso de sua vida, seja nas mutações que eles sofrem em decorrência de seus hábitos, quanto mais me aprofundo no estudo do que neles se deve às circunstâncias em que cada raça se encontra, tanto mais me dou conta de que é impossível conciliar os fatos observados com a teoria mais aceita. Mas os princípios a que fui levado a admitir se afastam inteiramente dos ensinados por outros.

O que fazer, numa situação como essa? Deveria eu me restringir ao ensino de que fora encarregado e expor as formas dos objetos, citar os caracteres observados que se encontram na maioria dos livros e enunciar as divisões artificiais introduzidas entre tais objetos? Deveria calar minha consciência em prol da opinião corrente, e sustentar o erro, privar meus ouvintes do conhecimento que derivara de minhas observações, dos fatos que comprovam a importância do estudo dos traços variados da organização dos animais sem vértebras para a física animal e, por fim, desdenhar o preceito de que os verdadeiros princípios da zoologia só podem ser estabelecidos mediante a consideração simultânea de todas as organizações existentes?

Confesso que não segui essa trilha, nem poderia tê-la seguido, pois não teria como esconder os resultados de meus estudos. Tornei-me um dissidente, situação que apenas o tempo, mais que a razão, poderia suprimir: até aqui, meu único juiz foi aquele partido cujos preceitos eu combato e que tem a seu lado a opinião geral.

Eu me restringiria a falar sobre os animais sem vértebras, que são o objeto desta obra, se não tivesse de fazer, a propósito deles, numerosas considerações importantes que não são reconhecidas pelos princípios mais aceitos, e se não me importasse em mostrar que as imperfeições atribuídas a esses princípios não são, de modo algum, ilusórias. Começarei, portanto, examinando o que são os animais em geral, empenhando-me em fixar, na medida do possível, as ideias que nos cabe formar a respeito desses seres singulares, chegando, por fim, à exposição das matérias de discórdia a que me referi. Espero convencer meu leitor citando consequências que, embora tenham sido extraídas de fatos observados, estão longe de ser corroboradas por eles.

Parece-me que a primeira coisa a ser feita numa obra de zoologia é definir o animal e consignar a ele um caractere geral e exclusivo que não admita exceção. É o contrário do que é feito hoje em dia, quando não se tem o hábito de examinar o que está estabelecido e a ninguém ocorre contestar princípios que são repetidos por toda parte.

Quem poderia acreditar que, num século como o nosso, no qual as ciências físicas realizaram tantos progressos, não se tenha formulado uma definição consistente do que constitui o animal, não se saiba dizer ao certo qual a diferença entre um animal e uma planta e permaneçam dúvidas quanto à questão de saber se os animais realmente se distinguem dos vegetais por um caractere essencial exclusivo? É certo que nenhum zoólogo até aqui apresentou algo que seja aplicável a todos os animais e que os distinga nitidamente dos vegetais. Daí as perpétuas variações das opiniões dos naturalistas acerca dos limites entre os reinos animal e vegetal, e a ideia errônea e generalizada de que esses limites não existem e haveria animais-plantas e plantas-animais. É fácil explicar o porquê dessa situação.

Os estudos sobre a natureza animal e sobre as faculdades dos animais se voltaram, até o presente, para as organizações mais complicadas, aquelas dos animais mais perfeitos, o que impediu que se obtivesse uma ideia exata dos limites reais da maioria das faculdades animais ou sequer dos órgãos que as propiciam e se chegasse ao conhecimento do que constitui a vida animal mínima e qual a faculdade que ela propicia ao ser que dela goza.

Para mostrar como o que foi escrito sobre as faculdades próprias dos animais e sobre os caracteres comuns a todos é pouco apropriado a nos dar um conhecimento a seu respeito, atrapalhando-nos e entravando os verdadeiros progressos da zoologia, eu não poderia citar um texto mais representativo do que o verbete "Animal" do *Dicionário de ciências naturais*. Seu autor[2] é um dos anatomistas e zoólogos mais célebres e mais reputados de nosso tempo.

"À primeira vista, nada mais fácil que definir o animal. Todos sabem que é um ser dotado de sentimento e de movimento voluntário. Mas, quando se trata de determinar se um ser que observamos é ou não um animal, percebemos que essa definição não se deixa aplicar tão facilmente".

Tenho boas razões para insistir no exame do que constitui a natureza animal, pois, mesmo o douto que cito não chega a desaprovar a definição que todos oferecem, apenas a considera de difícil aplicação; e não admira que continue a ser aceita em todas as obras e cursos de zoologia, exceto pelos meus.

Não tenho dúvida de que essa definição, imaginada em tempos de ignorância a respeito, e que leva em consideração apenas os animais mais perfeitos, dificilmente se deixaria aplicar a inúmeros seres que observamos todos os dias; ao que acrescento, ela sequer se deixa aplicar aos animais mais conhecidos.

A razão dessa dificuldade se tornará clara uma vez eu tendo mostrado que não é verdade que todos os animais são dotados de sentimento e de movimento voluntário. Essa definição é um erro que incumbe às luzes

---

2 Paris, 1808. Referência a Georges Cuvier, que é o alvo da parte inicial do argumento de Lamarck nesta introdução. (N. T.)

atuais corrigir. Para nos convencermos disso, será suficiente considerar os fatos conhecidos que apresentarei no decorrer desta introdução.

Se excetuarmos, nas ciências naturais, as partes da arte, que consistem em distinções empregadas para formar classes, ordens, gêneros e espécies, creio poder afirmar que jamais haverá algo de claro ou positivo em Zoologia enquanto continuarmos a admitir, na circunscrição dos animais, a definição que acabamos de citar e ignorarmos as relações constantes verificadas entre os sistemas de órgãos particulares e as faculdades que eles propiciam, ou seja, enquanto desconsiderarmos certos princípios fundamentais sem os quais a teoria permanecerá arbitrária.

Enquanto as coisas permanecerem nesse estado, a zoologia permanecerá onde está, e todo aquele que a estuda ou a ensina não terá como dizer ao certo o que é um animal. Abre-se assim todo um campo para as hipóteses mais disparatadas, como as que afirmam que certos órgãos se confundem à substância irritável e sensível dos animais, na tentativa de explicar porque esses órgãos não são encontrados nos animais mais imperfeitos, embora supostamente continuem a existir e a exercer suas funções.

Esclarecerei aqui essas considerações e mostrarei que os preceitos admitidos são inconvenientes, provando ao mesmo tempo que o que pretendemos instituir em seu lugar não são hipóteses novas, mas verdades claras e evidentes, sobre as quais as observações não deixam a menor dúvida.

Antes, porém, é importante apresentar os seguintes princípios fundamentais, a fim de impedir arbitrariedades nas consequências que os fatos conhecidos permitem extrair.

Princípios fundamentais

1º – Todo fato ou fenômeno que a observação mostra é essencialmente um fato físico e deve sua existência ou produção unicamente a corpos ou a relações entre corpos.

2º – Todo movimento ou mudança, toda força em atuação e todo efeito observados num corpo, não importa qual, depende de causas mecânicas regidas por leis.

3º – Todo fato ou fenômeno observado num corpo vivo é ao mesmo tempo um produto da organização.

4º – Não existe na natureza nenhuma matéria ou fenômeno que tenha por si mesmo a faculdade de viver. Todo corpo em que a vida se manifesta oferece, no produto da organização que lhe é própria e naquele da série de movimentos excitados em suas partes, o fenômeno físico e orgânico da vida constituída,[3] fenômeno que se executa e se mantém nesse corpo enquanto subsistirem as condições essenciais à sua produção.

5º – Não existe na natureza nenhuma matéria que tenha por si mesma a faculdade de adquirir ou formar ideias, de executar operações entre ideias, e, logo, de pensar. Onde quer que semelhantes fenômenos se encontrem, e costumamos observá-los nos animais mais perfeitos, encontra-se sempre um sistema particular de órgãos apropriado a produzi-los, sistema cuja extensão e integridade estão em proporção constante com o grau de eminência e o estado dos fenômenos de que se trata.

6º – Por fim, não existe na natureza nenhuma matéria que tenha por si própria a faculdade de sentir. Igualmente, onde quer que se verifique a presença dessa faculdade, apenas então se encontra no corpo vivo dotado dela um sistema particular de órgãos capaz de engendrar o fenômeno físico, mecânico e orgânico que constitui a sensação.

A esses princípios, que estão ao abrigo de toda contestação e sem os quais a Zoologia não teria fundamento, eu acrescento que:

1º – Existe sempre uma relação perfeita entre o estado de integridade ou de alteração e de extensão ou aperfeiçoamento de uma faculdade orgânica e o estado do órgão ou sistema de órgãos que o produziu.

2º – Quanto mais eminente uma faculdade orgânica, mais complexa é a organização do sistema de órgãos que a compõe.

A partir desses princípios que a observação confirma de maneira evidente, mostrarei que as faculdades de pensar, julgar e querer, além daquela de experimentar sensações, não pertencem a todos os animais e não se encontram dentre os de organização mais simples.

A faculdade que constitui, em algum grau, a chamada inteligência, ou seja, que dá ao indivíduo o poder de empregar ideias, de compará-las, de

---

[3] *Filosofia zoológica*, v.1, p.291. (N. A.)

julgar e de querer, é bem diferente daquela que constitui o sentimento, ao qual ela é muito superior e do qual é, na verdade, independente.

É perfeitamente possível pensar, julgar ou querer sem que se experimente uma sensação, e sabe-se que, caso o órgão extremamente complexo que engendra os atos de inteligência sofra alguma lesão ou alteração, as ideias se apresentarão desordenadamente, e haverá uma perturbação, total ou parcial, dependendo da parte do órgão afetada ou da extensão da afecção; e pode mesmo haver uma perda completa de operações envolvendo ideias, caso a alteração seja profunda. Em meio a tudo isso, a faculdade de sentir permanece ilesa e não sofre nenhuma alteração.

Sabe-se que a loucura e a demência resultam de uma lesão irreversível do órgão em que as ideias são produzidas e relacionadas. Já o delírio é a consequência de uma lesão do mesmo órgão, porém passageira, produzida por uma febre ou por uma afecção menos duradoura. Ora, em todos esses casos, e em particular na loucura, em que o fato é constatado mais facilmente, o órgão do sentimento não é minimamente afetado, suas funções permanecem inalteradas e as sensações são executadas como no estado de saúde.

Disso se segue que o sistema de órgãos que permite as operações entre ideias, os juízos e os atos da vontade não é o mesmo que aquele que produz as sensações.

Agora que vimos que a faculdade de empregar ideias é inteiramente distinta e independente daquela de sentir, e sabemos que os animais mais perfeitos gozam de ambas, mostraremos que nem uma nem a outra pertencem a todos os animais em geral.

Com relação ao movimento voluntário, que a definição de animal atribui a todos esses seres, basta considerar as observações relativas aos atos de vontade para se convencer de que não é verdade que todos os animais sejam capazes de formar atos dessa natureza, e que isso é mesmo impossível. Pois, nem todos têm a organização suficientemente complexa e o aparato particular de órgãos que engendra uma faculdade tão eminente, que cabe apenas aos mais perfeitos dentre eles.

É sabido e reconhecido que a vontade é uma determinação do pensamento e só pode ocorrer quando o ser que quer poderia não querer. Essa determinação é resultado de atos de inteligência, ou seja, de operações entre as ideias e, em geral, se dá em consequência de uma comparação, de uma escolha, de um juízo ou, em todo caso, de uma premeditação. Mas toda premeditação é uma mobilização de ideias e pressupõe não somente a faculdade de adquiri-las, mas também a de empregá-las e formar assim atos de inteligência.

Nem todos os animais são dotados de faculdades como essas, pois, como se vê, sobretudo naquela de executar atos de inteligência, que é, certamente, a mais eminente de todas que a natureza atribuiu aos animais, elas exigem, dos poucos que as possuem, um sistema particular de órgãos, na verdade bastante complexo, que a natureza só traz à existência nas mais complexas dentre as organizações animais. Pode-se dizer que ela chegou a esse sistema insensivelmente, por graus de alguma maneira nuançados, instituindo-o de início de forma indefinida e depois cada vez mais pronunciada.

Portanto, todo ato de vontade é uma determinação oriunda do pensamento, consequente a uma escolha ou a um juízo, e todo movimento voluntário também é consequência de um ato da vontade, ou seja, de uma determinação premeditada que é um ato de inteligência. Dizer que todos os animais são dotados de movimento voluntário é atribuir a todos, indistintamente, a faculdade da inteligência, o que simplesmente não é verdade, pois contraria a observação de fatos relativos aos animais mais imperfeitos e constitui um erro manifesto, que as luzes de nosso século não podem mais admitir.

Embora apenas os vertebrados mais perfeitos possam agir voluntariamente, como consequência de uma premeditação e por serem os únicos que possuem de fato, em variados graus, as faculdades da inteligência, a observação atesta que eles raramente exercem essas faculdades e, na maioria de suas ações, são levados a agir pela potência de seu sentimento interno, movidos por necessidades sem premeditação e sem o concurso de atos de sua vontade.

Não conheço um termo para exprimir essa potência interna de que gozam não somente os animais inteligentes como também os que só possuem a faculdade de sentir. Potência essa que, movida por uma necessidade sentida, leva o indivíduo a agir imediatamente, no mesmo instante em que se experimenta a emoção. Mesmo que esse indivíduo pertença à ordem dos que são dotados de faculdades de inteligência, ele age, em tais circunstâncias, antes que uma premeditação ou que relações entre ideias venham provocar sua vontade.

É um fato positivo que para ser asseverado tem apenas de ser observado, e que, nos animais a que me refiro além do próprio homem, uma ação pode ser imediatamente executada pela emoção do sentimento interno sem que o pensamento e o juízo, ou a vontade do indivíduo, entre em questão; uma emoção, ou uma necessidade sentida subitamente, é suficiente para produzir essa emoção.

Nós mesmos nos submetemos, em certas circunstâncias, a essa potência interna que leva a agir sem premeditação. E, embora com frequência atuemos movidos por atos de vontade positivos, é igualmente frequente que cada um de nós, arrastado por impressões internas súbitas, execute uma multidão de ações sem a intervenção do pensamento e, por conseguinte, sem um ato de vontade.

Essa potência singular, que leva a agir sem premeditação como consequência das emoções, chama-se, nos animais, instinto.

Não é exclusiva deles, nós também nos submetemos a ela. Ao que acrescento que tampouco é uma potência geral, pois os animais que chamo de apáticos, porque não gozam de sentimentos, não agem movidos por emoções internas, logo, não têm instinto.

Este não é o lugar para desenvolver o fundamento de tais observações, mas é essencial distinguir, nas nossas ações e daquelas dos animais, as executadas como consequência de uma premeditação ditada pela vontade e as produzidas imediatamente como consequência das emoções do sentimento interno, as quais, por seu turno, devem ser distinguidas das que se devem a excitações do exterior. Essas causas imediatas de ação diferem essencialmente, e nem todos os animais estão sujeitos à potência de cada uma delas, o que se explica pelas profundas diferenças de organização entre eles.

Portanto, não é verdade que todos os animais em geral sejam dotados de movimento voluntário ou da faculdade de agir mediante atos da vontade, pois estes são precedidos de premeditação.

Vejamos agora se a faculdade de sentir é, realmente, própria a todos os animais, isto é, se o sentimento, que a definição citada toma como um caractere distintivo dos animais, no que é repetida e copiada por toda parte, é mesmo geral, ou não seria uma propriedade particular de alguns, a exemplo daquela de mover as partes voluntariamente.

Todo fisiologista sabe muito bem que o sentimento não pode ser produzido se não houver um sistema nervoso. É uma condição *de rigueur*. Os nervos que fornecem a faculdade de sentir a certas partes, se lesionados, deixam de alimentá-la. São fatos positivos, portanto, que o sentimento é um fenômeno orgânico, que nenhuma matéria tem, por si mesma, a faculdade de sentir,[4] e, por fim, que o fenômeno do sentimento é produzido por meio dos nervos. Diante dessas verdades, quem contestaria que um animal que não tem nervos não pode sentir?

Ao que acrescento uma segunda condição: para que haja o sentimento, é necessário que o sistema nervoso tenha uma composição bastante avançada; e eu também poderia provar que, para sentir, não é suficiente que um animal tenha nervos, mas é preciso, ainda, para que haja sensação, que ele tenha um sistema nervoso de composição bastante avançada.

Portanto, para que o sentimento fosse uma faculdade geral, comum a todos os animais, seria necessário que o sistema nervoso, que unicamente pode ocasioná-lo, fosse comum a todos eles sem exceção, fizesse parte de todos os sistemas de organização animal observados e mesmo a mais simples das organizações animais estivesse munida não somente de nervos como também do aparato nervoso apropriado à produção de sentimento, tal como aquele que é composto de um centro de referência no qual se encontram os nervos apropriados para causar uma sensação. Mas nem todos os animais que conhecemos receberam esse dote da natureza, como, de resto, a observação dos fatos confirma.

Nos vegetais mais simples e mais imperfeitos, a natureza não foi além de uma vida vegetal, não modificou o tecido celular desses corpos e não traçou neles as diferentes espécies de canais.

Do mesmo modo, nos animais mais imperfeitos, que contam com uma organização extremamente simples, a natureza não foi além da vida animal que pode ser engendrada pela ordem essencial das coisas. E tampouco

---

4 *Filosofia zoológica*, v.II, p.459. (N. A)

acrescentou um órgão particular à vida animal dos corpos gelatinosos, desprovidos da consistência requerida para a presença de um sistema nervoso. É algo evidente, atestado pela observação dos animálculos.

Pode-se buscar à vontade, numa mônada, num volvox ou num protista, por nervos que terminem num cérebro ou em uma medula espinal, como é necessário à produção de sentimento; é uma pesquisa inútil, para não dizer ridícula.

Provarei mais à frente que a natureza deu à organização animal uma complexidade progressiva e multiplicou as faculdades à medida que se tornavam necessárias. É possível identificar, percorrendo-se a escala animal em sentido ascendente, o ponto em que nela se manifesta a faculdade de sentir, pois, no momento em que ela passa a existir, o animal que dela goza apresenta um aparato nervoso permanente e distintivo, apropriado para produzi-la, e também, quase sempre, um ou mais sentidos externos particulares.

A partir do momento em que esse aparato central deixa de ser encontrado, e não há mais centro de referência para os nervos, não há mais cérebro nem medula espinal, o animal deixa de apresentar sentidos diferenciados. Atribuir a ele um sentimento, quando não há órgão, é, evidentemente, uma quimera.

Alguém poderia dizer que, se afirmo que o sentimento não se encontra num animal em que não se veem nervos ou é privado deles, é por uma questão de gosto pelo sistema, pois é sabido que em muitos casos a natureza sabe chegar ao mesmo fim por diferentes meios.

Ao que respondo, que os que me fazem essa objeção é que padecem desse gosto, pois, para sustentá-la, eles teriam que provar:

1º – Que o sentimento é necessário para animais desprovidos de nervos.
2º – Que a faculdade de sentir pode existir malgrado a ausência de nervos.

Ora, supor que seria assim trai, certamente, um gosto pelo sistema.

Supondo que a natureza desse a faculdade de sentir a animais imperfeitos como os infusórios, os pólipos etc., isso seria inútil e mesmo, em alguns casos, perigoso para eles. Esses animais não precisam escolher os objetos de que se alimentam nem buscar por eles, pois os encontram ao seu alcance, trazidos pelas águas em que vivem: a inteligência para julgar e escolher e o sentimento para conhecer e distinguir seriam faculdades supérfluas e inúteis; quanto à faculdade de sentir, seria provavelmente nociva, para animais tão frágeis.

A verdade é que essa opinião acerca de todos os animais em geral foi formada a partir das mais perfeitas dentre as organizações animais, tornou-se a mais comum, e os que ousam discordar são acusados de gosto pelo sistema, malgrado os fatos e observações de leis da natureza que os respaldam.

Mesmo sem entrar em detalhes, creio ter provado que não é verdade que todos os animais em geral são dotados de sentimento; isso seria mesmo impossível, pelas seguintes razões:

1º – Nem todos os animais possuem o aparato nervoso necessário à produção de sentimento;

2º – Nem todos os animais são munidos de nervos, mas, para haver faculdade de sentir, é preciso que os nervos se encontrem num centro de referência;

3º – A faculdade de experimentar sensações não é necessária a todos os animais e poderia ser extremamente nociva aos mais frágeis e mais imperfeitos;

4º – O sentimento é um fenômeno orgânico, não uma faculdade particular de uma matéria qualquer, e esse fenômeno, por mais admirável que seja, é produzido pelo sistema de órgãos capaz de engendrá-lo;

5º – Por fim, observamos que o sistema nervoso, muito complexo nos mamíferos e, sobretudo, nos animais dos primeiros gêneros de quadrúmanos, degrada-se e se torna cada vez mais simples à medida que se desce na escala animal, perdendo progressivamente, nessa marcha, muitas das faculdades que a natureza oferece ao gozo dos animais e desaparecendo por completo, muito antes que se chegue ao término da escala.

São verdades atestadas pela observação. Ora, se nem todos os animais possuem a faculdade de sentir, nem a de agir voluntariamente, vemos quão defectiva é a teoria que propõe como definição de animal a posse da faculdade do sentimento e a do movimento voluntário.

Não me estenderei mais a esse respeito. Para realizar as observações e correções que me parecem cabíveis com relação aos princípios admitidos em Zoologia e mostrar seus fundamentos, dividirei esta introdução em sete partes principais.

Na primeira, tratarei dos caracteres essenciais dos animais comparados aos de outros corpos naturais de que temos conhecimento, e oferecerei uma definição precisa desses seres singulares.

Na segunda, estabelecerei a existência da composição progressiva da organização dos diferentes animais, bem como o número e eminência das faculdades que eles adquirem. Esse fato, estabelecido a partir da observação, é decisivo para uma teoria de caráter positivo.

Na terceira, tratarei dos meios empregados pela natureza para instituir a vida animal num corpo em que ela não existia, para, em seguida, tornar a organização dos animais cada vez mais complexa e, por fim, determinar os diferentes órgãos particulares, gradualmente mais complexos, que lhes dão as faculdades correspondentes.

Na quarta, as faculdades observadas nos animais serão consideradas como fenômenos unicamente orgânicos, aquilo que provarei.

Na quinta, considerarei a fonte dos pendores e paixões dos animais sensíveis e do próprio homem, e mostrarei que ela é um produto do sentimento interno e, por conseguinte, da organização.

Na sexta, o encadeamento das causas essenciais a serem consideradas me obrigará a tratar da natureza, ou seja, da potência, de algum modo mecânica, que passou a existir nos diversos animais e faz deles o que necessariamente eles são.

Tentarei com isso determinar as ideias a serem ligadas à palavra animal, tão disseminada e, no entanto, de acepção tão vaga. Por fim, na sétima e última parte, exporei a distribuição geral dos animais, suas divisões e os princípios sobre os quais essa definição repousa. Então, a classe dos animais sem vértebras será claramente delineada, com as relações entre esses seres e outros corpos conhecidos de nosso globo.

Dos animais em geral e de seus caracteres essenciais

Passemos agora aos objetos que nos interessam diretamente e que nos propomos a conhecer, situando-os em suas verdadeiras relações. Refiro-me aos animais, ou seja, a esses singulares corpos vivos que se movem espontaneamente e que, em sua maioria, conseguem assim se deslocar, corpos vivos que, bem mais diversificados e mais numerosos que as raças de vegetais, têm uma organização muito similar à do homem.

Quem não sabe que as partes da superfície do globo e em meio a todas as águas líquidas estão repletas desses seres vivos infinitamente variados quanto à forma, à organização e às faculdades, e que têm a particularidade de se mover espontaneamente, e de mover algumas de suas partes sem a impulsão de um movimento comunicado?

Dado que esses mesmos seres, tão dignos de nossa admiração e de nossos estudos, pelas faculdades que lhes são próprias, aproximam-se de nós pela organização. Os animais sem vértebras que iremos conhecer fazem parte dessa mesma divisão, tentemos assim determinar e circunscrever com nitidez os caracteres essenciais que os distinguem. As provas do fundamento desses caracteres serão desenvolvidas após a sua exposição.

Caracteres essenciais dos animais

Os animais são corpos vivos irritáveis, cujos caracteres essenciais são:

1º – Partes que se contraem espontaneamente sobre si mesmas, suscetíveis de se moverem espontaneamente e iterativamente;

2º – A faculdade de agir que os distingue dos demais e, na maioria deles, o poder de se deslocar;

3º – O poder de executar os movimentos de suas partes internas e externas como consequência de uma série de excitações que os provocam, e de repeti-los em série, tantas vezes quanto a excitação os provoque;

4º – Movimentos que se executam sem uma relação perceptível com a causa que os produz;

5º – Partes sólidas e partes moles que entram nos movimentos vitais;

6º – O poder de se alimentar de materiais estranhos ou decompostos; a maioria tem a faculdade de digeri-los.

7º – Uma enorme disparidade de composição da organização e das faculdades, desde os que têm uma organização mais simples até aqueles cuja organização é mais complexa e cujos órgãos internos são mais numerosos, e cujas partes não são reciprocamente conversíveis;

8º – Alguns são simplesmente irritáveis, o que faz com que se movam por excitações que vêm de fora; outros, além de irritáveis, também são sensíveis, o que lhes dá a faculdade de se mover por excitações internas do sentimento interno; enquanto outros, por fim, são irritáveis, sensíveis e inteligentes, o que os torna capazes de se mover mediante atos da vontade, embora no mais das vezes ajam sem premeditação;

9º – Não ter a tendência, no desenvolvimento de seus corpos, a se distenderem perpendicularmente no plano horizontal e não apresentar nenhum paralelismo dominante nos canais pelos quais circulam seus fluidos.

Tais são os nove caracteres essenciais próprios aos animais em geral e que os distinguem dos vegetais, cujos caracteres aos quais se opõem ponto por ponto.

Provei que a irritabilidade não existe nos vegetais e não poderia existir em nenhum corpo inorgânico, e que nenhum vegetal possui partes espontaneamente e iterativamente contrácteis sobre si mesmas, de tal sorte que os movimentos observados em diferentes plantas não têm nada de comparável ao fenômeno da irritabilidade animal. Por outro lado, os zoólogos sabem muito bem que não há sequer um animal que não seja munido de partes espontaneamente contrácteis. Portanto, é uma verdade incontestável, que os fatos atestam por toda parte, que os animais são os únicos corpos da natureza (ao menos em nosso globo) dotados de partes irritáveis e de partes contrácteis, suscetíveis de se mover subitamente e iterativamente a cada provocação de uma causa excitatória; e são, nessa condição, os únicos corpos da natureza capazes de se mover por excitação.

Se quisermos saber qual a fonte dos movimentos dos animais, iremos encontrá-la nessa faculdade singular de suas partes moles que lhes permite que se contraiam subitamente a cada excitação, reagindo sobre o ponto afetado. A comparação entre esses movimentos singulares e os que se observam em outros corpos é suficiente, como eu disse, para mostrar que os animais são, dentre os corpos que conhecemos, os únicos que se encontram nessa condição.

Os animais de corpo gelatinoso, como os infusórios, os pólipos e os radiares moles, têm todas as partes irritáveis; a simplicidade de sua organização faz com que o efeito das excitações se propague por uma grande porção do corpo ou pelo corpo inteiro. Ora, como esses animais encontram alimento ao seu redor e se apoderam de tudo o que conseguem capturar, eles não executam movimentos particulares com essa finalidade, não precisam de músculos para se mover e parecem mesmo não possuí-los em absoluto. Já aqueles de organização mais avançada e mais complexa que têm partes duras, como tegumentos coriáceos, cornos ou crustáceos, embora possuam uma irritabilidade restrita em relação aos efeitos, têm músculos em seu interior, ou seja, partes carnudas, irritáveis, contrácteis sobre si mesmas, e que podem se mover por excitações internas. Não existe animal, desde a mônada até o orangotango, que seja desprovido de partes contrácteis.

São efeitos que a observação constata em todos os animais, sem exceção, e que, por não se encontrarem nem nos vegetais nem em outros corpos da natureza, servem para caracterizar os animais em geral.

Esses caracteres positivos permitem que nos pronunciemos em definitivo sobre a natureza de certos corpos organizados que alguns consideram como vegetais enquanto outros tomam como membros do reino animal.[5]

O leitor há de ter percebido que não me ocupo aqui das causas mecânicas dos diversos movimentos animais executados na locomoção, quando andam, correm, saltam, escalam, voam ou nadam, objeto tratado por Aristóteles, Borelli, Barthez, Daudin e outros; interessa-me apenas a fonte da faculdade de mover nos animais.

Se indagarmos agora quais as causas físicas ou qual a fonte dos movimentos súbitos que os animais são capazes de executar e repetir, poderemos responder a essa questão a partir da consideração do fato já mencionado de que os animais se movem unicamente por excitação e são os únicos seres da natureza nessa condição.

A observação é suficiente para nos convencer de que os movimentos dos animais não são comunicáveis, não são o produto de uma impulsão, de uma

---

5 As plantas da família das tremelas e, em particular, as oscilatórias de Vaucher, encontram-se no caso a que me refiro e, no entanto, são, claramente, vegetais. Esses corpos vivos não são dotados de irritabilidade, seus movimentos oscilatórios são muito lentos, nunca súbitos, sua aparência varia unicamente em razão da temperatura e não de uma excitação particular. Ver Vaucher, *Histoire des conserves*, Paris, 1803, p.163 ss. (N. A.)

pressão, de uma atração ou de uma contenção, não resultam, em suma, de um efeito, higrométrico ou pirométrico, mas são movimentos que decorrem de uma causa excitatória que atua sobre partes subitamente contrácteis e produz efeitos desproporcionais a ela.

Nos corpos inorgânicos e mesmo nos vegetais, os movimentos das partes concretas são comunicados ou determinados por uma afinidade ou pela atuação de uma elasticidade, mas nunca são excitados e são sempre proporcionais às causas que os produzem. Daí que as leis do movimento sejam determináveis e uma ciência em particular lhes seja dedicada, a mecânica, à qual se aplica a matemática.[6]

Nos animais, ao contrário, como os movimentos súbitos observados se dão pela excitação de partes concretas, porém moles e contrácteis, não há relações determináveis entre a causa excitatória, sua força e os movimentos produzidos: a natureza mesma da parte que se contrai parece similar àquele que causas físicas executam alhures.

Vê-se pelo exposto que os animais diferem muito em natureza de outros corpos vivos desprovidos de partes irritáveis como os vegetais. Essa irritabilidade exclusiva explica os meios superiores que permitiram à natureza estabelecer, progressivamente, as diferentes faculdades de que eles são dotados.

Mas esse caractere distintivo tão peculiar ainda não foi devidamente notado enquanto tal, e nossos naturalistas insistem em atribuí-lo também aos vegetais, todavia desprovidos dele.

Do mesmo modo, as faculdades de se mover voluntariamente e de sentir foram atribuídas a todos os animais em geral, sem que antes se examinasse o que são a vontade e o sentimento.

A obra citada por nós[7] alega que os órgãos definidores da animalidade são a sensação e o movimento; ora, como todos os animais são feitos de nervos

---

6 Poderia ser objetado como exceção ao princípio postulado que as matérias que entram em fermentação têm, nesse processo, um movimento excitado. Mas é um erro. Pois os corpos que fermentam são destruídos, o que não acontece nos animais que se movem, e, além disso, não me parece que os movimentos de uns, por fermentação, sejam comparáveis aos dos outros, por excitação, sem mencionar que as partes dos primeiros não são contrácteis. (N. A.)

7 Ver *Dictionnaire des Sciences naturelles*, verbete "animal," p.161. (N. A.)

e músculos, segue-se que todo animal é dotado de sensação e movimento. O autor, ciente de que eles não se encontram em todos os animais, supõe que estariam misturados à sua substância irritável e sensível.

Na mesma obra afirma-se também que o melhor caractere de distinção entre os animais e os vegetais é o modo de nutrição e, para provar que é assim, alega-se que todos os animais conhecidos possuem uma cavidade intestinal que tem uma ou mais bocas como entrada.

Tais asserções, que o autor não se dá ao trabalho de provar e que, a bem da verdade, dificilmente poderiam ser confirmadas pelo exemplo de numerosos animais, mostram um pendor acentuado por antigas opiniões a respeito desses seres. Mas são desautorizadas pelo estado atual de nossos conhecimentos, e sua adoção retarda o progresso da zoologia, pois elas passam ao largo do caractere distintivo entre animais e vegetais.

Recusaremos aqui tais asserções, por serem evidentemente contrárias à marcha que a natureza segue em suas produções, à ordem progressiva da formação dos órgãos especiais que poderiam somente propiciar faculdades peculiares aos animais e, sobretudo, à necessidade de haver aparatos de órgãos complexos indispensáveis às faculdades mais eminentes; e as substituiremos por outras, que seria bom se as adotássemos de uma vez por todas. Assim...

Sem dúvida, alguns dentre os animais mais perfeitos são dotados de faculdades de inteligência e são capazes de agir segundo atos de vontade, ou seja, como consequência de uma premeditação, mas não é verdade que todos os animais tenham a faculdade de se mover como consequência de uma vontade;

Sem dúvida, muitos animais são capazes de experimentar sensações, mas não é verdade que todos gozem da faculdade de sentir;

Sem dúvida, os nervos são os únicos órgãos das sensações, mas não é verdade que todos os nervos sejam apropriados à produção de sentimento;

Sem dúvida, muitos animais são dotados de nervos, mas não é verdade que todos sejam munidos deles da mesma maneira;

Sem dúvida, um bom número de animais se move a partir de um sistema muscular, mas não é verdade que todos os animais sejam dotados de músculos ou possam sê-lo;

Por fim, sem dúvida, grande número de animais possui uma cavidade intestinal, órgão especial para a digestão, mas não é verdade que todos os animais sejam munidos de tal cavidade, tenham uma ou mais bocas e digiram o alimento.

Se tais asserções têm fundamento, segue-se que tudo o que os naturalistas dizem a respeito dos animais é inadequado, não serve como fundamento sólido de uma filosofia das ciências zoológicas e deve-se, provavelmente, à generalização irrefletida do que se observa nos animais mais perfeitos.

Expliquei as razões sobre as quais repousam algumas dessas asserções, e oferecerei também as das restantes. Antes disso, porém, cabe-me enunciar os seguintes axiomas ou princípios, que são consequência dos seis princípios fundamentais da primeira seção e concordam com os fatos observados.

Princípios e axiomas zoológicos

1º – Nenhuma partícula de matéria poderia ter em si mesma as propriedades de se mover, de viver, de sentir, de pensar ou de formar ideias, e se observamos fora do homem corpos dotados de todas essas faculdades ou de algumas delas, elas devem ser consideradas como fenômenos físicos produzidos pela natureza, não mediante o emprego de uma matéria que as possua em si mesma, mas pela ordem e pelo estado de coisas que ela instituiu em cada organização e em cada sistema particular de órgãos.

2º – Toda faculdade animal, qualquer que seja, é um fenômeno orgânico que resulta de um sistema ou aparato de órgãos que a ocasiona e do qual ela depende.

3º – Quanto mais eminente uma faculdade, mais complexos o sistema que a produziu, e a organização a que ela pertence, e mais intricado o seu mecanismo. Nem por isso ela deixa de ser um fenômeno de organização e, enquanto tal, um fenômeno puramente físico.

4º – Todo sistema de órgãos que não é comum a todos os animais propicia uma faculdade particular àqueles que o possuem; e, se esse sistema deixa de existir, também ela desaparece.

5º – Assim como a própria organização, todo sistema de órgãos particulares está sujeito a condições necessárias à execução de suas funções, e dentre elas é essencial o pertencimento a uma organização correspondente e ao grau de complexidade que se observa no sistema.[8]

6º – A irritabilidade das partes moles, embora se dê em diferentes graus dependendo da natureza do animal, é uma faculdade comum a todos; não é produzida em suas partes por nenhum sistema de órgãos em particular, mas é o produto do estado químico das substâncias desses seres, unida à ordem de coisas que existe em seus corpos e possibilita que eles vivam;

7º – Como a natureza procede gradualmente em todas as suas operações e não poderia fazer todos os animais ao mesmo tempo, ela começou pelos mais simples e, passando destes aos mais complexos, estabeleceu sucessivamente os diferentes sistemas de órgãos particulares, multiplicando-os e tornando-os cada vez mais enérgicos, culminando nos mais perfeitos e dando existência a todos os animais que conhecemos, com a organização e as faculdades que neles observamos: de outro modo, ela nada teria feito.

Meus estudos sobre os animais mostram que esses princípios têm fundamento; por isso, eles dirigirão a exposição que farei das faculdades dos animais sem vértebras, que me interessam nesta obra.

Antes disso, porém, fixarei a definição exata que caracteriza os principais cortes entre os corpos naturais, dos quais expus os caracteres detalhadamente. Esses cortes são entre os corpos inorgânicos e os corpos vivos, e, nestes, entre os vegetais e os animais.

Definição de cada um dos dois cortes primários em que se dividem as produções da natureza

1) Corpos orgânicos são aqueles em que o estado das partes não permite que se execute neles o fenômeno da vida, malgrado suas relações com causas excitatórias exteriores.
2) Corpos vivos são aqueles em que a ordem de coisas e o estado das partes permitem que as causas excitatórias produzam neles o fenômeno da vida, que acarreta consigo muitos outros.

---

[8] Supor a existência, numa mônada ou numa hidra, da eminente faculdade de sentir, por mais que não se encontre nelas o complexo sistema de órgão que poderia propiciar tal faculdade, é contrariar as leis da organização e a marcha que a natureza se vê obrigada a seguir em tudo o que ela produz. (N. A.)

Definição de cada um dos cortes principais em que os corpos vivos se dividem

1) Os vegetais são corpos vivos não irritáveis, incapazes de contrair instantaneamente e iterativamente cada uma de suas partes sobre si mesmas e desprovidos das faculdades de agir e de se deslocar.
2) Os animais são corpos vivos dotados de partes irritáveis e instantaneamente contrácteis sobre si mesmas, o que lhes dá a faculdade de agir, e, à maioria deles, de se deslocar.

São definições claras e positivas, que se encontram ao abrigo de toda contestação e não admitem exceção.

Basta agora opor os caracteres dos animais àqueles que pertencem aos vegetais para nos convencermos da realidade dessa linha demarcatória clara que a natureza traçou em meio aos corpos vivos. O que mostra que os autores que indicam uma passagem insensível dos animais aos vegetais por meio dos pólipos e dos infusórios chamados zoófitos ou animais-plantas não têm ideias precisas da natureza animal ou vegetal, e, com esse abuso, expõem ao erro todos os que conhecem tais objetos apenas superficialmente.

Os pólipos e os infusórios não somente não têm nenhuma relação com qualquer vegetal que seja, como são, de todos os animais, aqueles em que a irritabilidade e contractilidade súbita das partes são mais eminentes.

Portanto, se quisermos aproximar os animais extremamente imperfeitos, como os infusórios, os pólipos etc., das algas, cogumelos, líquens e outros vegetais, também eles extremamente imperfeitos, só pode ser pela imperfeição extrema de suas respectivas organizações.

Ora, como a natureza em toda parte segue uma mesma marcha e se submete às mesmas leis, é evidente que se para formar os vegetais e os animais, ela trabalhou, de um lado, sobre materiais de natureza particular e, de outro, sobre materiais de composição química diversa, os produtos que fez ali não poderiam ser como os que fez aqui. É o que de fato aconteceu: limitada ao extremo em seus procedimentos em relação aos vegetais, ela não pôde estabelecer entre eles uma irritabilidade, privação que manteve esses corpos em condição de grande inferioridade, em comparação aos animais. Por fim, como a natureza começou ambos ao mesmo tempo, eles não formam, de modo algum, uma cadeia única, mas duas ramificações separadas nas origens, que se relacionam unicamente pela simplicidade respectiva de sua organização. É o que atestam a observação dessas duas sortes de corpos vivos e o estudo da natureza em geral.

Agora que conhecemos o animal, e podemos distinguir o mais imperfeito dentre eles do vegetal de organização mais simples, temos de considerar, quanto aos primeiros, uma série de objetos muito importantes, se quisermos mesmo conhecê-los.

Está provado que não há uma cadeia real entre todas as produções da natureza, e sequer entre todos os corpos vivos, pois não existe uma nuance que ligue os vegetais aos animais. Mas, como veremos, a natureza seguiu um plano único na formação dos animais e adotou uma progressão na composição de sua organização, bem como no número e na eminência das faculdades adquiridas por eles.

SOBRE O LIVRO

Formato: 16 x 23 cm
Mancha: 27,8 x 48 paicas
Tipologia: Venetian 301 12,5/16
Papel: Off-white 80 g/m² (miolo)
Cartão Supremo 250 g/m² (capa)

1ª edição Editora Unesp: 2021

EQUIPE DE REALIZAÇÃO

Edição de texto
Tulio Kawata (Copidesque)
Jennifer Rangel de França (Revisão)

Capa
Vicente Pimenta

Editoração eletrônica
Eduardo Seiji Seki

Assistência editorial
Alberto Bononi
Gabriel Joppert

Coleção Clássicos

A arte de roubar: Explicada em benefício dos que não são ladrões
D. Dimas Camándula

A construção do mundo histórico nas ciências humanas
Wilhelm Dilthey

A escola da infância
Jan Amos Comenius

A evolução criadora
Henri Bergson

A fábula das abelhas: ou vícios privados, benefícios públicos
Bernard Mandeville

Cartas de Claudio Monteverdi: (1601-1643)
Claudio Monteverdi

Cartas escritas da montanha
Jean-Jacques Rousseau

Categorias
Aristóteles

Ciência e fé – 2ª edição: Cartas de Galileu sobre o acordo do sistema copernicano com a Bíblia
Galileu Galilei

Cinco memórias sobre a instrução pública
Condorcet

Começo conjectural da história humana
Immanuel Kant

Contra os astrólogos
Sexto Empírico

Contra os gramáticos
Sexto Empírico

Contra os retóricos
Sexto Empírico

Conversações com Goethe nos últimos anos de sua vida: 1823-1832
Johann Peter Eckermann

Da Alemanha
Madame de Staël

Da Interpretação
Aristóteles

Da palavra: Livro I – Suma da tradição
Bhartrhari

Dao De Jing: Escritura do Caminho e Escritura da Virtude com os comentários do Senhor às Margens do Rio
Laozi

De minha vida: Poesia e verdade
Johann Wolfgang von Goethe

Diálogo ciceroniano
Erasmo de Roterdã

Discurso do método & Ensaios
René Descartes

Draft A do Ensaio sobre o entendimento humano
John Locke

Enciclopédia, ou Dicionário razoado das ciências, das artes e dos ofícios - Vol. 1: Discurso preliminar e outros textos
Denis Diderot, Jean le Rond d'Alembert

Enciclopédia, ou Dicionário razoado das ciências, das artes e dos ofícios - Vol. 2:
O sistema dos conhecimentos
Denis Diderot, Jean le Rond d'Alembert

Enciclopédia, ou Dicionário razoado das ciências, das artes e dos ofícios - Vol. 3:
Ciências da natureza
Denis Diderot, Jean le Rond d'Alembert

Enciclopédia, ou Dicionário razoado das ciências, das artes e dos ofícios - Vol. 4: Política
Denis Diderot, Jean le Rond d'Alembert

Enciclopédia, ou Dicionário razoado das ciências, das artes e dos ofícios - Vol. 5:
Sociedade e artes
Denis Diderot, Jean le Rond d'Alembert

Enciclopédia, ou Dicionário razoado das ciências, das artes e dos ofícios - Vol. 6: Metafísica
Denis Diderot, Jean le Rond d'Alembert

Ensaio sobre a história da sociedade civil / Instituições de filosofia moral
Adam Ferguson

Ensaio sobre a origem dos conhecimentos humanos / Arte de escrever
Étienne Bonnot de Condillac

Ensaios sobre o ensino em geral e o de Matemática em particular
Sylvestre-François Lacroix

Escritos pré-críticos
Immanuel Kant

Exercícios (Askhmata)
Shaftesbury (Anthony Ashley Cooper)

Fisiocracia: Textos selecionados
François Quesnay, Victor Riqueti de Mirabeau, Nicolas Badeau, Pierre-Paul
Le Mercier de la Rivière, Pierre Samuel Dupont de Nemours

Fragmentos sobre poesia e literatura (1797-1803) / Conversa sobre poesia
Friedrich Schlegel

Hinos homéricos: Tradução, notas e estudo
Wilson A. Ribeiro Jr. (Org.)

História da Inglaterra – 2ª edição: Da invasão de Júlio César à Revolução de 1688
David Hume

História natural
Buffon

História natural da religião
David Hume

Investigações sobre o entendimento humano e sobre os princípios da moral
David Hume

Lições de ética
Immanuel Kant

Lógica para principiantes – 2ª edição
Pedro Abelardo

Metafísica do belo
Arthur Schopenhauer

Monadologia e sociologia: E outros ensaios
Gabriel Tarde

O desespero humano: Doença até a morte
Søren Kierkegaard

O mundo como vontade e como representação – Tomo I - 2ª edição
Arthur Schopenhauer

O mundo como vontade e como representação – Tomo II
Arthur Schopenhauer

O progresso do conhecimento
Francis Bacon

O Sobrinho de Rameau
Denis Diderot

Obras filosóficas
George Berkeley

Os analectos
Confúcio

Os elementos
Euclides

Os judeus e a vida econômica
Werner Sombart

Poesia completa de Yu Xuanji
Yu Xuanji

Rubáiyát: Memória de Omar Khayyám
Omar Khayyám

Tratado da esfera — 2ª edição
Johannes de Sacrobosco

Tratado da natureza humana — 2ª edição: Uma tentativa de introduzir o método experimental de raciocínio nos assuntos morais
David Hume

Verbetes políticos da Enciclopédia
Denis Diderot, Jean le Rond d'Alembert